从学徒到师傅

——家装水电工技能一本就够

阳鸿钧 等 编著

内 容 提 要

从学徒到独当一面的水电工师傅，需要专业性的指导和实操锻炼的过程。本书将一线家装水电工师傅的现场施工经验和水电改造智慧全面呈现，为学习这门手艺提供实用、高效的指导。主要内容包括水电工基本知识、建筑基本知识、装饰装修基本知识、工具与仪表、水电材料与设备、家装电工基本操作与安装技能、灯具与照明安装技能、给排水安装技能等，帮助读者扎实基础，快速掌握家装水电技能，学业、就业、创业一本通。

本书适合家装水电工、装饰装修水电工、物业水电工、新农村建设家装技术人员、家装工程监理人员等阅读参考，还可作为建筑职业院校相关专业的参考用书。

图书在版编目（CIP）数据

从学徒到师傅：家装水电工技能一本就够 / 阳鸿钧等编著 . —北京：中国电力出版社，2020.3

ISBN 978-7-5198-3465-4

Ⅰ. ①从…　Ⅱ. ①阳…　Ⅲ. ①房屋建筑设备－给排水系统－建筑安装－基本知识②房屋建筑设备－电气设备－建筑安装－基本知识　Ⅳ. ① TU82 ② TU85

中国版本图书馆 CIP 数据核字（2019）第 164160 号

出版发行：中国电力出版社
地　　址：北京市东城区北京站西街 19 号（邮政编码 100005）
网　　址：http://www.cepp.sgcc.com.cn
责任编辑：莫冰莹（010-63412526）
责任校对：黄　蓓　朱丽芳
装帧设计：赵丽媛
责任印制：杨晓东

印　　刷：三河市航远印刷有限公司
版　　次：2020 年 3 月第一版
印　　次：2020 年 3 月北京第一次印刷
开　　本：880 毫米 ×1230 毫米　32 开本
印　　张：13.25
字　　数：250 千字
印　　数：0001—2000 册
定　　价：58.00 元

前 言

水电项目是装饰装修工程中的重要项目，无不受到装饰装修界及业主的重视。

本书以精讲的方式介绍了装饰装修水电技能有关知识，帮助读者打下扎实基础，快速掌握装饰装修水电技能。

本书共 8 章，分别从水电工基本知识，建筑基本知识，装饰装修基本知识，工具与仪表，水电材料与设备，装饰装修电工基本操作、安装技能，灯具与照明安装技能、给排水安装技能等几方面进行了讲述，希望能够使读者在轻松、简单的状态下，快速掌握装饰装修水电技能。

本书各章的基本特点如下。

第 1 章介绍了水电工基本知识，主要包括电量与电、电阻与电阻率、电流与电压、功率与电能、串联与并联等知识与技能。

第 2 章介绍了建筑基本知识，主要包括建筑的分类、建筑风格的类型、建筑功能与房屋建筑结构、分类建筑综合用电指标等知识与技能。

第 3 章介绍了装饰装修基本知识，主要包括装饰装修工程概述与术语、装修中的常见标准尺寸、装饰装修工程的成品保护与设施保护等知识与技能。

第 4 章介绍了工具与仪表，主要包括装饰装修机具的分类、多功能锤子、热熔器、万用表等知识与技能。

第 5 章介绍了水电材料与设备，主要包括电线电缆、保护管、PVC 管、管卡、端头与压线帽等知识与技能。

第 6 章介绍了电工基本操作与安装技能，主要包括家装对电工与电工工艺的要求、电工操作流程与改造流程、开关的安装、暗盒与底盒的安装等知识与技能。

第7章介绍了灯具与照明安装技能，主要包括灯具接线、节能灯选购及质量判定，以及花灯、吸顶灯、壁灯等的安装等知识与技能。

第8章介绍了给排水技能，主要包括给水方式、室内给水系统所需压力、水龙头的安装、单柄水嘴台上式洗脸盆的安装等知识与技能。

本书在编写过程中，得到了许多同志的参与和支持，在此表示衷心感谢。另外，本书在编写中参考了许多技术资料，以及有关网站资料，规范、标准等，但有的因最初原始出处不详，或注明不规范，现参考文献中没有一一列举，在此向这些文献的作者和机构表示深深的感谢。

需要注意的是，本书讲述的安装、接线等实例仅供学习参考方便，实际工作需要以会签的图纸与审批的方案等为依据进行作业。

本书适合装饰装修水电工、建筑水电工、物业水电工、新农村建设家装技术人员、家装工程监理人员等阅读参考，还可作为建筑职业院校相关专业的参考用书。

由于编者水平有限，书中存在疏漏和不足之处，敬请广大读者批评、指正。

编　者

目 录

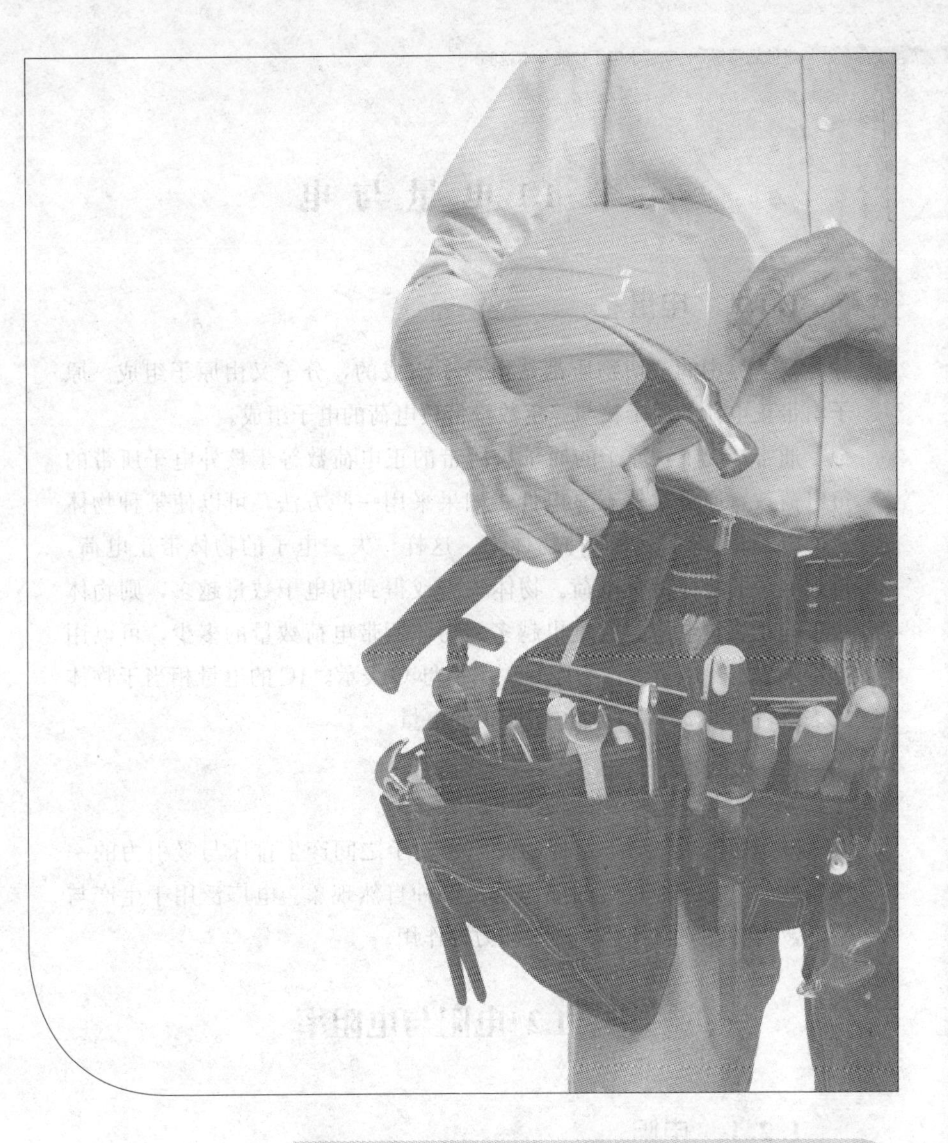

1 水电工基本知识

1.1 电 量 与 电

1.1.1 电量

自然界中的一切物质都是由分子组成的，分子又由原子组成。原子由带正电荷的原子核与一定数量带负电荷的电子组成。

通常情况下，原子的原子核所带的正电荷数等于核外电子所带的负电荷数，原子对外不显电性。如果采用一些方法，可以使某种物体上的电子转移到另外一种物体上。这样，失去电子的物体带正电荷，得到电子的物体带负电荷。物体失去或得到的电子数量越多，则物体所带的正、负电荷的数量也越多。物体所带电荷数量的多少，可以用电量来表示。电量单位为库仑，用字母 C 表示。1C 的电量相当于物体失去或得到 6.25×10^{18} 个电子所带的电量。

1.1.2 电

电是像电子与质子这样的亚原子粒子之间产生排斥与吸引力的一种属性。电是一种重要的能源，是一种自然现象。电广泛用于生产与生活，具有发光、发热、产生动力等作用。

1.2 电阻与电阻率

1.2.1 电阻

当导体中自由电荷定向移动时，会频繁与导体中的粒子碰撞，这种碰撞会阻碍电荷的定向移动，即起到阻碍作用。也可以理解为“电阻是电荷间的相互碰撞”。因此，把这种阻碍的作用定义为电阻。常用的单位有欧姆（Ω）、千欧（kΩ）、兆欧（MΩ）。

人体总阻抗是指人的体内阻抗与皮肤阻抗的矢量和。人体的电阻一般为 1000～2000Ω。人体电阻分为体内电阻与皮肤电阻，其中体内电阻大约为 500Ω。

人体电阻随电压的变化情况见表 1-1。

表 1-1　　人体电阻随电压的变化情况

电压/V	1.5	12	31	62	125	220	380	1000
电阻/kΩ	>100	16.5	11	6.24	3.5	2.2	1.47	0.64
电流/mA	可以忽略	0.8	2.8	10	35	100	268	1560

1.2.2　电阻率

电阻率是 1m 横截面为 $1mm^2$ 的电工用材料在温度为 20℃的电阻大小。常见电工材料电阻率见表 1-2。

表 1-2　　常见电工材料电阻率

电工用材料	电阻率/Ω·m	举例
铜	1.7×10^{-8}	照明线
铝	2.9×10^{-8}	照明线
橡胶	$10^{13}\sim10^{16}$	导线护套
钨	5.3×10^{-8}	白炽灯

1.3　电流与电压

1.3.1　电流

电流就是电子、电荷的流动，常用 I 表示，可以分为直流电流和交流电流两种。家庭用电、公共场所照明一般采用的为交流电流。

交流电流的大小与方向随时间变化。直流电流的大小与方向不随时间变化。

电流的单位为安（A）、毫安（mA）、微安（μA）。这几个单位的关系为

$$1A=1000mA$$

$$1mA=1000\mu A$$

根据电流的大小与方向随时间变化情况可以把电流分为恒定电流（直流）、交变电流（交流），它们的特点见表 1-3。

表 1-3　　直流与交流的特点

分类	特点
直流	大小、方向均不随时间变化的电流就是恒定电流，简称直流，简写为 DC，符号用 *I* 表示。干电池是利用化学变化制造出来的电，其为直流电
交流	在一个周期内，电流平均值为零的周期性变动的电流就称为交变电流，简称交流，简写为 AC。也就是说，交流电是交变电动势、交变电压、交变电流的总称。交流电可以分为正弦交流电、非正弦交流电。其中，正弦交流电是指按正弦规律变化的交流电。 电网公司一般使用交流电方式送电，但有高压直流电用于远距离大功率输电、海底电缆输电、非同步的交流系统之间的联络等。一般家庭用的电，是由发电机所发出来的电，为交流电。交流电与直流电的电功能是相同的，但是流动方向却不同

交流电流如图 1-1 所示。

交流电的种类很多，图 1-2 所示就是一些交流电的波形图。

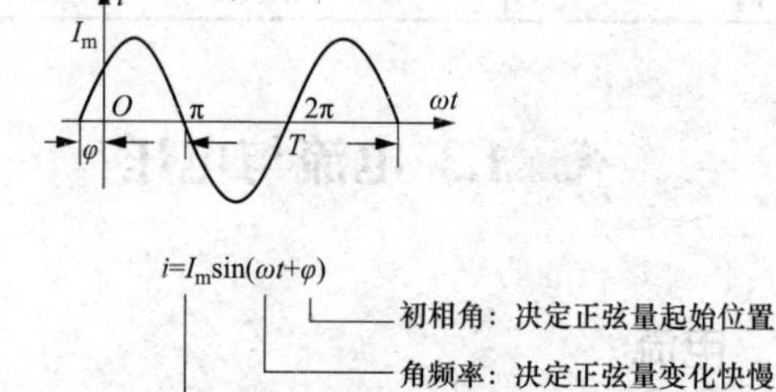

图 1-1　交流电流

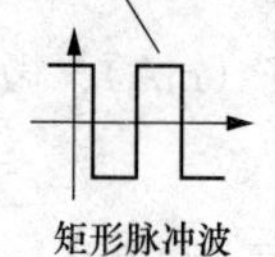

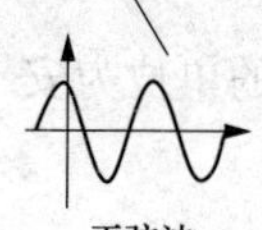

图 1-2　交流电波形图

通过人身的安全电流直流与交流不同，具体见表 1-4。

表 1-4　　通过人身的安全电流

类型	安全电流
直流安全电流	50mA 以下
交流安全电流	10mA 以下

通过人体的电流与危害的程度：

电流<0.7mA，对人体作用无感觉。

电流 1～3mA，对人体作用有刺激感。

电流 10～30mA，对人体作用引起肌肉痉挛，短时间无危险，长时间有危险。

电流 50～250mA，对人体作用产生心脏室性纤颤，丧失知觉，严重时甚至会危害生命。

电流 1mA，对人体作用有轻微感。

电流 3～10mA，感到痛苦，但可自行摆脱。

电流 30～50mA，强烈痉挛，时间超过 60s 即有生命危险。

电流>250mA，短时间内造成心脏骤停，体内造成电灼伤。

1.3.2　电压

电压的物理量用 U 或者 V 表示。其单位是伏（V），也有毫伏（mV）、微伏（μV）。这几个单位的关系为

$$1\text{V}=1000\text{mV}$$

$$1\text{mV}=1000\mu\text{V}$$

家用电源一般是单相交流电，电压为 220V。

人体的安全电压就是不会对人体造成伤害的电压范围。一般安全电压规定为 0～36V。但需要注意，在某些情况下，低于 36V 的电压也会对人体造成伤害，主要是人体的电阻值不是固定的，特别是当处于潮湿的环境时，人体电阻值降低，低于 36V 的电压也是不安全和危险的。

1.4 功、功率与电能

1.4.1 功与能量

功与能量转化（转移）密不可分。某种形式的能量转化成（或转移）到另一种形式的能量（或别处）时，均必须通过做功或热传递才能够实现。功的单位用 W 表示。

灯泡之所以能够发光，就是因为电能转换成了光能。电能是指电以各种形式做功的能力。

电能的单位是“焦耳”，简称“焦”，用 J 表示。另外，还有用度表示的。1kW · h 就是 1 度电，即千瓦 · 时，用公式表示为

电能＝有功功率×时间

1 度电能够将 8kg 的水烧开，能够供 9W 的节能灯使用 110h，能够供 1 匹的空调开 1.5h，能够供电视机开 10h，能够供普通电风扇连续运作 15h，能够供 25W 灯泡连续点亮 40h。

1.4.2 功率

功率是指物体在单位时间内所做的功，是表示做功快慢的物理量，一般用 P 表示。其计算公式为

$$P = W/t = UI$$

功率的单位是“瓦特”，简称“瓦”，符号是“W”。
功的单位是“焦耳”，简称“焦”，符号是“J”。
时间的单位是“秒”，符号是“s”。

另外，功率还有一种用“马力”表示的：1 马力＝0.735kW。

提到了“马力”，自然会想到“一匹马力”以及空调中所用到的“匹”

1 匹＝1 马力＝0.735kW

1.5 电路与磁路

1.5.1 电路

电路是电流的通路，为了某种需要由电工设备或电路元件根据一定方式组合而成，一般由电源、负载、连接电源和负载的中间环节等部分组成。

电源：提供电能的装置，主要将其他形式的能转化为电能。例如，发电机、电池等可以作为电源。

负载：消耗电能的设备，主要将电能转化为其他形式的能。例如，电动机、电灯等可以作为负载。

中间环节：传送、分配、控制电能的部分。例如，导线、熔断器、开关等可以作为中间环节。

直流电路图例如图 1-3 所示。

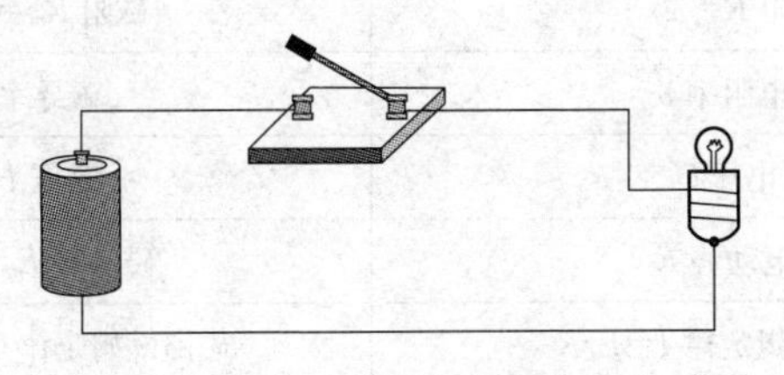

图 1-3　直流电路图例

一般电路由内电路与外电路两部分组成。内电路也就是电源内部的电流通路，电流由电源负极指向正极。外电路也就是除电源外的电路，电流由电源正极指向负极。电路的主要作用为：

(1) 实现信号的传递与处理。

(2) 实现电能的传输、分配、转换。

1.5.2 磁路

有些物质放在磁场中会显示出磁性能，产生附加磁场，该种现象称为物质的磁化。这种能够被磁化的物质，称为磁介质。磁介质具有不同的种类，按其性能可分为反磁性物质、顺磁性物质、铁磁性物质三大类。

线圈通入电流后，产生磁通，分主磁通与漏磁通。其中，磁路是指主磁通所经过的闭合路径。

1.5.3 磁路与电路的区别

磁路与电路的区别主要体现见表1-5。

表1-5　　磁路与电路的区别主要体现

电路	磁路
电流 I	磁通 Φ
电阻 $R=\rho l/S$	磁阻 $R_m=l/\mu S$
电阻率 ρ	磁导率 μ
电压 U	磁压 H_L
电动势 E	磁动势 $E_m=IN$
电路欧姆定律 $I=E/R$	磁路欧姆定律 $\Phi=E_m/R_m$

1.6 欧姆定律

欧姆定律是表示电压、电流、电阻三者关系的基本定律。

部分电路欧姆定律：电路中通过电阻的电流，与电阻两端所加的电压成正比，与电阻成反比。

全电路欧姆定律：在闭合电路中（包括电源），电流与电源的电动势成正比，与电路中负载电阻及电源内阻之和成反比。

欧姆定律既适应直流电压、直流电流与电阻间的关系，也适应交流电压、交流电流与电阻间的关系。

全电路欧姆定律与部分电路欧姆定律如图 1-4 所示。

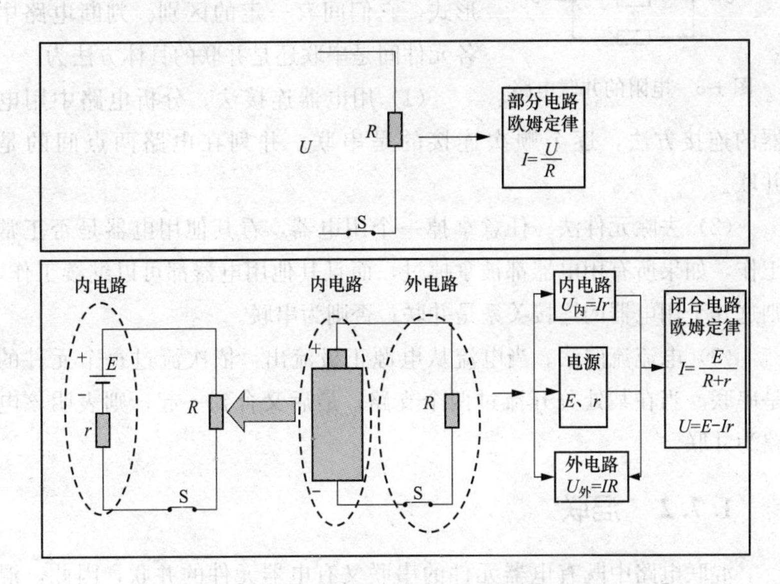

图 1-4　全电路欧姆定律与部分电路欧姆定律

1.7 串联与并联、混联

1.7.1　串联与并联

串联是连接电路元件的基本方式之一。将电路元件（例如电阻、电容、电感、用电器等）逐个顺次首尾相连接，也就是将各用电器串联起来组成的电路叫串联电路。串联电路中通过各用电器的电流都相等。

并联是电路元件间的一种连接方式，是将 2 个同类或不同类的元件、器件等首首相接，同时尾尾也相连的一种连接方式。

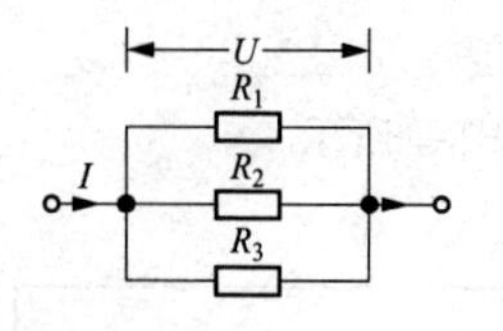

图 1-5　电阻的并联电路

电阻的并联电路如图 1-5 所示。

串联与并联是电路最基本的两种连接形式，它们间有一定的区别。判断电路中各元件间是串联还是并联的具体方法为：

（1）用电器连接法。分析电路中用电器的连接方法，逐个顺次连接的是串联。并列在电路两点间的是并联。

（2）去除元件法。任意拿掉一个用电器，看其他用电器是否正常工作，如果所有用电器都被拿掉过，而且其他用电器都可以继续工作，则这几个用电器的连接关系是并联；否则为串联。

（3）电流流向法。当电流从电源正极流出，依次流过每个元件的是串联。当在某处分开流过两个支路，最后又合到一起，则表明该电路为并联。

1.7.2　混联

混联电路中既有电器元件的串联又有电器元件的并联，因此，混联电路是由串联电路和并联电路组合在一起的特殊电路。混联电路可以单独使某个用电器工作或不工作。混联电路的主要特征就是串联分压，并联分流。

混联电路图例如图 1-6 所示。

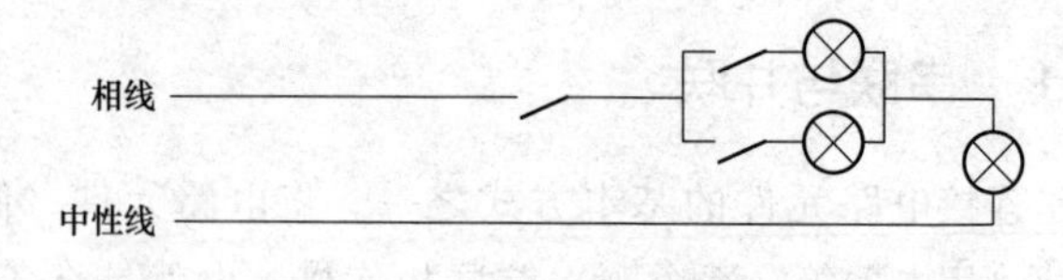

图 1-6　混联电路图例

1.8 单相交流电与三相交流电

正弦交流电是随时间按照正弦函数规律变化的电压、电流。

单相交流电是电路中只具有单一的交流电压，在电路中产生的电流、电压都以一定的频率随时间变化的单一电。其实，单相交流电是发电机单一线圈在磁场中运动旋转，旋转方向切割磁力线产生的。

生活中接触最多的就是市电家用220V单相交流电。

三相交流电是由发电机磁场里三个互成120°的绕组同时转动而产生的。每绕组连同其外部回路称为一相。

三相正弦交流电图例如图1-7所示。

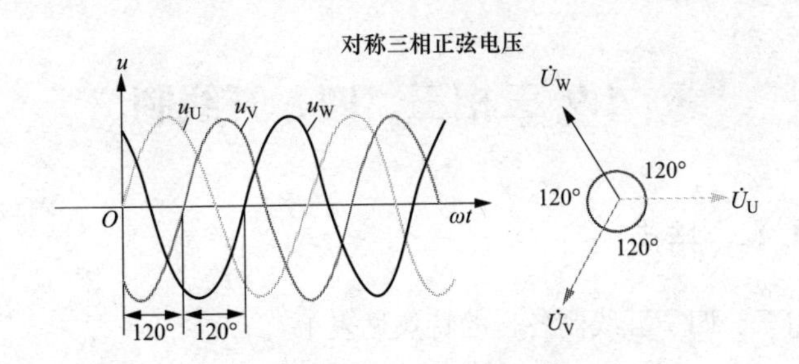

图1-7　三相正弦交流电图例

正弦交流电的特点见表1-6。

表1-6　　正弦交流电的特点

名称	特点
频率	频率就是交流电每秒交变的次数或周期，其用符号 f 表示，单位为Hz
角频率	角频率就是单位时间内的变化的相角弧度值，其用rad/s（每秒的角度）表示，符号为 ω
相位差	相位差就是在任一瞬时，两个同频率正弦交流电的相位之差
有效值	用与热效应相等的直流电流值来表示交流电流的大小，这个值就叫作交流电的有效值
瞬时值	电动势、电流、电压每瞬时的值称为瞬时值。其符号分别是电动势为 E、电压为 U、电流为 I

续表

名称	特点
最大值	瞬时值中最大值叫作交流电最大值，又叫作振幅，其符号分别是 E_m、I_m、U_m
周期	周期就是交流电每交变一次（或一周）所需要的时间，其用符号 T 表示，单位为秒，用字母 s 表示
相位	相位就是两个正弦电动势的最大值是不是在同一时间出现，又称为相角
初相位	初相位就是不同的相位对应不同的瞬时值，又称为初相角

1.9 三相三、四、五线制

1.9.1 特点

三相三、四、五线制各自的特点见表 1-7。

表 1-7　三相三、四、五线制各自的特点

名称	特点
三相三线制输电线路	三相电源一般接成星形，向输电线路引出 3 根相线
三相四线制Y-Y输配电系统	三相四线制输电线路，负载如果接成星形则构成Y-Y输配电系统
三相四线制输电线路	如果三相电源接成星形，向输电线路引 3 根相线与 1 根中线
三相五线制输电线路	如果三相电源接成星形，向输电线路引 3 根相线与 2 根中线，其中一根中线用于工作中线，另一根中线作为安全保护用
三相三线制Y-△输配电系统	三相三线制输电线路，负载如果接成三角形则构成Y-△输配电系统
三相三线制Y-Y输配电系统	三相三线制输电线路，负载如果接成星形则构成Y-Y输配电系统

1.9.2　应用

三相三、四、五线制各自主要应用场合见表 1-8。

表 1-8　　三相三、四、五线制各自主要应用场合

名称	应用场合
三相五线制	三相五线制将逐步取代三相四线制，主要用于保护接零的用电系统
三相三线制	三相三线制主要用于高压输电线路、对称三相负载的Y-Y系统与Y-△系统
三相四线制	三相四线制一般用于低压输配电系统，如工厂变配电所的变压器低压侧接成三相四线制

1.10 用电的类型

用电的类型有工业用电、民用用电、商业用电、非工业用电、稻田排灌用电、农业生产用电等，各自的特点如下：

（1）商业用电。在流通过程中企业专门从事商品交换（含组织生产资料流转）与为客户提供商业性、金融性、服务性的有偿服务，并且以营利为目的这些经营活动所需的一切电力叫作商业用电。

商业用电包括商业企业（百货商店、信托商店、贸易中心、粮店、货栈、饮食、旅业、照相、连锁店、超级商场、理发、洗染、浴池、修理）、物资企业、旅游、娱乐、金融、仓储、储运、房地产业的电力用电及信息业用电。

电力部门判断是否商业用电，原则上是根据房屋的用途来决定的。商业用电的电价比生活用电贵。

（2）居民用电。居民用电就是城镇居民住宅中正常的生活用电，包括居家的照明、家用电器用电、温度调节用电等。如果是举办家庭商业，其经营性用电执行商业用电分类。

农村的住宅用电也属于居民用电。

（3）工业用电。工业用电就是利用电力作为初始能源从事工业性产品（劳务）的生产经营活动的企业，运用物理、化学、生物等技术

进行加工、维持功能性活动所需要的一切电力。

采掘工业、加工工业、修理厂、电气化铁路牵引机车（不论企业经济性质，不论行业、主管部门的归属）等，生产经营用电均属于工业用电。

受电变压器总容量在 315kVA 以下受电者称为普通工业用电。受电变压器总容量在 315kVA 及以上者称为大工业用电。

工业用电企业用电是三相 380V 供电，或者直接高压电线进户。工业用电大多情况是使用三相电压。

工业用电与居民用电的区别在于工业用电大多使用三相电压，民用电一般采用的是单相 AC 220V。居民供电价格低，工业用电价格高。工业用电的电压往往高于居民用电。

（4）农业生产用电。农业生产用电就是指农村、农场、农业生产基地的电犁、打井、积肥、育秧、捕虫、非经营性的农民口粮加工、牲畜饲料加工、种植、栽培果树、蔬菜、植树造林、牲畜饲养、水产养殖、捕捞、灌溉抽水（除了稻田排灌用电）等用电。

（5）非工业用电。除工业用电、商业用电、稻田排灌用电、农业生产用电外的其他用电均列为（属于）非工业用电，具体包括邮电业、建筑安装施工用电、地质勘探的生产经营活动使用的电力、医院、学校、文化教育机构、非营利性的传媒机构、政府机关、社团使用电力、市政用电、部队军事、经营性的交通运输业（除电气牵引车外的铁路运输、公路运输、水上运输、民用航空、城市公共交通、装卸）用电。

（6）稻田排灌用电。稻田排灌用电就是指农场或乡村农户稻田排灌用电，具体包括固定的电动排灌站、临时使用的电动水泵为稻田排水与灌溉使用的电力。

1.11 强电与弱电

强电与弱电的区别见表 1-9。

表 1-9 强电与弱电的区别

项目	强电	弱电
用途	用于动力能源	用于信息传递
传输方式	以输电线路传输	传输分有线、无线。无线电一般以电磁波传输
电流大小	一般以 A（安）、kA（千安）计	一般以 mA（毫安）、μA（微安）计
功率大小	一般以 kW（千瓦）、MW（兆瓦）计	一般以 W（瓦）、mW（毫瓦）计
交流频率	一般为 50Hz（赫），也就是工频（强电中也有高频——数百 kHz 与中频设备，但是电压较高，电流也较大）	往往是高频或特高频，一般以 kHz（千赫）、MHz（兆赫）
电压大小	一般以 V（伏）、kV（千伏）计	一般以 V（伏）、mV（毫伏）计

1.12 电力系统与动力系统

电力系统就是由发电厂中的电气部分、各类变电所、输电/配电线路、各种类型的用电设备组成的统一体。具体组成部分的作用如下：

（1）发电厂，主要生产电能。

（2）电力网，主要变换电压、传送电能。其主要由变电所与电力线路组成。

（3）配电系统，主要将系统的电能传输给电力用户。

（4）用电设备，主要消耗电能。

（5）电力用户。高压用户额定电压一般在 1kV 以上，低压用户额定电压一般在 1kV 以下。

动力系统就是在电力系统的基础上，把发电厂的动力部分（例如水力发电厂的水库/水轮机、核动力发电厂的反应堆等）包含在内的一种系统。

通常将发电厂电能送到负荷中心的线路叫输电线路。负荷中心到各用户的线路叫配电线路。负荷中心一般设变电站。

电力系统中的动力系统与物业建筑中的动力系统是不同的。物业建筑中的动力系统主要是针对照明系统而言的以电动机为动力的设备及相应的电气控制线路、设备。高层建筑常见的动力设备有电梯、水泵、风机、空调电力等。

建筑中的动力受电设备一般需要对称的380V三相交流电源供电。使用对称的380V三相交流电源供的动力受电设备一般不需要中性线。

1.13 用电的办理

用电的相关办理方法见表1-10。

表1-10　用电的相关办理方法

项目	办理办法
低压用户用电的办理	用电需要用变压器容量在50kVA以下，或者用电负荷在50kW以下时，可以采用低压方式供电。 低压供电是指供电企业以380/220V的电压向低压用户供电。低压用户供电需要的专用输配电设施，需要自行投资建设。 低压供电低压用户新装或增容的办理流程如下：提交申请→供电方案审批→受电工程验收→营业手续办理→正式用电→各环节办理细则→申请提交。 新增用电需求时，可以直接到当地供电企业营业厅申请，以及提交以下资料：个人申请用电、产权人的身份证与复印件、产权证明与复印件、户名以产权证上的产权人登记。如果属于租用，还需要提供租赁合同、授权委托书、承租人的身份证复印件、申请设备容量清单等。 如果单位申请用电，则需要提供营业执照或机构代码证等原件与复印件、政府部门有关本项目立项的批复文件、负荷组成、用电设备清单等。 申请后，供电企业将会进行现场查勘，以及综合考虑用电需求与供电条件后，一般会书面答复供电方案。 受电工程竣工后，供电企业会及时组织验收。另外，供电企业一般会书面通知交纳营业费用，以及签订《供用电合同》后，为安装电表接通电源
改变供电电压等级的办理	改变供电电压等级也就是改压，即因一定的原因需要在原址改变供电电压等级。改压首先需要向供电企业提出申请。供电企业会根据下列规定办理。 (1) 改为低一等级电压供电时，改压后的容量不大于原容量，一般收取两级电压供电贴费标准差额的供电贴费。如果超过原容量，超过部分一般需要根据增容手续办理。 (2) 改为高一等级电压供电，并且容量不变者，一般免收其供电贴费。如果超过原容量，超过部分一般需要根据增容手续来办理。 (3) 改压引起的工程费用一般需要由用电户负担。如果由于供电企业的原因引起客户供电电压等级变化的，改压引起的相关外部工程费用则一般由供电企业负担

续表

项目	办理办法
改类用电手续的办理	用户改类用电，首先需要向供电企业提出申请，供电企业一般会根据下列规定办理。 1）在同一受电装置内，电力用途发生变化而引起用电电价类别改变时，允许办理改类手续。 2）不允许擅自改变用电类别。 3）改变用电类别，需要首先办理更名业务，也就是首先申请、提交相关资料、提供改类依据等，然后供电企业一般会到现场核查用电性质与当前电能表读数。最后，供电企业才签订变更用电业务相关事宜
居民用电的办理	居民用电就是指家庭生活照明、家用电器设备用电的城乡居民用电。居民用电一般供电电压为单相220V，特殊情况下也可以为380V。目前，一般采用一户一表用电安装方式。 居民用电新装或增容的办理的程序如下：提交申请→现场查勘→营业手续办理→正式用电。 新增用电需求时，可以直接到当地供电企业营业厅申请，还可能需要提供以下资料：合表用户申请一户一表、办理者与产权所有者的身份证原件及复印件、房产证或购房合同及复印件、近期合用表的电费发票或复印件、户名以产权证所有者登记等。 一户一表申请新装或增容可能需要提供以下资料：办理者与产权所有者的身份证原件及复印件、增容需最近一次电费发票或复印件、大容量家用电器情况等。 房屋租赁户申请新装可能需要提供以下资料：户主的授权委托书、产权证明、租赁合同、承租人的身份证原件及复印件、户名以委托代理人登记等。受理申请后，供电企业一般会进行现场查勘，确定供电方案。确认具备供电条件后，一般会通知交纳营业费用，以及装表接电等工作
临时用电的办理	基建工地、农田水利、市政建设、抢险救灾等非永久性用电，供电企业可供给临时电源，也就是可以办理临时用电。 办理临时用电手续时，需要注意以下事项。 (1) 临时用电期限除经供电企业核许外，一般不得超过6个月。如果逾期不办理延期或永久性正式用电手续的，供电企业有权终止供电。 (2) 在供电前，供电企业需要按临时供电的有关内容与临时用电户签订临时供用电合同。 (3) 临时用电需要根据规定的分类电价，装设计费电能表收取电费。如果因紧急任务或用电时间较短，也可以不装设电能表，但是按用电设备容量、用电时间、规定的电价计收电费。 (4) 使用临时电源的用户不得向外转供电，也不得转让给其他用户，供电企业也不受理其变更用电事宜。如果需要改为正式用电，则需要根据新装用电办理

续表

项目	办理办法
新建房屋用电的办理	新建房屋用电，需要到当地营业厅办理低压用电申请，以及提供以下书面材料：户主的身份证及复印件、政府相关部门有关建设批复证明、建筑总平面图和地理位置图、填写《低压用电申请书》等。 低压用电申请书的内容包括用户户名、用电地点、项目性质、申请容量、要求供电的时间、联系人、联系电话等。 供电公司制订供电方案后，并且通知申请方。然后可以采购工程所需的设备材料，以及委托具有施工资质的施工单位根据供电方案进行施工。最后，供电公司对工程进行检查验收合格后，才能够签订供用电合同，以及装表接电
永久用电新装、增容业务的办理	（1）单位报装。单位报装包括公司、企业、机关、事业单位、其他组织、新成立的企业需要办理新装、增容业务。一般先需要提供相应的申办用电业务基本资料。如果属于特殊行业，还需要提供相关政府部门的批复文件，以及根据要求填写用电申请表与用电设备清单等。 （2）租赁经营户报装。一般先需要向供电企业提供相应的申办用电业务基本资料、租赁合同、业主担保协议、业主身份证明等资料。 （3）住宅用电报装。 如果是业主报装，则需要向供电企业提供相应的申办用电业务基本资料，以及填写申请表。 如果是租住户报装，则个人住宅租住户用电需要由业主办理，然后根据业主报装进行报装。 （4）住宅小区报装。 如果是业主购房后，自行办理的，则与业主报装一样。 如果是委托开发商或物业公司办理的，则需要提供开发商或物业公司的申办用电业务基本资料、业主委托书、开发商的《（预）售房许可证》或物业管理公司的《物业管理合同》。 如果是以开发商或物业管理公司名义统一报装的，一般只适用在房地产项目销售前必须装表用电的情况，需要提供相应的申办用电业务基本资料。 如果开发商对住宅小区，其永久供电方案需要在办理临时基建用电时一同落实。开发商并且需要提供已确定的永久供电方案资料与申办用电业务基本资料

1.14 电的相关术语

电的相关术语见表 1-11。

表 1-11　　电的相关术语

名称	具体内容
3C认证	3C认证，即CCC认证，也就是“中国强制认证”，英文全称为“China Compulsory Certification”。CCC认证是国家认证认可监督管理委员会根据《强制性产品认证管理规定》制定的，其标志为“CCC”。 目前的“CCC”认证标志分为以下四类。 CCC+S——安全认证标志。 CCC+EMC——电磁兼容类认证标志。 CCC+S&E——安全与电磁兼容认证标志。 CCC+F——消防认证标志
U相、V相、W相	在三相交流发电机中，有三个相同的绕组，三个绕组的始端分别用U1、V1、W1表示，末端分别用U2、V2、W2来表示。U1U2、V1V2、W1W2三个绕组分别称作U相、V相、W相绕组。U相、V相、W相绕组则分别对应着U相、V相、W相
安全电流	安全电流就是电气线路中允许连续通过而不至于使电线过热的电流量。安全电流又称安全载流量
安全隔离变压器	安全隔离变压器为通过至少相当于双重绝缘或加强绝缘的绝缘使输入绕组与输出绕组在电气上分开的变压器。这种变压器是为以安全特低电压向配电电路、电器或其他设备供电而设计的
安全阻抗	安全阻抗是指连接于带电部分与可触及的导电部分之间的阻抗，其值可在设备正常使用、可能发生故障的情况下，把电流限制在安全值以内，并在设备的整个寿命期间保持其可靠性
摆脱（电流）阈值	摆脱（电流）阈值是指在给定条件下，手握着电极的人能够摆脱的最大电流值
保护导体	保护导体是为防止发生电击危险而与裸露导电部件、外部导电部件、接地电极接地装置等进行电气连接的一种导体
保护继电器	保护继电器可以单独组成保护装置，也可以与其他量度继电器相结合组成保护装置的一种量度断电器。保护继电器反映被保护对象的异常情况，按预定要求动作，发出警报信号或切除故障
保护接地	保护接地是指把在故障情况下可能出现危险的对地电压的导电部分同大地紧密地连接起来的一种接地
避雷器	避雷器就是保护电气设备免受瞬态过电压的危害，限制续流的持续时间和幅值的一种装置
布线系统	布线系统是指一根电线或者多根电线以及固定它们的部件的组合

续表

名称	具体内容
触电	电流通过人身体流向大地或通过心脏形成回路就是触电。触电主要原因是人的身体碰到带电物体绝缘不良的地方、带电体上或者存在跨步电位差的地方
触电电流	触电电流是指通过人体或动物体并具有可能引起病理、生理效应特征的电流
导管	导管是在电气安装中用来保护电线或电缆的圆形或非圆形的布线系统的一部分。导管只能从纵向引入而不能从横向引入。根据所用材料可以分为金属导管（由金属材料制成的导管）与绝缘导管（没有任何导电部分，由绝缘材料制成的导管）
电磁场伤害	电磁场伤害是指人体在电磁场作用下吸收能量受到的伤害
电磁辐射	电场与磁场的交互变化会产生电磁波。电磁波向空中发射或泄漏的现象或能量以电磁波形式由辐射源发射到空间的现象叫电磁辐射。电磁辐射来源于天然辐射（主要包括地球热辐射、太阳热辐射、宇宙射线、雷电等）与人工辐射（主要包括广播、电视、雷达、通信基站、生活中的应用设备等）
电能表	电能表（俗称电表）是用来计量每个家庭用电量的计量工具
电击	电击是指电流通过人体或动物体而引起的病理、生理效应
电气事故	电气事故是由电流、电磁场、雷电、静电、某些电路故障等直接或间接造成建筑设施、电气设备毁坏、人、动物伤亡，以及引起火灾、爆炸等后果的事件
动力电	用电可以分为动力用电与家用电。其中，动力用电就是平时所说的380V电源，主要是工厂等用电。 动力设备功率较大，因此，动力电一般为三相电
短路	短路是指通过比较小的电阻或阻抗，偶然地或有意地对一个电路中在正常情况下处于不同电压下的两点或几点之间进行的连接
对地电压	对地电压是指带电体与大地之间的电位差
对地过电压	对地过电压是指高于正常对地峰值电压，以峰值电压表示的对地电压
防滴	防滴是指防止垂直的滴水进入外壳的水量达到对电气产品产生有害影响的防护
防溅	防溅是指防止任何方向的溅水进入外壳的水量达到对电气产品产生有害影响的防护

续表

名称	具体内容
防浸水	防浸水是指当电气产品在规定的压力和时间下浸在水中时，能防止进入其外壳的水量达到对产品产生有害影响的防护
感知（电流）阈值	感知（电流）阈值是指在给定条件下，电流通过人体，可引起任何感觉的最小电流值
高压、低压、安全电压	根据电力部门相关规定：凡对地电压在250V以上者为高压，对地电压在250V以下者为低压。无特殊情况下，36V及以下的电压为安全电压。工作场所潮湿或在安全金属容器内、隧道内、矿井内的手提式电动用具或照明灯，安全电压为12V
过（电）流保护	过（电）流保护是指电流超过预定值时，使保护装置动作的一种保护方式
过（电）压保护	过（电）压保护是指电压超过预定值时，使电源断开或使受控设备电压降低的一种保护方式
过电流	过电流是指超过额定电流的电流。过电流具有一定的危害
过电压	过电压是指超过额定电压的电压。过电压具有一定的危害
过载电流	过载电流是指在没有电气故障情况下电路中发生的过电流
回路	回路就是指同一个控制开关及保护装置引出的线路，包括相线、中性线或直流正、负2根电线，且线路自始端至用电设备器具之间或至下一级配电箱之间不再设置保护装置
家用电	家用电就是家庭生活用电。一般生活用电功率小，因此，一般是单相交流220V
直接接触	直接接触是指人或动物与带电部分的接触
间接接触	间接接触是指人或动物与故障情况下变为带电的外露导电部分的接触
接触电压	接触电压是指绝缘损坏时，同时可触及部分之间出现的电压
接地电抗器（单相中性点）	接地电抗器就是连接在变压器中性点与地之间的电抗器，用于在系统发生故障时限制线对地电流
接地电阻	接地电阻是指被接地体与地下零电位面的接地极之间接地引线电阻、接地极电阻、接地极与土壤之间的过渡电阻、土壤的溢流电阻之和
接地故障	接地故障是指由于导体与地连接或对地绝缘电阻变得小于规定值而引起的故障

续表

名称	具体内容
介质击穿	介质击穿是指固体、液体、气体介质及其组合介质在高电压作用下，介质强度丧失的现象。破坏性放电时，电极间的电压迅速下降到零或接近于零
静电	静电就是在宏观范围内暂时失去平衡的相对静止的正、负电荷。静电的形成具有感应起电、破断起电、摩擦起电等
绝缘故障	绝缘故障是指绝缘电阻的不正常下降
连锁机构	连锁机构英文为 interlocking device，其为在几个开关电器或部件之间，为保证开关电器或其部件按规定的次序动作或防止误动作而设计的机械连接机构
中性线	中性线是变压器中性点引出的线路，与相线构成回路对用电设备进行供电。交流电源线分为中性线与相线。相线与中性线保持呈正弦振荡式的压差，其中中性线总与大地的电位相等。 家庭用电的电源线是由 3 根线组成的，一根称为相线（俗称火线），一根称为中性线，一根称为地线。家庭用电的相线与中性线间的电压为 220V。 家用两插孔的插座里一根相线、一根中性线。如果用试电笔能够测出带电的则为相线，不带电的则为中性线。三插孔的插座里一根相线、一根中性线、一根地线。 相线与中性线接反，会埋下用电安全隐患。因此，应正确区分后再接
漏电	漏电就是线路的某一个地方因某种原因使电线的绝缘下降，导致线与线、线与地有部分电流通过的一种现象
灭弧装置	灭弧装置英文为 arc-control device，其为围绕着机械式开关的弧触头，用以限制电弧并帮助电弧熄灭的装置
耐故障能力	耐故障能力是指电气装置承受规定的电气故障电流的作用而不超出规定的损坏程度的一种能力
三相交流电路	三相交流电路就是由三相交流电源供电的电路，即由三个频率相同、最大值（或有效值）相等、在相位上互差 120°电角的单相交流电动势组成的电路。目前，电力系统普遍采用三相交流电源供电。家庭供电一般不采用，一些企业电力电也采用三相交流电路
三相三线制	由三根相线所组成的输电方式称三相三线制，一般在高压输电时采用得较多的一种方式
三相四线制	由三根相线与一根地线所组成的输电方式称三相四线制，一般低压配电系统中采用该种方法

续表

名称	具体内容
事故电流	事故电流是指由绝缘损坏或绝缘被短接而造成的电流
线电流	线电流就是流过每根相线上的电流
线电压	三相负载的线电压就是两根相线之间的电压，也就是电源的线电压
相电流	相电流就是流过每相负载的电流叫相电流
相电压	每相负载两端的电压称作负载的相电压，在忽略输电线上的电压降时，负载的相电压就等于电源的相电压

1.15 给水排水相关术语

给水排水相关术语见表1-12。

表1-12　给水排水相关术语

名称	具体内容
额定工作压力	额定工作压力是指锅炉及压力容器等设备出厂时所标定的最高允许工作压力
辅助设备	建筑给水、排水及采暖系统中，为满足用户的各种使用功能和提高运行质量而设置的各种设备
高位水箱供水	如果室外给水管网中的水压周期性地不足，则可以采用高位水箱供水方式
给水附件	给水附件包括阀门、水嘴、过滤器等
给水局部处理设备	建筑物所在地点的水质不符合要求、高级宾馆、涉外建筑给水水质要求超出我国现行标准的情况下，需要设置给水深处理设备、局部进行给水深处理
给水配件	在给水、热水供应系统中，用以调节、分配水量和水压，关断、改变水流方向的各种管件、阀门、水嘴的统称
给水系统	通过管道及辅助设备，按照建筑物、用户的生产、生活、消防的需要，有组织地输送到用水地点的网络
固定支架	限制管道在支撑点处发生径向和轴向位移的管道支架

续表

名称	具体内容
管道配件	管道与管道或管道与设备连接用的各种零、配件的统称
建筑中水系统	以建筑物的冷却水、沐浴排水、盥洗排水、洗衣排水等为水源，经过物理、化学方法的工艺处理，用于厕所冲洗便器、绿化、洗车、道路浇洒、空调冷却、水景等的供水系统为建筑中水系统
卡套式连接	由带锁紧螺母和丝扣管件组成的专用接头而进行管道连接的一种连接形式
排出管	排出管是用来收集一根或几根立管排出的污水，以及将其排到室外排水管网中去。排出管是室内排水立管与室外排水检查井间的连接管段，其管径不得小于其连接的最大立管管径
排水横支管	排水横支管的作用是将器具排水管都送来的污水转输到立管中去。排水横支管需要具有一定的坡度，并且坡向立管
排水立管	排水立管是用来收集其上所接的各横支管排来的污水，然后再排到排出管
排水系统	通过管道及辅助设备，把屋面雨水、生活和生产过程所产生的污水、废水及时排放出去的网络
气压罐供水	如果室外给水管网中的水压经常不足而室内又不能够设置高位水箱，则可以采用气压罐供水方式。 气压罐供水是用水泵自吸水池吸水送入充满压缩空气的密闭罐内，然后靠压缩空气的压力，向各用水点供水
器具排水管	器具排水管是指连接卫生洁具与排水横支管间的短管。除了坐便器，其他的器具排水管均应需要设水封装置
清通设备	为了疏通排水管道，在室内排水系统中，一般均需设置清扫口、检查口、检查井等清通设备
热水供应系统	为满足人们在生活、生产过程中对水温的某些特定要求而由管道及辅助设备组成的输送热水的网络
升压、贮水设备	外网不能满足建筑物水压、水量要求时，需要设置水泵、水箱、气压装置、水塔等升压、贮水设备
试验压力	管道、容器或设备进行耐压强度、气密性试验规定所要达到的压力
室内管道	室内管道包括水平、垂直干管、立管、水平支管、立支管等，用于室内用水的输送、分配
室内消防设备	根据建筑物的防火要求及规定，需要设置消防给水系统时，设置消火栓灭火系统或装设自动喷水灭火系统
室外给水管网直接供水	如果室外给水管网能够保证最不利点的卫生器具和用水设备连续工作所需要的水压、水量，则可以直接用作室内生活或生产给水系统的水源

续表

名称	具体内容
水泵连续运转供水	现代一些高层建筑，多采用吸水池贮水，用自动化装置控制水泵与保持管内水压
水表节点	水表节点包括水表及其前后的阀门、旁通阀、泄水装置等。设置在引入管段的阀门井内，用于计量室内给水系统的总用水量
通气管系统	通气管的作用是把管道内产生的有害气体排到大气中，以免影响室内的环境卫生，减轻废水、废气对管道的腐蚀，以及在排水时向管内补给空气，减轻立管内的气压变化幅度，防止洁具的水封受到破坏。通气管系统的管径不得小于其并排连接的最大立管管径
卫生器具	卫生器具又称为卫生洁具、卫生设备，其是供水，以及接受、排出污废水或污物的容器或装置。卫生器具是建筑内部排水系统的起点，也是用来满足日常生活、生产过程中各种卫生要求，收集、排除污废水的一种设备
引入管	引入管是把室内管道与室外管网连接起来，一般是在其与室外管网连接处设阀门井
由加压水泵、高位水箱供水	如果室外给水管网的水压经常不足，以及用水量很不均匀，则必须用水泵加压，以及由水箱调节储存。为了防止用水泵直接自室外管网吸水，影响相邻建筑的正常供水，则一般需要设吸水池
阻火圈	由阻燃膨胀剂制成的，套在硬塑料排水管外壁可在发生火灾时将管道封堵，防止火势蔓延的套圈

1.16 短　路

短路就是在电气线路上，由于某种原因相接或相碰，产生电流忽然增大的现象。

相间短路就是相线之间相碰引起的短路现象。短路电流是指在电路中，由于故障而造成短路时所产生的过电流。

对地短路就是相线与地线、相线与接地导体或与大地直接相碰引起的短路现象。

造成短路的主要原因：

（1）线路安装错误造成的短路。

（2）线路老化，绝缘破坏。

（3）小动物跨接在裸线上。

（4）电源过电压，造成绝缘击穿。

（5）人为的多种乱拉乱接造成的。

1.17 过　　载

过载是指电气设备或导线的功率或电流超过其额定值。一般导线最高允许工作温度为 65℃。如果发生过载，则温度会超过允许工作温度，绝缘会迅速老化，甚至发生线路燃烧等现象。

发生过载的主要原因有导线截面选择不当，即实际负载超过导线的安全电流、超过了配电线路的负载能力。

线路过载保护一般应采用自动开关。运行时，自动开关长延时动作整定电流不应大于线路长期允许负载电流。在采用自动开关作保护装置时，它的电流脱扣器安装特点与要求：

（1）中性点接地的三相四线制中，应装在相线上。

（2）中性点不接地的三相四线制中，允许安装在二相上。

（3）不接地的二相二线制中，允许安装在一相上。

1.18 铜芯电线与铝芯电线负荷的计算

1.18.1　铜芯电线负荷的计算

室内照明线路一般由电源、导线、开关、灯具等组成。

电缆是具有单根或多根导线连接器或光纤的密封护套可以单根或成组使用。住宅电气线路一般采用只有一层塑料绝缘的铜芯电线，它通常穿于塑料管或钢管之中暗敷在墙内。

电线内铜芯的截面就是电线截面。

电线截流量就是指电线在常温下持续工作并能保证一定使用寿命的工作电流大小。电线截流量的大小与其截面积的大小有关：导线截面越大，其所能通过的电流也越大。

若线路电流超过载流量，其使用寿命会大大缩短。如果不及时更换电线，则可能引起各种电气事故。

铜芯电线负荷可以根据下列公式粗略来估算

铜芯电线负荷＝电压×横截面积×电流系数

式中　电流系数——线管中根据空间大小为6～8A，空气中大约为10A，直接埋入水泥大约为5A；

电压——一般就是市电220V；

横截面积——使用的铜芯电线的横截面积，mm^2。

也可以根据下列公式粗略估算

功率＝电压×电流，以及铜芯电线功率＞最大用电总功率

还可以根据下列经验粗略估算：1mm^2铜芯允许通过5～10A电流。不同应用环境有所差异，对于家装而言，考虑暗敷、未来家庭用电高峰期、添置电器及保险起见，定于1mm^2铜芯允许通过5A、6A估算，则基本上达到要求。

1.18.2　铝芯电线负荷的计算

铝芯电线负荷可以根据表1-13铝芯电线计算负载电流值计算。

表1-13　　铝芯电线计算负载电流值

铝芯线横截面积/mm^2	允许长期电流/A
2.5	13～20
4	20～25
6	25～32

也可以根据比铜芯电线允许电流小来估算。另外就家装而言，不允许采用铝芯电线。

1.19 相线与中性线

相线与中性线连接时的要求见表1-14。

表 1-14　　相线与中性线连接时的要求

项目	具体内容
禁忌相线与地线接反	相线与地线接反了，很危险！ 正常的地线一般是与电器的外壳连接，如果相线与地线接反，则用电器外壳带电，则容易引发触电事故。当然，用电器也不能够正常使用
禁忌相线与中性线接反	相线与中性线接反有时不会立即有明显征兆，但是，容易引发触电是不争的事实，可能会导致一些家用电器不能正常工作。如使荧光灯在关灯后也出现微弱闪光的现象
禁忌中性线与地线接反	中性线与地线接反了，很危险！ 家中一般均具有二孔插头、三孔插头，用电器也具有二线插头的、三线插头的。如果二线插头的设备的电源相线、中性线接反或使用中插错位置，则造成相线、中性线短路，造成事故，引发危险

1.20 漏电与触电

1.20.1 防范

泄漏的电流在流入大地途中，如遇电阻较大的部位，则产生局部高温，致使附近的可燃物着火，引起火灾。防范漏电，必须在设计、选材、安装上重视以下方面：

（1）施工规范、正确。

（2）导线与电缆的绝缘强度不应低于网路的额定电压。

（3）特殊场所内，严禁绝缘导线明敷，应使用套管布线等特殊要求。

（4）经常检查线路的绝缘情况。

（5）安装漏电保护器

1.20.2 触电原因表现

家庭电路中的触电常见的原因，主要是人误与相线接触、自以为与大地绝缘实际与地为连通等。具体表现为：

（1）湿手接触开关触电。

（2）电器外壳未按要求接地，其内部相线外皮破坏接触了外壳。

（3）相线的绝缘皮破坏，裸露处人体被直接接触了。

（4）人体接触其他导体，间接触电。

（5）中性线与前面接地部分断开以后，与电器连接的原中性线部分通过电器与相线连通转化成了相线。

1.20.3 避免触电的措施

（1）电线有老化与破损时，要及时修复。

（2）不采用伪劣电线。

（3）在不得不带电操作时，要注意与地绝缘，并尽可能单手操作。

（4）开关应接在相线上。

（5）室内电线不要与其他金属导体接触。

（6）不站在潮湿的桌椅上接触相线。

（7）接触电线前，先用总电闸断开线路。

（8）电器该接地的地方一定要按要求接地。

（9）安装螺口灯的灯口时，相线接中心、中性线接外皮。

（10）不用湿手扳开关、换灯泡。

（11）不用湿手插、拔插头。

1.21 配线

照明线路与动力线路配线主要方式见表1-15。

表1-15 照明线路与动力线路配线主要方式

类型	配线主要方式
照明线路	槽板配线、护套线配线、瓷夹板配线、管道配线
动力线路	护套线配线、电线管配线、瓷瓶配线

1.22 光谱

1.22.1 光谱的波长

可见光谱的波长为380～780nm，具体如图1-8所示。

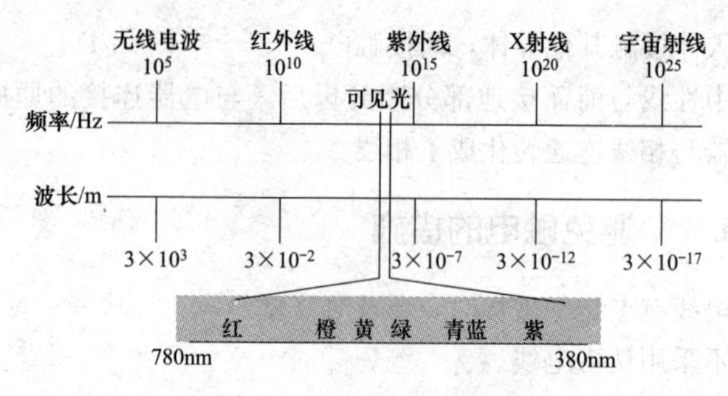

图 1-8 可见光谱的波长

1.22.2 光谱颜色、波长与范围的关系

光谱颜色、波长与范围的关系见表 1-16。

表 1-16 光谱颜色、波长与范围的关系

颜色	波长/nm	范围/nm
橙	620	600～640
红	700	640～750
黄	580	550～600
蓝	470	450～480
紫	420	400～450

1.23 光的相关术语

光的相关术语见表 1-17。

表 1-17 光的相关术语

名称	具体内容
背景灯	背景灯就是给室内造成一种反射光源以求增加室内空间层次感等特殊气氛的灯
发光强度	发光强度就是光源在某一方向单位立体角内所发出的光通量。发光强度的单位是坎德拉（cd）
光墙	光墙就是整片均发光的墙体，是一种特效墙壁
光通量	光通量就是按人眼的光感觉来度量的辐射功率，一般用符号 Φ 表示。光通量的单位名称为流明（lm）。 当 λ＝555nm 的单色光辐射功率为 1W 时，产生的光通量为 683lm。 照度与光通量、照明表面面积的关系如下： 照度（lm/m^2）＝光通量（lm）÷照明表面面积（m^2）

续表

名称	具体内容
绝对黑体	绝对黑体就是指不透射、不反射，完全吸收入射辐射的物体。因此，绝对黑体又叫作全辐射体。自然界不存在绝对黑体
冷色光	冷色光就是给人以宁静、寒冷的感觉。冷色光一般是高色温光源。色温＞5300K 为冷色
暖色光	暖色光就是给人以热情、兴奋的感觉的光源。暖色光一般是低色温光源。色温＜3300K 为暖色
色温	光源的色温就是光源的可见光谱与某温度的绝对黑体辐射的可见光谱相同或相近时，绝对黑体的温度。 色温单位一般以绝对温度开氏度（K）表示。色温与光源的实际温度无关。 低色温与高色温光源所呈光源的颜色如下： 低色温光源一般是呈现红、橙、黄色的光源。 高色温光源一般是呈现蓝、绿、紫色的光源。 白炽灯与荧光灯的色温如下： 100W 白炽灯——2750K 40W 荧光灯——6600K 三基色荧光灯——4000K
视觉度	视觉度就是人眼对不同波长的可见光，在相同的辐射量时有不同的明暗感觉的一种视觉特性。视觉度一般以光通量作为基准单位来衡量
显色性	显色性就是光源射到物体上呈现物体颜色的程度。显色性越高，则光源对颜色的表现就越好
照度	照度就是被光照的某一面上其单位面积内所接收的光通量。照度的单位是勒克斯（lx）。 如果照度不恰当： 照度过低——会影响视力、思考能力降低、记忆力下降等现象。 照度过高——会造成视觉疲劳。 色温与照度的关系：色温可以影响室内的气氛，因此，光源的色温要与照度相适应，一般是色温随着照度增加，色温也要相应提高

1.24 电 光 源

1. 24. 1　概述

照明电光源的发展经历：第 1 代为热辐射光源，第 2 代为气体放电光源，第 3 代为节能气体放电光源，第 4 代为新光源。

各代照明电光源的特点见表 1-18。

表 1-18　　各代照明电光源的特点

	类别	灯种	开发年代	光效（lm/W）	平均寿命（小时）	优缺点	应用
第1代	热辐射光源	白炽灯	1879	9～34	500～1000	光线柔和、稳定，成本低；光效低，寿命短	室内外
		卤钨灯	60～70	20～50			
第2代	气体放电光源	荧光灯	1938	40～50	5000	光效较高、显色性提高	室内
		低压钠灯	30～40	54～144		包单一、显色性差	道路、隧道
		高压汞灯	50～60	40～50			室内、泛光照明
		大功率氙灯					
第3代		细管径荧光灯（T8、T5）	70～95	50～105	5000～20000	三基色、体积小、寿命长；功率小	室内
		紧凑型荧光灯	70末				
		高压钠灯	66～80	55～140		显色性好（>60）、光色多、光效高；寿命长	道路、场馆照明工程
		金属卤化物灯	60～90	80～125			
第4代新光源	耦合放电	高频无极灯	90	55～65	>40000	光效高、显色性好、寿命长、功率小	室内外
		螺旋一体灯			10000		
		陶瓷金卤灯				光效高、光性能稳定	
	介质放电	紫外光源	90末		6000～12000	光效高、性能稳定；	
	表面放电	平面荧光灯		27		光均匀、无汞	
	微波放电	微波金卤灯	90末	80～110	>30000	寿命长；功率低、成本高	
		微波准分子灯				光效高、寿命长；结构复杂、成本高	
		微波硫灯					
	场致发光	场致发光屏	50		>100000		
		发光二极管	70			寿命长、结构牢固	

光源可以分为自然光源与人工光源。其中，人工光源又可以分为热发光光源、气体放电光源。人工光源就是常讲的电光源。常见电光源的种类如图1-9所示。

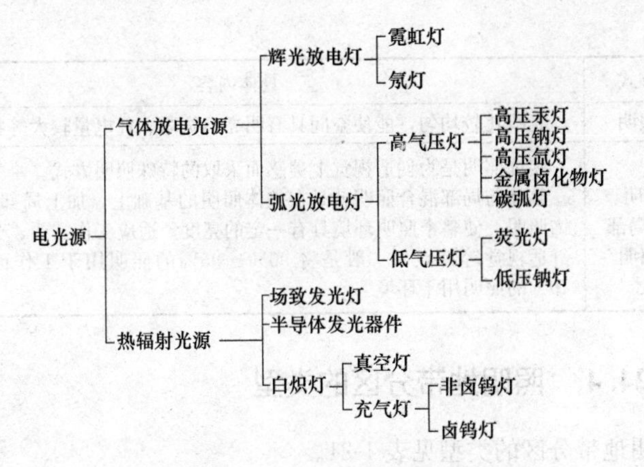

图 1-9 常见电光源的种类

1.24.2 家装中常见的光源

家装中常见的光源见表 1-19。

表 1-19 家装中常见的光源

类型	具体内容
辅助式光源	该类型的光源主要可以调和光差，光呈散性
集中式光源	灯光的特点：直射照射在某一区域。该类型的光源有利于集中注意等作用。该类型的光源所用灯一般具有遮盖物或冷却风孔，而且所用灯罩一般为不透明的。 因此，在书房、用餐、烹调等功能间一般要设计采用该类型的光源。但是要明确长时间在这种光源下，眼睛容易疲劳
普照式光源	该类型的光具有提升一定亮度的作用，一般属于主照明、主灯

1.24.3 家装中灯具布置方式

家装中灯具布置方式见表 1-20。

表 1-20 家装中灯具布置方式

布置方式	具体内容
成角照明	利用特别设计的反射罩，使光线射向主要方向
局部照明	在工作区设置局部灯光。具有节能、不干扰其他区域等特点

续表

布置方式	具体内容
整体照明	光线比较均匀，能使空间具有明亮、宽敞、耗电量较大等特点
装饰照明、整体与局部混合照明	装饰照明是为创造视觉上美感而采取的特殊照明方式。 整体与局部混合照明就是在整体照明的基础上，加上局部照明与装饰照明。使整个照明环境具有一定的亮度、适应工作需要、节约电能、舒适视觉等特点。一般是将90%～95%的照明用于工作面，5%～10%的照明用于环境

1.24.4 照明地带分区的类型

照明地带分区的类型见表1-21。

表1-21　照明地带分区的类型

类型	具体内容
使用地带	使用地带的工作照明是具有一定最低照度标准要求的
天棚地带	应用：一般照明或工作照明。位置：天棚。天棚地带是最常用、最重要的位置
周围地带	为考虑避免眩光，周围地带的亮度应大于天棚地带。周围地带为所有侧面

1.24.5 不同作业工作面的照度要求

不同作业工作面的照度要求见表1-22。

表1-22　不同作业工作面的照度要求

照度范围/lx	类型	举例
>2000	极精细视觉作业	微电子装配、外科手术
100～200	非连续工作房间	储藏、衣帽间
1000～2000	特殊要求的作业	手工雕刻
20～50	室外入口	—
200～500	有简单视觉要求	粗加工、讲堂
300～750	中等视觉要求	办公室、控制室
50～100	交通区	—
500～1000	较高视觉要求	缝纫、绘图室
750～1500	难度很高视觉作业	精密加工、颜色辨别

1.24.6 光源颜色

人工光源的光色，一般以显色指数（*Ra*）表示。

Ra 最大值——100。

显色性优良——*Ra* 为 80 以上。

显色性一般——*Ra* 为 79～50。

显色性差——*Ra* 为 50 以下。

常用照明灯具的显色指数见表 1-23。

表 1-23　　常用照明灯具的显色指数

类型	显色指数（*Ra*）	类型	显色指数（*Ra*）
白炽灯	97	高压汞灯	20～30
白色荧光灯	55～85	氙灯	90～94
高压钠灯	20～25	卤钨灯	95～99
日光色灯	75～94	—	—

光源颜色选择需要根据室内空间的功能要求结合来选择，一些地方的光源颜色的选择见表 1-24。

表 1-24　　光源颜色的选择

空间	光源
办公室	冷色光源
病房	冷色光源
寒冷的地区	暖色光源
教室	冷色光源
剧院	暖色光源
温暖的、炎热的地区	冷色光源
舞厅	暖色光源

不同的光色与照度的匹配给人的感受是不同的，具体见表 1-25。

表 1-25 不同的光色与照度的匹配给人的感受

照度（lx）	暖色	中间	冷色
＜500	舒适	中等	冷
500～1000	↕	↕	↕
1000～2000	刺激	舒适	中等
2000～3000	↕	↕	↕
≥3000	不自然	刺激	舒适

1.24.7 眩光

眩光就是由视野中出现过高的亮度或过大的亮度比，所造成的视力不适或视力减低的现象。眩光与人的视觉、光源的亮度有关。强光直射人眼引起的直射眩光，需要采取一定的遮挡的办法，才能够保护眼睛。

眩光的直射眩光和反射眩光种类，具体特点见表 1-26。

表 1-26 眩光的种类

项目	具体内容
直射眩光	光源发出的光线直接射入人眼
反射眩光	具有光泽的桌子、镜子、墙面等物面上反射的光刺入人眼

视线与光源角度与眩光程度的对应关系见表 1-27。

表 1-27 视线与光源角度与眩光程度的对应关系

角度	眩光程度
0°～14°	极强烈眩光区
14°～27°	强烈眩光区
27°～45°	中等眩光区
45°～60°	微弱眩光区
60°以外	无眩光区

人工光源眩光的控制方法包括降低光源的亮度、移动光源位置和隐蔽光源等。

1.24.8 亮度

亮度就是指发光体在视线方向单位面积上的发光强度。常见的照明方式见表1-28。

表1-28 常见的照明方式

照明方式	具体内容
半间接照明	该照明方式是半透明的灯罩装在光源下部，60%以上的光线射向平顶，10%～40%部分光线经灯罩向下扩散。该照明方式能够产生比较特殊的照明效果。该照明方式家装中小空间照明
半直接照明	该照明方式是半透明材料制成的灯罩罩住光源上部，60%～90%以上的光线集中射向工作面。该照明方式常用于较低的房间的一般照明。该照明方式可以产生较高的空间感
间接照明	该照明方式是将光源遮蔽而产生的间接光的照明方式90%～100%的光通量通过天棚或墙面反射作用于工作面，10%以下的光线则直接照射工作面。该照明方式与其他照明方式配合使用，可得到一些特殊效果
漫射照明	该照明方式是利用灯具的折射功能来控制眩光，将光线向四周扩散漫散。该照明方式可以应用于卧室的照明
直接照明	该照明方式属于直接照明，光线通过灯具射出，其中90%～100%的光通量到达工作面上。该照明方式具有强烈的明暗对比

一般认为，使用地带的照明与天棚、周围的照明之比为2～3∶1。室内各部分最大允许亮度比一般情况见表1-29。

表1-29 室内各部分最大允许亮度比

项目	亮度比
光源与背景	20∶1
视力作业与附近工作面	3∶1
视力作业与周围环境	10∶1
视野范围内最大亮度	40∶1

1.25 触　电

1.25.1 触电的概述

触电就是电流通过人体，与大地或其他导体形成闭合回路。触电对人体的伤害主要有电击、电伤等种类。它们的特点见表1-30。

表1-30　　触电事故的种类

类型	种类	具体内容
电击	直接接触电击	电流直接通过人体的伤害称为电击。电流通过人体内部会造成人体器官的损伤，会破坏人体内细胞的正常工作。直接接触电击是触及设备与线路正常运行时的带电体发生的电击，又称为正常状态下的电击
	间接接触电击	间接接触电击是触及正常状态下不带电，而当设备或线路故障时意外带电的导体发生的电击，又称为故障状态下的电击
电伤	电流灼伤	电流灼伤是人体与带电体接触，电流通过人体由电能转换成热能造成的一种伤害。电流灼伤一般发生在低压设备、低压线路上
	电弧烧伤	电弧烧伤是由弧光放电造成的一种伤害，它分为直接电弧烧伤、间接电弧烧伤。直接电弧烧伤是带电体与人体之间发生电弧，有电流流过人体的烧伤。间接电弧烧伤是电弧发生在人体附近对人体的烧伤。直接电弧烧伤与电击往往同时发生。 高压电弧烧伤比低压电弧严重，直流电弧烧伤比工频交流电弧严重。发生直接电弧烧伤与电击不同：电弧烧伤都会在人体表面留下明显痕迹，而且致命电流较大
	皮肤金属化	皮肤金属化是在电弧高温的作用下，金属熔化、汽化，金属微粒渗入皮肤，使皮肤粗糙而张紧的一种伤害。皮肤金属化往往与电弧烧伤同时发生
	电烙印	电烙印是在人体与带电体接触的部位留下的永久性斑痕。斑痕处皮肤失去原有弹性、色泽，表皮坏死，失去知觉等症状
	机械性损伤	机械性损伤是电流作用于人体时，由于中枢神经反射、肌肉强烈收缩等作用导致的机体组织断裂、骨折等伤害
	电光眼	电光眼是发生弧光放电时，由可见光、红外线、紫外线对眼睛的伤害。电光眼表现为角膜炎、结膜炎

触电的种类与其特点见表 1-31。

表 1-31　　触电的种类与其特点

种类	特点
单相触电	人体的某一部位触及一根相线，或者触及与相线相接的其他带电体就形成了电流通过人体造成的触电
间接触电	间接触电包括跨步电压触电与接触电压触电。间接触电危险程度不如直接触电的情况，但危害不可小视。间接触电的防护方法是将设备正常时不带电的外露可导电部分接地，并装设接地保护等措施
跨步电压触电	高压（600V 以上）电线断裂，电线一端落地，使落地点周围地面带电，当人在高压线断裂的着地点的周围地区，人的两脚着地之间就有电压，电流通过人体引起跨步电压触电
双相触电	人体的不同部位同时触及两根相线而引起的触电
直接触电	直接触电可分为单相触电与两相触电。其中，两相触电非常危险，单相触电在电源中性点接地的情况下也是很危险的。直接触电的防护方法主要是对带电导体加绝缘等。家庭触电一般是单相触电

1. 25. 2　触电与外伤急救方法

家庭触电急救方法：

（1）一旦有人被电击，不要慌张，应对有序。

（2）迅速关上电闸，中断电流。

1）电源开关在近处。电源开关在近处应拉开开关或拔脱插头。如果无法关电闸，应立即用干木棍、木凳子等不导电的东西使触电人摆脱电源。

2）电源开关在远处。如果电源开关离触电者地点远，也可以用绝缘胶钳剪断电源线（首先剪断相线，后剪断中性线，不得相线与中性线一起剪）。另外，也可以在地下铺一些干燥的书，手包几层干燥衣服，然后站在书上，拉触电者衣、裤，使触电者脱离电源。再去拉开关，切断电源。

切记不能直接用手去牵拉尚未脱离电源的触电者。

（3）被电击的人离开电源之后，如果已经停止呼吸，救护的人一定要将触电者置于平卧位，解开衣领，松开腰带，在上下牙齿间放一小毛巾，再把舌头往前拉一拉，然后仰卧做人工呼吸法。

（4）与最近的医疗单位联系，寻求专业人员的救援，以提高急救的成功率。

触电时发生的外伤的处理方法：

1）严重的外伤，应在现场与急救同时进行处理。

2）凡是不危及生命的轻度外伤，可在触电急救之后进行处理。

3）一般损伤性创伤，为防细菌侵入、防止感染，可以用无菌生理食盐水彻底冲洗。再用急救包中的防腐绷带或其他洁净布条包扎伤口。

4）如果伤口大量出血，应立即进行止血。

5）临时止血的方法：①轻微情况。首先将出血的肢体举高，或用防腐绷带叠成几层盖在伤口上压紧。②严重情况。可压迫伤口的来血部位（紧压创伤部位血液的血管），或者卷曲肢体后，再用手指及止血带压迫止血。③大流血不止情况。应立即请医务人员进行急救。

紧急抢救的方法见表1-32。

表1-32　紧急抢救的方法

名称	具体内容
胸外挤压	如果触电者一开始即心音微弱，或心跳停止，或脉搏短而不规则，应立即做胸外心脏按压（挤压）。这对触电时间已久或急救已晚的患者是十分必要的。胸外挤压时，不可用力过猛。每做4次心脏按压，做1次人工呼吸，持续时间以恢复心跳为止
人工呼吸	（1）如果伤者呼吸、心跳微弱而不规则时，可做胸或背挤压式的人工呼吸。 （2）如果心跳微弱而呼吸停止时或呼吸微弱而脉搏摸不到时，应行口对口人工呼吸，同时做胸外心脏按压。 （3）不管单纯人工呼吸或口对口人工呼吸，其实施次数都是：成人每分钟14～16次，儿童20次，新生儿30次。每次人工呼吸均应做到使患者恢复自动呼吸为止；如果做60min以上仍不见呼吸恢复，而心脏已见搏动者则需继续延长，直到完全恢复自动呼吸为止。 （4）凡触电后立即行人工呼吸者，被救活的希望约占70%；如果晚做3min，被救活的希望只有20%。因此，对触电者进行人工呼吸是越快越好，并且每次维持的时间不得少于60～90min

1.26 电气火灾与灭火器

1.26.1　电气火灾

电线短路引起失火，绝对不能够立即用水去灭火。主要是水具有可导电性，如果立即用水去灭火，不但不会起到灭火的作用，还会加重灾情。正确的方法就是迅速切断电源，可以用沙土、灭火器扑灭火焰。发生电气火灾时要注意：

（1）切断电源。

（2）灭火时不可将身体触及导线与电气设备。

（3）灭火时不可将灭火工具触及导线与电气设备。

（4）当发现电气设备、电缆等冒烟起火，要尽快切断电源。

（5）忌用泡沫或水进行电气火灾的灭火，而应使用沙土、二氧化碳、四氯化碳等不导电灭火介质。

电气火灾的原因与预防措施见表1-33。

表1-33　　电气火灾的原因与预防措施

原因	分析	预防
电器老化	电器超期服役，因绝缘材料老化引起温度升高	停止使用超过安全期的产品
静电	在易燃易爆场所，静电火花引起火灾	严格遵守易燃易爆场所安全制度
线路过载	过载　温度升高，引燃绝燃材料	（1）使输电线路容量与负载相适应； （2）不准超标更换熔断器； （3）线路装过载自动保护装置
电热器具	电热器具使用不当，点燃附近可燃材料	正确使用，有人监视
线路或电器火花、电弧	由于电线断裂或绝缘损坏引起放电，可点燃本身绝缘材料及附近易燃材料、气体等	（1）按标准接线，及时检修电路； （2）加装自动保护

1.26.2　灭火器

灭火器是一种能在其内部压力作用下将所充装的灭火剂喷出，用来扑灭火灾的轻便灭火器具，它已成为群众性的常规灭火武器。

灭火器的种类有很多，具体见表1-34。

表 1-34 灭火器的种类

分类依据	种类
移动方式	手提式灭火器、推车式灭火器
驱动灭火剂的动力来源	储气瓶式灭火器、储压式灭火器、化学反应式灭火器
所充装的灭火剂	泡沫灭火器、干粉灭火器、二氧化碳灭火器、酸碱灭火器、清水灭火器、卤代烷灭火器

不同的灭火器具有不同的适用范围，具体见表 1-35。

表 1-35 不同灭火器的适用范围

种类	适用范围
二氧化碳灭火器	适用于各种易燃液体、可燃液体、可燃气体火灾，仪器仪表、图书档案、工艺器和低压电气设备等的初起火灾
干粉灭火器	适用于扑救各种易燃液体、可燃液体、易燃气体、可燃气体、电气设备火灾
泡沫灭火器	适用于扑救各种油类火灾、木材、纤维、橡胶等固体可燃物火灾，即扑灭一般材料的火灾

选择灭火器的方法见表 1-36。

表 1-36 选择灭火器的方法

场所	灭火器种类
电器较多的场所	干粉、二氧化碳、细水雾等灭火器
可燃固体较多的场所	ABC 干粉、清水、轻水、细水雾等灭火器
可燃气体较多的场所	干粉、二氧化碳等灭火器
可燃液体较多的场所	干粉、轻水、二氧化碳、细水雾等灭火器

1.27 大气压与压力

标准大气压就是地球表面的大气层对地面产生的压力，该压力以空气温度为 0℃，纬度为 45°的海面上所测的平均压力。相对大气压是指水管的压力表所指示的压力。绝对大气压是制相对大气压与外部大气压之和的压力。

公称压力、试验压力、工作压力的特点见表1-37。

表1-37　　公称压力、试验压力、工作压力的特点

项目	具体内容
公称压力	管路中的管子、管件、附件均是用各种材料制成的制品。这些制品所能承受的压力受温度的影响，随着介质温度的升高材料的耐压强度逐渐降低。制品在基准温度下的耐压强度称为“公称压力”。公称压力以符号 P_N 表示，公称压力数值写于 P_N 后，单位为MPa（单位不写）
试验压力	试验压力常指制品在常温下的耐压强度。管子、管件、附件等制品在出厂前以及管道工程竣工后，均应进行压力试验。试验压力常以符号 P_s 表示，试验压力数值写于 P_s 后，单位为MPa（单位不写）
工作压力	工作压力一般是指给定温度下的操作工作压力
公称压力、试验压力、工作压力的关系	试验压力、公称压力、工作压力间的关系为：$P_s \geqslant P_N \geqslant P_t$

1.28 水流量与水流速

水流量就是在一定的时间内，水通过水管断面的水质量。水流速就是水在水管流动时，一定时间内水流动的距离。

流量、流速有关符号见表1-38。

表1-38　　流量、流速有关符号

符号	功能	符号	功能
q_b	水泵出流量	q_r	热水用水定额
q_{bc}	补充水水量	q_{rd}	设计日热水用水量
q_g	给水流量	q_{rh}	设计小时热水量
q_h	卫生器具热水的小时用水定额	q_w	每人每日计算污水量
q_j	设计降雨强度	q_x	循环流量
q_{max}	最大流量	q_y	设计雨水流量
q_n	每人每日计算污泥量	q_z	冷却塔蒸发损失水量
q_o	卫生器具给水或排水额定流量	v	管道内的平均水流速度
q_p	排水流量		

1.29 水压/水头损失有关符号

水压、水头损失有关符号见表1-39。

表1-39 水压、水头损失有关符号

符号	功能	符号	功能
H_b	水泵扬程	H_x	循环泵扬程
h_e	循环流量经集热水加热器的阻力损失	H_{xr}	第一循环管的自然压力值
h_f	附加压力	h_Z	集热器与贮热水箱之间的几何高差
h_j	循环流量流经集热器的阻力损失	I	水力坡度
h_{jx}	集热系统循环管道的沿程与局部阻力损失	i	管道单位长度的水头损失
h_p	循环流量通过配水管网的水头损失	P	压力
h_x	循环流量通过回水管网的水头损失	R	水力半径

1.30 标志与安全色

采用统一的标志可以减少不少电气事故的发生。标志可以分为颜色标志与图形标志。颜色标志常用来区分各种不同用途、不同性质的导线，或表示某处安全程度。图形标志一般用来告诫人们不要去接近有危险的场所。我国安全色标采用的标准，基本上与国际标准草案（ISD）相同。常见的安全色见表1-40。

表1-40 常见的安全色

名称	特点
黑色	用来标志图像、文字符合与警告标志的几何图形等信息
红色	用来标志禁止、停止、消防等信息
黄色	用来标志注意危险。例如“注意安全”“当心触电”等信息
蓝色	用来标志强制执行。例如“必须戴安全帽”等信息
绿色	用来标志安全无事。例如“已接地”“在此工作”等信息

1.31 防　火

1.31.1 建筑装修施工现场防火相关须知

（1）从事金属焊接（气割）等作业人员，需要持证上岗。

（2）施工现场消防防火工作，需要贯彻预防为主、防消结合的方针，并且实行防火安全责任制。

（3）施工现场作业区，需要设置吸烟室，严禁到处吸烟。

（4）严格执行消防法律法规、用电安全规定、化学危险物品管理规定。

（5）严格遵守冬季、高温季节施工等防火要求。

（6）宿舍内，严禁使用煤气灶、电炒锅、煤油炉、电饭煲、电炉等。

（7）现场动用明火，需要有审批手续、动火监护人员。

（8）高层建筑，需要设置高压消防栓。

（9）绘制消防平面图，需要根据图设置消防设施。

1.31.2 电工防火的相关常识

（1）电工需要自觉遵守操作规程与防火责任制度，掌握用电防火安全知识。

（2）经常对用电设备、电气线路进行检查。

（3）当灭火人员身上着火时，可以就地打滚或撕脱衣服。

（4）灭火人员应尽可能站在上风位置进行灭火。

（5）发现有灭火人员受伤时，要立即送医院进行抢救。

（6）要根据使用场所的环境特点，正确选用电气设备和导线类型，不准私拉乱接电源。

（7）转动设备与电气元件着火时，不要使用泡沫灭火器与沙土灭火。

（8）室内着火时，不要急于打开门窗，以防空气流通加助火势。

只有在做好充足灭火准备之后，才能够选择性地打开门或窗。

(9) 灭火人员需要注意所站立的房屋房梁，以防木梁烧断。

(10) 在夜间灭火时，应该准备足够的照明与消防用电设施。

(11) 当火焰蹿上屋顶时，在场灭火人员要特别注意防止屋顶上的可燃物着火后落下而烧着设备、人员。

(12) 配电室应保持清洁，不准堆放杂物，值班时不得擅离职守，无关人员不准入内。

(13) 发生电气事故时，应立即采取有效措施，并查明原因，及时向有关部门报告。

1.31.3 现场防火经常性教育的要求

建筑、装修现场防火经常性教育的相关要求：

(1) 施工现场消防防火工作贯彻预防为主、防消结合的方针，实行防火安全责任制。

(2) 高层建筑必须设置高压消防栓。

(3) 现场动用明火，必须有审批手续、动火监护人员。

(4) 严格遵守冬季、高温季节施工等防火要求。

(5) 严格执行消防法律法规、用电安全规定、化学危险物品管理规定。

(6) 现场宿舍内严禁使用煤气灶、电饭煲、煤油炉、电炒锅、电炉等。

(7) 施工现场作业区必须设置吸烟室，严禁到处吸烟。

(8) 从事金属焊接（气割）等作业人员必须持证上岗。

(9) 绘制消防平面图，根据图设置消防设施。

1.32 接地与等电位联结器

1.32.1 接地有关的术语与类型

接地有关的术语与类型见表1-41。

表 1-41　　接地有关的术语与类型

名称	具体内容
接地	接地就是电气设备的某部分用金属与大地做良好的电气连接
接地体	接地体就是为了接地而埋入地中的各种金属构件
接地线	接地线就是连接设备与接地体的金属导线
接地装置	接地装置就是接地体与接地线的总和
工作接地	工作接地就是能够保证电气设备在正常与事故情况下，可靠地工作而进行的接地
保护接地	保护接地就是在中性点不接地的低压系统中，将电气设备在正常情况下不带电的金属部分与接地体间做良好的金属连接。中性点不接地的系统中，不采取保护接地是很危险的，是因为在中性点不接地系统中，任何一相发生接地，系统虽仍可照常运行，但这时大地与接地的零线将形成等电位，接在零线上的用电设备的外壳对地的电压将等于接地的相线从接地点到电源中性点的电压值，因此，是危险的。 零线的存在既能够保证相电压对称，又能够使接零设备的外壳在意外带电其电位为零。为此，零线绝不能断路，也不能在零线上装设开关与熔断器
重复接地	重复接地就是采用保护接零时，除系统的中性点工作接地外，接零线上的一点或多点与地再做金属连接。 如果不采取重复接地，一旦出现零线折断的情况，接在折断处后面的用电设备相线碰壳时，保护装置就不动作，该设备与后面的所有接零设备外壳都存在接近于相电压的对地电压，也就是相当于设备既没有接地又没有接零。 为此，零线折断故障应尽量避免
防雷接地	防雷接地系统一般由接闪器、引下线、接地装置等组成，其作用是将雷电电荷分散引入大地，避免建筑与其内部电器设备遭受雷电侵害
屏蔽接地	屏蔽接地就是为了干扰电场在金属屏蔽层感应所产生的电荷导入大地，而将金属屏蔽层接地
专用电气设备的接地	专用电气设备的接地包括一些医疗设备、电子计算机等的接地。电子计算机的接地主要有：直流接地（又叫作逻辑接地，也就是计算机逻辑电路、运算单元、CPU 等单元的直流接地）、安全接地。另外，还有信号接地、功率接地等类型
各种接地的电阻值要求	（1）重复接地要求其接地电阻小于 10Ω。 （2）屏蔽接地一般要求其接地电阻小于 10Ω。 （3）低压配电系统中：工作接地的电阻值小于 4Ω。 （4）电气设备的安全保护接地一般要求其接地装置的电阻小于 4Ω。 （5）防雷接地一类、二类建筑防直接雷的接地电阻小于 10Ω，防感应雷的接地电阻小于 5Ω。 （6）三类建筑的防雷接地电阻小于 3Ω

1.32.2 接地装置安装的程序

（1）建筑物基础接地体。底板钢筋敷设完成→根据设计要求做接地施工→检查确认→支模或浇捣混凝土。

（2）人工接地体。根据设计要求位置开挖沟槽→检查确认→打入接地极、敷设地下接地干线。

（3）接地模块。根据设计位置开挖模块坑，以及将地下接地干线引到模块上→检查确认→相互焊接。

（4）装置隐蔽。检查验收→合格→覆土回填。

1.32.3 等电位联结器

等电位联结器是一种保护性接地装置。它一般安装在浴室、卫生间。其作用原理为：等电位联结器是一座建筑物内的所有金属结构部件连接一起的一个整体。假如，在电热水器发生漏电等事故时，因等电位联结器的作用，尽管人站在地板上，但是，身边的各个部位的电位均是相等的，因此不会有电流通过，起到了保护人身的安全作用。

等电位联结的程序如下。

（1）总等电位的联结：对可作导电接地体的金属管道入户处与供总等电位联结的接地干线的位置检查确认→安装焊接总等电位联结端子板→根据设计要求做总等电位联结。

（2）辅助等电位联结：对供辅助等电位联结的接地母线位置检查确认→安装焊接辅助等电位联结端子板→根据设计要求做辅助等电位联结。

（3）对特殊要求的建筑金属屏蔽网箱：网箱施工完成→检查确认→与接地线连接。

建筑电气工程等电位联结需要符合的相关规定如下。

（1）对辅助等电位联结的接地母线位置确认好后，才能够安装焊接辅助等电位联结端子板，并且根据相关要求做辅助等电位的联结。

（2）对可作导电接地体的金属管道入户处、供总等电位联结的接地干线的位置需要确认好后，才能够安装焊接总等电位联结端子板，并且根据相关要求做总等电位的联结。

(3) 特殊要求的建筑金属屏蔽网箱施工完成，检查确认好后，才能够与接地线连接。

(4) 建筑物等电位联结的线路最小允许截面见表1-42。

表1-42　建筑物等电位联结的线路最小允许截面

材料	截面/mm^2	
	干线	支线
铜	16	6
钢	50	16

1.33 电工作业安全措施

电工作业安全措施见表1-43。

表1-43　电工作业安全措施

类型	种类
操作前的预防措施	(1) 穿上电工绝缘胶鞋。 (2) 站在干燥的木凳、木板上。 (3) 不要与没有与大地隔离的人体接触。 (4) 不要接触非绝缘结构的建筑物体上。 (5) 使用合格的电气装置
操作时的措施	(1) 检修电路时，必须在拉下总电闸或拔下保险盒的插盖后才能操作。 (2) 人体不要同时接触断开电线的两端或开关的两个接线头。 (3) 不要损伤与乱拉电线。 (4) 严格遵守有关安全用电的规程

1.34 国家选定的非国际单位制单位

国家选定的非国际单位制单位见表1-44。

表 1-44　　国家选定的非国际单位制单位

名称	单位名称	单位符号	换算关系与说明
时间	分 [小] 时 天（日）	min h d	1min=60s 1h=60min=3600s 1d=24h=86400s
[平面] 角	[角] 秒 [角] 分 度	(″) (′) (°)	1″=(π/648000)rad(π 为圆周率) 1′=60″=(π/10800) rad 1°=60′=(π/180)rad
旋转速度	转每分	r/min	1r/min=(1/60) s^{-1}
长度	海里	n mile	1 n mile=1852m
速度	节	kn	1kn=1 n mile/h=(1852/3600) m/s
质量	吨 原子质量单位	t u	1t=10^3kg 1u≈1.6605402×10^{-27}kg
体积	升	L，(l)	1L=1dm^3=$10^{-3}$$m^3$
能	电子伏	eV	1eV≈1.60217733×10^{-19}J
级差	分贝	dB	—
线密度	特 [克斯]	tex	1tex=1g/km

1.35 周期与其有关现象单位与符号

周期与其有关现象单位与符号见表 1-45。

表 1-45　　周期与其有关现象单位与符号

名称	符号	单位名称	单位符号	说明
周期	T	—	s	—
时间常数	t，(T)	—	s	—
频率 旋转速度	F，(v) n	赫 [兹] 每秒	Hz s^{-1}	1Hz=1s^{-1}
		转每分	r/min	1r/min=$\frac{\pi}{30}$rad/s

续表

名称	符号	单位名称	单位符号	说明
角频率，圆频率	ω	弧度每秒 每秒	rad/s s^{-1}	
波长	λ	米	m	—
波数	σ	每米	m^{-1}	—
阻尼系数	δ	每秒	s^{-1}	—
衰减系数 相位系数 传播系数	α β γ	每米	m^{-1}	—

1.36 空间、时间单位与符号

空间、时间单位与符号见表1-46。

表1-46　空间、时间单位与符号

名称	符号	单位名称	单位符号	说明
[平面]角	α，β，γ，θ，φ…	弧度	rad	
		度 [角]分 [角]秒	(°) (′) (″)	$1° = (\pi/180)$ rad $1' = (1/60)°$ $1'' = (1/60)'$
立体角	Ω	球面度	sr	$1sr = 1m^2/m = 1$
长度	l，(L)	米	m	
宽度 高度 厚度 半径 直径 距离	b h δ，d r，R d，D d，T	海里	n mile	1 n mile=1852m
面积	A，(s)	平方米	m^2	—
体积，容积	V	立方米	m^3	—
		升	L，(l)	$1L = 1dm^3 = 10^{-3}m^3$

续表

名称	符号	单位名称	单位符号	说明
时间，时间间隔，持续时间	t	秒 分 [小] 时 日，(天)	s min h d	 1min=60s 1h=60min 1d=24h
角速度	ω	弧度每秒	rad/s	—
角加速度	a	弧度每二次方秒	rad/s^2	—
速度	u，v	米每秒	m/s	—
		节	kn	1kn=1n mile/h
加速度 重力加速度	a g	米每二次方秒	m/s^2	—

1.37 电学、磁学单位与符号

电学、磁学单位与符号见表 1-47。

表 1-47　　电学、磁学单位与符号

名称	符号	单位名称	单位符号	说明
电流	I，(i)	安 [培]	A	
电荷 [量]	Q，(q)	库 [仑] 安 [培] [小] 时	C A·h	1C=1A·s 1A·h=3.6kC
电荷 [体] 密度	ρ (η)	库 [仑] 每立方米	C/m^3	—
电荷面密度	σ	库 [仑] 每平方米	C/m^2	—
电场强度	E，(K)	伏 [特] 每米	V/m	1V/m=1N/C
电位、电势电位差、电势差、电压电动势	V，φ U E	伏 [特]	V	1V=1W/A
电通 [量] 密度、电位移	D	库 [仑] 每平方米	C/m^2	—
电通 [量]	ψ	库 [仑]	C	—
电容	C	法 [拉]	F	1F=1C/V
介电常数、电容率、真空介电常数	ε ε_0	法 [拉] 每米	F/m	—

续表

名称	符号	单位名称	单位符号	说明
相对介电常数	ε_r	—	—	无量纲
电极化率	X	—	—	无量纲
电极化强度	P	库［仑］每平方米	C/m^2	—
电偶极矩	P，(p_e)	库［仑］米	C·m	—
电流密度	J，(S，δ)	安［培］每平方米	A/m^2	—
电流线密度	A，(a)	安［培］每米	A/m	—
磁场强度	H	安［培］每米	A/m	—
磁位差、磁势差磁通势、磁动势	U_m F，F_m	安［培］	A	—
磁通［量］密度，磁感应强度	B	特［斯拉］	T	$1T=Wb/m^2=1N/(A\cdot m)=1V\cdot s/m^2$
磁通［量］磁矢位、磁矢势	Φ A	韦［伯］韦 ［伯］每米	Wb Wb/m	$Wb=1V\cdot s$
自感	L	享［利］	H	$1H=Wb/A=1V\cdot s/A$
互感	M，$L_{1,2}$	—	—	—
磁导率 真空磁导率	μ μ_0	享［利］每米	H/m	—
磁矩	m	安［培］平方米	$A\cdot m^2$	—
磁化强度	M，H_i	安［培］每米	A/m	—
磁极化强度	J，B_i	特［斯拉］	T	—
电磁能密度	ω	焦［耳］每立方米	J/m^3	—
坡印廷矢量	S	瓦［特］每平方米	W/m^2	—
电磁波在真空中的传播速度	c，$c0$	米每秒	m/s	—
［直流］电阻	R	欧［姆］	Ω	1Ω=1V/A
［直流］电导	G	西［门子］	S	1S=1A/V
电阻率	ρ	欧［姆］米	Ω·m	—
电导率	γ，σ，k	西［门子］	S/m	—
磁阻	Rm	每享［利］	H^{-1}	—
磁导	A，(P)	享［利］	H	—
绕组的匝数相数	N m			无量纲
相［位］数、相［位］移	φ	弧度（°），（′），（″）	rad	—

续表

名称	符号	单位名称	单位符号	说明
阻抗 阻抗模 电抗	Z $\|Z\|$ X	欧［姆］	Ω	—
品质因数	Q			无量纲
导纳、复数导纳 导纳模、(导纳) 电纳	Y $\|Y\|$ B	西［门子］	S	
功率	P	瓦［特］	W	—
电能［量］	W	焦［耳］	J	—
电功率	P	千瓦［特］［小］时	kWh	—

1.38 光与有关电磁辐射单位与符号

光与有关电磁辐射单位与符号见表 1-48。

表 1-48　　光与有关电磁辐射单位与符号

名称	符号	单位名称	单位符号	说明
波长	λ	米	m	—
辐［射］能	Q，W， (U，Q_e)	焦［耳］	J	—
辐［射］能密度	ω，(u)	焦［耳］每立方米	J/m^3	—
辐［射］功率	P，ϕ，(ϕ_e)	瓦［特］	W	—
辐［射］强度	I，(I_e)	瓦［特］每球面度	W/sr	—
辐［射］亮度、辐射度	L，(L_e)	瓦［特］每球面度平方米	$W/(sr\cdot m^2)$	—
辐［射］出［射］度	M，(M_e)	瓦［特］每平方米	W/m^2	—
辐［射］照度	E，(E_e)	瓦［特］每平方米	W/m^2	—
发光强度	I，(I_v)	流［明］坎［德拉］	cd	—
光通量	ϕ，(ϕ_e)	流［明］	lm	$1lm=1cd\cdot sr$
光量	Q，(Q_v)	流［明］科	lm·s	—
［光］亮度	L，(L_u)	坎［德拉］每平方米	cd/m^2	—
［光］照度	E，(E_v)	勒［克斯］	lx	$1lx=1lm/m^2$
曝光量	H	勒［克斯］秒	lx·s	—
折射率	n			无量纲

1.39 力学单位与符号

力学单位与符号见表 1-49。

表 1-49 力学单位与符号

名称	符号	单位名称	单位符号	说明
质量	M	千克（公斤）	kg	
密度	ρ	千克每立方米	kg/m^3	
		吨每立方米	t/m^3	$1t/m^3=1000kg/m^3$
		千克每升	kg/L	$1kg/L=1000kg/m^3$
相对密度	d			无量纲
比容、比体积	υ	立方米每千克	m^3/kg	
线密度	ρ_l	千克每米	kg/m	
		特［克斯］	Tex	1tex=1g/km
动量	P	千克米每秒	kg·m/s	
力 重力	F W，(P，G)	牛［顿］	N	
力矩 转矩、力偶矩	M T	牛［顿］米	N·m	
压力、压强 正应力 切应力	p σ τ	帕［斯卡］	Pa	$1Pa=1N/m^2$
线应变 工应变 体积应变	ε，e γ θ			无量纲
表面张力	γ，σ	牛［顿］每米	N/m	
功 能［量］ 势能、位能 动能	W，(A) E，(W) E_p (V) E_k，(T)	焦［耳］	J	1J=1N·m
功率	P	瓦［特］	W	1W=1J/s
质量流量	q_m	千克每秒	kg/s	
体积流量	q_V	立方米每秒	m^3/s	

1.40 热学单位与符号

热学单位与符号见表 1-50。

表 1-50　　热学单位与符号

名称	符号	单位名称	单位符号
热力学温度	T，Θ	开［尔文］	K
摄氏温度	t，θ	摄氏度	℃
线［膨］胀系数 体［膨］胀系数 相对压力系数	a a_v，γ a_p	每开［尔文］	K^{-1}
压力系数	β	帕［斯卡］每开［尔文］	Pa/K
热、热量	Q	焦［耳］	J
热流量	Φ	瓦［特］	W
热流［量］密度	q，φ	瓦［特］每平方米	W/m^2
热导率，(热导系数)	λk	瓦［特］每米开［尔文］	W/(m·K)
传热系数 ［总］传热系数	h，a k，k	瓦［特］每平方米开［尔文］	$W/(m^2 \cdot K)$
热阻	R	开［尔文］每瓦［特］	K/W
热容	C	焦［耳］每开［尔文］	J/K
比热容 定压比热容 定容比热容 饱和比热容	c c_p c_v c_{sat}	焦［耳］每千克开［尔文］	J/(kg·K)
熵	S	焦［耳］每开［尔文］	J/K
比熵	s	焦［耳］每千克开［尔文］	J/(kg·K)
内能 焓	U，(E) H，(I)	焦［耳］	J
比内能 比焓	u，(e) h，(I)	焦［耳］每千克	J/kg

1.41 构成十进倍数单位的词头

构成十进倍数单位的词头见表 1-51。

表 1-51　　构成十进倍数单位的词头

表示因数	词头名称	词头符号
10^{18}	艾［可萨］	E
10^{15}	拍［它］	P
10^{12}	太［拉］	T
10^{9}	吉［咖］	G
10^{6}	兆	M
10^{3}	千	k
10^{2}	百	h
10^{1}	十	da
10^{-1}	分	d
10^{-2}	厘	c
10^{-3}	毫	m
10^{-6}	微	μ
10^{-9}	纳［诺］	n
10^{-12}	皮［可］	p
10^{-15}	飞［母托］	f
10^{-18}	阿［托］	a

注　(1) 周、月、年（年的符号为 a）是一般常用时间单位。
(2) [] 内的字，是在不致混淆的情况下，可以省略的字。
(3) () 内的字为前者的同义语。
(4) 角度单位度分秒的符号不处于数字后时，可以用括弧。
(5) 升的符号中，小写字母 l 为备用符号。
(6) r 为“转”的符号。
(7) 人民生活、贸易中，质量习惯称为重量。
(8) 公里是千米的俗称，符号一般为 km。
(9) 10^4 称为万，10^8 称为亿，10^{12}称为万亿，该类数词的使用不受词头名称的影响，但是不应与词头相混淆。

1.42 临时用电常见代号对照

临时用电常见代号对照见表1-52。

表 1-52　　临时用电常见代号对照

代号	具体内容
DK	表示电源隔离开关
H	表示照明器
L1、L2、L3	表示三相电路的三相相线
M	表示电动机
N	表示中性点、中性线、工作零线
NPE	表示具有中性与保护线两种功能的接地线，又称为保护中性线
PE	表示保护零线、保护线
PN-S	表示工作零线与保护零线分开设置的接零保护系统
RCD	表示漏电保护器、漏电断路器
T	表示变压器
TN	表示电源中性点直接接地时，电气设备外露可导电部分通过零线接地的接零保护系统
TN-C	表示工作零线与保护零线合一设置的接零保护系统
TN-C-S	表示工作零线与保护零线前一部分合一，后一部分分开设置的接零保护系统
TT	表示电源中性点直接接地，电气设备外露可导电部分直接接地的接地保护系统，其中电气设备的接地点独立于电源中性点接地点
W	表示电焊机

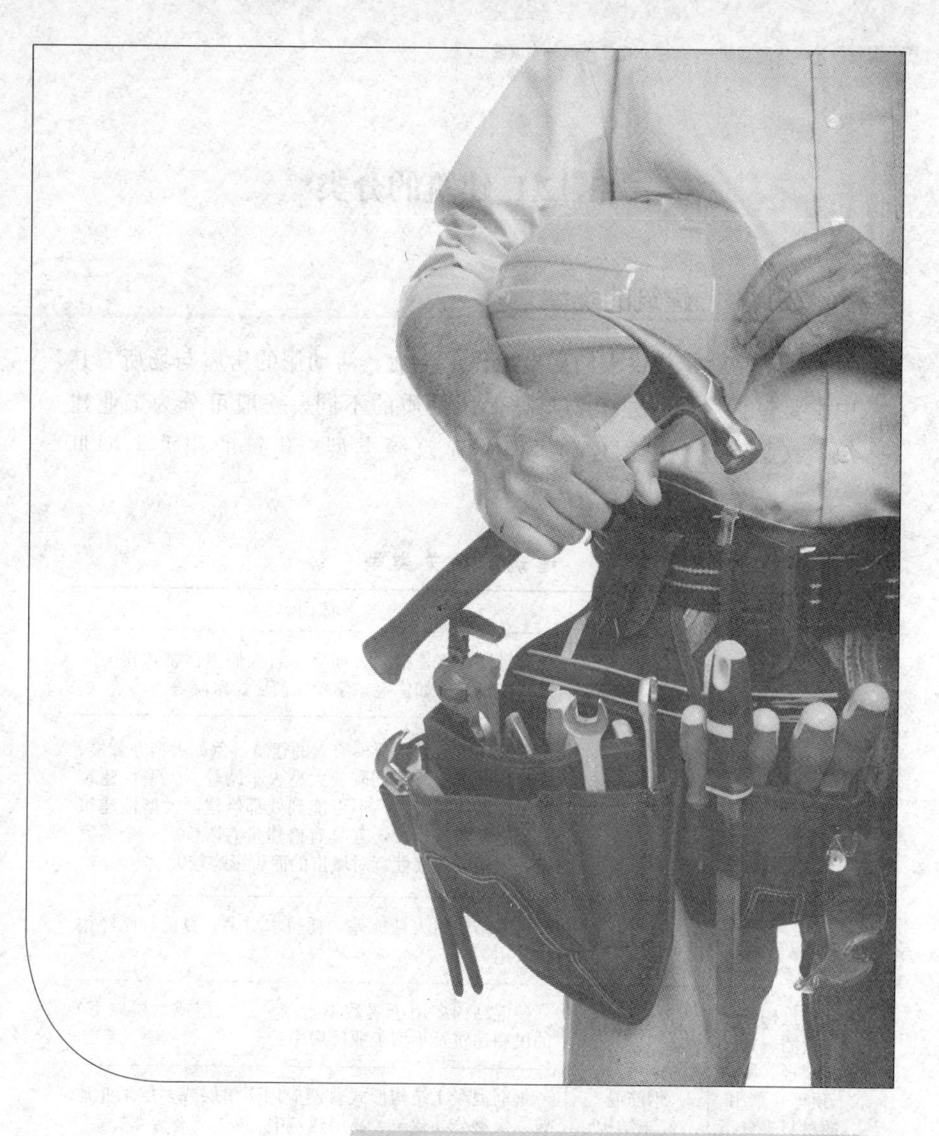

2 建筑基本知识

2.1 建筑的分类

2.1.1 建筑的类型

建筑物就是指供人们从事工作、生活、活动用的房屋与场所。其中主要包括房屋。建筑物根据使用性质的不同，一般可分为工业建筑、农业建筑、民用建筑、商业建筑等类型。建筑的相关类型见表 2-1。

表 2-1 建筑的相关类型

依据	类型	具体内容
规模	大量性建筑	大量性建筑是指量大面广，与人们生活密切相关的那些建筑。例如住宅、学校、商店、医院等
	大型性建筑	大型性建筑是指规模宏大的建筑。例如大型办公楼、大型体育馆、大型剧院、大型火车站等。大型性建筑规模巨大，耗资大，不可能到处都修建。大型性建筑与大量性建筑比较，其具有修建量有限性、一个国家或一个地区代表性，对城市的面貌影响较大
承重构件（指墙、柱、楼板、屋顶等）采用的材料来分类	砖木结构	砖木结构耐火性能差、耗费木材多。目前，已经很少采用
	砖混结构	砖混结构多用于层数不多（一般六层或六层以下）的民用建筑及小型工业厂房中
	钢筋混凝土结构	钢筋混凝土结构形式普遍应用于单层或多层工业建筑、大型公共建筑、高层建筑中
	钢结构	钢结构类型多用于某些工业建筑、高层、大空间、大跨的民用建筑中
建筑物承重结构体系类型	墙承重的梁板结构建筑	墙承重的梁板结构建筑是以墙、梁板为主要承重构件，同时又是组成建筑空间的围护构件的结构形成的一种建筑。砖混结构建筑、装配式板材结构建筑均为该种结构形式的建筑

续表

依据	类型	具体内容
建筑物承重结构体系类型	骨架结构建筑	骨架结构建筑是用梁、柱、基础组成的结构体系来承受屋面，楼面传递的荷载的建筑。骨架结构建筑的墙体仅起围护与分隔建筑空间的作用。常用的骨架结构形式主要如下： (1) 门架。门架又称为刚架，其是用柱与横梁组成“门”字形的平面构成，通过纵向与横梁组成“门”字形的平面构成，通过纵向梁把一个个门架联成三度空间的建筑。 (2) 框架。框架是由梁、柱构成框架。框架与框架间用联系梁连成三度空间，该种结构形式常用钢或钢筋混凝土结构，一般多用于多层与高层建筑。层数不多而内部要求有较大空间的建筑（例如食堂、商场等），可用由外墙与内部钢筋混凝上梁柱共同构成的结构体系。该种结构类型称作内骨架结构建筑
	剪力墙结构	剪力墙结构是把建筑物的墙体（包括内墙、外墙），做成可抗剪力的剪力墙，作为抗侧向力（地震力、风力）以及能够承受与传递竖向荷载的构件。剪力墙一般采用钢筋混凝土墙。该种结构类型常用在横墙有规律布置的高层建筑中
	大跨度结构建筑	大跨度结构建筑是横向跨越 30m 以上空间的各类结构形成的一种建筑。其结构类型有：折板、壳体、网架、悬索、充气、篷帐张力结构等。该结构类型一般用于民用建筑中的影剧院、体育馆、航空港候机大厅、其他大型公共建筑、工业建筑中的大跨度厂房、飞机装配车间等建筑
施工方法	现浇现砌式建筑	现浇现砌式建筑物的主要承重构件均是在施工现场浇筑与砌筑而成
	预制装配式建筑	预制装配式建筑物的主要承重构件是在加工厂制成预制构件，在施工现场进行装配而成的
	部分现浇现砌、部分装配式建筑	部分现浇现砌、部分装配式建筑物是指一部分构件（例如墙体）是在施工现场浇筑或砌筑而成，另一部分构件（例如楼板、楼梯）则是采用在加工厂制成的一种预制构件
层数分	非高层	非高层建筑为建筑物总高度 24m 以下，包括低层、多层、中高层。工业建筑也有单层、多层、单层多层混合的类型
	高层	高层建筑为建筑物两层以上，高度 24m 以上，包括 10 层以上的建筑

续表

依据	类型	具体内容
使用情况	居住建筑	建筑包括居住建筑（住宅、宿舍、公寓等）与公共建筑（如学校、办公体剧院等）
	公共建筑	公共建筑主要是指提供人们进行各种社会活动的一种建筑物。相关公共建筑包括： （1）科研建筑，例如研究所、科学实验楼等。 （2）医疗建筑，例如医院、诊所、疗养院等。 （3）商业建筑，例如商店、商场、购物中心、超级市场等。 （4）观览建筑，例如电影院、剧院、音乐厅、影城、会展中心、展览馆、博物馆等。 （5）通信广播建筑，例如电信楼、广播电视台、邮电局等。 （6）园林建筑，例如公园、动物园、植物园、亭台楼榭等。 （7）纪念性建筑，例如纪念堂、纪念碑、陵园等。 （8）行政办公建筑，例如机关、企业单位的办公楼等。 （9）文教建筑，例如学校、图书馆、文化宫、文化中心等。 （10）托教建筑，例如托儿所、幼儿园等。 （11）体育建筑，例如体育馆、体育场、健身房等。 （12）旅馆建筑，例如旅馆、宾馆、度假村、招待所等。 （13）交通建筑，例如航空港、火车站、汽车站、地铁站、水路客运站等
	工业建筑	建筑物根据其使用性质，一般可以分为生产性建筑、非生产性建筑（也就是民用建筑）两大类。工业建筑属于生产性建筑。工业建筑包含各种生产与生产辅助用房。生产辅助用房包括仓库、动力设施等
	农业建筑	农业建筑包括饲养牲畜、储存农具、农产品、农业机械用房等

2.1.2 建筑风格的类型

（1）根据建筑方式来分类：哥特式建筑风格、巴洛克建筑风格、洛可可建筑风格、木条式建筑风格、园林风格、概念式风格等。

（2）根据民族地域角度来分类：地中海建筑风格、法式建筑风格、意大利建筑风格、英式建筑风格、北美建筑风格、新古典建筑风格、现代建筑风格、中式建筑风格等。

（3）根据历史发展潮流角度来分类：古典主义建筑风格、新古典主义建筑风格、现代评论风格、后现代主义风格等。

2.1.3 民用建筑的类型

民用建筑的类型根据不同依据，具有不同的类型，具体见表 2-2。

表 2-2 民用建筑的类型

依据	类型
结构受力和构造特点	承重墙结构建筑、框架结构建筑、剪力墙式结构建筑、筒式结构建筑、大跨度空间结构建筑
结构用材的类型	钢结构建筑、钢筋混凝土结构建筑、混合结构建筑、木结构建筑
楼层	低层建筑、多层建筑、高层建筑
使用性质不同	居住建筑、公共建筑

低层建筑、多层建筑、高层建筑的分类是根据楼层数不同而分的，民用建筑的划分特点为：

（1）1～3 层为低层建筑；

（2）4～6 层为多层建筑；

（3）7～9 层为中高层建筑；

（4）10～13 层或总高度超过 24m 为高层建筑；

（5）高度超过 100m 为超高层建筑。

2.1.4 民用建筑的等级特点

民用建筑的等级特点见表 2-3。

表 2-3 民用建筑的等级特点

种类	具体内容
丙级	一般居住建筑、公共建筑，即包括一般职工、学生宿舍、住宅，行政企事业单位办公楼等为丙级建筑

续表

种类	具体内容
丁级	低标准的居住建筑、公共建筑，即包括住宅建筑、宿舍建筑、旅馆建筑、商用类建筑及其他类公共建筑等为丁级建筑
甲级	高级居住建筑、公共建筑，包括高等住宅、宿舍；部、委、省、军级办公楼等属于甲级建筑
特级	具有重大纪念性、历史性、国际性、国家级的各类建筑，即国家级、国际性的建筑就是为特级建筑
乙级	中级居住建筑、公共建筑，即包括中级住宅、宿舍；省市自治区级旅馆；地，师级办公楼等

住宅是供家庭居住使用的建筑。商住楼是由底部超过 $300m^2$ 的营业性场所及上部住宅部分组成的建筑综合体。点式住宅就是没有正南正北的房子，朝向一般是东南、东北、西南、西北。点式住宅的房子，采光较好，但是通风不如板式楼好。在同等面积，一层楼可以四家。市场上泛指的点式住宅就是指点式的一梯两户的板式楼。高层点式楼具有节约用地，可以利用规划中的边角地，灵活安排。另外，点式楼视野宽阔，前后毫无遮挡的窗外景观，户型均好性差，每个楼层中总有几套住宅的朝向不佳等特点。

2.2 建筑功能与房屋建筑结构

2.2.1 建筑功能

建筑功能是指建筑物在物质、精神方面必须满足的使用要求，不同的建筑功能会产生不同的建筑类型。建筑功能的一些功能如下。

（1）使用要求。不同类别的建筑具有不同的使用要求。例如，交通建筑要求人流线路流畅、观演建筑要求有良好的视听环境、工业建筑要求符合生产工艺流程。

（2）空间要求。建筑必须满足人体尺度与人体活动所需要的空间尺度。

（3）人的生理要求。建筑必须满足人的生理要求，例如要求建筑具有良好的朝向、保温隔热、隔声、防潮、防水、采光、通风条件、必要的水电需求等。

2.2.2 房屋建筑结构

房屋建筑结构的基本类型见表2-4。

表2-4 房屋建筑结构的基本类型

类型	具体内容
钢、钢筋混凝土结构	承重的主要构件是用钢、钢筋混凝土建造的建筑
钢结构	承重的主要构件是用钢材料建造的建筑
钢筋混凝土结构	承重的主要构件是用钢筋混凝土建造的建筑。钢筋混凝土结构还可以细分为框架结构（由梁、板、柱组成建筑承重结构建筑，墙体仅作为分隔与保温用途）与剪力墙结构（由梁、板、墙体组成建筑承重结构建筑，部分墙体承在结构中受力）
混合结构	承重的主要构件是用钢筋混凝土和砖木建造的建筑
砖木结构	承重的主要构件是用砖、木材建造的建筑

承重结构就是指直接将本身自重与各种外加作用力系统地传递给基础地基的主要结构构件与其连接接点。承重结构主要包括柱、承重墙体、立杆、支墩、楼板、框架柱、梁、屋架、悬索等。

建筑基体是指建筑物的主体结构与围护结构，属于建筑物的基本结构。

建筑主体就是指建筑实体的结构构造。建筑主体主要包括支撑、墙体、屋盖、楼盖、梁、柱、连接接点、基础等。

（1）根据平面位置的不同分为内墙和外墙。墙体的作用包括围护作用、分隔作用、承重作用、装饰作用等。外墙就是位于建筑物四周的墙，通俗地解说就是房屋外面的墙。

（2）根据布置方向的不同分为横墙和纵墙。内墙就是位于建筑物内部的墙，通俗地解说就是房屋内壁。横墙就是沿建筑物横向布置的墙。纵墙就是沿建筑物纵向布置的墙。

（3）根据结构受力状况的不同分为承重墙和非承重墙。承重墙就是直接承受上部屋顶、楼板传来的荷载的墙。一般建筑物均有承重墙。非承重墙就是不承受上部传来的荷载的墙。非承重墙包括隔墙、填充墙、幕墙等。

（4）根据施工方式分为叠砌墙、板筑墙、板材墙。叠砌墙就是将各种加工好的块材用砂浆按一定的技术要求砌筑而成的墙体。板筑墙就是直接在墙体部位竖立模板，在模板内夯筑黏土或浇筑混凝土，经振捣密实而成的墙体。板材墙就是将工厂生产的大型板材运至现场进行机械化安装而成的一种墙。

砂浆就是由胶凝材料（例如石灰、水泥）与填充料（例如矿渣、沙、石屑等）混合加水搅拌而成的一种用于砌墙的材料。砂浆能够将砖块粘结成砌体，提高墙体的稳定性、强度、保温、隔热、隔声、防潮等性能或者作用。

过梁就是为支承门窗洞口上部墙体荷载，并将其传给洞口两侧的墙体所设置的一种横梁。过梁的类型有钢筋砖过梁、钢筋混凝土过梁等。

圈梁就是沿建筑物外墙、内纵墙及部分横墙设置的连续而封闭的梁。圈梁的种类包括钢筋砖圈梁、钢筋混凝土圈梁等。圈梁可以提高建筑物的整体刚度及墙体的稳定性，减少由于地基不均匀沉降而引起的墙体开裂，提高建筑物的抗震能力等。

变形缝就是将建筑物垂直分开的预留缝。它包括伸缩缝、沉降缝、防震缝等种类。建筑变形缝包主要作用是保证房屋在温度变化、基础不均匀沉降或地震时能够有一些自由伸缩，以防止墙体开裂、结构破坏。常见变形缝的特点见表 2-5。

表 2-5　　常见变形缝的特点

名称	具体内容
沉降缝	房屋相邻部分的高度、荷载、结构形式差别很大，地基又较弱时，房屋有可能产生不均匀沉降，致使某些薄弱部位开裂。沉降缝的主要作用是防止建筑物的不均匀下沉，一般从基础底部断开，以及贯穿建筑物全高。沉降缝的两侧需要各有基础与砖墙。沉降缝设置的相关原则： （1）建筑物复杂的平面与体形转折的部位。 （2）地基处理的方法明显不同处。 （3）建筑物的基础类型不同，以及分期建造房屋的交界处。 （4）建筑的高度与荷载差异较大处。 （5）过长建筑物的适当部位。 （6）地基土的压缩性存在显著差异处

续表

名称	具体内容
防震缝	为了防止地震使房屋遭到破坏，一般用防震缝把房屋分成若干形体简单、结构刚度均匀的独立部分。防震缝的宽度，一般根据建筑物高度与所在地区的地震烈度来确定，最小缝隙尺寸一般为50～70mm。缝的两侧需要有墙，缝隙需要从基础顶面开始，贯穿建筑物的全高。 地震设防地区，当建筑物需设置伸缩缝或沉降缝时，需要统一按防震缝来对待
伸缩缝	伸缩缝又称温度缝，其主要作用是防止房屋因气温变化而产生裂缝。一般从基础顶面开始，沿建筑物长度方向每隔一定距离预留缝隙，将建筑物分成若干段。由于基础埋在地下，受气温影响较小，因此，不考虑其伸缩变形。伸缩缝的宽度一般为20～30mm，缝内一般需要填保温材料

承重墙的辨别及芯柱与构造柱的辨别见表2-6。

表2-6　承重墙的辨别及芯柱与构造柱的辨别

项目	具体内容
辨别承重墙的方法与要点	(1) 墙体上无预制圈梁的墙一般是承重墙。 (2) 判断墙体是否是承重墙，关键需要看墙体本身是否承重。 (3) 建筑施工图中的粗实线部分与圈梁结构中非承重梁下的墙体均是承重墙。 (4) 一般而言，砖混结构的房屋所有墙体均是承重墙。 (5) 一般150mm厚的隔墙是非承重墙。 (6) 框架结构的房屋内部的墙体一般不是承重墙。 (7) 一般标准砖的墙是承重墙，加气砖的是非承重墙。 (8) 敲击墙体，如果出现清脆大的回声的墙，则一般是轻墙体。敲击承重墙时，一般没有太多的声音。 (9) 一般墙与梁间紧密结合的地方是承重墙，采用斜排砖的地方一般是非承重墙
辨别芯柱与构造柱的方法与要点	(1) 芯柱是指在建筑空心混凝土砌块建筑时，将空心混凝土砌块墙体中，砌块的空心部分插入钢筋后，再灌入流态混凝土，使之成为钢筋混凝土柱的结构的施工形式。 (2) 为了提高多层建筑砌体结构的抗震性能，一般要求在房屋的砌体内适宜部位设置钢筋混凝土柱，以及与圈梁连接，共同加强建筑物的稳定性。该种钢筋混凝土柱一般被称作构造柱

2.2.3 建筑结构等级的类型

建筑结构等级的类型见表2-7。

表2-7 建筑结构等级的类型

安全等级	破坏后果	建筑物类型
一级	很严重	重要的房屋
二级	严重	一般的房屋
三级	不严重	次要的房屋

注 对于特殊的建筑物，其安全等级可根据具体情况另行确定。

2.2.4 钢结构住宅的特点

（1）同比情况下实用面积大——例如同时建筑面积为100m^2的房子，钢结构房子实用面积要多出4～8m^2。

（2）强度高，抗震性能好。

（3）自重轻，一般为普通钢筋混凝土住宅的70%左右。

（4）施工速度快，机械化程度高。

（5）构件、墙板及配套产品绝大部分可实现工厂化制作。

（6）可减少噪声与粉尘等污染。

（7）使用寿命期满后钢材可回收循环使用。

（8）得房率较钢筋混凝土住宅提高4%～8%。

（9）空间中有许多孔洞与空腔，方便管线布置、更换，也可增加建筑的净高。

2.3 绿色办公建筑名词解释

绿色办公建筑名词解释见表2-8。

表2-8 绿色办公建筑名词解释

名称	具体内容
建筑环境负荷（L）	建筑项目对外部环境造成的影响或冲击，包括能源、材料、水等各种资源的消耗，污染物排放、日照、风害等

续表

名称	具体内容
建筑环境负荷的减少（LR）	评价绿色办公建筑时，为方便评估建筑环境负荷降低而产生的正面效益，将建筑环境负荷转化为建筑环境负荷的减少，作为一项指标来评价，建筑的环境负荷降低得越多，其得分数值越高
建筑环境质量（Q）	建筑环境质量是指建筑项目所界定范围内的影响使用者的环境品质，包括室内环境、室外环境以及建筑系统本身对使用者生活与工作在健康、舒适、便利等方面的影响
可再生能源替代率	设计建筑所利用的可再生能源替代常规能源的比例
空气调节和采暖通风系统节能率	与参照建筑对比，设计建筑通过优化空气调节与采暖通风系统节能的比例
绿色办公建筑	在办公建筑的全寿命周期内，最大限度地节约资源（节能、节地、节水、节材）、保护环境与减少污染，为办公人员提供健康、适用、高效的使用空间，与自然和谐共生的办公建筑
维护结构节能率	设计建筑通过优化建筑维护结构而使采暖与空气调节负荷降低的比例
雨水回用率	雨水回用率是指实际收集、回用的雨水量占可收集雨水量的比率

2.4 各种面积的概念与建筑中的相关尺寸

2.4.1 各种面积的概念

各种面积的概念见表 2-9。

表 2-9　　各种面积的概念

名称	概念
房屋的产权面积	房屋的产权面积是指产权主依法拥有房屋所有权的房屋建筑面积
房屋的共有建筑面积	房屋的共有建筑面积是指各产权主共同占有或共同使用的建筑面积
分每户建筑面积	分每户建筑面积、单元建筑面积、每幢楼建筑面积是指房屋外墙（柱）勒脚以上各层的外围水平投影面积，包括阳台、挑廊、地下室、室外楼梯等，并且具备上盖，结构牢固，层高 2.20m 以上（含 2.20m）的永久性建筑

续表

名称	概念
建筑面积	建筑面积是指建筑物全部面积
居住面积	居住面积是指住宅建筑各层平面中直接供住户生活使用的居室净面积之和。净面积就是除去墙、柱等建筑构件所占有的水平面积
使用面积	使用面积是指扣除公用（公用的配电间、走道、楼梯、电梯、电梯间、管道间）面积
套内房屋使用面积	套内房屋使用面积是指套内房屋使用空间的面积，是以水平投影面积来计算的
套内建筑面积	套内建筑面积是指套内房屋的使用面积、套内墙体面积和套内阳台建筑面积
套内墙体面积	套内墙体面积是指套内使用空间周围的维护或承重墙体或其他承重支撑体所占的面积
住宅结构面积	住宅结构面积是指住宅的所有承重墙或柱、非承重墙所占面积的总和。也就是外墙、内墙、柱等结构所占面积的总和

2.4.2 建筑中的相关尺寸

建筑中的相关尺寸见表 2-10。

表 2-10　建筑中的相关尺寸

名称	具体内容
标高尺寸	建筑物的某一部位与确定的水基准点的高差，称为该部位的标高
标志尺寸	标志尺寸是用来标注建筑物定位轴线间开间、进深的距离大小，与建筑制品、建筑构配件、有关设备位置的界限间的尺寸。 标志尺寸需要符合模数制的有关规定
构造尺寸	构造尺寸是建筑制品、建筑构配件的设计尺寸。构造尺寸需要小于或大于标志尺寸。一般情况下，构造尺寸需要加上预留的缝隙尺寸，或者减去必要的支撑尺寸等于标志尺寸
绝对标高尺寸	绝对标高又叫作海拔，我国把青岛附近黄海的平均海平面定为绝对标高的零点，全国各地的标高均以此为基准进行标记
实际尺寸	实际尺寸是建筑制品、建筑构配件的实有尺寸。实际尺寸与构造尺寸的差值，应为允许的建筑公差数值
相对标高尺寸	相对标高就是以建筑物的首层室内主要房间的地面为零点（±0.00），也就是表示某处距首层地面的高度

2.5 建筑中的相关模数

建筑中的相关模数见表 2-11。

表 2-11　　建筑中的相关模数

名称	具体内容
分模数	分模数就是导出模数的另一种，其数值为基本模数的分倍数。分模数共有三种：1/10M（10mm）、1/5M（20mm）、1/2M（50mm）。建筑中较小的尺寸应为某一分模数的倍数
基本模数	基本模数就是模数协调中选用的基本尺寸单位，一般用 M 表示，另外 1M=100mm
扩大模数	扩大模数就是导出模数的一种，其数值是基本模数的倍数。扩大模数共有六种：3M（300mm）、6M（600mm）、12M（1200mm）、15M（1500mm）、30M（3000mm）、60M（6000mm）。建筑中较大的尺寸需要为某一扩大模数的倍数
统一模数制	统一模数制就是为了实现设计的标准化而制定的一套基本规则，使不同的建筑物与各分部间的尺寸统一协调，使之具有通用性与互换性，从而加快设计速度、提高施工效率、降低造价等

2.6 建筑常见的抹灰方法

建筑常见的抹灰方法见表 2-12。

表 2-12　　建筑常见的抹灰方法

抹灰名称	应用范围	面层材料	面层厚度（mm）	底层材料	底层厚度（mm）
混合砂浆抹灰	一般砖、石墙面均可选用	1∶1∶6 混合砂浆	8	1∶1∶6 混合砂浆	12
水泥砂浆抹灰	室外饰面及室内需防潮的房间及浴厕墙裙、建筑物阳角	1∶2.5 水泥砂浆	6	1∶3 水泥砂浆	14

续表

抹灰名称	应用范围	面层材料	面层厚度（mm）	底层材料	底层厚度（mm）
纸筋、麻刀灰	一般民用建筑砖、石内墙面	纸筋灰或麻刀灰玻璃丝罩面	2	1∶3石灰砂浆	13
石灰膏罩面	高级装修的室内顶棚和墙面抹灰的罩面	石灰膏罩面	2～3	1∶2～1∶3麻刀灰砂浆	13
扒拉石	一般用于公共建筑外墙面	1∶1水泥石渣浆	10～12	1∶0.5∶3∶5混合砂浆或1∶0.5∶4水泥白灰砂浆	12
假石砖饰面	一般用于民用建筑外墙面或内墙局部装饰	水泥∶石灰膏∶氧化铁黄∶氧化铁红∶沙子＝100∶20∶(6～8)∶2∶150（质量比）用铁钩及铁梳做出砖纹样	3～4	（1）1∶3水泥砂浆打底	12
				（2）1∶1水泥砂浆垫层	3
拉毛饰面	用于对音响要求较高的建筑物内墙面	1∶0.5∶1水泥石灰砂浆拉毛	视拉毛长度而定	1∶0.5∶4水泥石灰浆打底，底子灰6～7成干时刷素水泥浆一道	13
扒拉灰	一般用于公共建筑外墙面	1∶1水泥砂浆或1∶0.3∶4水泥白灰砂浆罩面	10～12	1∶0.5∶3∶5混合砂浆或1∶0.5∶4水泥白灰砂浆	12
喷毛饰面	一般用于公共建筑外墙面	1∶1∶6水泥石灰膏混合砂浆，用喷枪喷两遍	—	1∶1∶6混合砂浆	12
膨胀珍珠岩砂浆罩面	保温、隔热要求较高的建筑物内墙抹灰	水泥∶石灰膏∶膨胀珍珠岩＝100∶(10～20)∶(3～5)（质量比）罩面	2	1∶2～1∶3麻刀灰砂浆	13

2.7 电负荷分级

2.7.1 民用建筑中各类建筑物的主要用电负荷分级

民用建筑中各类建筑物的主要用电负荷分级见表 2-13。

表 2-13 民用建筑中各类建筑物的主要用电负荷分级

<table>
<tr><th>用电单位</th><th colspan="2">用电设备、场合名称</th><th>负荷级别</th></tr>
<tr><td rowspan="4">一类高层建筑</td><td colspan="2">消防泵、防排烟设施、消防控制室、消防电梯及其排水泵、火灾应急照明及疏散指示标志、电动防火卷帘等消防用电等</td><td rowspan="4">一级</td></tr>
<tr><td colspan="2">值班照明、警卫照明、走道照明、航空障碍标志灯等</td></tr>
<tr><td colspan="2">主要业务用计算机系统用电、防系统用电、子信息机房用电等</td></tr>
<tr><td colspan="2">排污泵、客梯、生活泵等</td></tr>
<tr><td rowspan="4">二类高层建筑</td><td colspan="2">防排烟设施、消防电梯及其排水泵、消防控制室、消防泵、火灾应急照明及疏散指示标志、电动防火卷帘等消防用电等</td><td rowspan="4">二级</td></tr>
<tr><td colspan="2">主要通道与梯间照明、值班照明、航空障碍标志灯等</td></tr>
<tr><td colspan="2">主要业务用计算机系统、信息机房电源，安防系统电源</td></tr>
<tr><td colspan="2">客梯电力、排污泵、生活泵</td></tr>
<tr><td rowspan="5">非高层建筑</td><td>建筑高度大于 50m 的乙、丙类厂房和丙类库房</td><td rowspan="5">消防用电</td><td>一级</td></tr>
<tr><td>大于 1500 个座位的影剧院、大于 3000 个座位的体育馆</td><td rowspan="4">二级</td></tr>
<tr><td>任一层面积大于 3000m^2 的展览楼、财贸金融楼、电信楼、商店、省市级及以上广播电视楼</td></tr>
<tr><td>室外消防用水量>25L/s 的其他公共建筑</td></tr>
<tr><td>室外消防用水量大于 30L/s 的工厂、仓库</td></tr>
</table>

续表

用电单位		用电设备、场合名称		负荷级别
国宾馆，国家级大会堂、国际会议中心		主会场、接见厅、宴会厅照明，电声、录像、计算机系统		一级（特）
		地方厅、值班室、主要办公室、会议室、档案室、客梯、生活泵		一级
省部级计算中心		电子计算机系统电源		一级（特）
地、市级及以上气象台		气象业务用计算机系统电源		一级（特）
		电报及传真收发设备、气象雷达、卫星云图接收机及语言广播设备、气象绘图及预报照明用电		一级
防灾中心电力调度中心交通指挥中心	国家及省级的	防灾、电力调度及交通指挥计算机系统电源		一级（特）
办公建筑	国家及省部级行政楼	主要办公室、会议室、总值班室、档案室及主要通道照明、消防用电、客梯、生活泵等负荷等		一级
	其他办公建筑	一类办公建筑、一类高层办公建筑	包括客梯、主要办公室、总值班室、会议室、档案室及主要通道照明及消防用电负荷、生活泵等	一级
		二类办公建筑、二类高层办公建筑		二级
		地、市级办公建筑等		三级
		三类办公建筑等		
旅馆建筑	≥四星级，一、二级	经营及设备管理计算机系统的电源		一级（特）
		排污泵、生活泵、主要客梯，宴会厅、餐厅、康乐设施、门厅及高级客房、主要通道等场所的照明用电；电子计算机、电话、电声及录像设备电源、新闻摄影用电；厨房用电		一级
		其他用电		二级
	三星级，三级	一、二级或四星级及以上旅馆建筑所列用电负荷		
		其他用电		三级
	≤二星级，四至六级	所有用电		
商店建筑	大型	经营管理用计算机系统用电		一级（特）
		营业厅、门厅、主要通道的照明、应急照明		一级
		自动扶梯、客梯、空调设备		二级
	中型	营业厅、门厅，主要通道的照明、应急照明、客梯		
	其他	大中型商店的其余负荷及小型商店的全部负荷		三级
	高层建筑附设商店负荷等级同其最高负荷等级			

续表

<table>
<tr><th>用电单位</th><th colspan="2">用电设备、场合名称</th><th>负荷级别</th></tr>
<tr><td rowspan="3">县级以上，二级以上医疗建筑</td><td colspan="2">重要手术室、重症监护等涉及患者生命安全照明及呼吸机等设备用电</td><td>一级（特）</td></tr>
<tr><td colspan="2">监护病房、产房、婴儿室、血液病房的净化室、血液透析室；急诊部的所有用房；病理切片分析、核磁共振、手术部、介入治疗用 CT 及 X 光机扫描室、高压氧仓、加速器机房、治疗室、血库、配血室的电力照明，以及培养箱、冰箱，恒温箱和其他必须持续供电的精密医疗装备；走道照明；重要手术室空调，重症呼吸道感染区通风系统用电</td><td>一级</td></tr>
<tr><td colspan="2">一般 CT 及 X 光机用电、高级病房、电子显微镜、肢体伤残康复病房照明、一般手术室空调、客梯电力</td><td>二级</td></tr>
<tr><td rowspan="2">科研院所、高等院校</td><td colspan="2">重要实验室电源：生物制品、培养剂用电等</td><td>一级</td></tr>
<tr><td colspan="2">高层教学楼客梯、主要通道照明</td><td>二级</td></tr>
<tr><td rowspan="3">民用机场</td><td colspan="2">航空管制，导航，通信，气象，助航灯光系统设施和台站用电；边防，海关的安全检查设备；航班预报设备；三级以上油库，为飞机及旅客服务的办公用房及旅客活动场所的应急照明</td><td>一级（特）</td></tr>
<tr><td colspan="2">机场宾馆及旅客过夜用房、站坪照明、候机楼、外航驻机场办事处、站坪机务用电</td><td>一级</td></tr>
<tr><td colspan="2">除一级负荷和特别重要负荷外的其他用电</td><td>二级</td></tr>
<tr><td rowspan="3">铁路客运站（火车站）</td><td>大型站和国境站</td><td rowspan="3">包括旅客站房、站台、天桥及地道等的用电负荷</td><td>一级</td></tr>
<tr><td>中型站</td><td>二级</td></tr>
<tr><td>小型站的用电负荷</td><td>三级</td></tr>
<tr><td>汽车加油加气站</td><td colspan="3">加油加气站的供电负荷等级可以是二级或三级，但消防水泵及事故应急照明用电应为二级负荷</td></tr>
<tr><td rowspan="3">银行、金融中心证交中心</td><td colspan="2">重要计算机系统和安防系统用电</td><td>一级（特）</td></tr>
<tr><td colspan="2">大型银行营业厅及门厅照明，防盗安全照明</td><td>一级</td></tr>
<tr><td colspan="2">小型银行营业厅及门厅照明</td><td>二级</td></tr>
<tr><td>监狱</td><td colspan="2">警卫照明、提审室</td><td>一级</td></tr>
<tr><td rowspan="2">冷库</td><td colspan="2">冷库电梯、大型冷库、库内照明</td><td>二级</td></tr>
<tr><td colspan="2">公称体积在 2500m³ 以下的小型冷库</td><td>≥三级</td></tr>
<tr><td>粮食仓库</td><td colspan="2">室外消防用水量小于或等于 30L/s 的平房仓电力负荷、室外消防用水量小于或等于 30L/s 的钢板筒仓仓群的电力</td><td>三级</td></tr>
<tr><td rowspan="2">水运客运站</td><td colspan="2">通信、导航设施用电</td><td>一级</td></tr>
<tr><td colspan="2">港口重要作业区，一、二级站的用电负荷</td><td>二级</td></tr>
</table>

续表

<table>
<tr><th>用电单位</th><th colspan="2">用电设备、场合名称</th><th>负荷级别</th></tr>
<tr><td rowspan="2">汽车客运站</td><td colspan="2">一、二级站用电负荷</td><td>二级</td></tr>
<tr><td colspan="2">三、四级站用电负荷</td><td>三级</td></tr>
<tr><td rowspan="2">图书馆</td><td colspan="2">藏书量超过 100 万册的图书馆的主要用电设备</td><td>≥二级</td></tr>
<tr><td colspan="2">其他图书馆的用电负荷等级</td><td>≥三级</td></tr>
<tr><td rowspan="3">剧场</td><td colspan="2">特、甲等剧场的调光用计算机系统电源</td><td>一级（特）</td></tr>
<tr><td colspan="2">贵宾室、演员化妆室、舞台机械设备、特/甲等剧场的舞台照明、贵电声设备、电视转播、消防设备、事故照明及疏散指示标志等</td><td>一级</td></tr>
<tr><td colspan="2">空调机房电力和照明、甲等剧场观众厅照明、炉房电力和照明等；乙、丙等剧场的消防设备和应急照明</td><td>二级</td></tr>
<tr><td rowspan="2">电影院</td><td colspan="2">甲等电影院（不包括空气调节设备用电）</td><td rowspan="2">二级</td></tr>
<tr><td colspan="2">乙等特大型电影院的消防用电和应急照明</td></tr>
<tr><td rowspan="3">博物馆、展览馆</td><td colspan="2">大型馆安防系统用电，珍贵展品展室的照明</td><td>一级（特）</td></tr>
<tr><td colspan="2">大型馆的电气负荷</td><td>≥二级</td></tr>
<tr><td colspan="2">中、小型馆的电气负荷</td><td>≥三级</td></tr>
<tr><td rowspan="4">体育建筑</td><td colspan="2">主席台、贵宾室、接待室、特级体育场馆、游泳馆的比赛场（厅）、新闻发布厅、广场及主要通道照明、计时记分装置、计算机房、电话机房、广播机房、电台和电视转播、新闻摄影及应急照明等用电</td><td>一级（特）</td></tr>
<tr><td colspan="2">主席台、贵宾室、接待室、新闻发布厅、甲级体育场馆、游泳馆的比赛场（厅）、广场及主要通道照明、计时记分装置、计算机房、电话机房、广播机房、电台和电视转播、新闻摄影及应急照明等用电</td><td>一级</td></tr>
<tr><td colspan="2">特、甲级体育场馆、游泳馆非比赛用电</td><td rowspan="2">二级</td></tr>
<tr><td colspan="2">乙级及以下体育建筑的比赛用电</td></tr>
<tr><td rowspan="3">电视台、广播电台</td><td colspan="2">计算机系统用电，中心机房、直播电视演播厅、微波设备及发射机房的用电</td><td>一级（特）</td></tr>
<tr><td colspan="2">非直播电视演播厅、控制室、直播的语音播音室、录像室</td><td>一级</td></tr>
<tr><td colspan="2">电视电影室、洗印室、审听室，主客梯，楼梯照明</td><td>二级</td></tr>
<tr><td rowspan="2">汽车库、修车库停车场</td><td>Ⅰ类汽车库，机械停车设备及采用升降梯作车辆疏散出口的升降梯</td><td rowspan="2">包含消防用电</td><td>一级</td></tr>
<tr><td>Ⅱ、Ⅲ类汽车库和Ⅰ类修车库用电</td><td>二级</td></tr>
</table>

2.7.2 不同用电负荷级别的特点

不同用电负荷级别的特点见表 2-14。

表 2-14 不同用电负荷级别的特点

负荷级别	负荷特点
一级负荷的供电电源	以下情况属于一级负荷：中断供电将造成重大政治影响者、中断供电将造成重大经济损失者、中断供电将造成人身伤亡者、中断供电将造成公共场所秩序严重混乱者。 （1）一级负荷一般需要采用两个独立电源供电，也就是当一个电源发生故障时，另一个电源不应同时受到损坏。每个电源均应有承担全部一级负荷的能力。 （2）有条件的一级负荷按在最末一级配电装置处自动切换，消防用一级负荷必须在最末一级配电装置处自动切换。无条件的一些非消防用的一级负荷可以在适当的配电点自动互投后用专线送到用电设备或者用电设备的控制装置上即可。 （3）特别重要负荷用户，必须考虑在第一电源检修或故障的同时第二电源发生故障的可能，因此应有应急电源。 （4）如果是特别重要的负荷，除由两个独立电源供电外，还需要增设应急电源、自备电源（视具体情况采用柴油发电机组等），并且严禁将其他负荷接入应急供电系统。并且，变电所内的低压配电系统中应设置专供普通一级负荷及特别重要一级负荷的应急供电系统，此系统严禁接入中其他级别的用电负荷。 （5）一级负荷用户变配电室内的高压配电系统与低压配电系统均应采用单母线分段、分列运行，互为备用的做法
二级负荷用户、二级负荷设备的供电	二级负荷是指突然停电将产生大量废品，大量减产，损坏生产设备，在经济上造成较大损失的负荷。 （1）二级负荷宜由两回线路供电。第二电源可来自地区电力网或邻近单位，也可根据实际情况设置柴油发电机组（必须采取措施防止其与正常电源并列运行的措施）。在最末一级配电装置处自动切换。 （2）采用电缆线路时，应采用两根电缆组成的线路供电，其每根电缆应能承受100%的二级负荷。 （3）也可以由同一区域变电站的不同母线引两回线路供电。 （4）应急照明等比较分散的小容量用电负荷可以采用一路市电加EPS，也可采用一路电源与设备自带的（干）蓄电池（组）在设备处自动切换。 （5）在负荷较小或地区供电条件困难时，二级负荷可由一回6kV及以上专用的架空线路或电缆供电。 （6）采用架空线时，可为一回架空线供电。 （7）双回路（有条件则用双电源）供电到适当的配电点，自动互投后用专线放射式送到用电设备或者用电设备的控制装置上（消防设备不适用）。 （8）由变电所引出可靠的专用的单回路供电（消防设备不适用）
三级负荷用户、三级负荷设备的供电	三级负荷是指突然停电损失不大的负荷，包括不属于一级与二级负荷范围的用电负荷。 三级负荷用户与三级负荷设备的供电均无特殊要求，但是，应尽量把配电系统设计的简洁可靠，尽量减少配电级数

2.7.3 住宅建筑主要用电负荷的分组

住宅建筑主要用电负荷的分组宜为三级，具体见表 2-15，其他未列入表 2-15 的用电负荷为三级。

表 2-15　　住宅建筑主要用电负荷的分组

负荷级别	建筑规模	主要用电负荷
二级	10～18 层的二类高层住宅建筑	航空障碍照明、走道照明、值班照明、消防用电负荷、应急照明、安防系统、客梯、排水泵、生活水泵
	总建筑面积大于 50000m² 的低层、多层住宅小区	安防系统、电子信息设备机房、消防用电负荷、值班照明、生活水泵、6 层以上的客梯
一级	建筑高度为 100m 或 35 层及以上的住宅建筑	航空障碍照明、走道照明、消防用电负荷、应急照明、值班照明、安防系统、电子信息设备机房、客梯、排水污、生活水泵
	建筑高度为 100m 以内且为 19～34 层的一类高层住宅建筑	消防用电负荷、应急照明、航空障碍照明、走道照明、值班照明、安防系统、电子信息设备机房、客梯、排水泵、生活水泵

需要说明的是，跃层式建筑的最顶层可不计入层数。

2.7.4 分类建筑综合用电指标

分类建筑综合用电指标见表 2-16。

表 2-16　　分类建筑综合用电指标　　单位：W/m²

用地类型	建筑分类	用电指标			需用系数	说明
		低	中	高		
工业用地	一类工业	30	40	50	0.3～0.4	无干扰、无污染的高科技工业，例如制衣、电子、工艺制品等
	二类工业	40	50	60	0.3～0.45	有一定干扰、污染的工业，例如医药、食品、纺织及标准厂房等
	三类工业	50	60	70	0.35～0.5	电器、机械、冶金等及其他中型、重型工业等

续表

用地类型	建筑分类	用电指标			需用系数	说明
		低	中	高		
仓储用地	普通仓储	5	8	10		—
	危险品仓储	5	8	12		
	堆场	1.5	2	2.5		
对外交通用地	铁路、公路站房	25	35	50	0.7～0.8	—
	港口 10万～50万t(kW)	100	300			
	港口 50万～100万t(kW)	500	1500			
	港口 100万～500万t(kW)	2000	3500			
	机场、航站	40	60	80	0.8～0.9	
道路广场	道路（kW/km²）	10	15	20		kW/km² 为开发区、新区，根据用地面积计算的负荷密度
	广场（kW/km²）	50	100	150		
	公共停车场（kW/km²）	30	50	80		
市政设施	水、电、燃气、供热设施、公交设施电信、邮政设施环卫、消防及其他设施	（kW/km²）800（30）	（kW/km²）1500（45）	（kW/km²）2000（60）	0.6～0.7	kW/km² 为开发区、新区，根据用地面积计算的负荷密度。括号内的数据仍根据建筑面积来计算
居住用地	一类：高级住宅、别墅	60	70	80		装设全空调、电热、电灶等家电，家庭全电气化
	二类：中级住宅	50	60	70	0.35～0.5	客厅、卧室均装空调，家电较多，家庭基本电气化
	三类：普通住宅	30	40	50		部分房间有空调，有主要家电的一般家庭等
公共设施用地	行政、办公	50	65	80	0.7～0.8	党政、企事业机关办公楼，一般写字楼等
	商业、金融、服务业	60～70	80～100	120～150	0.8～0.9	商业、金融业、服务业、旅馆业、高级市场、高级写字楼等
	文化、娱乐	50	70	100	0.7～0.8	文艺、新闻、出版、影剧院、广播、电视楼、书展、娱乐设施等

续表

用地类型	建筑分类	用电指标			需用系数	说明
		低	中	高		
公共设施用地	体育	30	50	80	0.6～0.7	体育场、馆和体育训练基地
	医疗卫生	50	65	80	0.5～0.65	康复中心、医疗、保健、卫生、急救中心、防疫站等
	科教	45	65	80	0.8～0.9	高校、技校、中专、科研机构、科技园、勘测设计机构等
	文物古迹	20	30	40	0.6～0.7	
	其他公共建筑	10	20	30	0.6～0.7	社会福利院、宗教活动场所等

注 1. 除道路广场、市政设施类，根据用地面积计，其余均根据建筑面积计，以及计入了空调用电。无空调用电，可扣减40%～50%。

2. 住宅，可以根据户来计算。普通3～4kW/户、中级5～6kW/户、高级和别墅7～10kW/户。

3. 计算负荷时，需要分类计入需用系数、计入总同期系数。

2.7.5 各类建筑用电指标、照明负荷需要系数

各类建筑用电指标、照明负荷需要系数见表2-17。

表2-17 各类建筑用电指标、照明负荷需要系数

建筑类型	用电指标（W/m^2）	负荷分类	规模分类	需要系数 K_x	功率因数 $\cos\varphi$	说明
公寓	30～50	照明（含插座）	—	0.6～0.7	0.9	用电指标含建筑内所有非工业电力设备照明负荷，含插座容量，荧光灯就地补偿或采用电子镇流器，剧场照明不含舞台照明
旅馆	40～70		一般	0.7～0.8		
			大中型	0.8～0.9		
办公	30～70		—	0.7～0.8		
商业	40～80		一般	0.85～0.95		
	60～120		大中型			
体育	40～60		—	0.65～0.75		
剧院	60～100		—	0.6～0.7		

续表

建筑类型	用电指标（W/m^2）	负荷分类	规模分类	需要系数 K_x	功率因数 $\cos\varphi$	说明
医院	50～80	照明（含插座）	—	0.5～0.7	0.9	用电指标含建筑内所有非工业电力设备照明负荷，含插座容量，荧光灯就地补偿或采用电子镇流器，剧场照明不含舞台照明
高等学校	20～40		—	0.8～0.9		
中小学	20～30		—	0.6～0.7		
展览馆	50～80		—	0.6～0.7		
演播室	250～500		—	0.6～0.7		
汽车库	8～15		—	0.6～0.7		
照明干线	—		面积＜$500m^2$	1～0.9		
	—		500～$3000m^2$	0.9～0.7		
	—		3000～$15000m^2$	0.75～0.55		
	—		面积＞$15000m^2$	0.6～0.4		
舞台照明	—	—	功率＜200kW	1～0.6	0.9～1	设置就地补偿装置
	—	—	功率＞200kW	0.6～0.4	0.9～1	

注　1. 照明负荷需要系数的大小与灯的控制方式和开启率有关，大面积集中控制的灯比相同建筑面积的多个小房间分散控制的灯的需要系数大。插座容量的比例大时，需要系数的选择可以偏小些。

2. 表中所列用电指标的上限值是根据空调采用电动压缩机制冷时的数值。当空调冷水机组采用直燃机时，用电指标一般比采用电动压缩机制冷时的用电指标降低 25～$35VA/m^2$。

2.8 住宅建筑安全技术防范系统配置

住宅建筑安全技术防范系统参考配置见表 2-18。

表 2-18　　住宅建筑安全技术防范系统参考配置

名称	安防设施	配置
周界防护系统	电子周界防护系统	宜设置
公共区域安全防护系统	电子巡查系统	应设置
	视频安防监控系统	可选项
	停车库（场）管理系统	
监控中心	安全管理系统	各子系统宜联动设置
	可靠通信工具	必须设置

续表

名称	安防设施	配置
家庭安全防护系统	访客对讲系统	应设置
	紧急求助报警装置	
	入侵报警系统	
	燃气浓度检测报警	根据情况设置

2.9 弱电系统的要求

住宅建筑弱电系统的相关要求见表 2-19。

表 2-19　　住宅建筑弱电系统的相关要求

项目	要求
住宅建筑电话系统的要求	（1）电话插座一般需要暗装。 （2）电话插座缆线一般需要采用由家居配线箱放射方式来敷设。 （3）住宅建筑一般需要设置电话系统。 （4）住宅建筑电话系统一般需要采用本地通信业务经营商提供的运营方式。 （5）住宅建筑的电话系统要使用综合布线系统。 （6）住宅建筑的电话系统进户线一般应在家居配线箱内做交接。 （7）住宅套内一般需要采用 RJ45 的电话插座。 （8）电话插座底边距地高度一般为 0.3～0.5m。 （9）卫生间的电话插座底边距地高度一般为 1～1.3m
住宅建筑家庭安全防范系统的要求	（1）每户要不少于一处安装紧急求助报警装置。 （2）每户户门、阳台、外窗等处要选择性地安装入侵报警探测装置。 （3）使用燃气的厨房内要设置燃气浓度检测报警器。 （4）单元入口处防护门上或墙体内，要设置访客对讲系统主机。 （5）每户室内要设置分机一般安装在起居室内。 （6）每主机、室内分机底边距地一般为 1.3～1.5m
住宅建筑监控中心的要求	（1）监控中心可以与住宅建筑管理中心或消防控制室合用。 （2）监控中心要配置可靠的有线或无线通信工具，以及留有与接警中心联网的接口。 （3）住宅建筑的周界防护系统、公共区域安全防范系统、家庭安全防范系统等主机，一般安装在监控中心。 （4）住宅建筑安防监控中心一般应具有自身的安全防范设施

续表

项目	要求
住宅建筑信息网络系统的要求	（1）住宅建筑一般要设置信息网络系统。 （2）住宅建筑信息网络系统一般宜采用本地信息网络业务经营商提供的运营方案。 （3）每套住宅的信息插座装设数量不应少于1个。 （4）起居室、书房、主卧室均可以装设信息插座。 （5）每套住宅内，一般要采用RJ45信息插座或光纤信息插座。 （6）信息插座一般应暗装。 （7）信息插座底边距地高度一般为0.3～0.5m。 （8）住宅建筑的信息网络系统一般应使用综合布线系统。 （9）住宅建筑进户线一般应在家居配线箱内做交接

2.10 房屋、建筑名词与术语解释

有关房屋、建筑名词与术语解释见表2-20。

表2-20　有关房屋、建筑名词与术语解释

名称	解释
5A写字楼	5A写字楼也就是甲级写字楼。所谓5A是指智能化5A，具体包括OA办公自动化系统、CA通信自动化系统、FA消防自动化系统、SA安保自动化系统、BA楼宇自动控制系统
安居工程住房	安居工程住房是指直接以成本价向城镇居民中低收入家庭出售的住房，一般优先出售给无房户、危房户、住房困难户，以及在同等条件下优先出售给离退休职工、教师中的住房困难户。一般不售给高收入家庭。安居工程住房成本价一般由征地与拆迁补偿费、住宅小区基础设施建设费、勘察设计与前期工程费、建安工程费、1%～3%的管理费、贷款利息与税金等几项因素构成
半地下室	房间地面低于室外地平面的高度超过该房间净高的1/3，以及不超过1/2者的建筑房间
半幅道路施工	半幅道路施工就是将道路分成两幅进行施工，也就是先施工一边，则另一边通行车辆，等先一边施工好后，再施工另一边
别墅	别墅一般是指带有私家花园的低层独立式住宅
层高	层高是指建筑物的层间高度，以及本层楼面或地面到上一层楼面或地面的高度

续表

名称	解释
成套住宅	成套住宅是指由若干卧室、卫生间、起居室、厨房、室内走道、室内客厅等组成的供一户单独使用的建筑房间。住宅一般按套统计。如果两户合用一套的住宅，也按一套统计。如果一户用两套住宅，或者两套以上住宅是按实际套数统计的
成套住宅建筑面积	成套住宅建筑面积是指成套住宅的建筑面积总和
承重墙	承重墙是指在砌体结构中支撑着上部楼层重量的墙体。承重墙在工程图上，一般为黑色墙体。如果打掉承重墙，则会破坏整个建筑结构
城市综合体	城市综合体是把城市中的商业、办公、展览、餐饮、居住、旅店、会议、文娱、交通等城市生活空间的三项以上进行组合，以及在各部分间建立一种相互依存、相互助益的能动关系，从而形成一个多功能、高效率的综合建筑体
存量房	存量房是指已经被购买，或者自建并且取得所有权证书的一种房屋
大放脚	埋入地下的墙叫作基础墙，基础墙的下部一般做成阶梯形的砌体，叫作大放脚（大方脚）
单元式高层住宅	单元式高层住宅是由多个住宅单元组合而成，每单元均设有楼梯、电梯的高层住宅
低层住宅	低层住宅一般是指一层到三层的住宅
地下室	地下室是指房屋全部或部分在室外地坪以下的部分，包括层高在2.2m以下的半地下室。也就是房间地面低于室外地平面的高度超过该房间净高的1/2的房间
定位轴线	定位轴线是用以确定主要结构位置标志尺寸的线，例如确定建筑的开间或柱距、进深或跨度的线
多层住宅	多层住宅是指四层到六层的住宅
筏板基础	筏板基础是由底板、梁等整体组成。如果建筑物荷载较大，地基承载力较弱，则常采用混凝土底板。承受建筑物荷载，形成筏基
防潮层	为了防止地下潮气沿墙体上升与地表水对墙面的侵蚀，需要采用防水材料把下部墙体与上部墙体隔开。该隔开的阻断层就是防潮层。防潮层的位置一般在首层室内地面（＋0.00）下60～70mm处，以及标高－0.06～－0.07m处
房改房	房改房是已购的公有住房，是指城镇职工根据国家、县级以上地方人民政府有关城镇住房制度改革政策规定，根据成本价或者标准价购买的已建公有住房。如果根据成本价购买的，房屋所有权归职工个人所有。如果按照标准价购买的，职工拥有部分房屋所有权，一般在5年后归职工个人所有

续表

名称	解释
房屋	房屋一般是指其上有屋顶、周围有墙，能够防风避雨，御寒保温，供人们在其中工作、生活、学习、娱乐、储藏物资，以及具有固定基础，层高一般在2.2m以上的永久性场所。根据一些地方的生活习惯，可供人们常年居住的窑洞、竹楼等也属于房屋范畴
房屋层数	房屋层数是指房屋的自然层数，一般根据室内地坪±0以上计算。采光窗在室外地坪以上的半地下室，其室内层高在2.20m以上（不含2.20m）的，计算自然层数。房屋总层数为房屋地上层数与地下层数之和。假层、附层（夹层）、阁楼（暗楼）、插层、装饰性塔楼、突出屋面的楼梯间、突出屋面水箱间一般不计层数
房屋减少建筑面积	房屋减少建筑面积是指报告期由于拆除、倒塌，以及各种灾害等原因实际减少的房屋建筑面积
房屋建筑面积	房屋建筑面积是指含自有（私有）房屋在内的各类房屋建筑面积的和。也就是指房屋外墙（柱）勒脚以上各层的外围水平投影面积，包括阳台、挑廊、地下室、室外楼梯等
房屋使用面积	房屋使用面积是指房屋户内全部可供使用的空间面积。一般根据房屋的内墙面水平投影来计算
非成套住宅	非成套住宅是指供人们生活居住的，但是不成套的一种房屋
非承重墙	非承重墙是指隔墙不支撑着上部楼层重量的墙体，只起到把一个房间与另一个房间隔开的作用
钢、钢筋混凝土结构	钢、钢筋混凝土结构是指承重的主要构件是用钢、钢筋混凝土建造的一种结构形式
钢混结构住宅	钢混结构住宅的结构材料是钢筋混凝土，也就是钢筋、水泥、粗细骨料（碎石）、水等的一种混合体。该种结构的住宅具有抗震性能好、整体性强、抗腐蚀能力强、经久耐用、房间的开间较大、房间的进深较大、空间分割较自由、结构工艺比较复杂、建筑造价较高等特点。目前，多、高层住宅多采用该种结构
钢结构	钢结构是建筑物主要承重构件由钢材（钢材料）构成的结构，包括悬索结构。其具有自重轻、强度高、延性好、施工快、抗震性好、造价较高等特点。钢结构一般用于超高层建筑中
钢筋混凝土结构	钢筋混凝土结构是指承重主要构件是用钢筋混凝土建造的，具体包括薄壳结构、大模板现浇结构、使用滑模/升板等建造的钢筋混凝土结构
高层住宅	高层住宅是指十层及十层以上的住宅
高端住宅	高端住宅一般包括中心区域的高价公寓、近郊的资源别墅
阁楼（暗楼）	阁楼（暗楼）一般是指房屋建成后，因各种需要，利用房间内部空间上部搭建的楼层

续表

名称	解释
工程变更	工程变更是指设计变更、进度计划变更、施工条件变更、原招标文件与工程量清单中没有包括的增减工程等情况
工程计量	工程计量就工程某些特定内容进行的计算度量工作。工程造价的计量系指为计算工程造价就工程数量或计价基础数量进行的度量统计的一种工作
工程进度款	工程进度款是指在施工过程中，按逐月，或形象进度，或控制界面等，完成的工程数量计算的各项费用总和
工程签证	根据承、发包合同约定，一般由承发包双方代表就施工过程中涉及合同价款之外的责任事件所做的签认证明
工程造价的控制	工程造价的控制是指在优化建设方案，设计方案的基础上，在建设程序的各个阶段，采用一定的方法、措施把工程造价控制在合理的范围与核定的造价限额内
工程造价的确定	工程造价的确定是指在工程建设的各个阶段，合理确定投资估算、概算、预算、合同价、竣工结算价、竣工决算价等
工程造价鉴证	针对鉴证对象，由造价工程师根据鉴证目的、提供的资料、现行规定、合同约定，以及遵循工程造价咨询规则、程序，运用工程造价咨询方法、手段，对工程造价做出的客观、公正的判断
工业用房	工业用房是指独立设置的各类工厂、车间、手工作坊、发电厂等从事生产活动的一种房屋建筑
公用设施用房	公用设施用房是指自来水、泵站、燃气、供热、污水处理、变电、垃圾处理、环卫、公厕、殡葬、消防等市政公用设施的一种房屋建筑
公寓	公寓是集合式住宅的一种，中国大陆称为单元楼或居民楼，港澳地区称为单位。 公寓特指不能分割产权的生活设施，主要表现为生产、教育、科研、医疗、服务等用地内配套的生活设施用房。 公寓可以分为住宅公寓、服务式公寓。其中，服务式公寓有酒店式公寓、创业公寓、青年公寓、白领公寓、青年 SOHO 等多种类型
公寓式住宅	公寓式住宅相对于独院独户的西式别墅住宅而言。一般是高层，标准较高，每一层内有若干单户独用的套房
拱券	拱券是桥梁、门窗等建筑物上筑成弧形的部分
箍筋	箍筋是用来满足斜截面抗剪强度，联结受拉主钢筋与受压区混凝土使其共同工作，以及用来固定主钢筋的位置使梁内各种钢筋构成钢筋骨架的一种钢筋
挂梁	在悬臂梁桥或 T 构中，用于连接两悬臂梁或用于连接两 T 构的梁段。挂梁两端一般多放置在牛腿上，如果同悬挂，因此，叫作挂梁

续表

名称	解释
过梁	当墙体上开设门窗洞口时，为了支撑洞口上部砌体所传来的各种荷载，以及将这些荷载传给窗间墙，常在门窗洞口上设置横梁，该梁就是称作过梁
合同图纸	合同图纸是指作为招标文件发放给投标单位，以及在招标过程中补充、完善，作为施工承包合同价款计算依据的图纸与相关技术要求
合同咨询	咨询机构对委托方与第三方签订的合同，就合同形式选取、条款内容的有效设定等提供全面咨询
横向	横向是指建筑物的宽度方向
横向轴线	横向轴线是沿建筑物宽度方向设置的轴线，其编号方法一般采用阿拉伯数字从左到右编写在轴线圆内
红线	红线是指规划部门批给建设单位的占地面积，一般用红笔圈在图纸上，具有法律效力
花园式住宅	花园式住宅也叫作西式洋房、小洋楼、花园别墅。一般都是带有花园草坪、车库的独院式平房或二、三层小楼。该建筑建筑密度低，内部居住功能完备，装修豪华，住宅水电暖供给一应俱全
混合结构	混合结构是指承重主要构件是用钢筋混凝土与砖木建造的
基本完好房屋	基本完好房屋是指主体结构完好，少数部件虽有损坏，但是不严重，经过维修就能修复的房屋
集体宿舍	集体宿舍是指机关、学校、企事业单位的单身职工、学生居住的房屋
集资房	集资房一般由国有单位出面组织，并且提供自有的国有划拨土地用作建房用地，国家予以减免部分税费，由参加集资的职工部分，或者全额出资建设，房屋建成后归职工所有，不对外出售。产权也可以归单位与职工共有，在持续一段时间后过渡为职工个人所有。集资房属于经济适用房的一种
架空层	架空层是指仅有结构支撑而无外围护结构的开敞空间层。目前在房地产方面架空层的利用主要是为了增加楼盘的活动空间等目的，架空层的层高并不一定低，有的可以达到6～9m，但主要是高层（100m）以下的建筑采用。普通的也可达到3m
假层	假层是指建房时建造的，一般用于比较低矮的楼层，其前后沿的高度大于1.7m，面积不足底层的1/2的部分
剪力墙	剪力墙英文为shear wall，又称为抗风墙、抗震墙、结构墙。剪力墙是房屋或构筑物中主要承受风荷载，或者地震作用引起的水平荷载的墙体
剪力墙结构	剪力墙结构是指竖向荷载由框架与剪力墙共同承担，水平荷载一般由框架承受20%～30%，剪力墙承受70%～80%的结构

续表

名称	解释
建筑面积	建筑面积是指建筑物长度、宽度的外包尺寸的乘积再乘以层数。建筑面积一般由使用面积、交通面积、结构面积组成
建筑总高度	建筑总高度是指室外地坪到檐口顶部的总高度
交通面积	交通面积是指走道、楼梯间、电梯间等交通联系设施的净面积
结构面积	结构面积是指墙体、柱所占的面积
解困房	解困房是指各级地方政府为解决本地城镇居民中特别困难户、困难户、拥挤户住房的问题而专门修建的住房
进深	进深是指一间独立的房屋或一幢居住建筑内从前墙的定位轴线到后墙的定位轴线间的实际长度，也就是一间房屋的深度，及两条纵向轴线间的距离。住宅的进深一般采用下列常用参数：3.0m、3.3m、3.6m、3.9m、4.2m、4.5m、4.8m、5.1m、5.4m、5.7m、6.0m
经济适用住房	经济适用住房是指根据国家经济适用住房建设计划安排建设的住宅。该住宅一般由国家统一下达计划，用地一般实行行政划拨的方式，免收土地出让金，对各种经批准的收费实行减半征收，出售价格实行政府指导价，然后根据保本微利的原则来确定
经营用房	经营用房是指各种开发、装饰、中介公司等从事各类经营业务活动所用的房屋
井架	矿井、油井等用来装置天车、支撑钻具等的金属结构架竖立在井口。井架用于钻井或钻探时，也叫作钻塔
净高	净高是指房间的净空高度，以及地面到天花板下皮的高度
酒店式服务公寓、酒店式公寓	酒店式服务公寓是指提供酒店式管理服务的公寓
居住区	居住区是城市中在空间上相对独立的各种类型与各种规模的生活居住用地的统称。居住区包括居住小区、居住组团、住宅街坊、住宅群落
开间	住宅的宽度是指一间房屋内一面墙的定位轴线到另一面墙的定位轴线间的实际距离。就一自然间的宽度而言，又称为开间。住宅建筑的开间常采用下列参数：2.1m、2.4m、2.7m、3.0m、3.3m、3.6m、3.9m、4.2m。规定较小的开间尺度，可缩短楼板的空间跨度，增强住宅结构整体性、稳定性、抗震性。 砖混住宅，住宅开间一般不超过3.3m。目前，我国大量城镇住宅房间的进深一般都限定在5m左右，不能够任意扩大
开间进深	横墙是沿建筑物短轴布置的墙。纵墙是沿建筑物长轴方向布置的墙。开间就是两横墙间距离进深。开间进深也就是指住宅的宽度与住宅的实际长度

续表

名称	解释
可行性研究	可行性研究是通过对项目的主要内容与配套条件进行调查研究、分析比较，以及对项目建成后可能取得的经济、社会、环境效益进行预测，为项目决策提供一种综合性的系统分析方法
可行性研究评估	根据委托人的要求，在可行性研究的基础上，根据一定的目标，由另一咨询单位对投资项目的可靠性进行分析判决断、权衡各种方案的处弊，以及向业主提出明确的评估结论
跨度	跨度就是建筑物中，梁、拱券两端的承重结构间的距离，两支点中心间的距离
跨数	在板柱结构中，两柱间算一跨
框架-剪力墙结构住宅	框架-剪力墙结构也称框剪结构，该种结构是在框架结构中布置一定数量的剪力墙，构成灵活自由的使用空间，满足不同建筑功能的要求，又有足够的剪力墙，有相当大的刚度
框架结构	框架结构是指由柱子、纵向梁、横向梁、楼板等构成的骨架作为承重结构，墙体是围护结构的一种建筑结构
框架结构住宅	框架结构住宅是指以钢筋混凝土浇捣成承重梁柱，再用预制的混凝土、膨胀珍珠岩、浮石、蛭石等轻质板材隔墙分户装配成而的住宅
框剪结构	框剪结构主要结构是框架，由梁柱构成，小部分是剪力墙，墙体全部采用填充墙体。框剪结构适用于平面或竖向布置繁杂、水平荷载大的高层建筑
勒脚	勒脚是指建筑物的外墙与室外地面，或者散水接触部位墙体的加厚部分；勒脚的主要作用是防止地面水、屋檐滴下的雨水的侵蚀，从而保护墙面，保证室内干燥。勒脚的高度一般不低于700mm。勒脚部位外抹水泥砂浆或外贴石材等防水耐久的材料，需要与散水、墙身水平防潮层形成闭合的防潮系统。勒脚的高度一般为室内地坪与室外地坪的高差
廉租住房	廉租住房是指政府与单位在住房领域实施社会保障职能，向具有城镇常住居民户口的最低收入家庭提供的租金相对低廉的普通住房
明沟	明沟是靠近勒脚下部设置的排水沟。其主要作用是为了迅速排除从屋檐滴下的雨水，防止因积水渗入地基而造成建筑物的下沉
内墙	内墙是指室内的墙体，主要起到隔音、分隔空间、承重等维护结构的墙体
女儿墙	女儿墙在古代时叫女墙，其是仿照女子睥睨的形态，在城墙上筑起的墙垛。女儿墙特指房屋外墙高出屋面的矮墙，在现存的明清古建筑物中我们还能看到
平价房	平价房是根据国家安居工程实施方案的有关规定，以城镇中、低收入家庭住房困难户为解决对象，通过配售形式供应、具有社会保障性质的经济适用住房

续表

名称	解释
期房	期房是指开发商从取得商品房预售许可证开始至取得房地产权证（大产证）止，在此期间的商品房称为期房
轻钢屋架	轻钢屋架是指单榀（一个房架称一榀）重量在1t以内，并且用小型角钢或钢筋、管材作为支撑拉杆的钢屋架
圈梁	砌体结构房屋中，在砌体内沿水平方向设置封闭的钢筋混凝土梁，以提高房屋空间刚度、增加建筑物的整体性、提高砖石砌体的抗剪、抗拉强度，防止由于地基不均匀沉降、地震或其他较大振动荷载对房屋的破坏，在房屋的基础上部的连续的钢筋混凝土梁叫作基础圈梁，也叫作地圈梁。在墙体上部，紧挨楼板的钢筋混凝土梁叫作上圈梁。 圈梁应在同一水平面上连续、封闭，但是当圈梁被门窗洞口隔断时，需要在洞口上部设置附加圈梁进行搭接补强。附加圈梁的搭接长度一般不应小于两梁高差的两倍，也不小于1000mm
全剪力墙结构	全剪力墙结构是利用建筑物的内墙（或内外墙）作为承重骨架，用来承受建筑物竖向荷载与水平荷载的结构
日照间距	日照间距就是根据日照时间要求，确定前后两栋建筑间的距离。日照间距的计算，一般以冬至这一天正午正南方向房屋底层窗台以上墙面，能被太阳照到的高度为依据
散水	散水是与外墙勒脚垂直交接倾斜的室外地面部分，用来排除雨水，保护墙基免受雨水侵蚀，也就是靠近勒脚下部的排水坡。 散水的宽度需要根据土壤性质、气候条件、建筑物的高度与屋面排水形式确定，一般为600～1000mm。当屋面采用无组织排水时，散水宽度需要大于檐口挑出长度200～300mm。为保证排水顺畅，一般散水的坡度为3%～5%，散水外缘高出室外地坪30～50mm。散水常用材料为混凝土、水泥砂浆、卵石、块石等。 年降雨量较大的地区，可以采用明沟排水。一般在年降雨量为900mm以上的地区，采用明沟排除建筑物周边的雨水。明沟宽一般为200mm左右，材料为混凝土、砖等。 建筑中，为防止房屋沉降后，散水或明沟与勒脚结合处出现裂缝，在此部位需要设缝，用弹性材料进行柔性连接
商品房	商品房是指由房地产开发企业开发建设，以及出售、出租的房屋
商业用房	商业用房是指各类商店、粮油店、菜场、理发店、门市部、饮食店、照相馆、浴室、旅社、招待所等从事商业与为居民生活服务所用的房屋
商住楼	商住楼是指商业用房与住宅组成的建筑
商住住宅	商住住宅是SOHO（居家办公）住宅观念的一种延伸。其属于住宅，同时又融入写字楼的诸多硬件设施，使居住者在居住的同时又能够从事商业活动的一种住宅形式
涉外房产	涉外房产是指中外合资经营企业、中外合作经营企业、外资企业、外国政府、社会团体、国际性机构所投资建造或购买的房产

续表

名称	解释
施工工程标底	施工工程标底是由招标单位自行编制，或者委托具有编制标底资格、能力的工程造价咨询单位代理编制，并且以此作为招标工程在评标时参考的预期价格
施工合同	施工合同是发包方与承包方为完成商定的建筑、安装工程，明确相互权利义务关系的一种协议
使用率	使用率也叫作得房率，其是指使用面积占建筑面积的百分数
使用面积	使用面积是指主要使用房间与辅助使用房间的净面积。其中，净面积为轴线尺寸减去墙厚所得的净尺寸的乘积
水景商品房	水景商品房是指依水而建的房屋
私有（自有）房产	私有（自有）房产是指私人所有的房产，包括中国公民、海外侨胞、在华外国侨民、外国人所投资建造、购买的房产，以及中国公民投资的私营企业所投资建造、购买的房屋
塔式高层住宅	塔式高层住宅是以共用楼梯、电梯为核心布置多套住房的高层住宅
踢脚	踢脚是外墙内侧和内墙两侧与室内地坪交接处的构造。踢脚的主要作用是防止扫地时污染墙面。踢脚的高度一般为120～150mm
天然地基	天然地基就是自然状态下即可满足承担基础全部荷载要求，不需要人工处理的地基。天然地基土可以分为岩石、碎石土、砂土、黏性土等种类
通廊式高层住宅	通廊式高层住宅是指共用楼梯、电梯，然后通过内、外廊进入各套住宅的高层住宅
筒体结构	筒体结构是由框架-剪力墙结构与全剪力墙结构综合演变与发展而来的。筒体结构是将剪力墙或密柱框架集中到房屋的内部、外围而形成的空间封闭式的筒体。筒体结构多用于写字楼建筑
投标报价书	投标报价书是投标商根据招标文件对招标工程承包价格做出的要约表示，是投标文件的核心内容
土方工程	挖土、填土、运土的工作量一般用立方米来计算。$1m^3$ 叫作一个土方，那么该类的工程也就是土方工程
外墙	外墙是指对建筑主体结构起维护作用，起抵抗外界物理、化学、生物破坏的一种维护结构
完好房屋	完好房屋是指主体结构完好，具有不倒、不塌、不漏、庭院不积水、门窗设备完整、上下水道通畅、室内地面平整，能够保证居住安全与正常使用的房屋，或者虽有一些漏雨、轻微破损，或缺乏油漆保养，经过小修能够及时修复的房屋
危险房屋	危险房屋是指结构已严重损坏，或者承重构件已属危险构件，随时有可能丧失结构稳定与承载能力，不能够保证居住与使用安全的房屋
危险房屋建筑面积	危险房屋建筑面积是指结构已经严重损坏或承重构件已属危险构件，随时有可能丧失结构稳定与承载能力，不能够保证居住与使用安全的房屋建筑面积

续表

名称	解释
微利房	微利房也称为微利商品房，是指由各级政府房产管理部门组织建设与管理，以低于市场价格与租金、高于福利房价格和租金，用于解决部分企业职工住房困难与社会住房特困户的房屋
屋盖	屋盖是房屋最上部的围护结构，其需要满足相应的使用功能要求，以及为建筑提供适宜的内部空间环境。屋盖也可以是房屋顶部的承重结构，其受材料、结构、施工条件等因素的制约
屋架	屋架是房屋组成部件之一，平房、中式楼房中屋架可分为中式屋架、人字架、钢屋架、钢混屋架等几类
屋面	屋面是指建筑物屋顶的表面，主要是指屋脊与屋檐间的部分，该部分占据了屋顶的较大面积，或者说屋面是屋顶中面积较大的部分
现房	现房是指消费者在购买时，具备即买即可入住的商品房，也就是开发商已经办妥所售的商品房的大产证的商品房，与消费者签订商品房买卖合同后，立即可以办理入住，以及取得产权证的房屋
小高层住宅	小高层住宅一般是指层高为7层～11层的住宅
写字楼	写字楼是指为商务、办公活动提供空间的一种建筑及附属设施、设备、场地
芯柱	在砌块内部空腔中插入竖向钢筋，并且浇灌混凝土后形成的砌体内部的钢筋混凝土小柱。芯柱就是在框架柱截面中部1/3左右的核心部位配置附加纵向钢筋与箍筋而形成的内部加强区域
悬臂梁	梁的一端为不产生轴向、垂直位移、转动的固定支座，另一端为自由端
严重损坏房屋	严重损坏房屋是指年久失修、破损严重，但是没有倒塌危险，需要大修，或者有计划地翻修、改建的一种房屋
檐高	房屋建筑顶层屋面出外墙面部分叫屋檐。檐高是指设计室外地坪到屋檐底的高度，如果屋檐有檐沟，则为到檐口底的高度
檐口	檐口是指结构外墙体与屋面结构板交界处的屋面结构板顶，檐口高度即为檐口标高处，到室外设计地坪标高的距离。一般讲的屋面的檐口是指大屋面的最外边缘处的屋檐的上边缘，也就是上口，不是突出大屋面的电梯机房、楼梯间的小屋面的檐口
一般损坏房屋	一般损坏房屋是指主体结构基本完好、屋面不平整、经常漏雨、内粉刷部分脱落、地板松动、门窗有的腐朽变形、下水道经常阻塞、墙体轻度倾斜开裂，需要进行正常修理的一种房屋
有限产权房	有限产权房是房屋所有人在购买公房中按照房改政策以标准价购买的住房或建房过程中得到了政府或企业补贴，房屋所有人享有完全的占有权、使用权、有限的处分权与收益权

续表

名称	解释
预可行性研究	预可行性研究也叫初步可行性研究，是在投资机会研究的基础上，对项目方案进行的进一步技术经济论证，从而得出初步判断
跃层住宅	跃层住宅是套内空间跨越两楼层及以上的住宅
再上市房	再上市房是指职工按照房改政策购买的公有住房或经济适用房首次上市出售的房屋
栈桥	栈桥就是形状像桥的建筑物，一般建在车站、港口、矿山、工厂，主要用于装卸货物、上下旅客。在土木工程中，为运输材料、设备、人员而修建的临时桥梁设施，根据采用的材料不同，可以分为木栈桥、钢栈桥
招标文件	招标文件是工程建设的发包方以法定方式吸引承包商参加竞争，择优选取施工单位的一种书面文件
找平层	找平层是在原结构面因存在高低不平，或者坡度而进行找平铺设的基层，有利于在其上面铺设面层或防水、保温层
中高层住宅	中高层住宅是指层高为7层～9层的住宅
住宅	住宅是指专供居住的房屋，包括别墅、公寓、职工家属宿舍、集体宿舍等。但是不包括住宅楼中作为人防用、不住人的地下室等，也不包括托儿所、病房、疗养院、旅馆等具有专门用途的房屋。 住宅也就是供家庭居住使用的建筑
住宅建筑面积	住宅建筑面积是指供人居住使用的房屋建筑面积
住宅使用面积	住宅使用面积是指住宅中以户（套）为单位的分户（套）门内全部可供使用的空间面积。其包括日常生活起居使用的卧室、起居室、客厅（堂屋）、亭子间、厨房、卫生间、室内走道、楼梯、壁橱、阳台、地下室、假层、附层（夹层）、阁楼、（暗楼）等面积。 住宅使用面积一般按住宅的内墙线来计算
砖混结构	房屋的竖向承重构件采用砖墙或砖柱，水平承重构件采用钢筋混凝土楼板、屋顶板
砖木结构	砖木结构是指承重的主要构件是用砖、木材建造的
纵墙、横墙	纵墙是沿建筑物长轴方向布置的墙。横墙是沿建筑物短轴方向布置的墙
纵向	纵向是指建筑物的长度方向
纵向轴线	纵向轴线是沿着建筑物长度方向设置的轴线，其编号方法一般采用大写字母从上到下编写在轴线圆内（说明：字母I、O、Z不用）

2.11 高处作业有关术语定义、特点

高处作业有关术语定义、特点见表 2-21。

表 2-21　　高处作业有关术语定义、特点

名称	解说
带电高处作业	带电高处作业是指在接近与接触带电体条件下进行的高处作业
二级高处作业	高处作业的高度在 5～15m 时称作二级高处作业
高处作业高度	作业区各作业位置至相应坠落高度基准面间的垂直距离中的最大值，称作该作业区的高处作业高度
强风高处作业	强风高处作业是在阵风风力六级（风速 10.8m/s）以上的情况下进行的高处作业
抢救高处作业	抢救高处作业是指对突然发生的各种灾害事故，进行抢救的高处作业
三级高处作业	高处作业的高度在 15～30m 时称作三级高处作业
特级高处作业	高处作业的高度在 30m 以上时称作特级高处作业
悬空高处作业	悬空高处作业是指在无立足点或无牢靠立足点的条件下进行的高处作业
雪天高处作业	雪天高处作业是指在降雪时进行的高处作业
夜间高处作业	夜间高处作业是指在室外完全采用人工照明时进行的高处作业
一级高处作业	高处作业的高度在 2～5m 时称作一级高处作业
异温高处作业	异温高处作业是在高温、低温环境内进行的高处作业
雨天高处作业	雨天高处作业是指在降雨时进行的高处作业
坠落高度基准面	通过最低坠落着落点的水平面称作坠落高度基准面
最低坠落着落点	在作业位置可能坠落到的最低点，称作该作业位置的最低坠落着落点

2.12 模板作业安全要求与拆除作业安全要求

模板作业安全要求与拆除作业安全要求见表 2-22。

表 2-22 模板作业安全要求与拆除作业安全要求

项目	要求
模板作业的安全要求	（1）安装模板，本道工序模板未固定前，不得进行下道工序的施工。 （2）安装模板，需要根据规定的程序进行。 （3）不能留有悬空模板，以防突然落下伤人。 （4）拆除模板时，不得采用大面积撬落的方法，以防伤人、损坏物料。 （5）大模板堆放，需要留有固定的堆放架，必须成对，面对面存放，以防碰撞、被大风刮倒。 （6）非工作人员不得进入拆模现场。 （7）模板的支柱，需要支撑在牢靠处，底部用木板垫牢，不得使用脆性材料铺垫。 （8）为保证模板的稳定性，除加设立柱外，还需要在沿立柱的纵向、横向加设水平支撑、剪刀撑。 （9）作业人员，不得在上下同一垂直面上作业，以防发生人员坠落、物体打击事故
拆除作业的安全要求	（1）不得将墙体推倒在楼板上，以防将楼板压塌，发生事故。 （2）拆除工程施工前，需要先将电线、燃气管道、水管等干线与建筑物的支线切断、迁移。 （3）拆除建筑物，需要自上而下依次进行，不得数层同时拆除。 （4）拆除作业，需要严格根据拆除方案进行。 （5）拆下的散碎材料，需要用溜放槽溜下，清理运走。 （6）拆下的物料，不得向下抛掷，较大构件需要用吊绳、起重机吊下运走。 （7）非拆除人员，不得进入施工现场。 （8）机械、爆破、人工拆除作业现场，需要根据规定设围挡。 （9）为确保未拆除部分建筑物的稳定，需要根据结构的特点，对有关部分先进行加固。 （10）严禁掏底开挖

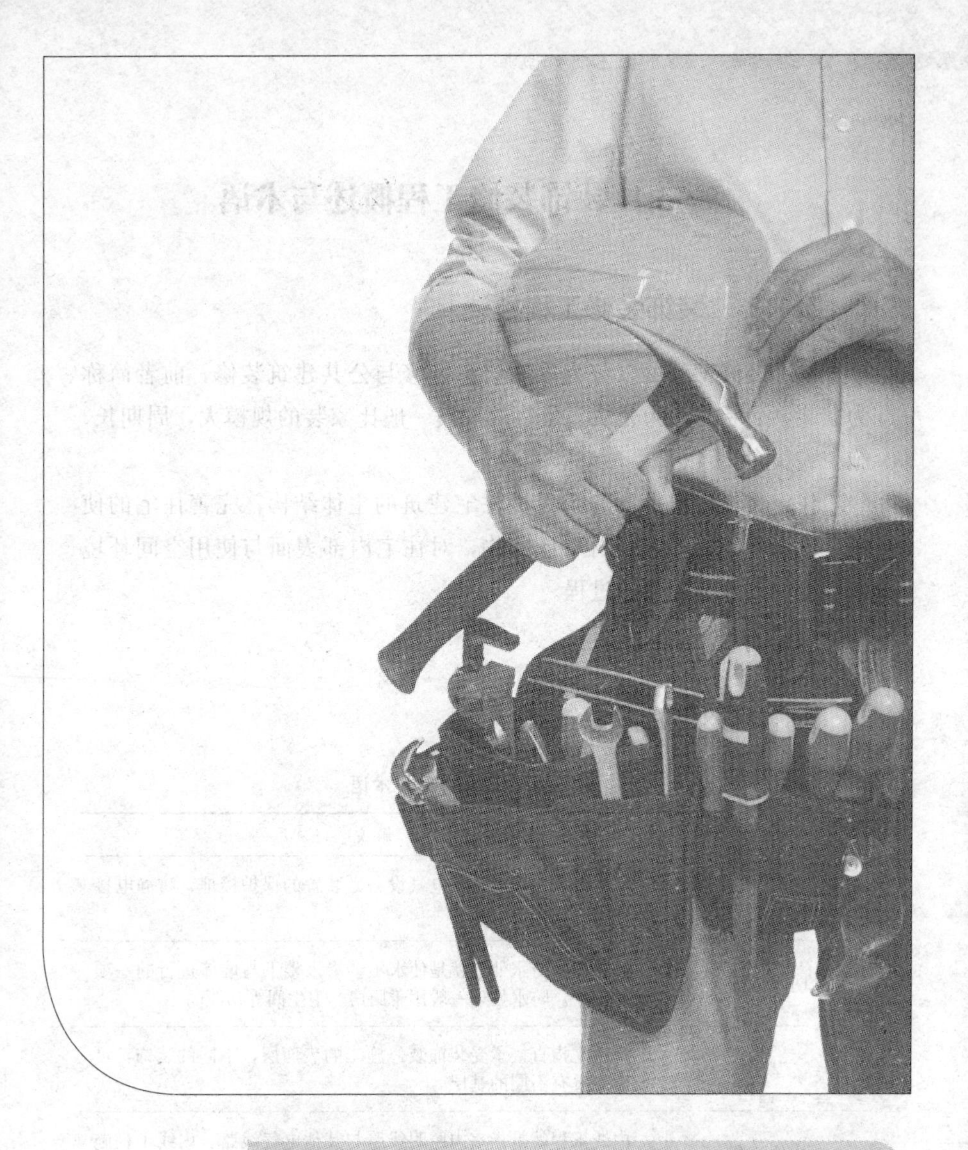

3 装饰装修基本知识

3.1 装饰装修工程概述与术语

3.1.1 装饰装修工程概述

装饰装修工程可以分为家庭居室装修与公共建筑装修，前者简称为家装，后者简称为公装。公装的规模一般比家装的规模大，周期长，施工人员多。

住宅装饰装修是指为了保护住宅建筑的主体结构，完善住宅的使用功能，采用装饰装修材料或饰物，对住宅内部表面与使用空间环境所进行的处理与美化的过程。

3.1.2 术语

装饰装修工程的有关术语见表3-1。

表3-1　　装饰装修工程的有关术语

名称	解说
电气接地工程	电气接地工程就是各电气设备、装置的保护接地、防静电接地、工作接地等
防水处理	家装中的防水处理就是使水不会渗入楼下与墙体进行的一项操作工序。防水处理一般用于厨房、卫生间等功能间
基层	基层是指直接承受装饰装修施工的表面层，不同的装饰，可能需要具有不同的基层
内线工程	内线工程就是指室内照明线路与其他电气线路。内线工程施工主要指线路敷设、安装
室内环境污染	室内环境污染是指室内空气中混入有害人体健康的甲醛、苯、氧、氨、总挥发性有机物等气体的现象。装修时，严禁出现室内环境污染现象
形象墙	形象墙就是指电视形象墙、电视背景墙、TV墙。它是安放或者靠近电视位置的墙面。因看电视的频率较高，也常常会留意其背景，因此，形象墙在家装中比较重要

续表

名称	解说
玄关	玄关就是指厅堂的外门，也就是居室入口的一个区域，简单一点就是进门的地方
隐蔽工程	隐蔽工程就是指在施工过程中，完成上一道工序后，将被下一道工序所掩盖，全部完工后无法进行检查相应部位的一类工程。家装、公装中的隐蔽工程包含给排水工程、电线管线工程、地板基层、隔墙基层等。家装中水电工程尤为重要
装饰抹灰	装饰抹灰就是在一般抹灰的基础上对抹灰表面进行装饰性加工

3.2 装修中的常见参考尺寸

装修中的常见参考尺寸见表 3-2。

表 3-2　　装修中的常见参考尺寸

名称	常见参考尺寸
矮柜——柜门宽度	30～60cm
矮柜——深度	35～45cm
办公家具——办公椅→长×宽	450×450（mm）
办公家具——办公椅→高	400～450mm
办公家具——办公桌→长	1200～1600mm
办公家具——办公桌→高	700～800mm
办公家具——办公桌→宽	500～650mm
办公家具——茶几→前置型	900×400×400（mm×mm×mm）
办公家具——茶几→中心型	900×900×400（mm×mm×mm）、700×700×400（mm×mm×mm）
办公家具——茶几→左右型	600×400×400（mm×mm×mm）
办公家具——沙发→背面	1000mm
办公家具——沙发→高	350～400mm
办公家具——沙发→宽	600～800mm
办公家具——书柜→高	1800mm
办公家具——书柜→宽	1200～1500mm

续表

名称	常见参考尺寸
办公家具——书柜→深	450～500mm
办公家具——书架→高	1800mm
办公家具——书架→宽	1000～1300mm
办公家具——书架→深	350～450mm
餐厅——餐椅→高	450～500mm
餐厅——餐桌→高	750～790mm
餐厅——餐桌→间距（其中座椅占500mm）	应大于500mm
餐厅——餐桌→西式	一般高　0.68～0.72m
餐厅——餐桌→中式	一般高0.75～0.78m
餐厅——餐桌转盘→直径	700～800mm
餐厅——长方桌→长	1.50、1.65、1.80、2.1、2.4m
餐厅——长方桌→宽	0.8、0.9、1.05、1.20m
餐厅——方餐桌→尺寸→八人	2250×850（mm×mm）
餐厅——方餐桌→尺寸→二人	700×850（mm×mm）
餐厅——方餐桌→尺寸→四人	1350×850（mm×mm）
餐厅——方桌→宽	1.20、0.9、0.75m
餐厅——酒吧→宽	500mm
餐厅——酒吧凳→高	600～750mm
餐厅——酒吧台→高	900～1050mm
餐厅——内部工作道→宽	600～900mm
餐厅——椅凳→扶手椅内	宽于0.46m
餐厅——椅凳→座面高	0.42～0.44m、
餐厅——圆桌→直径	0.9、1.2、1.35、1.5、18m
餐厅——圆桌→直径→八人	1300mm
餐厅——圆桌→直径→二人	500、800mm
餐厅——圆桌→直径→六人	1100～1250mm
餐厅——圆桌→直径→十二人	1800mm
餐厅——圆桌→直径→十人	1500mm
餐厅——圆桌→直径→四人	900mm
餐厅——圆桌→直径→五人	1100mm
餐厅——主通道→宽	1200～1300mm

续表

名称	常见参考尺寸
餐桌——长方桌→长	150、165、180、210、240cm
餐桌——长方桌→宽	80、90、105、120cm
餐桌——高	75～78cm（一般）
餐桌——西式→高	68～72cm
餐桌——一般方桌→宽	120、90、75cm
餐桌——圆桌→直径	90、120、135、150、180cm
厕所——高	190、200、210cm
厕所——宽	80、90cm
茶几——大型长方形→长	150～180cm
茶几——大型长方形→高	33～42cm（33cm 最佳）
茶几——大型长方形→宽	60～80cm
茶几——方形→高	33～42cm
茶几——方形→宽	90、105、120、135、150cm
茶几——小型长方形→长	60～75cm
茶几——小型长方形→高	38～50cm（38cm 最佳）
茶几——小型长方形→宽	45～60cm
茶几——圆形→高	33～42cm
茶几——圆形→直径	75、90、105、120cm
茶几——正方形→长	75～90cm
茶几——正方形→高	43～50cm
茶几——中型长方形→长	120～135cm
茶几——中型长方形→宽	38～50cm 或者 60～75cm
厨房——抽油烟机与灶→距离	0.6～0.8m
厨房——橱柜作台→高	0.89～0.92m
厨房——吊柜与作台间→距离	＞0.55m
厨房门——高	1.9～2.0m
厨房门——宽	0.8～0.9m
厨房——平面作区→厚	0.4～0.6m
厨房——作台上方的吊柜→距地面	最小距离＞1.45m、厚度 0.25～0.35m
窗帘盒——高	12～18cm
窗帘盒——深→单层布	12cm
窗帘盒——深→双层布	16～18cm（实际尺寸）
大门——门高	2.0～2.4m
大门——门宽	0.90～0.95m

续表

名称	常见参考尺寸
单人床——长	180、186、200、210cm
单人床——宽	90、105、120cm
灯具——壁灯→高	1500～1800mm
灯具——壁式床头灯→高	1200～1400mm
灯具——大吊灯→最小高度	2400mm
灯具——反光灯槽→最小直径	等于或大于灯管直径两倍
灯具——照明开关→高	1000mm
电视柜——高	60～70cm
电视柜——深	45～60cm
饭店客房——标准面积→大	$25mm^2$
饭店客房——标准面积→小	$16mm^2$
饭店客房——标准面积→中	$16～18mm^2$
饭店客房——床→高	400～450mm
饭店客房——床头柜→高	500～700mm
饭店客房——床头柜→宽	500～800mm
饭店客房——沙发→高	350～400mm
饭店客房——沙发→宽	600～800mm
饭店客房——沙发背→高	1000mm
饭店客房——写字台→长	1100～1500mm
饭店客房——写字台→高	700～750mm
饭店客房——写字台→宽	450～600mm
饭店客房——行李台→长	910～1070mm
饭店客房——行李台→高	400mm
饭店客房——行李台→宽	500mm
饭店客房——衣柜→高	1600～2000mm
饭店客房——衣柜→宽	800～1200mm
饭店客房——衣柜→深	500mm
饭店客房——衣架→高	1700～1900mm
扶手——间距	0.02m
扶手——宽	0.01m
会议室——环式高级会议室客容量→环形内线长	700～1000mm

续表

名称	常见参考尺寸
会议室——环式会议室服务通道→宽	600～800mm
会议室——中心会议室客容量→会议桌边长	600（mm）
交通空间——窗台→高	800～1200mm
交通空间——客房走廊→高	≥2400mm
交通空间——两侧设座的综合式走廊→宽	≥2500mm
交通空间——楼梯扶手→高	850～1100mm
交通空间——楼梯间休息平台→净空	≥2100mm
交通空间——楼梯跑道→净空	≥2300mm
交通空间——门的常用尺寸→宽	850～1000mm
客厅——茶几大型长方→长	1.5～1.8m
客厅——茶几大型长方→高	0.33～0.42m
客厅——茶几大型长方→宽	0.6～0.8m
客厅——茶几小型长方→长	0.6～0.75m
客厅——茶几小型长方→高	0.33～0.42m
客厅——茶几小型长方→宽	0.45～0.6m
客厅——茶几圆型→高	0.33～0.42m
客厅——茶几圆型→直径	0.75、0.9、1.05、1.2m
客厅——茶几正方型→高	0.33～0.42，但边角茶几有时稍高一些，为0.43～0.5m
客厅——茶几正方型→宽	0.75、0.9、1.05、1.20、1.35、1.50m
客厅——沙发→厚	0.8～0.9m
客厅——沙发背→高	0.7～0.9m
客厅——沙发单人式→长	0.8～0.9m
客厅——沙发三人式→长	1.75～1.96m
客厅——沙发双人式→长	1.26～1.50m
客厅——沙发四人式→长	2.32～2.52m
客厅——沙发坐位→高	0.35～0.42m
沙发——单人式→背高	70～90cm
沙发——单人式→长	80～95cm
沙发——单人式→深	85～90cm

续表

名称	常见参考尺寸
沙发——单人式→坐垫高	35～42cm
沙发——三人式→长	175～196cm
沙发——三人式→深	80～90cm
沙发——双人式→长	126～150cm
沙发——双人式→深	80～90cm
沙发——四人式→长	232～252cm
沙发——四人式→深	80～90cm
商场营业厅——敞开式货架	400～600mm
商场营业厅——陈列地台→高	400～800mm
商场营业厅——单式背立货架→高	1800～2300mm
商场营业厅——单式背立货架→厚	300～500mm
商场营业厅——单边双人走道→宽	1600mm
商场营业厅——放射式售货架→直径	2000mm
商场营业厅——收款台→长	1600mm
商场营业厅——收款台→宽	600mm
商场营业厅——双式背立货架→高	1800～2300mm
商场营业厅——双式背立货架→厚	600～800mm
商场营业厅——双边三人走道→宽	2300mm
商场营业厅——双边双人走道→宽	2000mm
商场营业厅——双边四人走道→宽	3000mm
商场营业厅——小商品橱窗→高	400～1200mm
商场营业厅——小商品橱窗→厚	500～800mm
商场营业厅——营业员柜台走道→宽	800mm
商场营业厅——营业员货柜台→高	800～1000mm
商场营业厅——营业员货柜台→厚	600mm
室内窗——高	1.0m
室内窗左右窗台距地面——高	0.9～1.0m
室内隔墙断墙体——厚	0.12m
室内门——高	1.9～2.0m
室内门——宽	0.8～0.9m
室内门——门套→厚	0.1m
室内——墙面尺寸挂镜线→高	1600～1800（画中心距地面高度）mm

续表

名称	常见参考尺寸
室内——墙面尺寸墙裙→高	800～1500mm
室内——墙面尺寸踢脚→板高	80～200mm
室外窗窗台距地面——高	1.0m
室外窗——高	1.5m
书房——书架→长	0.6～1.2m
书房——书架→高	1.8～2.0m，下柜高度 0.8～0.9m
书房——书架→厚	0.25～0.4m
书房——书桌→高	0.75m
书房——书桌→厚	0.45～0.7m（0.6m 最佳）
书架——长	60～120cm
书架活动未及顶高柜——高	180～200cm
书架活动未及顶高柜——深	45cm
书架——木隔间→墙厚	6～10cm
书架——深	25～40cm（每一格）
书架下大上小型——下方→高	80～90cm
书架下大上小型——下方→深	35～45cm
书桌——固定式→高	75cm
书桌——固定式→深	45～70cm（60cm 最佳）
书桌——活动式→高	75～78cm
书桌——活动式→深	65～80cm
书桌——下缘离地距离→长	最少 90cm（150～180cm 最佳）
双人床——长	180、186、200、210cm
双人床——宽	135、150、180cm
踏步——长	0.99～1.15m
踏步——高	0.15～0.16m
踏步——宽	0.25m
推拉——门高	190～240cm
推拉——门深	75～150cm
卫生间——冲洗器	690×350（mm×mm）
卫生间——抽水马桶→高	0.68m
卫生间——抽水马桶→进深	0.68～0.72m
卫生间——抽水马桶→宽	0.38～0.48m

续表

名称	常见参考尺寸
卫生间——盥洗台→高	0.85m
卫生间——盥洗台→宽	0.55～0.65m
卫生间——盥洗台与浴缸间应留的通道	盥洗台与浴缸间应留约0.76m宽的通道
卫生间——化妆台→长	1350mm
卫生间——化妆台→宽	450mm
卫生间——淋浴房→高	2.0～2.0m
卫生间——淋浴房→宽	0.9m（m×m)
卫生间——淋浴器→高	2100mm
卫生间——盥洗盆	550×410（mm×mm)
卫生间——面积	3～5m²
卫生间——浴缸→长	一般有三种1220、1520、1680mm
卫生间——浴缸→高	450mm
卫生间——浴缸→宽	720mm
卫生间——坐便	750×350（mm×mm)
卧室——矮柜→高	0.6m
卧室——矮柜→柜门宽	0.3～0.6m
卧室——矮柜→厚	0.35～0.45m
卧室——单人床——长	1.8、1.86、2.0、2.1m
卧室——单人床——高	0.35～0.45m
卧室——单人床——宽	0.9、1.05、1.2m
卧室——双人床→长	1.8、1.86、2.0、2.1m
卧室——双人床→高	0.35～0.45m
卧室——双人床→宽	1.35、1.5、1.8m
卧室——衣柜→高	2.0～2.2m
卧室——衣柜→厚	0.6～0.65m
卧室——衣柜柜门→宽	0.4～0.65m
卧室——圆床→直径	1.86、2.125、2.424m
玄关——宽	1.0m
玄关——墙厚	0.24m
阳台——长	3.0～4.0m（一般与客厅的长度相同)
阳台——宽	1.4～1.6m

续表

名称	常见参考尺寸
衣橱——门宽	40～65cm
衣橱——深	一般 60～65cm
衣橱——推拉门	70cm
圆床——直径	186、212.5、242.4cm（常用）
支撑墙体——厚	0.24m
中间的休息平台——宽	1.0m

3.3 装饰装修工程有关要求

装饰装修工程有关要求见表 3-3。

表 3-3 装饰装修工程有关要求

项目	要求
装饰装修工程施工基本要求	（1）管道、设备工程的安装及调试应在装饰装修工程施工前完成。 （2）管道安装如果必须与装饰装修工程同步进行的则应在饰面层施工前完成。 （3）涉及燃气管道的装饰装修工程必须符合有关安全管理的规定。 （4）施工前，对施工现场进行核查。 （5）施工前，了解物业管理的有关规定。 （6）施工前，应进行设计交底工作。 （7）施工中，严禁超荷载集中堆放物品。 （8）施工中，严禁擅自拆改燃气、暖气、通信等配套设施。 （9）施工中，严禁擅自改动建筑主体。承重结构或改变房间主要使用功能。 （10）施工中，严禁损坏房屋原有绝热设施。 （11）施工中，严禁损坏受力钢筋。 （12）施工中，严禁在预制混凝土空心楼板上打孔安装埋件。 （13）施工人员应遵守有关施工安全、劳动保护、防火、防毒的法律，法规。 （14）装饰装修工程不得影响管道、设备的使用与维修。 （15）装饰装修工程各工序应自检、互检、交接检

续表

项目	要求
装饰装修工程施工现场用电需要符合的规定	（1）安装、维修或拆除临时施工用电系统，应由专业电工完成。 （2）临时施工供电开关箱中应装设完善的漏电保护器，已确保安全。 （3）临时施工进入开关箱的电源线不得用插销连接。 （4）临时用电线路应避开易燃、易爆物品堆放地。 （5）施工现场用电应从户表以后设立临时施工用电系统。 （6）施工现场临时电源要求采用完整的插头、开关、插座等设备。 （7）临时用电线一般应采用电缆。 （8）暂停施工时应切断电源
装饰装修工程施工现场用水需要符合的规定	（1）不得在未做防水的地面蓄水。 （2）临时用水管不得有破损、滴漏。 （3）暂停施工时应切断水源
装饰装修工程文明施工与现场环境需要符合的规定	（1）不得堵塞、破坏上下水管道等公共设施。 （2）不得损坏楼内各种公共标识。 （3）工程垃圾宜密封包装，并放在指定垃圾堆放地。 （4）施工堆料不得占用楼道内的公共空间，封堵紧急出口。 （5）施工人员应服从物业管理或治安保卫人员的监督、管理。 （6）施工人员应衣着整齐。 （7）室外堆料应遵守物业管理规定，避开公共通道等公用设施。 （8）应控制污染物、粉尘、噪声、震动等对相邻居民、居民区的污染、危害。 （9）施工后现场要清理干净
装饰装修工程施工材料、设备基本要求	（1）施工单位应对进场主要材料的品种、规格、性能进行验收。 （2）现场配制的材料应按设计要求或产品说明书制作。 （3）严禁使用国家明令淘汰的材料。 （4）应配备满足施工要求的配套机具设备及检测仪器。 （5）住宅装饰装修工程应积极使用新材料、新技术、新工艺、新设备。 （6）住宅装饰装修所用的材料应按设计要求进行防火、防腐、防蛀处理。 （7）住宅装饰装修工程所用材料的品种、规格、性能应符合设计的要求及国家现行有关标准的规定。 （8）装饰装修工程所用主要材料应有产品合格证书，有特殊要求的应有相应的性能检测报告与中文说明书

续表

项目	要求
装饰装修工程防火安全的要求	（1）施工人员必须严格遵守施工防火安全制度。 （2）住宅装饰装修材料的燃烧性能等级要求，应符合有关国家标准。 （3）对木质装饰装修材料进行防火涂料涂布前应对其表面进行清洁。 （4）对木质装饰装修材料进行防火涂料涂布至少分两次进行，第二次涂布应在第一次涂布的涂层表干后进行，涂布量应≥500g/m²。 （5）对装饰织物进行阻燃处理时，应使其被阻燃剂浸透，阻燃剂的干含量应符合有关要求
装饰装修工程施工现场防火的要求	（1）配套使用的电动机、电气开关、照明灯应有安全防爆装置。 （2）施工现场必须配备灭火器等相应灭火工具。 （3）施工现场不得大量积存可燃材料。 （4）严禁在施工现场吸烟、喝酒。 （5）严禁在受力构件上进行焊接与切割。 （6）严禁在运行中的管道装有易燃易爆的容器。 （7）易燃物品应相对集中放置在安全区域并应有明显标识。 （8）使用油漆等挥发性材料时，应随时封闭其容器，擦拭后的棉纱等物品应集中存放且远离热源。 （9）施工现场动用电气焊等明火时，必须清除周围及焊渣滴落区的可燃物质，并设专人监督。 （10）易燃易爆材料的施工，应避免敲打、碰撞、摩擦等可能出现火花的操作
装饰装修工程电气防火的要求	（1）吊顶内的导线应穿金属管或B1级PVC管保护，导线不得裸露。 （2）开关、插座应安装在B1级以上的材料上。 （3）明敷塑料导线应穿管或加线槽板保护。 （4）配电箱不得安装在B2级以下（含B2级）的装修材料上。 （5）配电箱的壳体与底板应采用A级材料制作。 （6）照明、电热器等设备的高温部位靠近非A级材料或导线穿越B2级以下装修材料时，应采用岩棉、瓷管或玻璃棉等A级材料隔热。 （7）当照明灯具或镇流器嵌入可燃装饰装修材料中时，应采取隔热措施予以分隔。 （8）卤钨灯灯管附近的导线应采用耐热绝缘材料制成的护套，不得直接使用具有延燃性绝缘的导线

3.4 装饰装修工程的成品保护与设施保护

装饰装修工程的成品保护与设施保护的要求见表 3-4。

表 3-4　　装饰装修工程的有关要求

项目	要求
施工过程中应采取下列成品保护	（1）各工种在施工中不得污染、损坏其他工种的半成品、成品。 （2）材料表面保护膜应在工程竣工时才能撤除。 （3）对消防、电视、报警等公共设施应采取保护措施
装饰装修工程成品保护	施工过程中材料运输。材料运输使用电梯时，应对电梯采取保护措施。材料搬运时要避免损坏楼道内顶、墙、扶手、楼道窗户及楼道门
装饰装修工程消防设施的保护要求	（1）喷淋管线、报警器线路、接线箱以及相关器件应采取暗装处理。 （2）消火栓门四周装饰装修材料颜色应与消火栓门的颜色具有较大区别。 （3）住宅装饰装修不得遮挡消防设施、疏散指示标志及安全出口。 （4）住宅内部火灾报警系统的穿线管、自动喷淋灭火系统的水管线应用独立的吊管架固定。不得借用装饰装修用的吊杆和放置在吊顶上固定。 （5）装饰装修需要重新分割住宅房间的平面布局时，应根据新的平面调整火灾自动报警探测器与自动灭火喷头的布置。 （6）住宅装饰装修不应妨碍疏散通道、消防设施的正常使用，不得擅自改动防火门

3.5 住宅装饰装修后室内环境污染物浓度限值

住宅装饰装修后室内环境污染物浓度限值见表 3-5。

表 3-5　　住宅装饰装修后室内环境污染物浓度限值

污染物	浓度限值
甲醛	≤0.08mg/m^3
苯	≤0.09mg/m^3
氨	≤0.20mg/m^3

3.6 家庭居室装修的施工人员

家庭居室装修施工人员一般有瓦工、电工、水暖工、木工、油工等工种。各工种的特点见表 3-6。

表 3-6 工 种

工种	特点
电工	主要从事电线的改线、接线、安装开关、安装插座等。有时，电工与水暖工合于一人，叫作水电工。电工工作时必须穿绝缘鞋，而且必须两人以上操作，严禁穿短裤进行工作
木工	主要从事家具的制作、细木制作、木制造型吊顶、木地板铺设等
水暖工	主要从事上下水管、煤气管道的改线工程。其中，煤气管道的改线需要煤气公司专业人员批准或者在场
瓦工	主要从事家庭居室装修内墙抹灰、顶棚抹灰、地面抹灰、瓷砖铺贴等工程，即与水泥沾边。瓦工也叫泥工、泥瓦工
油工	主要从事墙面、顶棚、家具等相关物件的粉刷

3.7 水电施工容易犯的安全隐患

水电施工容易犯的安全隐患见表 3-7。

表 3-7 水电施工容易犯的安全隐患

易犯的安全隐患	解说
暗埋水路	在水电改造中，有的施工人员把水管的金属接头埋到地下或墙面内，由于金属接头的橡胶垫片容易老化，易引发水管渗水现象
私拆暖气	为了方便用电或者用水等需要，私自改动暖气片。如果，改动不规范，容易出现漏水、爆裂等事故
私砸承重墙	为了方便用电或者用水等需要，把承重墙拆除。这会存在一些安全隐患。因为，承重墙的拆除可能引发阳台承重力下降，导致阳台下沉、坍塌等事故发生
随意串联电路	如果施工电工随意串联电路，可能造成线相不平衡。在用电超负荷时，易发生短路，甚至导致火灾事故。为此，施工电工还得严格按照设计图纸施工
用低劣电线	低劣电线容易老化，引发火灾。因此，选择用低劣电线就意味着安全没有保障

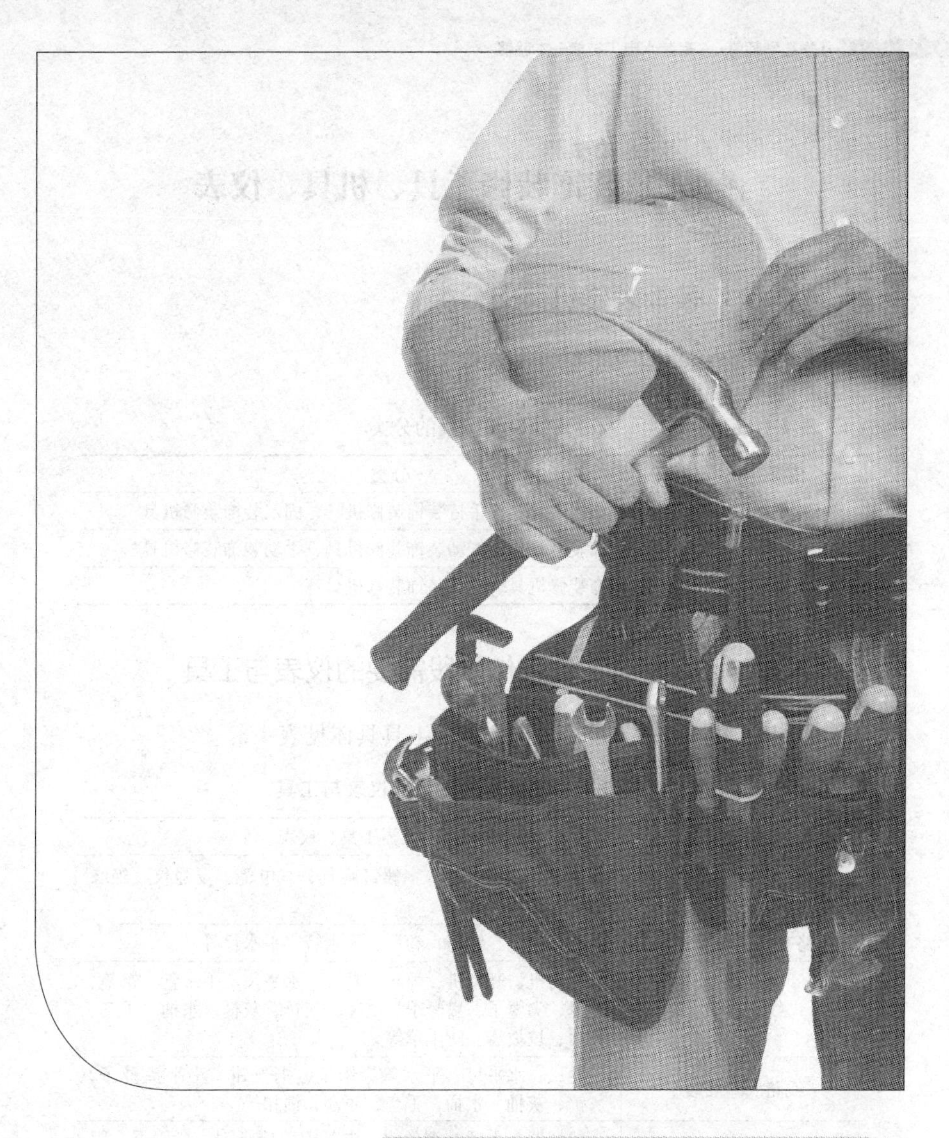

4 工具与仪表

4.1 装饰装修工具、机具、仪表

4.1.1 装饰装修机具的分类

装饰装修机具的分类见表4-1。

表4-1 装饰装修机具的分类

依据	分类
安装方式	移动装饰装修机具、手持装饰装修机具、固定装饰装修机具
动力源	电动装饰装修机具、气动装饰装修机具、手动装饰装修机具
用途	钻孔装饰装修机具、接线装饰装修机具等

4.1.2 家装电工各工作阶段需要的仪表与工具

家装电工各工作阶段需要的仪表与工具具体见表4-2。

表4-2 家装电工各工作阶段需要的仪表与工具

工作阶段	所需工具、仪表
施工作业前的检测、准备	十字螺钉旋具、一字螺钉旋具、试电笔、场强仪、绝缘电阻表、钢丝钳等
电路交底、电路定位	彩色粉笔、铅笔、卷尺、平水管、平水尺等
线路开槽	切割机、开凿机、墨斗、卷尺、水平尺、平水管、铅笔、手锤、尖錾子、扁錾子、电锤、灰铲、灰桶、水桶、手套、风帽、垃圾袋、防尘罩等
线路底盒安装	卷尺、水平尺、平水管、铅笔、钢丝钳、小平头烫子、灰铲、灰桶、水桶、手套、底盒、锁扣等
布线布管	剪切器、手锤、钢丝钳、电工刀、墙纸刀、弯管器、阻燃冷弯电线槽管、黄蜡套管、梯子等
封槽	水平头烫子、木烫子、灰桶、灰铲、801胶等
开关、插座面板的安装	试电笔、钢丝钳、剥线钳、十字螺钉旋具、一字螺钉旋具、绝缘布胶带、防水胶带、电工刀、墙纸刀等
灯具安装	试电笔、钢丝钳、电锤、$\phi6$与$\phi8$锤花、手锤、卷尺、铅笔、十字螺钉旋具、一字螺钉旋具、胶塞、防水胶带、绝缘布胶带、扳手、手套、梯子等
电路检测	十字螺钉旋具、一字螺钉旋具、试电笔、万用表、楼梯等

4.2 螺钉旋具

4.2.1 概述

螺钉旋具俗称螺丝刀，主要用于紧固或者拆卸螺钉、螺栓、木螺钉、自攻螺钉等。其又叫起子、改锥、解刀。由于螺钉种类多。

螺钉旋具的规格有3×75、3×100、3×150、5×75、5×100、6×38、6×100、6×125、6×150、6×200等，也就是用刀杆直径×刀体长度来表示。也有的一字螺钉旋具以柄部以外的刀体长度表示规格，单位一般为mm。电工常用的有100、150、300mm等几种。

螺钉旋具的特点：

(1) 尖嘴的选择。高碳钢制经热处理杆允许高扭矩，并减少尖嘴折断的可能性。

(2) 手柄的选择。摩擦材料的手柄，可带来最大扭矩与最高舒适度。

(3) 选择橡胶与金属连接固定牢靠的，以免拧稍微大一点的螺钉出现螺钉还没拧动，螺钉旋具内部刀杆就已经转动了。

(4) 考虑需要悬挂螺钉旋具，则需要选择具有悬挂孔的螺钉旋具。

螺钉旋具的操作基本要领：右手掌心顶紧螺钉旋具旋柄，然后拇指、食指、中指配合旋转螺钉旋具手柄杆，而且一般是往右为拧紧，往左为拧松。不过，有的电动设备刚好相反。对于小型的螺钉，可以用食指顶住手柄、再利用拇指、中指配合用力即可。在操作时，手应触及手柄。螺钉旋具的操作方法如图4-1所示。

4.2.2 操作注意事项

(1) 螺钉旋具的刀口损坏、变钝时应随时修磨，用砂轮磨时不得用水等冷却。

(2) 用螺钉旋具旋紧或松开握在手中工件上的螺钉，应将工件夹固在夹具内，以防伤人。

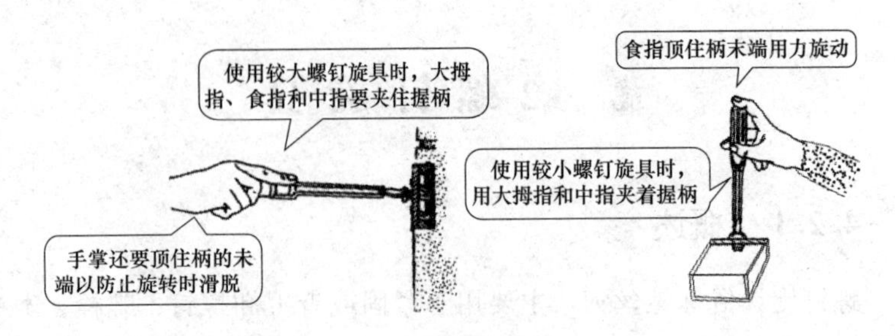

图 4-1　螺钉旋具的操作方法图例

（3）不得用锤击螺钉旋具手柄端部的方法撬开缝隙或剔除金属毛刺及其他的物体。

（4）不要使用沾污的螺钉旋具。

（5）螺钉旋具刀口端与螺栓、螺钉上的槽口要吻合。

（6）不得把螺钉旋具当凿子使用。

（7）禁忌使用金属杆直通柄顶的螺钉旋具，以免触电事故的发生。

（8）用螺钉旋具拆卸或紧固带电螺栓时，手禁忌触及螺钉旋具的金属杆，以免触电。

（9）为避免螺钉旋具的金属杆触及带电体时手指碰触金属杆，电工用螺钉旋具应在螺钉旋具金属杆上穿套绝缘管，禁忌随意去掉穿套绝缘管。

4.3 测　电　笔

4.3.1　概述

测电笔又叫试电笔、验电笔，简称“电笔”。它是一种电工工作常见的工具之一，主要功能在于测试电线、用电器或电气设备是否带电。普通试电笔笔体由氖泡、高阻值电阻、笔尖金属体、笔身、小窗、弹簧和笔尾的金属体等组成。氖泡主要作用是在测量有电时发光，进而说明导线有电。高阻值电阻主要是限流作用。

测电笔的外形如图 4-2 所示。

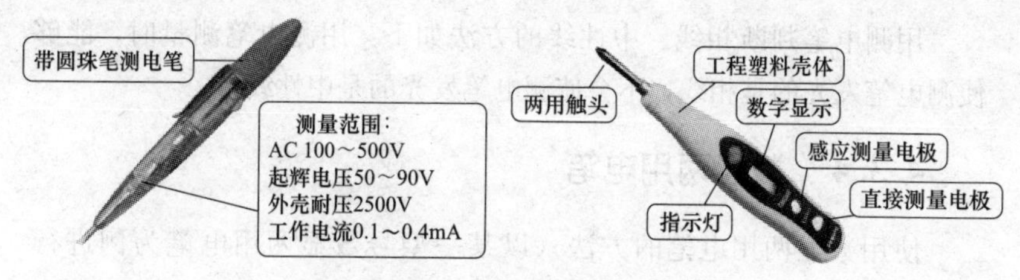

图 4-2　测电笔的外形

4.3.2　操作注意事项

(1) 普通测电笔测量电压范围在 60～500V，低于 60V 时试电笔的氖泡可能不会发光。高于 500V 则需要用高压检测仪。

(2) 对于低压测电笔可以根据个人喜好来选择：钢笔式或者螺钉旋具式。

(3) 使用测电笔时，一定要用手触及试电笔尾端的金属部分或者接触金属笔卡。

(4) 使用测电笔时，禁忌触及测电笔前端的金属部分。

(5) 在明亮的光线下测试带电体时，需要注意氖泡发光的真实性，最好用氖泡窗对准可视方，也可以一只手遮挡光线来判别。

4.3.3　操作方法

测电笔的操作方法如图 4-3 所示。

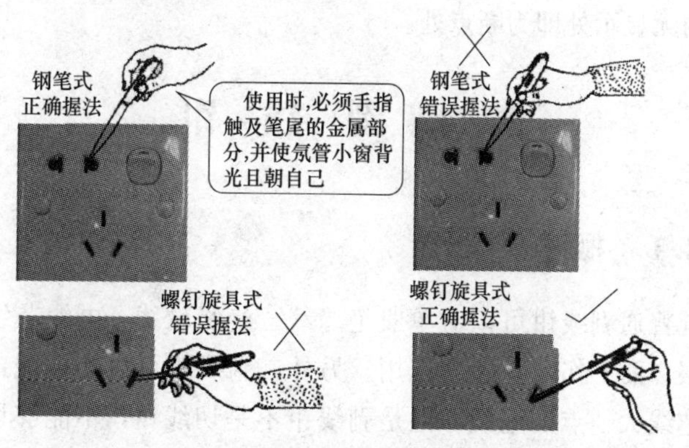

图 4-3　测电笔的操作方法图例

用测电笔判断相线、中性线的方法如下：用测电笔测量时，能够使测电笔发光的是相线，不会使测电笔发光的是中性线。

4.3.4 数显两用电笔

使用数显两用电笔的方法（以某一型号数显两用电笔为例进行介绍）：

（1）DIRECT（A）按键为直接测量按键（该按键离液晶屏较远），也就是用批头直接去接触线路时，就按该按钮。

（2）INDUCTANCE（B）按键为感应测量按键（该按键离液晶屏较近），也就是用批头感应接触线路时，就按该按钮。

（3）数显两用电笔有适用检测电压的范围，不可以超过其范围检测。一般应用情况，选择直接检测12～250V的交直流电与间接检测交流电的零线、相线和断点的数显两用电笔即可。

（4）直接检测操作的方法：

1）最后数字为所测电压值。

2）未到高段显示值70%时，显示低段值。

3）测量直流电时，需要手碰另一极。

（5）间接检测操作的方法如下：按住B键，然后将批头靠近电源线，如果电源线带电，则数显电笔的显示器上将显示高压符号。

（6）断点检测操作的方法。按住B键，然后沿电线纵向移动时，显示窗内无显示处即为断点处。

4.4 剥　线　钳

4.4.1 概述

传统普通剥线钳可以对单股绝缘线、绝缘软线、电缆芯线进行剥除绝缘层，而不伤电线芯的作用。另外，剥线钳可以切电线：利用小刀刃剥芯线大一点的电线。但是剥线钳不是切线钳，不能够切一些合金的铁、钢，甚至大一点的铜芯、铝芯。

一般 $4mm^2$ 以下的导线原则均可以使用剥线钳。因此，家装电线绝缘的剥削基本上可以采用剥线钳。

4.4.2 注意事项

（1）剥线钳一般由刃部、手柄等组成。其中，刃部一般由特殊机械精细加工，并且经高频淬火处理而成，并且刃部形状多样。手柄一般采用优质塑料，而且越来越符合人体力学不同形状等特点。因此，选择剥线钳要根据实际情况来选择适用的具体种类的剥线钳。

（2）使用剥线钳不要小绞口剥大直径的导线。

（3）禁忌把剥线钳当作钢丝钳、锤子使用。

（4）操作时需要戴护目镜，以免剥落绝缘层飞溅眼中。

（5）注意确认断片飞溅正确方向才能进行切断操作。

（6）不用时，禁忌不关紧刀刃尖端。

（7）禁忌放置在幼儿能够伸手拿到的地方。

4.5 电工刀与美工刀

4.5.1 电工刀

电工刀就是用来剖削、切割电工器材的常用电工工具。其可以分为普通式电工刀、三用式电工刀两种。普通的电工刀由刀刃、刀片、刀把、刀挂等构成。电工刀使用的注意事项：

（1）剥线时，刀口不要朝内部。

（2）剥线时刀口大于 60°，以避免割伤线芯。

（3）电工刀用完后刀身应折回刀柄内，以免伤手。

（4）不得在带电情况下用电工刀剥削电线等。

（5）剥线时不要伤着芯线。

（6）电工刀刀刃不要磨得太锋利或者太钝。

电工刀外形如图 4-4 所示。

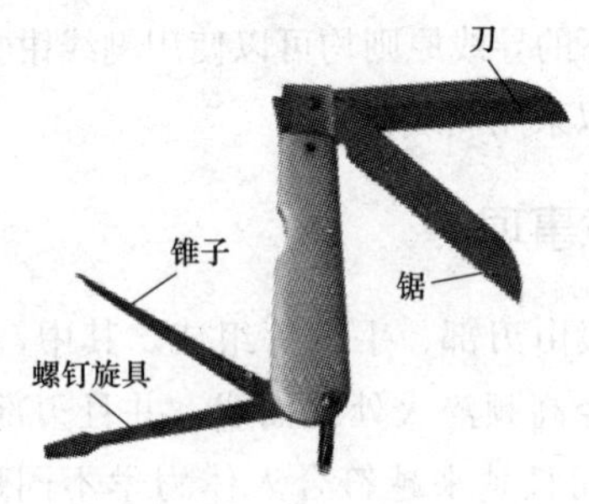

图 4-4　电工刀

4.5.2　美工刀

美工刀也可以进行剥线操作。在利用美工刀进行剥线时，需要注意刀口禁忌朝向自己，以及旁人，以免用力时发生误伤。

美工刀的外形、特点及使用注意点如图 4-5 所示。

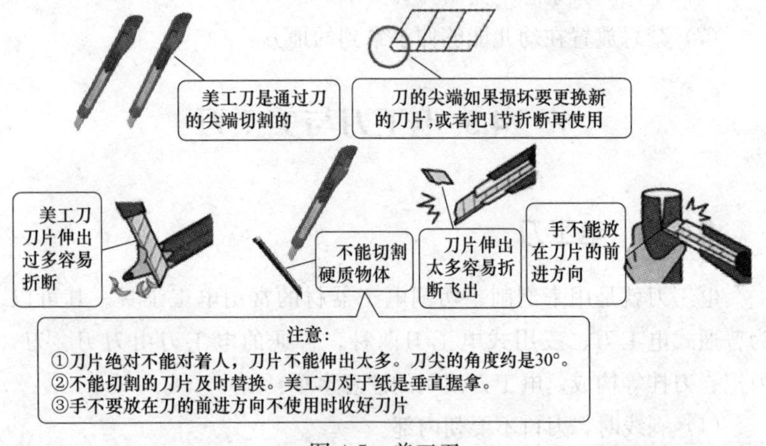

图 4-5　美工刀

4.6 尖　嘴　钳

4.6.1　概述

尖嘴钳又叫修口钳、尖头钳、尖嘴钳。尖嘴钳是由尖头、刀口、钳柄组成。电工用尖嘴钳的材质一般由 45 号钢制作，类别为中碳钢，含碳量 0.45%，韧性硬度都合适要求。一般钳柄上套有额定电压 500V 的绝缘套管。

尖嘴钳可以用来剪切线径较细的单股、多股线、单股导线接头弯圈、剥塑料绝缘层、夹持零件、夹持导线、零件脚弯折以及配合斜口钳做拨线工具等作用。

有的 165mm 尖嘴钳材质为 S60CHRC，硬度为 HRC48±3，能剪切 1.2mm 硬质铁线、2.0mm 软质铁线、2.6mm 铜线。

有的 200mm VDE 1000V 尖嘴钳材质为 ASIS6150，硬度为 HRC 46±4，能剪切 2.2mm 硬质铁丝、3.2mm 铜线。

尖嘴钳的操作方法图例如图 4-6 所示。

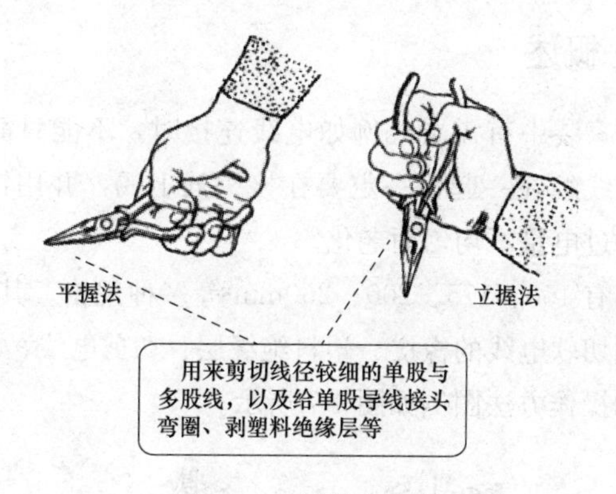

图 4-6 尖嘴钳的操作

4.6.2 操作注意事项

（1）禁忌用尖嘴钳紧固大螺钉。

（2）禁忌用破损绝缘柄带电工作。

（3）禁忌带电工作时电压超过绝缘手柄耐压 500V。

（4）尖嘴钳有一剪口，用来剪断 1mm 以下细小的电线，禁忌剪截面大的导线。

（5）禁忌剪钢丝。

（6）钳柄只能用手握，禁忌用其他方法加力。

(7) 禁忌使用有油污的尖嘴钳。

(8) 尖嘴钳的规格应与工件规格相适应，以免钳子小工件大造成钳子受力过大而损坏。

(9) 禁忌用尖嘴钳代替扳手使用，以免损坏螺栓、螺母等工件的棱角。

(10) 在使用时，不要用钳柄代替撬棒使用，以免造成钳柄弯曲、折断或损坏。

(11) 不要用钳子敲击零件。

4.7 钢 丝 钳

4.7.1 概述

钢丝钳在家装中有需要，例如电线连接时，不能只简单地用绝缘胶布把两个导线缠在一起，一定要在接头处上锡，并用钳子压紧，这样避免线路因过电量不均匀而老化。

钢丝钳具有 150、175、200、250mm 等多种规格。其可用来紧固、拧松螺母、剖切软电线的橡皮、塑料绝缘层、切剪电线、铁丝等作用。

钢丝钳的操作方法图例如图 4-7 所示。

图 4-7 钢丝钳的操作

4.7.2 操作注意事项

(1) 不要在带电情况下利用钳子剪切双股带电电线，以免造成短路。

(2) 禁忌当锤子使用。

(3) 禁忌用破损绝缘柄带电工作。

(4) 禁忌带电工作时电压超过绝缘手柄耐电压 500V。

（5）钳柄只能用手握，禁忌用其他方法加力使用。

4.8 喷　灯

喷灯主要用于大截面导线连接处的搪锡、熔接成型等。喷灯使用的注意事项：

（1）禁忌在煤油喷灯的筒体内加汽油。

（2）不要在周围有火源时给汽油喷灯加油。

（3）喷灯点火时候，前面不要站人。

（4）喷灯油桶盛油不要超过其容量的3/4。

（5）不要使用漏油、漏气的喷灯。

（6）喷灯气压不要过高。

（7）·不要将喷灯放在火炉上加热，以免发生危险。

（8）不要在任何易燃物附近点燃与修理喷灯。

（9）禁忌把燃着的喷灯倒放。

（10）禁忌向点燃着的喷灯加油。

（11）禁忌用喷灯烧饭或者烧水。

（12）喷灯用完之后，应及时放气。

4.9 手 弓 锯

手工锯就是用于割金属材料的工具之一，其由把手、锯架、锯条三部分组成。手弓锯的锯架可以分为可调式与固定式两种。

手工锯使用的注意事项：

（1）锯条安装应做到松紧适中、齿尖朝前、锯条无扭曲现象。

（2）工件一般夹在台虎钳的左面，便于操作。

（3）工件加紧要牢靠，并且避免将工件夹变形、夹坏等。

（4）锯缝线要与台虎钳钳口侧面保持平行。

（5）工件伸出台虎钳钳口不要太长，应使锯缝离开台虎钳钳口侧面20mm左右。

（6）起锯可以远起锯（利用锯条的前端）或者近起锯（利用锯条的后端）。

（7）起锯时，锯条与工件表面倾斜角约为15°，并且要求最少要有3个齿同时接触工件。

（8）起锯时，左手拇指尖可平放在待锯线边上、指甲松靠在锯齿以上光滑部分，以便引导锯条切入。

（9）锯割时右手握紧锯柄，左手轻扶锯弓前端。

（10）锯割时左脚超前半部，身体略向前倾，与台虎钳中心约成75°。

（11）锯割时两腿自然站立，人体重心稍偏于右脚。

（12）锯割时视线要落在工件的切削部位。

（13）推锯时身体上部稍向前倾，以适当的压力而完成锯割。

（14）推据时锯弓可以直线运动、锯弓可上下摆动等方式。

（15）有效长度。尽量利用锯条的有效长度。

（16）推拉频率。软材料与有色金属材料频率往复50～60次/min。普通钢材频率为往复30～40次/min。

（17）工件要锯断时应注意收锯，最好用左手扶住即将锯下的部分，直到锯断，保证安全。

（18）使用钢锯，锯条要装牢固、松紧适中，使用时用力要均匀，禁忌左右摆动，以免钢锯条折断伤人。

4.10 扳　手

4.10.1 概述

扳手的种类如图4-8所示。

活络扳手又叫作活动扳手、活扳手，主要作用是拧紧和松动螺钉、螺母、螺栓等。使用时应根据螺母的大小选配。正确操作是：右手握手柄（手越靠后，扳动起来越省力）。扳动小螺母时，需要不断转动蜗轮，调节扳口的大小。因此手应握在靠近呆扳唇，并用大拇指拨调制蜗轮，使适应螺母的大小。活络扳手外形如图4-9所示。

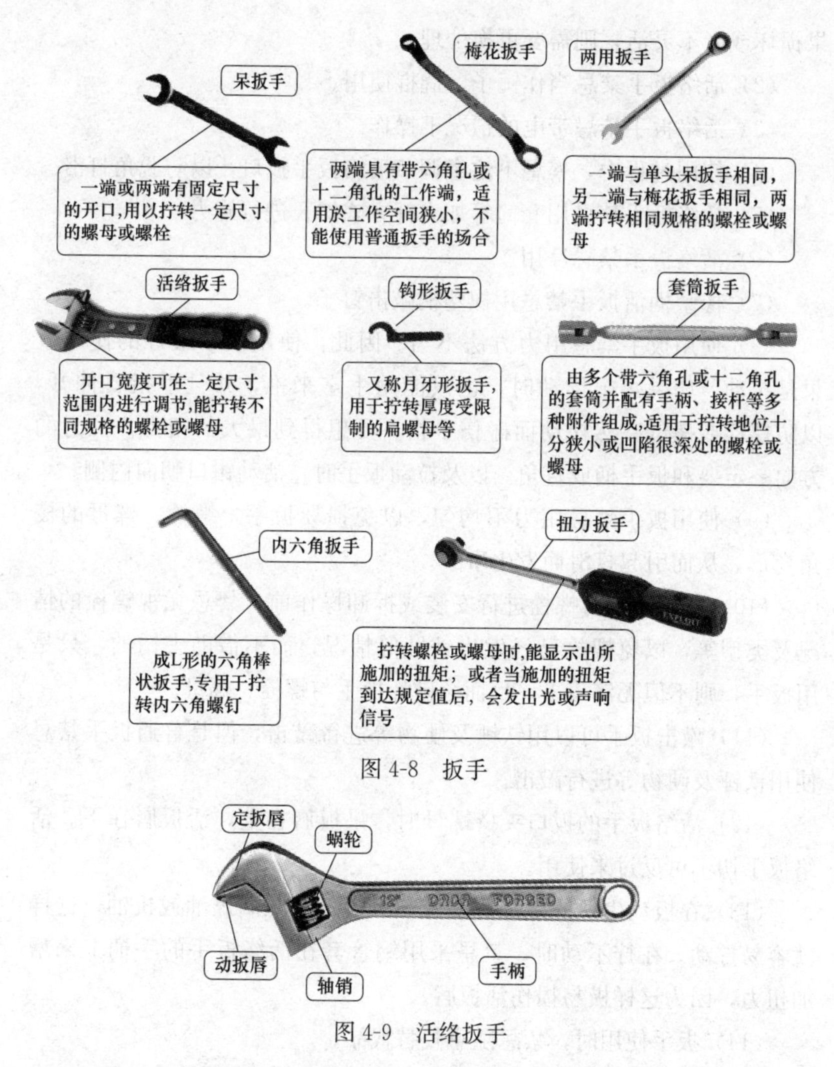

图 4-8 扳手

图 4-9 活络扳手

固定扳手的种类有 N 型扳手、六角十字头扳手、三角形十字扳手、三角形一字扳手、开口扳手、匙圈扳手、外六角扳手、T 形扳手、梅花扳手等。

4.10.2 操作注意事项

（1）扳手使用前，应检查活动部件是否损坏或活动是否自如，如果损坏或者不灵活，则需要更换处理。

(2) 活络扳手禁忌当作锤子、撬棍使用。

(3) 活络扳手禁忌带电的情况下操作。

(4) 使用过程中，禁忌不注意调节活络扳手扳口，以防脱角打滑。

(5) 活络扳手禁忌用套筒等加力杆方式加长进行施力。

(6) 活络扳手禁忌反用。

(7) 橡塑柄活扳手禁忌用橡塑柄敲击钉子。

(8) 使用扳手禁忌用力方法不当。因此，使用扳手最好的使用效果是拉动。如果必须推动时，也只能用手掌来推，并且手指要伸开，以防螺栓或螺母突然松动而碰伤手指。要想得到最大的扭力，拉力的方向一定要和扳手柄成直角。以及拉动扳手时，活动钳口朝向内侧。

(9) 使用扳手禁忌用力不均匀，以免损坏扳手、螺栓、螺母的棱角变形，从而引起打滑而发生事故。

(10) 选用扳手对螺栓进行安装或拆卸操作前，禁忌无视螺栓的情况及类型等，以免螺栓已经发生锈蚀等情况，而不借助去锈油，只是用扳手，则不但无济于事，反而会破坏扳手与螺栓、螺母。

(11) 敲击扳手可以用铁锤及硬物等进行敲击，但是普通扳手禁忌使用铁锤及硬物等进行敲击。

(12) 活络扳手的扳口夹持螺母时，呆扳唇在上，活扳唇在下。活络扳手切不可反过来使用。

(13) 在扳动生锈的螺母时，可在螺母上滴几滴煤油或机油，这样就容易拧动。在拧不动时，禁忌采用钢管套在活络扳手的手柄上来增加扭力，因为这样极易损伤活扳唇。

(14) 扳手使用时，禁忌随意找替代品。

4.11 金属管子割刀

4.11.1 概述

金属管子割刀是用于割断金属管子的一种工具。使用金属管子割刀时要正确操作，其不得做敲击工具使用。管子割断后，需要除掉管道上的毛刺。

管子割刀结构如图 4-10 所示。

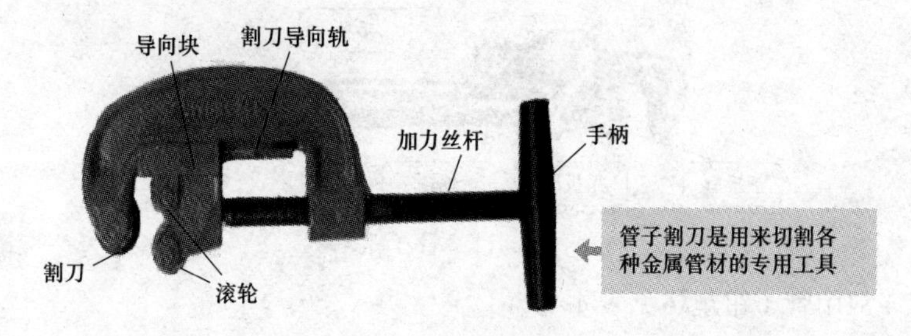

图 4-10 管子割刀

管子割刀的规格见表 4-3。

表 4-3 管子割刀规格

以刀型（号）来确定规格

号码	割管范围/mm	割轮直径/mm	滚轮直径/mm
2	3～50	32	27
3	25～75	40	32
4	50～100	45	38
6	100～150	45	38

4.11.2 使用管子割刀前的要求

（1）需要根据所切割管子的直径选择合适的割刀。

（2）需要清理管子，并且将所割管材用压力钳夹持牢靠，以及量出切割长度，做好记录。

（3）需要检查割刀、刀片与丝杠的完好情况，并且割刀没有裂痕。

4.12 管 子 钳

4.12.1 概述

管子钳主要用于调节电线管上的束节、管螺母等。也可以用于金属水管的调节等作用，其外形结构如图 4-11 所示。

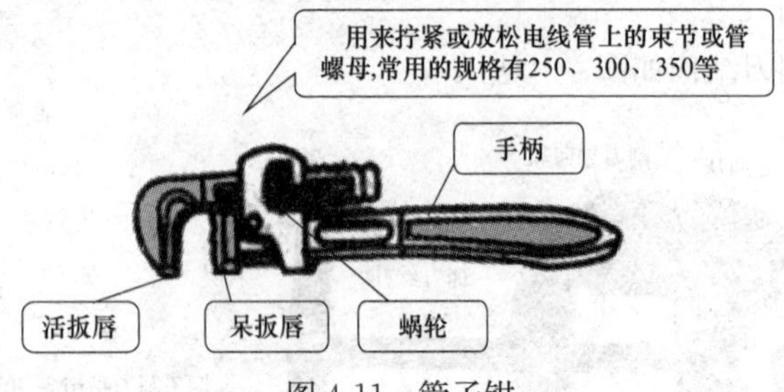

图 4-11　管子钳

常用管子钳规格见表 4-4。

表 4-4　　常用管子钳规格

规格	基本尺寸/mm	偏差	最大夹持管径/mm
6″	150	±3%	20
8″	200	±3%	25
10″	250	±3%	30
12″	300	±4%	40
14″	350	±4%	50
18″	450	±4%	60
24″	600	±5%	75
36″	900	±5%	85
48″	1200	±5%	110

注　″表示英寸，1 英寸＝25.4mm。

4.12.2　使用注意事项

（1）要选择合适规格的管子钳。

（2）用加力杆时长度要适当，不能用力过猛或超过管钳允许强度。

（3）不能夹持温度超过 300℃的工件。

（4）一般管子钳不能作为锤头使用。

（5）管子钳管钳牙与调节环要保持清洁。

（6）管子钳钳头开口要等于工件的直径。

（7）管子钳钳头要卡紧工件后再用力扳，防止打滑伤人。

4.13 手　锤

4.13.1 概述

手锤又叫作榔头。其主要用于校直、錾削、装卸零件等操作中用来敲击的工具。手锤由锤头与手柄组成。钢制手锤具有 0.25、0.5、1kg 等不同的规格。手柄有采用木柄与金属柄结构的。手柄一般选用比较坚固的木材、钢材、高强度塑料制成。锤头一般用碳素工具钢 T7 锻制而成，并经热处理淬硬。手锤有圆头手锤、方头手锤、铁质手锤、铜头手锤、塑胶手锤、钢质手锤等。不同的手锤适用不同的场所，其外形之一如图 4-12 所示。

图 4-12　手锤

在使用手锤时，注意身后是否有人，避免伤人。另外，在錾削时，握手锤的方法有紧握法与松握法，一般均握木柄末端。紧握锤是指从挥锤到击锤的整个过程中，全部手指一直紧握锤柄。松握锤是在挥锤开始时，全部手指紧撮锤柄，随着锤的上举，逐渐将小指、无名指和中指放松，而在锤击的瞬间，迅速将放松了的手指又握紧以及加快手腕、肘以至臂的运动的一种方法。具体操作方法图例见表 4-5。

表 4-5　具体操作方法

类型	图例与解说	类型	图例与解说
紧握法	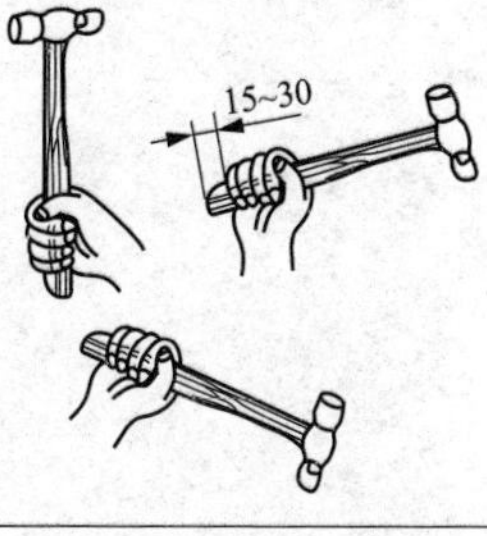 15~30	腕挥法	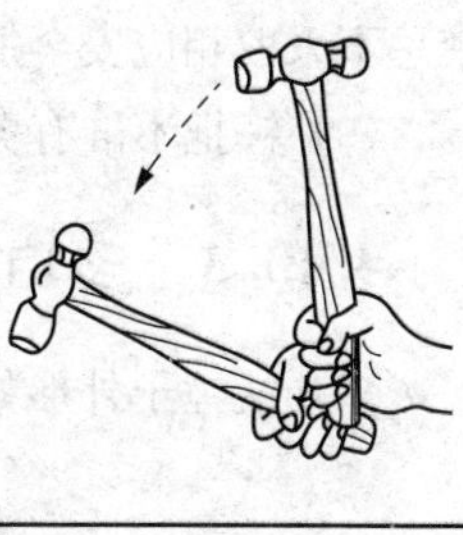

续表

类型	图例与解说	类型	图例与解说
肘挥法	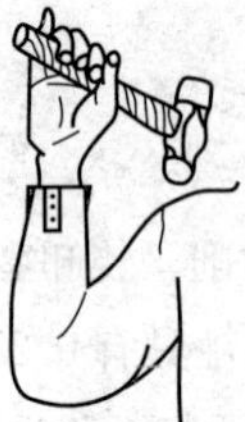	臂挥法	

4.13.2 操作注意事项

(1) 使用前应先检查锤柄是否安装牢固，不要使用松动的手锤，以防在使用时锤头脱出而发生事故。

(2) 不要使用有油污的手锤。以免敲击时发生滑脱而发生意外。因此，使用前应清洁锤头工作面上的油污等异物。

(3) 手上有汗水时，不要再继续使用，以免锤子从手中滑脱。

(4) 使用手锤时，手要握住锤柄后端，握柄时手的用力要松紧适当。锤击时要靠手腕的运动，禁忌眼随手锤来回注视，而应注视工件。

(5) 使用手锤时，禁忌手锤工作面与工件锤击面倾斜不平行，以免锤面不平整地打在工件上。

(6) 使用手锤时禁忌戴手套。

(7) 双人操作，禁忌在手锤的对面站立，应斜对面站立。

(8) 用手锤在墙根打洞时，应注意是否会使墙壁倒塌，如有危险，禁忌不采取相应安全加固措施。

(9) 锤把不准有劈裂现象。

4.13.3 多功能锤子

多功能锤子外形如图 4-13 所示。

图 4-13 多功能锤子

多功能锤子集射钉枪、管钳子、活络扳手、螺丝刀、夹子、铁钳子、钉锤等多种功能于一身，它们的特点如下：

（1）可以当螺钉旋具用。

（2）可以当管钳子用。

（3）可作不透钢锤使用。

（4）可以当作老虎钳，剪 8 号以下铁丝、铁钉。

（5）可以当活络扳手用。

（6）能在硬物上打眼或瓷砖上打眼，以便装线。

（7）具有助力射钉器功能。

（8）可以用来卷沿。

（9）可以用来拔带帽钉。

（10）可以用来拔取断钉。

4.14 电 烙 铁

4.14.1 概述

内热式电烙铁一般由连接杆、烙铁芯、手柄、弹簧夹、烙铁头等组成。烙铁头具有凿式、圆形、尖锥形、圆面形和半圆沟形等不同的形状。手柄主要作用是提供部件给手握，一般采用高温塑料、电焦木、木头等绝缘隔热材料制成。电烙铁头、发热芯、手柄一般通过铁皮制成外套固定。另外，有的电烙铁的烙铁头还具有固定螺钉，主要起到使烙铁头与发热芯成为一体，并且使热量充分传出以及调节电烙铁头的温度等作用。普通电烙铁一般还具有压线螺钉，主要是固定电源线，以免发热芯与电源线连接部位受到应力而发生意外。

外热式电烙铁一般由烙铁头、手柄、烙铁芯、外壳、插头等所组成。烙铁头具有凿式、圆形、尖锥形、圆面形和半圆沟形等不同的形状。该类型的电烙铁烙铁头安装在烙铁芯内。外热式电烙铁的一般功率都较大。

电烙铁的操作方法图例如图 4-14 所示。

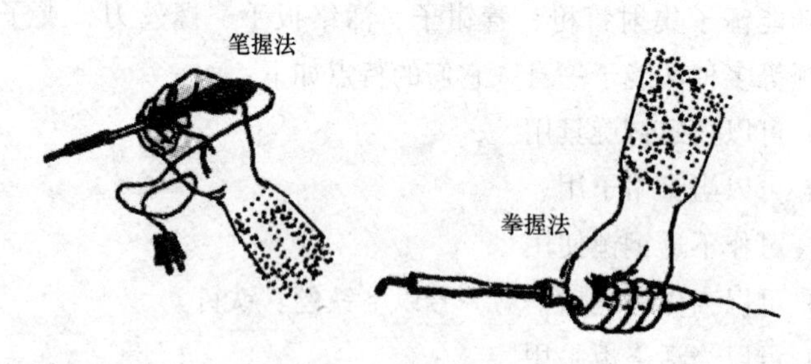

图 4-14　电烙铁的操作

4.14.2　使用注意事项

（1）焊接前，电烙铁禁忌没有充分预热。

（2）焊接时，禁忌电烙铁头温度偏低，以免出现虚焊。

（3）焊接时，禁忌焊锡用量不当，以免出现虚焊。

（4）新购买的电烙铁要吃锡。

（5）烙铁通电后禁忌不蘸上松香，这样会使表面会生成难镀锡的氧化层。

（6）电烙铁使用电烙铁前禁忌不检查电烙铁的安全，例如，电源线是否破损等。

（7）电烙铁应放在烙铁架上，禁忌随便乱放。

（8）使用中不得任意敲击电烙铁头以免损坏。要保证烙铁头经常挂上一层薄锡。

(9) 电烙铁烧死不吃锡。不得采用敲击方式去掉发黑层，而应砂布打磨，再吃锡。

(10) 电烙铁不用时，应放在干燥的地方。并且，在多雨潮湿季节，要一个月左右通电一次。

(11) 焊点应呈正弦波峰形状，表面应光亮圆滑，无锡刺，锡量适中。

(12) 电烙铁禁忌长时间通电而不使用，这样容易使烙铁芯加速氧化而烧断，或烙铁头氧化而烧死等现象。

(13) 电烙铁禁忌在易爆场所或腐蚀性气体中使用。

(14) 焊接操作结束后禁忌不洗手，因为铅是对人体有害的重金属。

(15) 焊接操作禁忌鼻子距离烙铁头太近。

(16) 焊接时，禁忌马虎，以免烫伤人、电源线及衣物等。

(17) 禁忌将烙铁头在焊点上来回移动。

4.15 电 工 梯

电工梯是梯子的一种，其使用注意事项：

(1) 使用楼梯，不要两人一上一下或者同时工作。

(2) 直梯两脚要裹防滑材料。

(3) 人字梯应在中间绑防止自动滑开的安全带。

(4) 不得在人字梯上采用骑马方式站立。

(5) 直梯与依靠物距离不要大于梯高的1/2。

(6) 带电作业时，不要使用金属梯。

(7) 梯顶低于人腰部时不得工作。

(8) 应经常检查梯子的完好性。

(9) 不得使用已经折断、松弛、破裂、防滑胶垫脱落、腐朽的梯子。

(10) 上下梯子禁忌携带笨重的工具以及材料。

(11) 使用金属梯子，禁忌用电钻在带电的母线上钻孔。

(12) 使用梯子时，梯子与地面之间的角度以60°左右为宜，不得过大。

(13) 在水泥地面上使用梯子时，禁忌无视防滑措施。

(14) 禁忌作业人员在梯子上玩要嬉闹。

（15）梯子上传递物品时应使用传递绳，禁忌抛掷。

（16）禁忌坐在梯子边缘上工作。

（17）禁忌用横档具有断裂或者变形的梯子。

（18）不得把梯子的顶端作为操作平台站立或者坐着工作。

（19）竹梯禁忌放在箱子、桶类物体上使用。

（20）竹梯在使用前，禁忌不检查是否有虫蛀及折裂现象。

（21）竹梯放置的斜角禁忌超过 60°～75°。

（22）扶持梯子人禁忌不戴安全帽。

4.16 錾子与凿子

錾子具有切削部分的材料比工件的硬、切削部分的形状是呈楔形等特点。錾子由头部（头部有一定的锥度，顶端略带球形）、切削部分、錾身组成。錾子的切削部分有前刀面、后刀面、切削刃、基面、切削平面等。

錾子包括各类凿子、冲子、冲子套装、空心冲等。电工所用凿子与钳工差不多，只是电工更多的是打墙壁时需要。

錾子的握法有正握法、反握法。可以，根据实际情况采用相应方法。使用錾子的注意事项如下：

（1）錾削操作时应戴护眼镜。

（2）錾削的屑沫粉，不要用手直接清除，应用刷子等清理。

（3）錾削的屑沫粉，禁忌用嘴吹，以免屑末飞入眼睛。

（4）錾削用的锤子锤头不准有松脱现象，锤把不准有劈裂现象。

（5）錾子有翻顶时要及时剔除防止打飞伤人。

（6）打洞时，洞即将打透时必须缓慢轻打，并且注意洞那边是否有其他人员。

圆榫凿的特点如图 4-15 所示。

小扁凿的特点如图 4-16 所示。

大扁凿的特点图例如图 4-17 所示。

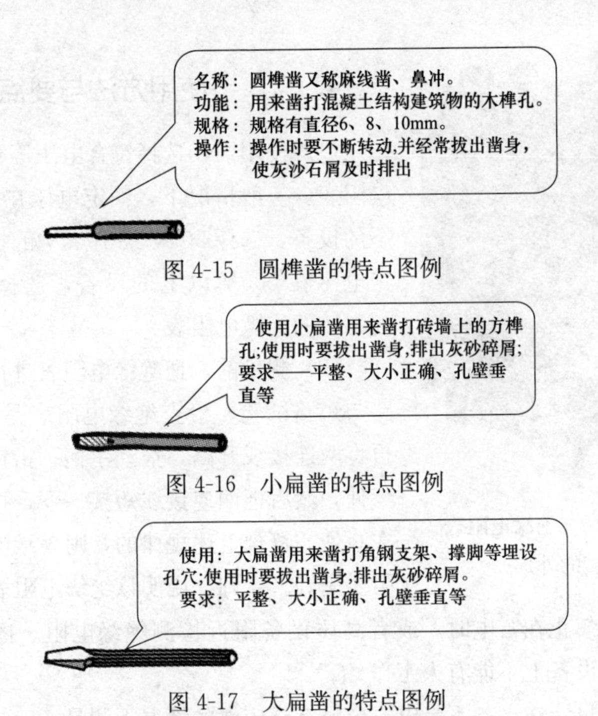

图 4-15 圆榫凿的特点图例

图 4-16 小扁凿的特点图例

图 4-17 大扁凿的特点图例

4.17 绝缘电阻表

4.17.1 概述

绝缘电阻表又叫作兆欧表，俗称摇表，主要用来检查电气设备、电器、电气线路对地与相间的绝缘电阻，避免发生触电伤亡与设备损坏等事故。绝缘电阻表的刻度是以兆欧（MΩ）为单位的。

绝缘电阻表的接线端钮一般有 3 个，分别标有 G（屏）、L（线）、E（地）。被检测的电阻一般接在 L 与 E 之间，G 端的作用是消除绝缘电阻表表壳表面 L、E 两端间的漏电与被测绝缘物表面漏电的影响。

绝缘电阻表的外形如图 4-18 所示。

一般测量时，把被测绝缘物接在 L、E 之间即可。如果测量表面不干净或潮湿时，为了准确地测出绝缘材料内部的绝缘电阻，必须使用 G 端。

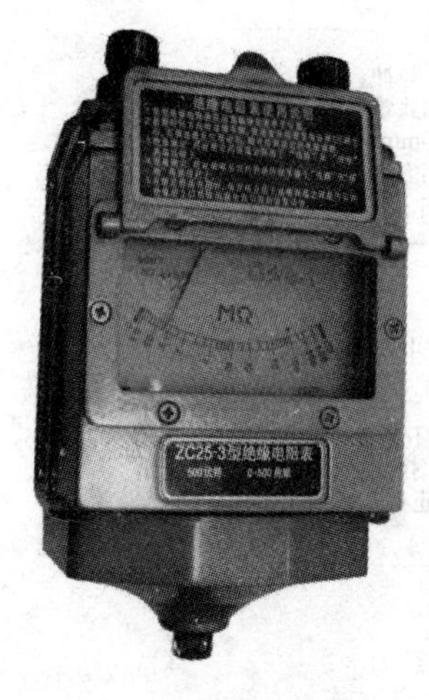

图 4-18 绝缘电阻表的外形

4.17.2 使用方法与要点

（1）使用前，选择符合电压等级的绝缘电阻表。一般情况下，额定电压在 500V 以下的设备，选择 500V 或 1000V 的摇表。额定电压在 500V 以上的设备，选择 1000～2500V 的绝缘电阻表。

（2）测量前，把绝缘电阻表进行一次开路与短路试验，检查绝缘电阻表是否良好。再将两连接线开路，摇动手柄，指针应指在∞处，然后把两连接线短接一下，指针应指在 0 处，符合上述规律的，则表示该绝缘电阻表完好。否则，说明该绝缘电阻表不良。

（3）禁止在雷电时，或者高压设备附近检测绝缘电阻。摇测过程中，被测设备上不能有人工作。

（4）只能在设备不带电，也没有感应电的情况下测量。

（5）线路接好后，可以按顺时针方向转动摇把，摇动的速度一般需要由慢到快，当转速达到 120r/min 左右时，保持匀速转动，以及需要边摇边读数，不能停下来读数。

（6）绝缘电阻表没有停止转动前，或者被测设备没有放电前，严禁用手触及。测量结束时，对于大电容设备需要放电。放电方法是将测量时使用的地线从绝缘电阻表上取下来与被测设备短接一下即可。

（7）需要定期校验绝缘电阻表的准确度。

4.18 弯管弹簧

4.18.1 概述

电线管专用弯管弹簧又叫作 PVC 管弯管器，有 4 分（直径 16mm）、

6 分（直径 20mm）、1 寸（直径 25mm）、1.2 寸（直径 32mm）、1.5 寸（直径 40mm）、普通型、加长型等。

4.18.2 PVC 电线管专用弯管弹簧的应用

PVC 电线管专用弯管弹簧的应用见表 4-6。

表 4-6 PVC 电线管专用弯管弹簧的应用

英制公制	型号	PVC 电线管壁厚度	PVC 电线管弹簧外径	PVC 电线管代号
（管外径）4 分 ϕ16	超轻型	0.8～0.9mm	ϕ14.1～14.2	105＃
	轻型	1.1～1.15mm	ϕ13.6～13.7	205＃/215＃
	中型	1.3～1.45mm	ϕ12.6～12.8	305＃/315＃
	重型	1.6～1.8mm	ϕ12.1～12.2	405＃/415＃
（管外径）6 分 ϕ20	超轻型	0.8～1mm	ϕ17.8～17.9	105＃
	轻型	1.1～1.15mm	ϕ17.4～17.6	205＃/215＃
	中型	1.35～1.45mm	ϕ16.5～16.8	305＃/315＃
	重型	1.5～2mm	ϕ15.4～15.6	405＃/415＃
（管外径）1 寸 ϕ25	超轻型	1.25～1.3mm	ϕ22.3～22.4	105＃
	轻型	1.4～1.5mm	ϕ21.6～21.8	205＃/215＃
	中型	1.6～1.7mm	ϕ20.8～21.1	305＃/315＃
	重型	1.8～2.2mm	ϕ20.2～20.5	405＃/415＃
（管外径）1.2 寸 ϕ32	超轻型	1.7mm	ϕ28.8～28.9	105＃
	轻型	1.7～1.8mm	ϕ28.2～28.3	215＃
	中型	2.2～2.3mm	ϕ27.1～27.2	315＃
	重型	2.8mm	ϕ26.4～26.6	415＃
（管外径）1.5 寸 ϕ40	中型	2.3mm	ϕ35.5～35.6	315＃

4.19 热 熔 器

4.19.1 概述

热熔器主要是连接 PPR 等水管接口用的熔化设备。热熔器外形之一如图 4-19 所示。

图 4-19　热熔器的外形

4.19.2　使用注意事项

（1）操作时，双手应戴帆布保护手套。

（2）插上电源前，需要检查电源线是否完好无损、支架是否具备、是否需要倒胶等现象。

（3）操作前，应清洁管材与管件的焊接部位，以免沙子、灰尘等损害接头的质量。

（4）选择的正确的加热头装置，即要与被焊接管材尺寸相配套。

（5）操作前，可用铅笔在管材上标记焊接深度。

（6）热熔器预热到适合温度，实际 3～5min。

（7）操作时，双手一手套外热，一手套内热，大概 15s 中拔出，将双管套起，按压，30s 后松手，切勿大角度扭曲 PPR 管。如果连接时，两者位置不对，只能够在一定时间内做少量调整，扭转角度不得超过 5°。

（8）连接完毕，必须双手紧握管子与管件，保持足够的冷却时间，冷却一定程度后方可松手。

（9）不宜在冷风直吹下进行工作熔接，以免降低效率与损耗电源。

（10）喷嘴及熔胶为高温，除受柄之外，其他均不可接触。

（11）不要在潮湿环境下使用，以免影响热熔器温度、引发漏电触电事故。

（12）热熔器应放在小孩子不能触及的地方。

（13）连续加热超过 15min 不用，则需要拔掉热熔器电源接插座。

（14）首次使用热熔器时，电热元件会轻微发烟，属于正常现象，待会儿会自然消失。

4.20 电流表与电压表

4.20.1 电流表

电流表又叫作安培表，其是固定安装在电力、电信、电子设备面板上使用的一种仪表。电流表主要用来测量交流、直流电路中的电流。电路图中，电流表的符号一般用 A 表示。

使用电流表的注意事项：

（1）被测的电流不要超过电流表的量程。

（2）电流表需要与用电器串联在电路中，以免短路烧毁电流表。

（3）电流表需要从其“+”接线柱接入，从其“−”接线柱接出，以免指针反转，把指针打弯。

（4）绝对不允许不经过用电器而把电流表直接连到电源的两极上，以免烧坏电流表、电源、导线。

4.20.2 电压表

电压表是指固定安装在电力、电信、电子设备面板上的一种仪表，主要用来测量交、直流电路中的电压。

常用电压表又叫作伏特表，符号为 V。

使用电压表的注意事项如下：

（1）首先需要机械调零，也就是把电压表的指针调到零刻度。

（2）电压表一般是并联使用。电压表内阻很大，如果常规串联下使用，在电路中会造成断路。

（3）电压表连线是正进负出，也就是使电流从电压表正极接入流进，从电压表负极接入流出。

（4）电压表检测时，不能够超过其量程。如果被测电压超过电压表的量程，则会损坏电压表。

4.21 万 用 表

4.21.1 概述

万用表又叫作多用表、三用表、复用表。万用表是一种多功能、多量程的测量仪表，一般可以用万用表测量直流电流、直流电压、交流电流、交流电压、电阻与音频电平等，有的万用表还可以测电容量、电感量、半导体的一些参数。万用表可以分为指针式万用表、数字万用表。

机械万用表的外形如图 4-20 所示。

图 4-20 机械万用表

4.21.2 万用表的挡位含义

数字万用表上的挡位含义如下：

V～：表示的是测交流电压的挡位。

V—：表示的是测直流电压的挡位。

MA：表示的是测直流电压的挡位。

Ω（R）：表示的是测量电阻的挡位。

HFE：表示的是测量晶体管电流放大位数。

机械万用表表盘上的刻度尺标记含义如下：

标有“Ω”标记的是测电阻时用的刻度尺。

标有“～”标记的是测交直流电压、直流电流时用的度尺刻。

标有“HFE”标记的是测三极管时用的刻度尺。

标有“LI”标记的是测量负载的电流、电压的刻度尺。

标有“DB”标记的是测量电平的刻度尺。

4.21.3 万用表的使用方法与要点

1. 测电压

万用表测量电压（或电流）时，首先需要选择好量程，量程的选择尽量使指针偏转到满刻度的2/3左右。如果事先不清楚被测电压的大小，则需要先选择最高量程挡，再逐渐减小到合适的量程。

（1）交流电压的测量。首先把万用表一个转换开关调到交、直流电压挡，然后另一个转换开关调到交流电压的合适量程上，再用万用表两表笔与被测电路或负载并联检测即可。

（2）直流电压的测量。首先把万用表的一个转换开关调到交、直流电压挡，另一个转换开关调到直流电压的合适量程上，以及红表笔"＋"接到高电位处，黑表笔"－"接到低电位处，也就是让电流从"＋"表笔流入，从"－"表笔流出。如果万用表表笔接反，万用表表头指针会反方向偏转，则可能撞弯指针。

2. 测电流

测量直流电流时，首先把万用表的一个转换开关调到直流电流挡，另一个转换开关调到合适量程上。测量时，必须先断开电路，然后根据电流从"＋"到"－"的方向，把万用表串联到被测电路中。如果误将万用表与负载并联，则可能短路烧毁万用表。

测量裸导体上的电流时，需要注意防止引起相间短路或接地短路。

3. 测电阻

用万用表测量电阻的方法与要点：

（1）首先机械调零。使用前，需要先调节指针定位螺钉使电流示数为零，以免不必要的误差。

（2）选择好合适的倍率挡。万用表欧姆挡的刻度线是不均匀的，所以倍率挡的选择一般需要使指针停留在刻度线较稀的部分为宜，并且指针越接近刻度尺的中间，读数越准确。

（3）欧姆调零。测量电阻前，需要将2只表笔短接，同时调节欧姆调零旋钮，使指针刚好指在欧姆刻度线右边的零位。如果指针不能调到零位，则说明电池电压不足或仪表内部有问题。每换一次倍率挡，都要进行欧姆调零，以保证测量准确。

（4）读数。表头的读数乘以倍率，就是所检测电阻的电阻值。

4.21.4 使用注意事项

（1）选择量程时，需要先选择大量程的，后选择小量程的，尽量使被测值接近于量程。

（2）测电阻时，不能够带电测量。

（3）测电流、电压时，不能够带电转换量程。

（4）欧姆表改换量程时，需要进行欧姆调零，无须机械调零。

（5）检测完毕，需要使转换开关调到交流电压最大挡位或空挡上。

如果是在有电的情况下，可以通过检测电压的情况下测量：用数字万用表的交流电压挡，根据实际情况以及万用表的特点来选择相应交流挡，然后只插红表笔到插座孔中，黑表笔不插，观察读数，然后比较数值：

（1）读数最大的是相线。

（2）读数较小的是中性线。

（3）读数基本没有动的是地线。

4.22 手 电 钻

4.22.1 概述

手电钻属于电钻的一种。电钻是一种用于在诸如金属、塑料、木材等各种材料上钻孔的工具，其是一种装有钻夹头用来钻孔的一种旋转工具。

电钻常见型号与类型见表4-7。

表4-7 电钻常见型号与类型

依据	分类
手电钻的类型	单速手电钻、双速手电钻、多速手电钻、电子调速手电钻等
钻头最大直径	4、6、8、10、13、16、19、23、32、38、49mm等
常见型号规格	6、10、13、16、23A等

续表

依据	分类
电钻的基本参数与用途	A类电钻（普通电钻）。主要用于普通钢材的钻孔以及塑料与其他材料的钻孔，具有较高的钻削生产率，适用于一般体力劳动者。 B类电钻（重型电钻）。B类电钻的额定输出功率与转矩比A类电钻大。B类电钻主要用于优质钢材以及各种钢材的钻孔。B类电钻可以施加较大的轴向力。 C类电钻（轻型电钻）。C类电钻的额定输出功率与转矩比A类电钻小。C类电钻主要用于有色金属、铸铁、塑料等材料的钻孔。C类电钻可以施加较小的轴向力
选用的电动机的型式	交直流两用串激电钻（单相串激电钻）、三相工频电钻、三相中频电钻、直流永磁电动机（适宜于野外作业）等
电源相数	单相电钻、三相电钻等

正反转电钻的特点、应用方法与要点如图 4-21 所示。

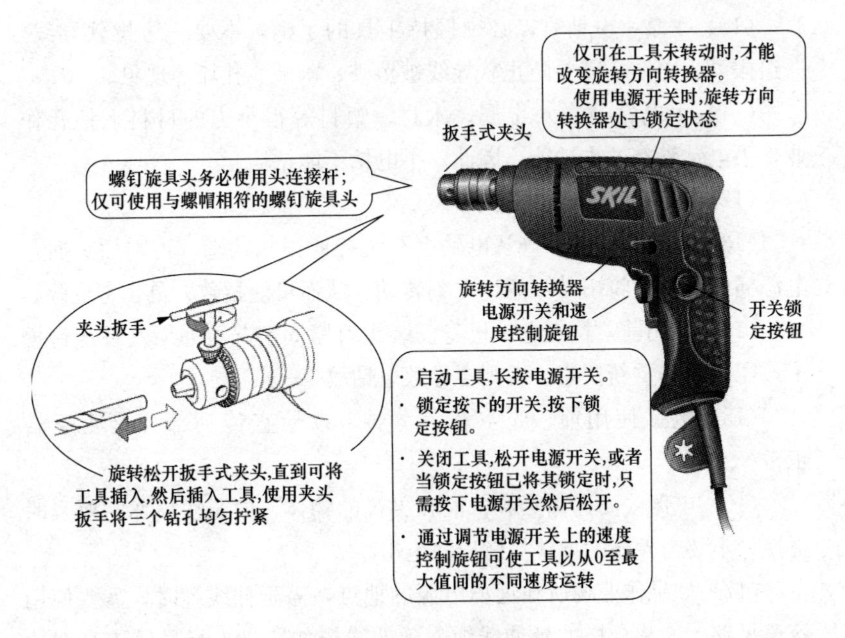

图 4-21　正反转电钻

4.22.2 使用注意事项

（1）操作者必须遵守安全操作规程，不得违章作业。

（2）保持工作区域的清洁。

（3）工作时要穿工作服。面部朝上作业时，要戴上防护面罩。在生铁铸件上钻孔要戴好防护眼镜，以保护眼睛。

（4）不要在雨中，过度潮湿或有可燃性液体、气体的地方使用电钻。

（5）如果橡皮软线中有接地线，则需要牢固地接在机壳上。

（6）电钻必须保持清洁、畅通，需要经常清除尘埃、油污，并且注意防止铁屑等杂物进入电钻内而损坏零件。

（7）手电钻钻孔时，不宜用力过大、过猛，以防止手电钻过载。

（8）手电钻转速明显降低时，应立即把稳手电钻，以减少施加的压力。如果突然停止转动时，必须立即切断手电钻的电源。

（9）安装钻头时，不得用锤子或其他金属制品物件敲击手电钻。

（10）手拿手电钻时，必须握持工具的手柄，不要一边拉软导线，一边搬动手电钻，需要防止软导线被擦破、割破、扎坏等现象。

（11）手电钻适合对金属、木材、塑料等很小力的材料上钻孔作业，手电钻没有冲击功能，因此，手电钻不能钻墙。

（12）钻头夹持器要妥善安装。

（13）电钻使用前，确认电钻上开关接通锁扣状态，否则插头插入电源插座时电钻将出其不意地立刻转动，从而可能招致人员伤害危险。

（14）使用前，检查电钻机身安装螺钉紧固情况，如果发现螺钉松了，需要立即重新扭紧，否则会导致电钻故障。

（15）电钻使用前，先空转一分钟，以检查传动部分是否运转正常。

（16）电源线要远离热源、油和尖锐的物体，电源线损坏时要及时更换，不要与裸露的导体接触以防电击。

（17）如果作业场所在远离电源的地点，需延伸线缆时，需要使用容量足够，安装合格的延伸线缆。延伸线缆如通过人行过道应高架或做好防止线缆被碾压损坏的措施。

（18）较小的工件在被钻孔前，必须先固定牢固，这样才能保证钻孔时使工件不随钻头旋转，保证作业者的安全。

（19）长时间在金属上进行钻孔时可采取一定的冷却措施，以保持钻头的锋利。

（20）钻头钝了，需要及时打磨钻头，要始终保持钻头的锋利。

（21）在金属材料上钻孔，应首先用在被钻位置处冲打洋冲眼。

（22）钻孔时产生的钻屑严禁用手直接清理，应用专用工具清屑。

（23）作业时钻头处在灼热状态，需要注意避免灼伤肌肤。

（24）站在梯子上工作或高处作业需要做好高处坠落防范措施。

（25）电钻不用时要放在干燥，以及小孩接触不到的地方。

（26）更换配件时务必将电源断开后再更换。

（27）有的电钻的速度可调，有的还具有反向旋转的功能。另外，电钻还可以与许多配件配合使用。例如改变电钻转向的操作方法如下：

1）如果按住了起停开关，则无法改变转向。

2）使用正逆转开关可以改变电钻的转向。正转适用于正常钻和转紧螺钉。逆转适用于放松/转出螺钉和螺母。

（28）钻孔时，对不同的钻孔直径需要选择相应的电钻规格，以充分发挥各规格电钻的性能，避免不必要的过载与损坏电钻的可能。

（29）操作时应用杠杆加压，不准用身体直接压在上面。

（30）操作时，需要先起动后接触工件，钻头垂直顶在工件要垫平垫实，钻斜孔要防止滑钻。钻孔时要避开混凝土钢筋。

（31）现在的手电钻一般都有调速功能，小的钻头用高转速手上的压力要小一点，否则容易断。

（32）3mm以上的钻头要低转速，大压力，如果用高转速会使钻头发红，导致刚性差。

（33）钻12mm以上的手持电钻钻孔时，需要使用有侧柄手枪钻。

（34）钻较大孔眼时，预先用小钻头钻穿，然后再使用大钻头钻孔。

（35）具体的手电钻可能存在一些差异，因此，使用前应仔细阅读具体手电钻的说明书。

4.23 冲 击 钻

4.23.1 概述

冲击钻具有可以实现钻孔功能与锤击功能的一种电动机具。其外形如图 4-22 所示。

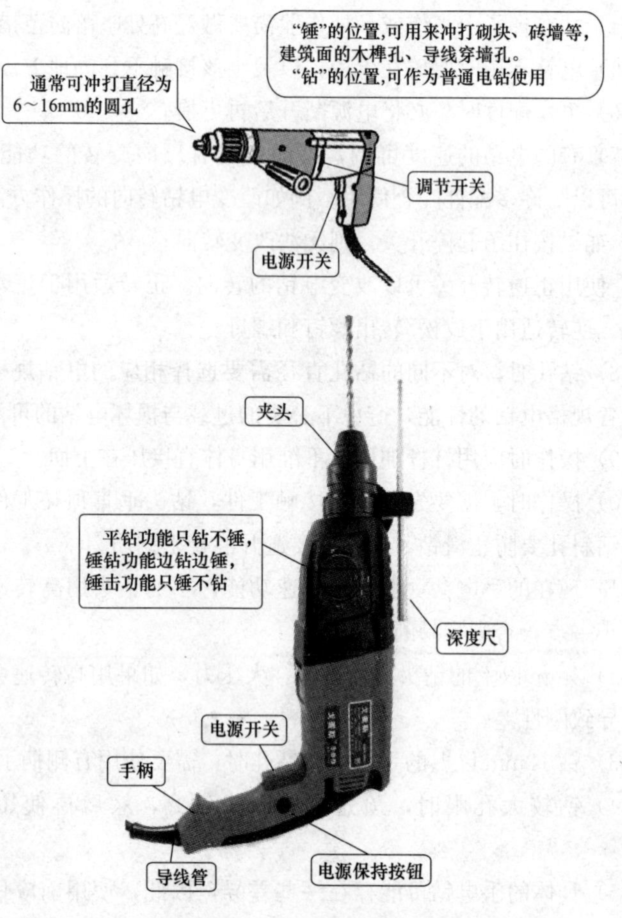

图 4-22　冲击钻

冲击电钻的规格一般以最大钻孔直径来表示，具体的规格见表 4-8。

表 4-8　　冲击电钻的规格

用途	规格
用作木材钻孔	最大孔径可达 40mm
用作钻混凝土	13、20mm 等
用作钻钢材时	8、10、13、20、25mm 等

4.23.2　使用注意事项

（1）有的冲击钻具有调速功能，则在换挡或者调速时，必须在冲击钻停止运转时才能进行操作。

（2）做冲击凿孔时，需要应用专用钻头。冲击钻具有四坑钻头与直柄硬质合金钻头之分。

（3）冲击凿孔时，应经常把钻头从墙壁等孔里拔出来，以便把尘屑排出来。

（4）在钢筋建筑物上凿孔时，如遇到坚实物时，不应该施力过大，以免钻头发生退火现象。

（5）作业时，应戴护目镜。

（6）一般只允许单人操作。

（7）作业时，禁忌戴手套作业。

（8）使用当中，如果发出异常声音应停止操作，查清原因。

4.24 电动石材切割机

4.24.1　概述

石材切割机主要用于天然或人造的花岗岩、大理石及类似材料等石料板材、瓷砖、混凝土、石膏等材料的切割。

石材切割机的外形与特点如图 4-23 所示。

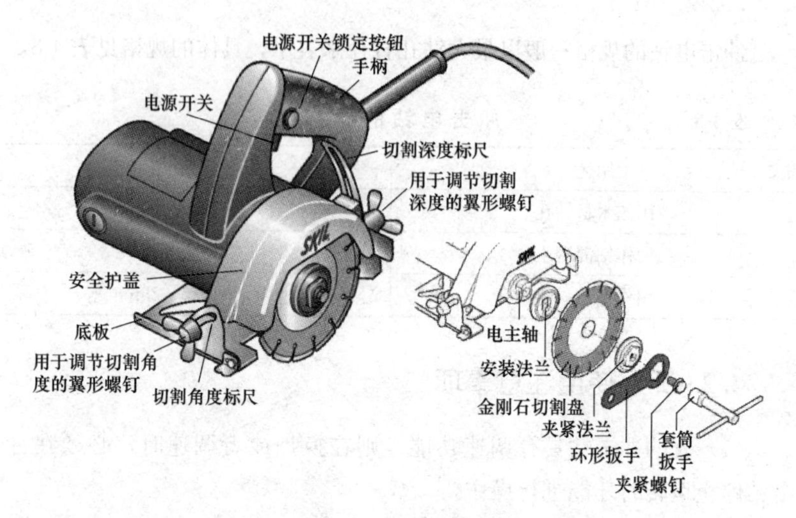

图 4-23 石材切割机的外形与特点

4.24.2 使用注意事项

（1）工作前，穿好工作服、戴好护目镜。如果是女性操作工人，一定要把头发缩起戴上工作帽。如果在操作过程中引起灰尘，可以戴上口罩或者面罩。

（2）工作前，要调整好电源闸刀的开关与锯片的松紧程度，护罩和安全挡板一定要在操作前做好严格的检查。

（3）石材切割机作业前，需要检查金刚石切割片有无裂纹、缺口、折弯等异常现象，如果发现有异常情况，需要更换新的切割片后，才能够使用。

（4）检查石材切割机的外壳、手柄、电缆插头、防护罩、插座、锯片、电源延长线等应没有裂缝与破损。

（5）操作台一定要牢固，夜间工作时应有充足的光线。

（6）开始切割前，需要确定切割锯片已达全速运转，方可进行切割作业。

（7）为了使切割作业容易进行，以及延长刃具寿命，不使切割场所灰尘飞扬，切割时需要加水进行。

(8) 安装切割片时，要确认切割片表面上所示的箭头方向与切割机护罩所示方向一致，并且一定要牢牢拧紧螺栓。

(9) 严禁在机器起动时，有人站在其面前。

(10) 不能起身探过和跨过切割机。

(11) 要会正确使用石材切割机。

(12) 石材切割机使用时，应根据不同的材质，掌握合适的推进速度，在切割混凝土板时如遇钢筋应放慢推进速度。

(13) 在工作时，一定要严格按照石材切割机规定的标准进行操作。

(14) 不能尝试着用石材切割机切锯未加紧的小零件。

(15) 不得用石材切割机来切割金属材料，否则，会使金刚石锯片的使用寿命大大缩短。

(16) 当使用给水时，要特别小心不能让水进入电动机内，否则将可能导致触电。

(17) 不可用手接触切割机旋转的部件。

(18) 手指要时刻避开锯片，任何的马虎大意都将带来严重的人身伤害。

(19) 防止意外突然起动，将石材切割机插头插入电源插座前，其开关应处在断开的位置，移动切割机时，手不可放在开关上，以免突然起动。

(20) 操作时应握紧切割机把手，将切割机底板置于工件上方而不使其有任何接触，试着空载转几圈，等到确保不会有任何危险后才开始运作，即可起动切割机获得全速运行。沿着工件表面向前移动工具，保持其水平、直线、缓慢而匀速前进，直至切割结束。

(21) 切割快完成时，更要放慢推进速度。

(22) 石材切割机切割深度的调节是由调节深度尺来实现的。调整时，先旋松深度尺上的蝶形螺母并上下移动底板，确定所需切割深度后，拧紧蝶形螺母以固定底板。

(23) 有的石材切割机仅适合切割符合要求的石材。绝对不允许用蛮力切割石材，电动机的运转速度最佳时，才可进行切割。

(24) 在切割机没有停止运行时，要紧握，不得松手。

（25）如果切割机产生异常的反应，均需要立刻停止运作，待检修合格后才能够使用。例如切割机转速急剧下降或停止转动、切割机电动机出现换向器火花过大及环火现象、切割锯片出现强烈抖动或摆动现象、机壳出现温度过高现象等，需要待查明原因，经检修正常后才能继续使用。

（26）检修与更换配件前，一定要确保电源是断开的，并且切割机已经停止运作。

（27）停止运作后，需要拔掉总的电源。清扫干净废弃、残存的材料、垃圾。

（28）不同的切割机可能存在一些差异，因此使用前应仔细阅读切割机的说明书。

4.25 电　镐

4.25.1　概述

电镐功能就是钻头不转，只是前后冲击，可以对墙面、砖墙、石材、混凝土、沥青、马路铺层及类似材料以及建筑施工中用来压实与固结的材料等进行敲、凿、铲。

电镐仅有内装的冲击机构且轴向力不受操作者控制的冲击作业的锤类工具。电镐如果安装上适合的配件，也可以敲入螺钉或敲实疏松的材料。

电镐外形如图 4-24 所示。

4.25.2　使用注意事项

（1）操作者操作时需要戴上安全帽、安全眼镜、防护面具、防尘口罩、耳朵保护具与厚垫的手套。

（2）在高处使用电镐时，必须确认周围及下方无人。

（3）具体的电镐可能存在一些差异，因此，使用前应仔细阅读具体电镐的说明书。

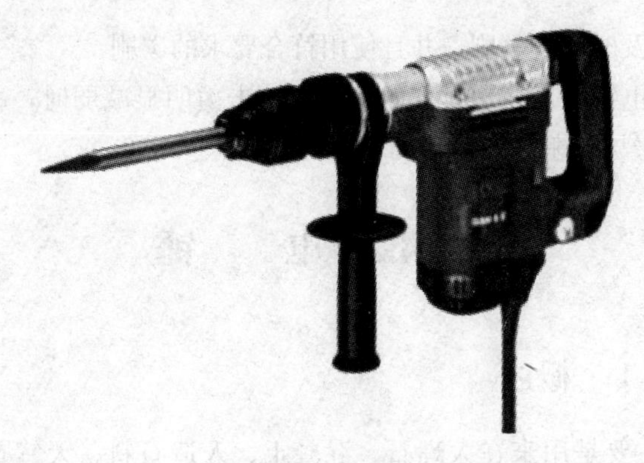

图 4-24 电镐

(4) 操作前，需要仔细检查螺钉是否紧固。

(5) 操作前，需要确认凿嘴被紧固在相应规定的位置上。

(6) 使用电镐前，需要注意观察电机进风口、出风口是否通畅，以免造成散热不良损伤电机定子、转子的现象。

(7) 凿削过程中不要将尖扁凿当作撬杠来使用，尤其是强行用电镐撬开破碎物体，以免损坏电镐。

(8) 操作电镐需要用双手紧握。

(9) 操作时，必须确认站在很结实的地方。

(10) 电镐旋转时不可脱手。只有当手拿稳电镐后，才能够起动工具。

(11) 操作时，不可将凿嘴指着在场任何人，以免冲头飞出而导致人身伤害事故。

(12) 当凿嘴凿进墙壁、地板或任何可能会埋藏的电线的地方时，绝不可触摸工具的任保金属部位，握住工具的塑料把手或侧面抓手以防凿到埋藏电线而触电。

(13) 寒冷季节或当工具很长时间没有用时，需要让电镐在无负荷下运转几分钟以加热工具。

(14) 操作完，手不可立刻触摸凿嘴或接近凿嘴的部件，以免烫坏皮肤。

(15) 需要定期更换、添加专业油脂。一般工作达到 60h（具体根据不同用户使用情况而定）汽缸内应添加油脂。

（16）及时更换碳刷，并且使用符合要求的碳刷。

（17）电镐长期使用时，如果出现冲击力明显减弱时，一般需要及时更换活塞与撞锤上的O形圈。

4.26 电　锤

4.26.1　概述

电锤主要是用来在大理石、混凝土、人造石料、天然石料及类似材料上钻孔的一种用电类工具，其具有内装冲击机构，进行冲击带旋转作业的一种锤类工具，也就是说电锤是利用特殊机械装置将电动机的旋转运动变为钻头的冲击带旋转运动的一种电动工具。

电锤的外形与特点如图4-25所示。

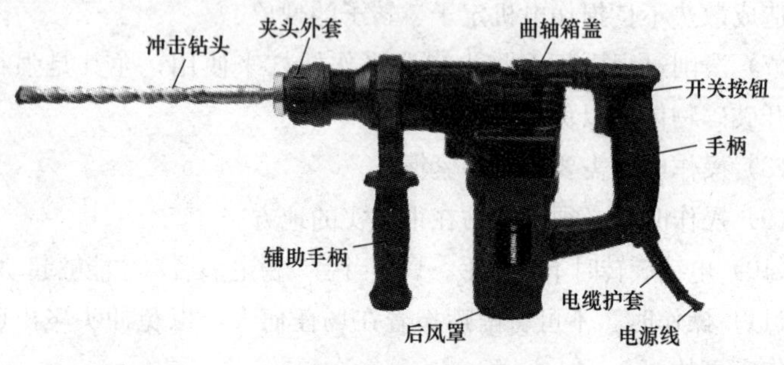

图4-25　电锤

4.26.2　使用注意事项

使用电锤注意事项见表4-9。

表4-9　使用电锤注意事项

项目	注意事项
个人防护	（1）电锤操作者需要戴好防护眼镜。当面部朝上作业时，需要戴上防护面罩。 （2）长期作业时，要塞好耳塞，以减轻噪声的影响。 （3）长期作业后，钻头处在灼热状态，更换钻头时需要注意

续表

项目	注意事项
使用前	（1）确认现场所接电源与电锤铭牌是否相符，是否接有漏电保护器。电源电压不应超过电锤铭牌上所规定电压的±10%方可使用，并且电压稳定。 （2）相关监督人员在场。 （3）检查电锤外壳、手柄、紧固螺钉、橡胶件、防尘罩、钻头、保护接地线等是否正常。 （4）如果作业场所在远离电源的地点，需延伸线缆时，必须使用容量足够的合格的延伸线缆，并且有一定的保护措施。 （5）确认所采用的电锤符合钻的孔的要求。 （6）钻头与夹持器要适配，并且妥善安装。 （7）安装或拆卸钻头前，必须关闭工具的电源开关并拔下插头。 （8）安装钻头前，需要清洁钻头杆，并且涂上钻头油脂。 （9）电锤的电源插头插入前，一定要确认开关扳机开动正常，并且要松释后退回到关位置。 （10）确认电锤上开关是否切断，如果电源开关接通，则插头插入电源插座时电动工具将出其不意地立刻转动，从而可能招致一些危险。 （11）钻凿墙壁、天花板、地板时，需要先确认有无埋设电缆、管道等。 （12）作业孔径在25mm以上时，需要有一个稳固的作业平台，并且周围需要设护栏。 （13）使用前空转30～40s，检查传动是否灵活，火花是否正常。 （14）新机或者长时间不使用的电锤，使用前，需要空转预热1～2min，使润滑油重新均匀分布在机械传动的各个部件，从而减少内部机件的磨损
使用中	（1）站在梯子上工作或高处作业需要做好高处坠落防护措施。 （2）在高处作业时，要充分注意下面的物体和行人安全，必要时设警戒标志。 （3）机具转动时，不得撒手不管，以免造成危险。 （4）作业时需要使用侧柄，双手操作，以防止堵转时反作用力扭伤胳膊。 （5）电锤在凿孔时，需要将电锤钻顶住作业面后再起动操作。 （6）使用电锤打孔时，电锤必须垂直于工作面。不允许电锤在孔内左右摆动，以免扭坏电锤、钻头。 （7）起动电锤时，只须扣动扳机开关即可。增加对扳机开关的压力时，工具速度就会增加，松释扳机开关就可关闭工具。连续操作，扣动扳机开关然后推进扳机锁钮。如要在锁定位置停止工具，就将扳机开关扣到底，然后再松开。 （8）在混凝土、砖石等材料钻孔时，压下旋钮插销，将动作模式切换按钮旋转到标记处。并且使用锥柄硬质合金（碳化钨合金）钻头。 （9）在木材金属和塑料材料上钻孔时，压下旋钮插销，将动作模式切换按钮旋转到标记处。并且使用麻花钻或木钻头。 （10）电锤负载运转时，不要旋转动作模式切换按钮，以免损坏电锤。 （11）为避免模式切换机械装置磨损过快，要确保动作模式切换按钮端处在任意一个动作模式选定位置上。

续表

项目	注意事项
使用中	(12) 不要对电锤太用力，一般轻压即可，严禁用木杠加压。 (13) 将电锤保持在目标位置，注意防止其滑离钻孔。 (14) 在凿深孔时，需要注意电锤钻的排屑情况，及时将电锤钻退出，反复掘进，不要猛进，以防止出屑困难造成电锤钻发热磨损与降低凿孔效率。 (15) 当孔被碎片、碎块堵塞时，不要进一步施加压力，而是需要立刻使工具空转，然后将钻头从孔中拨出一部分。这样重复操作几次，就可以将孔内碎片、碎块清理掉，恢复正常钻入。 (16) 电锤为40%断续工作制，不得长时间连续使用。 (17) 电锤作业振动大，对周边构筑物有一定程度的破坏作用。 (18) 作业中需要注意音响、温升，发现异常需要立即停机检查。 (19) 作业时间过长，电锤温升超过60℃时，需要停机，自然冷却后才能再作业。 (20) 作业中，不得用手触摸钻头等。发现其磨钝、破损等情况，需要立即停机、更换，然后才能够继续进行作业。 (21) 电锤向下凿孔时，只需双手分别紧握手柄和辅助手柄，利用其自重进给，无须施加轴向压力。向其他方向凿孔时，只需稍微施加轴向压力即可，如果用力过大，会影响凿孔速度、影响电锤及电锤钻使用寿命。 (22) 对成孔深度有要求的凿孔作业，可以装上定位杆，调整好钻孔深度，然后旋紧紧固螺母。
保养	(1) 不要等电锤不能正常工作时才停下来保养，平时也要加强对电锤的保养。 (2) 电锤工作时，会压缩空气产生很高的温度从而把油脂转变成液态，易造成流失。因此，需要定时给电锤补充油脂。夏天选用耐温在120℃以上的油脂，冬天选耐温在105℃的油脂即可。 (3) 电锤冲击力明显不足时，需要及时更换冲击环，以免把活塞撞坏。 (4) 每次使用完电锤后，需要使用空压机对机体外部及内部进行清洁。 (5) 电锤防尘帽要定期更换。 (6) 保持电锤出风口畅通

4.27 墙壁开槽机

4.27.1 概述

墙壁开槽机是砖墙表面、地面铣沟槽用的一种电动工具。墙壁开槽机是常用的水电开槽机。墙壁开槽机包括砖墙开槽机、混凝土开槽机。常见墙壁开槽机的外形如图4-26所示。

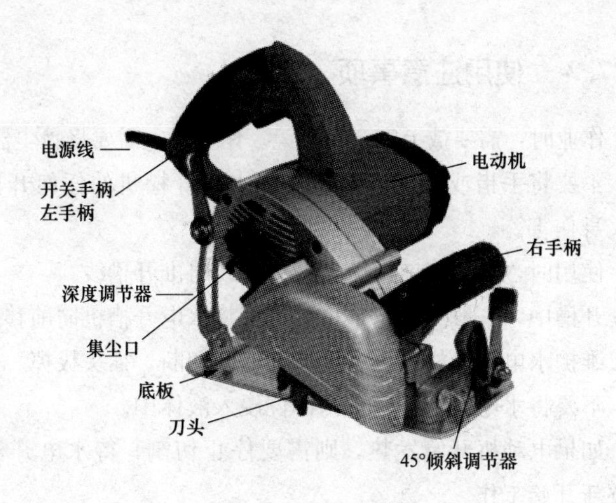

图 4-26 墙壁开槽机

4.27.2 墙壁开槽机的开槽宽度

有的水电开槽机可以通过增减锯片（刀片）的数量实现开槽宽度的调节，如图 4-27 所示。使用中，合适的开槽宽度能提高开槽的效率，以及延长水电开槽机的使用寿命。

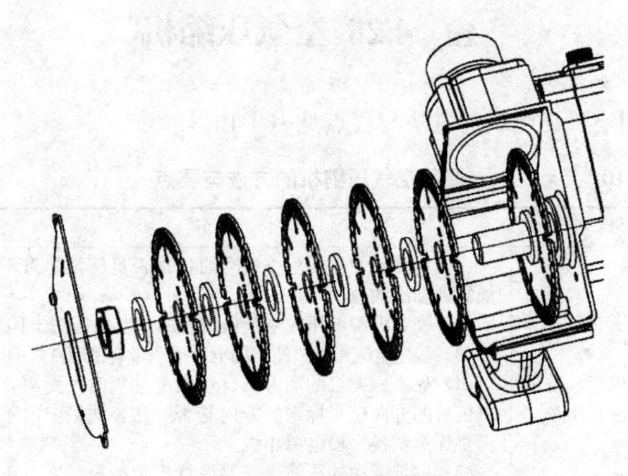

图 4-27 水电开槽机开槽的宽度

4.27.3 使用注意事项

（1）作业时，需要戴上安全护目镜。作业时，需要将吸尘器连接好。

（2）不要将手指或者其他物品插入水电开槽机的任何开口处，以免造成人身伤害。

（3）使用时，需要将前滚轮上的视向线对准开槽线。

（4）开槽中，一般尽量以平稳的速度将水电开槽机向前移动。

（5）维护水电开槽机前，需要将其电源切断，插头拔掉。

（6）不要将水电开槽机的任何部位浸入液体中。

（7）如果电动机开始发热，则需要停止切割，待水电开槽机冷却后，再重新开始工作。

（8）开槽完毕后，刀具变得很热，因此，取下刀具前，需要让刀具冷却。

（9）当水电开槽机刀具不锋利时，可以拆下来。因为，有的刀具可以用砂轮机将其打磨锋利。

（10）在有电的电缆线、煤气、天然气、自来水管道的墙体上作业时，需要注意避开这些物体。

4.28 空气压缩机

使用空气压缩机的方法与要点见表 4-10。

表 4-10 使用空气压缩机的方法与要点

项目	解说
空气压缩机起动前的检查与注意事项	（1）起动前，需要检查润滑油量是否足够。如果不够，需要加满到标准油位。 （2）确定电源电压在空气压缩机的额定电压的±10%范围内。 （3）确定空气压缩机所用的电源插座带有接地良好的地线插座。 （4）如果压缩机的动力来自三相电动机时，则需要观察电动机旋转的方向应与标定的方向是否一致。如果方向不一致，则需要任意调换一根电源相线。 （5）皮带带动的压缩机需要注意皮带的松紧度。正确的松紧度为：用大拇指压下皮带中央位置，压下的距离不超过 10mm 为正常。如果超过这个范围，则需要调紧

续表

项目	解说
空气压缩机的运行调整方法及使用注意事项	运行调整方法： (1) 空气压缩机运行时，需要查看压力值是否正确，保护动作是否可靠。 (2) 压力的调整，一般可以通过压力调节器旋钮来进行，其能够调整气导出口排出的压缩空气的压力。一般而言，压力调节器旋钮向顺时针方向转动，增加压力；压力调节器旋钮向逆时针方向转动，减小压力。 (3) 调整气压时，需要参看气压表显示的压力参数。 (4) 当压力表显示最高压力值时，不得将压力调节器旋钮再向顺时针用力转动，以免损坏压力调节器内部结构。 (5) 空气压缩机停止操作时，拧动压力调节器旋钮向逆时针方向转动，致使压力表显示零后停止。并且，可以试开启气导出口开关，从而证实气压是否已经关闭。 (6) 某些型号附有自动排水设备，则需要每天开启排水阀放水。 空气压缩机使用注意事项： (1) 压缩机接通电源时，不要取掉风罩，以免伤及人体。 (2) 使用时，使用眼保护装置、脸部保护装置等防护设备。 (3) 不要让气流正对着自己或他人。 (4) 为避免损坏，不得给压缩机部件随意加油。 (5) 使用后关断电源，以免触电
维护注意事项	(1) 空气压缩机具有危险性，检修、维护、保养时需要确认电源已被切断，并且符合检修、维护、保养程序与要求、规定。 (2) 停机维护时，需要等压缩机冷却后、系统压缩空气安全释放后等情况下，才能够进行。 (3) 需要定期检验空气压缩机的安全阀等保护系统与附件、部件。 (4) 清洗机组零部件时，需要采用无腐蚀性安全溶剂，严禁使用易燃、易爆、易挥发的清洗剂。 (5) 零配件必须采用规范的、符合要求的产品，有的零配件可能需要采用指定的产品

4.29 接地电阻测量仪

4.29.1 概述

接地电阻测量仪主要用于直接测量各种接地装置的接地电阻、土壤电阻率。施工现场一般是用于测量电气设备接地装置的接地电阻是否符合要求。

接地电阻测量仪有数字接地电阻测试仪、钳形接地电阻测试仪（见图 4-28）等种类。

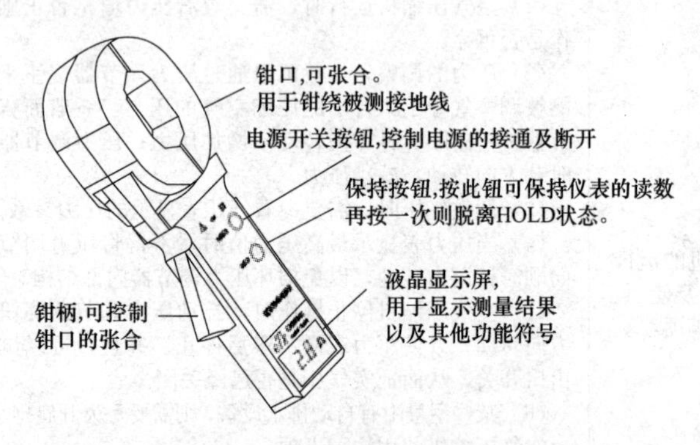

图 4-28　钳形接地电阻测试仪

不同的接地电阻测试仪具体使用操作有所差异，接地电阻测试仪的使用操作如图 4-29 所示。

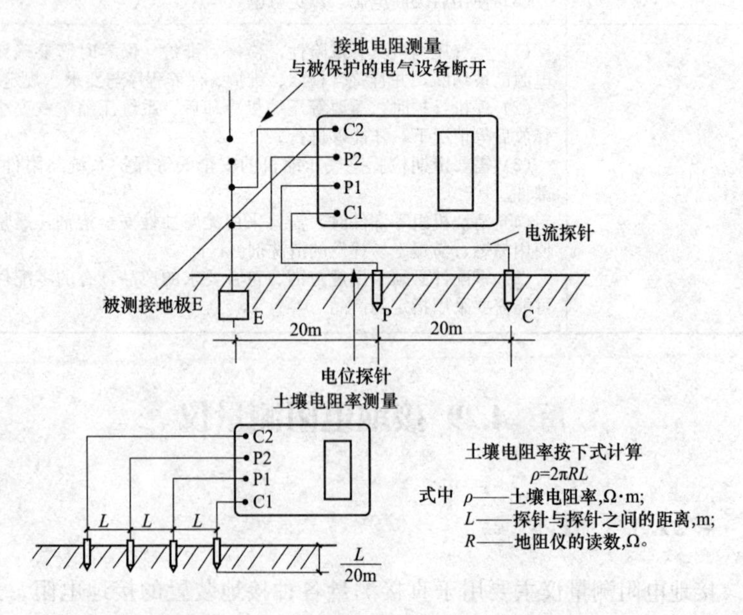

图 4-29　接地电阻测试仪的使用操作（一）

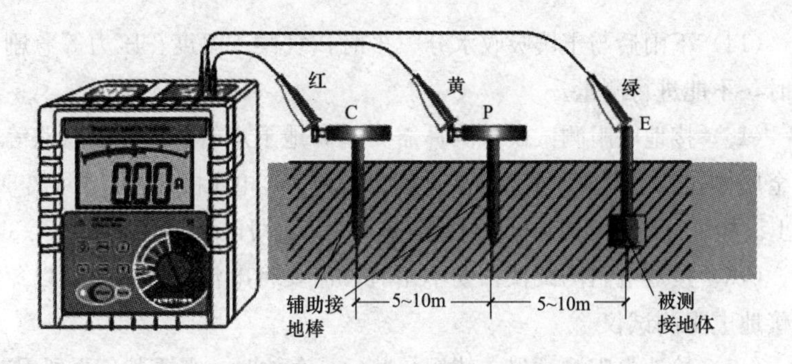

图 4-29 接地电阻测试仪的使用操作（二）

4.29.2 使用注意事项

（1）随时检查接地电阻测试仪的准确性。

（2）正确使用接地电阻测试仪的电源。

（3）接地线路要与被保护设备断开，以保证测量结果的准确性。

（4）被测地极附近不能有杂散电流与已极化的土壤。

（5）当检流计灵敏度不够时，可沿探针注水使其湿润。

（6）当检流计灵敏度过高时，可以将电位探针电压极插入土壤中的位置浅一些。

（7）接地电阻测试仪的连接线需要使用绝缘良好的导线，以免存在漏电现象。

（8）接地电阻测试仪电流极插入土壤的位置，需要使接地棒处于零电位状态。

（9）接地电阻测试仪测试一般需要选择土壤电阻率大的时候进行检测。

（10）测试现场不能有电解物质、腐烂尸体等情况，以免造成错觉。

（11）测量保护接地电阻时，一定要断开电气设备与电源连接点。在测量小于 1Ω 的接地电阻时，需要分别用专用导线连在接地体上。

（12）测量大型接地网接地电阻时，不能按一般接线方法测量。

（13）测量地电阻时，最好反复在不同的方向测量 3～4 次，然后取平均值。

(14) 下雨后与土壤吸收水分太多时，气候、温度、压力等急剧变化时，不能进行测量。

(15) 接地电阻测试仪探测针需要远离地下水管、电缆、铁路等较大金属体，其中电流极一般需要远离 10m 以上，电压极一般需要远离 50m 以上。如果上述金属体与接地网没有连接时，则可以缩短距离 1/2～1/3。

(16) 接地电阻测试仪长期不用时，需要将电池全部取出，以免锈蚀接地电阻测试仪。

(17) 接地电阻测试仪在使用、搬运、存放时，需要避免强烈震动。

(18) 存放保管接地电阻测试仪时，需要注意环境温度、湿度，一般以放在干燥通风的地方为宜。

4.30 钳形电流表

4.30.1 概述

钳形电流表简称为钳形表，普通钳形表是一种不需断开电路就可直接测电路交流电流的一种仪表。它的类型包括：

(1) 根据读数显示方式，可以分为指针式钳形表、数字式钳形表。

(2) 根据测量电压，可以分为低压钳形表、高压钳形表。

(3) 根据功能，可以分为普通交流钳形表、交直流两用钳形表、漏电流钳形表、带万用表的钳形表等。

普通钳形表工作部分主要是由一只电磁式电流表与穿心式电流互感器组成。穿心式电流互感器铁芯一般制成活动开口，也就是钳形。普通钳形表只能够用来测量交流电流，不能测量其他电参数。带万用表功能的钳形表是在钳形表的基础上增加了万用表的功能。

数字式钳形表的工作原理与指针式钳形表基本相同。只是，数字式钳形表采用液晶显示屏显示数字结果。

4.30.2 选择

选择钳形电流表的方法与要点：

（1）根据被测量电流是交流，还是直流来选择。电磁系钳形电流表，既可用于测量交流电流，也可用于测量直流电流，只是准确度比较低。整流系钳形电流表只能够适于测量波形失真较低、频率变化不大的工频电流，否则，会产生较大的测量误差。

钳形电流表的准确度主要有2.5级、3级、5级等几种，需要根据测量技术要求与实际情况来选择。

（2）根据应用特点来选择。数字式钳形电流表测量结果的读数直观方便，但是测量场合的电磁干扰比较严重时，显示出的测量结果可能会存在离散性跳变。

使用指针式钳形电流表，由于磁电系机械表头具有阻尼作用，使得其本身对较强电磁场干扰的反应比较迟钝，其示值范围比较直观。

4.30.3 使用注意事项

（1）测量前，需要把指针式钳形电流表机械调零。

（2）需要选择合适的量程，一般先选大量程，后选小量程，或者根据铭牌值来估算、选择。

（3）如果使用最小量程测量，读数不明显时，则可以将被测导线绕几匝，并且匝数要以钳口中央的匝数为准。

（4）使用前，需要弄清钳形电流表是交流，还是交直流两用钳形表。

（5）使用前，需要正确选择钳形电流表的电压等级，并且检查钳形电流表外观绝缘是否良好，指针摆动是否灵活，钳口有无锈蚀等情况。

（6）钳形电流表表钳口闭合后如有杂音，则可以打开钳口重合一次。如果杂音仍不能消除时，则需要检查磁路上各接合面是否光洁干净。

（7）测量时，钳口需要闭合紧密，并且不能够带电换量程。

（8）钳形表的手柄需要保持干燥。并且测量时，不得触及其他带电体。

（9）被测线路的电压需要低于钳表的额定电压。

（10）测量时，需要使被测导线处在钳口的中央，以及使钳口闭合紧密，以减少误差。

（11）被测电路电压不能超过钳形表上所标明的数值，以免造成接地事故，或者引起触电危险。

（12）钳形电流表每次只能够测量一相导线的电流，不可以将多相导线都夹入窗口测量。

（13）检测低压可熔保险器或水平排列低压母线电流时，需要在检测前将各相可熔保险或母线用绝缘材料加以保护隔离，以免引起相间短路。

（14）当电缆有一相接地时，严禁检测。

（15）在高压回路上检测时，禁止用导线从钳形电流表另接表计检测。

（16）检测高压线路的电流时，需要戴绝缘手套，穿绝缘鞋，站在绝缘垫上进行操作。

（17）检测高压电缆各相电流时，电缆头线间间隔需要在 300mm 以上，并且绝缘要良好。

（18）使用高压钳形电流表时，严禁用低压钳形表检测高电压回路的电流。

（19）使用高压钳形表检测时，需要由两人来进行，非值班人员检测还需要填写第二种工作票。

（20）观测表计时，需要留意保持头部与带电部门的安全间隔，人体任何部门与带电体的间隔不得小于钳形表的整个长度。

（21）测量完后，需要将转换开关放在最大量程处。

4.31 手动试压泵

手动试压泵简称试压泵，其与电动试压泵的主要差异，就是手动试压泵可以通过人工操作达到增压的目的。PPR 试压泵有 25kg PPR 试压泵、40kg PPR 试压泵。正常自来水水压为 0.3MPa，高层住宅为 0.4MPa。家装水管试压一般增压 0.6～1.0MPa（自来水 0.1MPa 为 1kg 压力）。

PPR 试压泵的操作步骤与使用注意事项见表 4-11。

表 4-11 PPR 试压泵的操作步骤与使用注意事项

项目	操作步骤与注意事项
PPR 试压泵的操作步骤	（1）软管与主机间、止回阀上、泄压阀里一般需要垫圈。 （2）把冷、热水管用软管连接在一起，从而使冷热水形成一个圈，也就是成为一根管。 （3）所有水管通路全部堵好后，才可以试压。测压前要关闭进水总管的阀门。 （4）测压时，摇动试压泵的压杆直到压力表的指针指向 0.9～1.0，也就是说现在的压力是正常水压的 3 倍。 （5）保持该压力值一定时间，不同的是水管测压时间不一样，PPR、铝塑 PPR、钢塑 PPR 等焊接管为 30min。 （6）试压时，需要逐个检查接头、内丝接头、堵头等都不能有渗水。龙头等接口处不能有漏水现象。 （7）试压泵在规定的时间内表针没有丝毫的下降或者下降幅度小于 0.1 的，说明水管管路是好的，也说明试压泵是正常的。 （8）有的试压泵压下去会自动弹上来，需要用手压住
手动试压泵的使用注意事项	（1）使用试压泵前，需要详细检查各部件连接处是否拧紧，压力表是否正常，进出水管是否安装好，以及泵工作介质是否符合要求。 （2）试压完毕后，应先松开放水阀，使压力下降，以免压力表损坏。 （3）试压泵不用时，应放尽泵内的水，吸进少量机油，防止锈蚀。 （4）一般手动试压泵不宜在有酸碱、腐蚀性物质的工作场合使用。 （5）为提高试压效率、可先将被测试容器或设备先注满水，然后接试压泵的出水管。 （6）试压过程中，如果发现有任何细微的渗水现象，则需要立即停止工作进行检查与修理，严禁在渗水情况下继续加大压力

4.32 水 平 尺

水平尺是用来测量安装、施工水平的一种工具。水平尺有带护手水平尺、强磁条水平尺、强磁铝合金水平尺等种类。水平尺根据材质可以分为铸铁水平尺、铝制水平尺、镁铝水平尺等。

水平尺一般需要悬挂保管，这样不会因长期平放影响其直线度、平行度。另外，铝镁轻型平尺不易生锈，使用期间可以不用涂油。如果长期不使用，则存放时涂上薄薄的一层一般工业油即可。

水平尺的外形结构如图 4-30 所示。

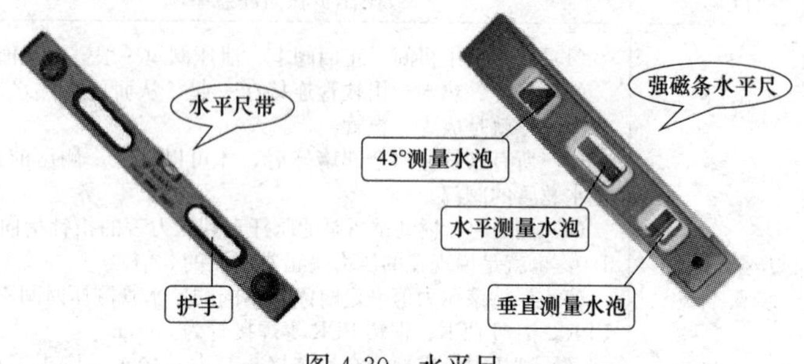

图 4-30　水平尺

4.33 卷　尺

卷尺是常用的一种量具，卷尺是能够卷起来的一种尺。主要是因为卷尺里面装有弹簧，在拉出测量长度时，实际拉出的是长标尺，一旦测量完毕，卷尺里面的弹簧会自动收缩。同时，标尺在弹簧力的作用下也随着收缩。

卷尺的种类有鲁班尺、风水尺、文公尺、纤维卷尺、布尺、腰围尺、裁缝尺、礼品尺等。根据材质不同，卷尺也可以分为 PVC 塑料卷尺、玻璃纤维卷尺。

常见卷尺的外形如图 4-31 所示。

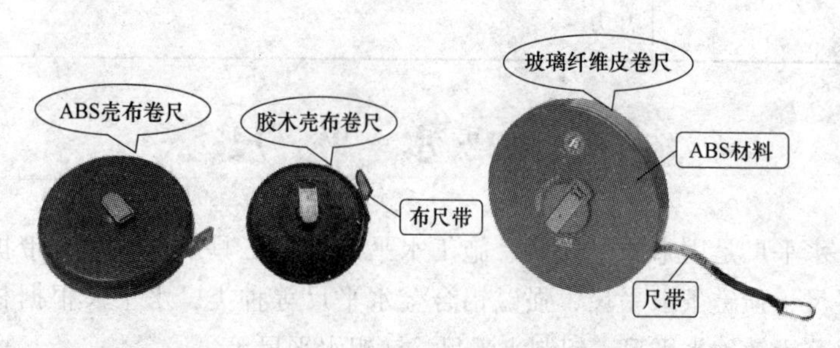

图 4-31　卷尺

钢卷尺在建筑与装修常用，也是家庭必备量具之一。纤维卷尺就是皮尺。钢卷尺与皮尺长度有 20、30、50m 等几种。礼品尺用于广告促销的用途，其分为钢卷尺、皮卷尺。

另外，卷尺也分为手提架式钢卷尺、双制动包胶双面钢卷尺等种类。手提架式钢卷尺有 30、50、100m 等类型。

卷尺的测量方法：一般先量出 n 整尺段，在地面用测钎或画线标明，最后量余长，总的长度为：nX 尺段长＋余长。为了防止丈量中的错误与提高丈量精度，需要往返丈量。

钢尺量距的相对精度一般不应低于 1/3000。钢卷尺量距的长度改正的方法如下：

（1）尺长改正值大于尺长的 1/10000 时，需要加尺长改正。

（2）沿地面丈量的地面坡度大于 1.5%时，需要加高差改正。

（3）量距时，温度与标准温度相差±10℃时，需要加温度改正。

4.34 其　　他

其他工具的特点见表 4-12。

表 4-12　　其他工具的特点

名称	特点
PPR 剪刀	PPR 剪刀主要用于剪断 PPR，其外形如图 4-32 所示。PPR 剪刀应垂直切割管材，切口要求平滑、无毛刺。 PPR 剪刀有的还可以剪 PVC 管、铝塑管。PPR 剪刀与 PPR 割刀功能是一样的。如果没有专用 PPR 剪刀，应急情况可以采用砂轮机、手工锯来替代
塑管割刀	塑管割刀主要是用于塑管的切断
PVC 剪刀	PVC 剪刀主要用于 PVC 管的切断。使用 PVC 管子割刀的方法与注意事项： （1）切割时，需要一切到位。如果断断续续切到位，则可能切得的切口不整齐。 （2）冬天天气冷使用 PVC 管子割刀时，需要将管材用热水浸泡一下，再进行切割，这样避免管材破裂。 （3）如果没有 PVC/PPR 管子刀，而又需要切割 PVC/PPR 管，则应急切割，可以借助手工锯、砂轮机进行。 （4）切管时，需要注意刀口与管子垂直。管子需要放平稳，尤其是切长管子时管子放平稳更为重要。 （5）如果经验不足，为防止切切口不整齐，则可以先画好线，再把刀口切口对准好线切割即可
扎线枪	扎线枪就是用来将束带拉紧并切断的工具。不同扎线枪适用不同宽度的束带

其他工具图例如图 4-32 所示。

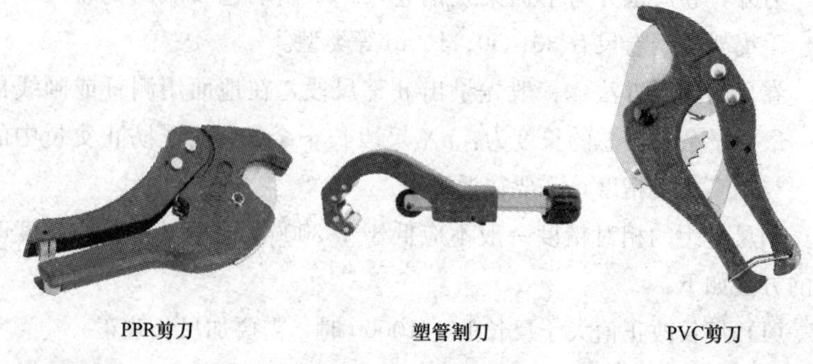

图 4-32　其他工具

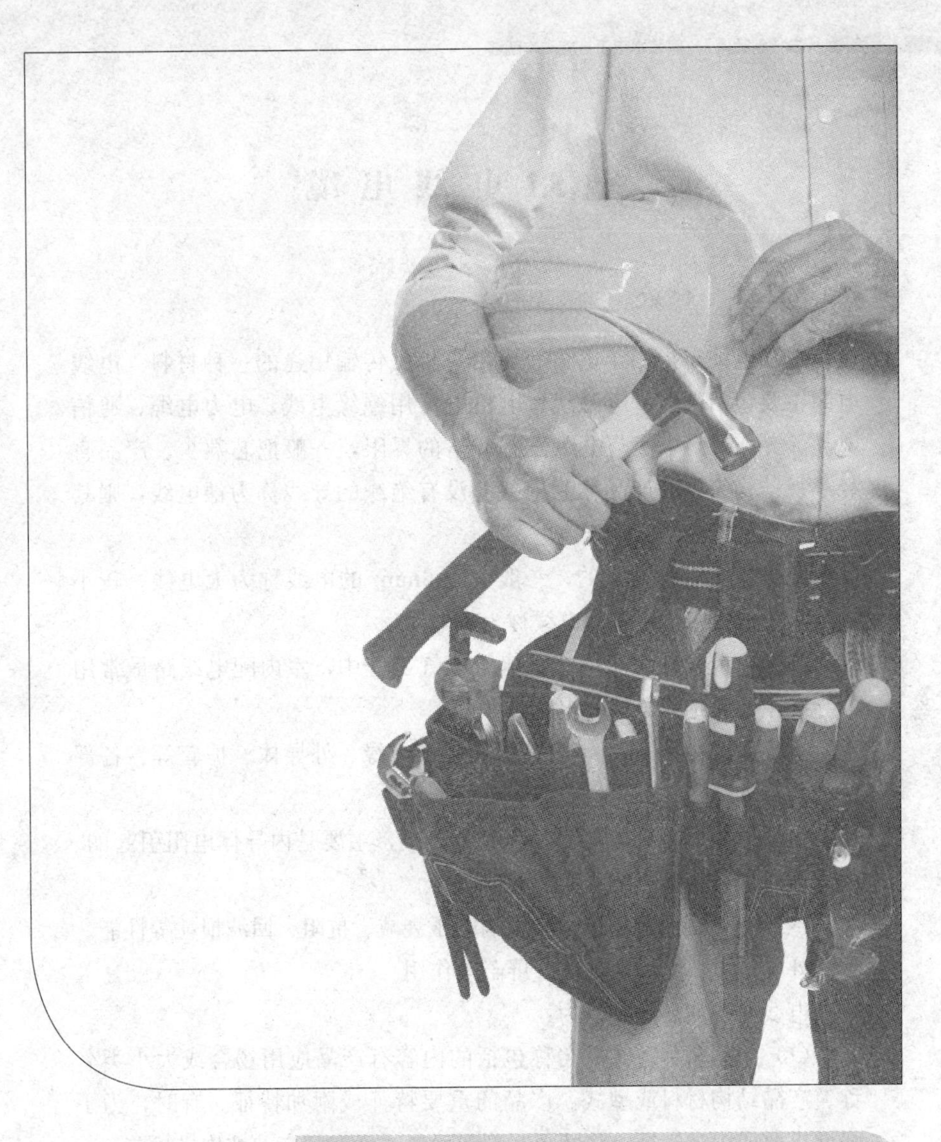

5 水电材料与设备

5.1 电线电缆

5.1.1 概述

电线电缆是指用于电力、通信与相关传输用途的一种材料。电线电缆主要包括裸线、电磁线、电机电器用绝缘电线、电力电缆、通信电缆、光缆等。电线与电缆没有严格的界限，一般把芯数少、产品直径小、结构简单的产品称为电线。没有绝缘的导线称为裸电线，则其他的导线称为电缆。

导体横截面积较大的，一般大于 $6mm^2$ 的电线称为大电线。较小的，小于或等于 $6mm^2$ 的电线称为小电线。

绝缘电线又称为布电线。建筑电气工程中，室内配电线路最常用的导线主要是绝缘电线和电缆。

电线电缆由内到外一般是内导体、绝缘、外导体、护套等。各部分的特点如下：

内导体主要是导电功能。其电压衰减，主要是内导体电阻引起的。内导体对信号传输影响很大。

绝缘主要是保护作用。其影响电压衰减、抗阻、回波损耗等性能。

外导体主要是回路导体、屏蔽等作用。

电线电缆命名的规则为：

(1) 产品名称。产品名称包括的内容有产品应用场合或大小类名称、产品结构材料或型式、产品的重要特征或附加特征。有时，为了强调重要或附加特征，将特征写到前面，或者在相应的结构描述前。

(2) 结构描述。产品结构的描述一般根据从内到外的原则为导体—绝缘—内护层—外护层。

(3) 简化。不会引起混淆的情况下，一些结构描述可以省写或简写。

电线电缆各字母以及其组合代表的含义如下：

B系列归类为布电线，即“布”的声母“B”表示，电压一般为

300/500V。

BV 聚氯乙烯绝缘铜芯线，独芯线。

BVV 聚氯乙烯护套铜芯线，两芯线。

BVVB 聚氯乙烯护套铜芯线，三芯线。

BVV×2.5 就是聚氯乙烯护套铜芯线两芯 2.5mm²。

BVV2×1.5 就是聚氯乙烯护套铜芯线 2 芯 1.5mm²。

V 就是指 PVC 聚氯乙烯。

VV 就是指 2 层聚氯乙烯。

5.1.2　3C 认证范围的电线电缆与电线组件

属于 3C 认证范围的一些电线电缆和电线组件见表 5-1。

表 5-1　　属于 3C 认证范围的一些电线电缆和电线组件

类型	种类	型号
电线电缆	聚氯乙烯绝缘无护套电缆电线	227IEC 01（BV）450/750V 1.5-400； 227IEC 02（RV）450/750V 1.5-240； 227IEC 05（BV）300/500V 0.5-1； 227IEC 06（RV）300/500V 0.5-1； 227IEC 07（BV-90）300/500V 0.5-2.5； 227IEC 08（RV-90）300/500V 0.5-2.5； BV 300/500V 0.75-1； BLV 450/750V 2.5-400； BVR 450/750V 2.5-70
	聚氯乙烯绝缘聚氯乙烯护套电缆	227IEC 10（BVV）300/500V 1.5-35（2～5 芯）； BVV 300/500V 0.75-10（1 芯）； BLVV 300/500V 2.5-10（1 芯）； BVVB 300/500V 0.75-10（2～3 芯）； BLVVB 300/500V 2.5-10（2～3 芯）
	聚氯乙烯绝缘软电缆电线	227IEC 41（RTPVR）300/300V 0.8（2 芯）； 227IEC 42（RVB）300/300V 0.5-0.75（2 芯）； 227IEC 43（SVR）300/300V 0.5-0.75（1 芯）； 227IEC 52（RVV）300/300V 0.5-0.75（2～3 芯）； 227IEC 53（RVV）300/500V 0.75-2.5（2～5 芯）； RVS 300/300V 0.5-0.75（2 芯）

续表

类型	种类	型号
电线电缆	聚氯乙烯绝缘安装用电线和（或）屏蔽电线	AV，AV-90 300/300 0.08-0.4（1芯）； AVR，AVR-90 300/300 0.08-0.4（1芯）； AVRB 300/300 0.12-0.4（2芯）； AVRS 300/300 0.12-0.4（2芯）； AVVR 300/300 0.08-0.4（2芯）； AVVR 300/300 0.12-0.4（3～24芯）； AVP，AVP-90 300/300 0.08-0.4（1芯）； RVP，RVP-90 300/300 0.08-2.5（1芯）； RVP，RVP-90 300/300 0.08-1.5（2芯）； RVVP，RVVP1 300/300 0.08-2.5（1芯）； RVVP，RVVP1 300/300 0.08-1.5（2芯）； RVVP，RVVP1 300/300 0.12-1.5（3芯）； RVVP，RVVP1 300/300 0.12-0.4（4～24芯）
	耐热橡皮绝缘电缆	245 IEC 03（YG）300/500 0.5-16（1芯）； 245 IEC 04（YYY）450/750 0.5-95（1芯）； 245 IEC 05（YRYY）450/750 0.5-95（1芯）； 245 IEC 06（YYY）300/500 0.5-1（1芯）； 245 IEC 07（YRYY）300/500 0.5-1（1芯）
电线组件		适用于家用和类似一般设备所用的电线组件

5.1.3 电线的分类

（1）一般电源线可以分为硬线、软线。其中，硬线主要用于供电线路、220V照明、插座等。软线主要用于电话、音响、网络等。

（2）家庭常用的电线根据铜芯粗细又可以分为1mm² 线、1.5mm² 线、2.5mm² 线、4mm² 线、6mm² 线。

（3）电线也可以分为塑铜线、护套线、绞型线、平型线、橡套线等。它们的具体特点见表5-2。

表5-2　塑铜线、护套线、绞型线、平型线、橡套线的特点

名称	特点
塑铜线	塑铜线也就是塑料绝缘层与铜心导电层组成的电线。在装修中，一般与穿线管材在一起使用，并且具有不同颜色：一般以红线代表相线、双色线代表地线、蓝线代表中性线

续表

名称	特点
护套线	护套线是双层绝缘外皮的一种导线，主要用于明线施工中。其具有双层绝缘，因此，防破损性能大大提高，但是散热性能相对塑铜线有所降低。一般不要把多路护套线捆扎在一起使用
橡套线	橡套线又称水线，也就是可以浸泡在水中使用的电线，具有良好的绝缘与防水特点。该类电线主要用于室外施工使用

住宅内常用的导线截面有 1.5、2.5、4、6、10、16、25、35、50mm^2 等。

5.1.4 选择

理论上讲，考虑电流通过电线具有趋肤效应，因此，选择多芯的比较好。实际上，根据经济、维修更换、适用原则，不同的应用场所选择不同：

(1) 进户线一般选择多芯电线。

(2) 固定无须移动的室内用 4mm^2 线以内的电线均选择单芯硬电线。

(3) 移动的电器用线一般选择多芯软线。

家装中绝对不能够采用裸线做电源线。无论安全角度还是施工角度，均不可行。室外一些高压线一般采用裸线，是因为一般是架设在高空，人不易接触，如果采用绝缘电线反而因发热容易烧坏绝缘层。

家装电路电线颜色要求是接地线采用绿黄双色线，相线用红色，零线一般采用黄色、蓝色、绿色、白色、黑色等。常见的配色是相线为红色，零线为蓝色，接地线为黄绿相间色。其中，单芯线为白色、灰色、黑色的为不常用颜色。

在同一家装工程中用途一样的导线的颜色应一致。在公装中有时用到三相绝缘导线，其颜色表示为：A 相——黄色、B 相——绿色、C 相——红色。

不同应用选择不同的导线截面，一般性的选择方法见表 5-3。导线截面选择原则为：导线额定电流必须大于线路的工作电流。

表 5-3　　导线截面选择方法

应用	导线截面/mm^2	应用	导线截面/mm^2
电源插座保护地线	2.5	照明用线	1.5
插座用线	2.5	空调用线	≥4（室内挂机一般用 $4mm^2$ 线，大功率的柜机一般用 $6mm^2$ 线）
微波炉	2.5	—	—

不同截面导线的一般应用场合：

（1）$1.5mm^2$ 单芯线，用于灯具照明。

（2）$1.5mm^2$ 双色单芯线，用于开关接地线。

（3）$10mm^2$ 七芯线，用于总进线。

（4）$10mm^2$ 双色七芯线，用于总进线地线。

（5）$2.5mm^2$ 单芯线，用于插座。

（6）$2.5mm^2$ 三芯护套线，用于低功率空调。

（7）$2.5mm^2$ 双色单芯线，用于照明接地线。

（8）$4mm^2$ 单芯线，用于 3 匹以上空调。

（9）$4mm^2$ 双色单芯线，用于 3 匹空调接地线。

（10）$6mm^2$ 单芯线，用于总进线。

（11）$6mm^2$ 双色单芯线，用于总进线地线。

家装电路电线的选择要点：

（1）选择具有合格认证的产品，例如长城标志的“国标”认证电线。并且，注意不要选择合格证上标明的制造厂名、产品型号、额定电压与电线表面的印刷标志不一致的。

（2）应选购外观光滑平整、绝缘或护套的厚度均匀不应偏芯、绝缘与护套层没有损坏、标志印字清晰、手摸电线时无油腻感、绝缘或护套应有规定的厚度的电线。

（3）一般选择具有塑料或橡胶绝缘保护层的单股铜芯电线。

（4）电线表面一般规定需要具有制造厂名、产品型号、额定电压等标志。因此，选购电线时一定要选择这些标志的电线。

（5）选择电线导体的线径要合理：导体截面对应的导体直径见表 5-4。

表 5-4　　导体截面对应的导体直径

导体截面/mm^2	导体参考直径/mm
1	1.13
1.5	1.38
2.5	1.78
4	2.25

5.1.5　用量

家装时，可以根据房间的面积大概估算电线选购量，实际采购电线一般是卷数，常见的电线为每卷 100±5m。因此，根据经验估算如下：

(1) 45～65m^2 的一房一厅选择 1.5mm^2 单芯电线大约 2 卷，2.5mm^2 单芯电线大约 3 卷。

(2) 75～90m^2 的两房一厅选择 1.5mm^2 单芯电线大约 3 卷，2.5mm^2 单芯电线 4～5 卷。

(3) 100～130m^2 的三房二选择 1.5mm^2 单芯电线大约 5 卷，2.5mm^2 单芯电线大约 6 卷。

(4) 160m^2 复式楼选择 1.5mm^2 单芯电线大约 7 卷，2.5mm^2 单芯电线大约 10 卷。

5.1.6　鉴别

鉴别电线优劣的方法见表 5-5。

表 5-5　　鉴别电线优劣的方法

方法	判定原则
检查长度、线芯是否弄虚作假	电线长度的误差不能超过 5%，截面线径不能超过 0.02%，如果在长度与截面上被发现弄虚作假、短斤少两现象，一般属于低劣产品
检验线芯是否居中	截取一段电线，查看线芯是否位于绝缘层的正中，即厚度均匀。不居中较薄一面很容易被电流击穿
检查绝缘层	绝缘层应完整无损为好

续表

方法	判定原则
看包装、看认证	成卷的电线包装牌上一般应具有合格证、厂名、厂址、检验章、生产日期、商标、规格、电压、“长城标志”、生产许可证号、质量体系认证书等
看颜色	铜芯电线的横断面优等品紫铜颜色光亮、色泽柔和。如果铜芯黄中偏红，说明所用的铜材质量较好；如果黄中发白，说明所用的铜材质量较差
烧是否产生明火	如果电线外层塑料皮应色泽鲜亮、质地细密，用打火机点燃没有明火的为优质品
手感	取一根电线头用手反复弯曲，如果手感柔软、抗疲劳强度好、塑料或橡胶手感弹性大、电线绝缘体上没有龟裂的电线为优质品

5.2 电力电缆

5.2.1 概述

电力电缆基本结构一般是由导电线芯（输送电流）、绝缘层（将电线芯与相邻导体以及保护层隔离，用来抵抗电力、电流、电压、电场对外界的作用）、保护层（使电缆施用各种使用环境，而在绝缘层外面所施加的保护覆盖层）等部分组成。

电力电缆的种类包括油浸纸绝缘电力电缆、塑料绝缘电力电缆（聚氯乙烯绝缘电力电缆、交联聚氯乙烯绝缘电力电缆）、橡皮绝缘电力电缆（天然丁苯橡皮绝缘电力电缆、丁基橡皮绝缘电力电缆等）。

建筑电气工程中，使用最为广泛的是塑料绝缘电力电缆。常用的型号有：聚氯乙烯绝缘聚氯乙烯护套电力电缆（铜芯用 VV 表示、铝芯用 VLV 表示）、聚氯乙烯绝缘聚乙烯护套电力电缆（铜芯用 VY 表示、铝芯用 VLY 表示）。

5.2.2 常见电缆附件

常见的电缆附件包括：

(1) 电缆终端头。电缆与配电箱的连接处，一般需要一根电缆两个电缆头。

(2) 电缆中间头。主要用于电缆的延长，一般隔 250m 需要设一个。

5.3 弱电线缆

常用弱电线缆的选择方法与要点见表 5-6。

表 5-6　常用弱电线缆的选择方法与要点

项目	选择方法与要点
防盗报警系统线缆	(1) 信号线选择屏蔽线、双绞线、普通护套线，需要根据具体的要求来定。 (2) 信号线线径的粗细，需要根据报警控制器与中心的距离、质量要求来定。 (3) 前端探测器到报警控制器间，一般可以选择 RVV2×0.3、RVV4×0.3（2 芯信号+2 芯电源）的线缆。 (4) 报警控制器与终端安保中心间，一般可以选择 2 芯信号线。 (5) 周界报警、其他公共区域报警设备的供电，一般可以选择集中供电模式。如果线路较长，一般可以选择 RVV2×1.0 以上规格的电线。 (6) 报警控制器的电源一般选择本地取电，而非控制室集中供电。如果线路较短，一般可以选择 RVV2×0.5 以上规格的电线
监控系统线缆	(1) 声音监听线缆一般选择 4 芯 RVVP 屏蔽通信电缆，或 3 类 UTP 双绞线，每芯截面积要求为 0.5mm²。 (2) 监控系统中监听头的音频信号传到中控室是可以采用的点对点布线方式，可以用高压小电流传输，为此，可以选择非屏蔽的 2 芯电缆即可，例如选择 RVV2×0.5 等。 (3) 同轴电缆是专门设计用来传输视频信号的一种电缆，其频率损失、图像失真、图像衰减的幅度都比较小。视频信号传输一般采用直接调制技术、以基带频率的形式，最常用的传输介质是同轴电缆，也就是视频信号传输一般选择同轴电缆。 (4) 一般的应用，可以选择专用的 SYV75 欧姆系列同轴电缆。SYV75-5 对视频信号的无中继传输距离一般为 300～500m。距离较远时，可以选择 SYV75-7、SYV75-9 同轴电缆。实际工程中，粗缆的无中继传输距离可达 1km 以上。 (5) 通信线缆一般用在配置有电动云台、电动镜头的摄像装置。使用时，需要在现场安装遥控解码器。 (6) 现场解码器与控制中心的视频矩阵切换主机间的通信传输线缆，一般选择 2 芯 RVVP 屏蔽通信电缆，或 3 类 UTP 双绞线，每芯截面积为 0.3～0.5mm² 即可。

续表

项目	选择方法与要点
监控系统线缆	(7) 选择通信电缆的基本原则是距离越长，线径越大。 (8) RS-485通信规定的基本通信距离是1200m，实际工程中，可以选择RVV2×1.5的护套线可以将通信长度扩展到2000m以上。 (9) 控制电缆一般是指用于控制云台与电动可变镜头的多芯电缆。控制电缆一端连接在控制器或解码器的云台、电动镜头控制接线端，另一端直接接到云台、电动镜头的相应端子上。 (10) 控制电缆提供的是直流或交流电压，一般距离很短，基本上不存在干扰问题。为此，可以不用选择屏蔽线。 (11) 常用的控制电缆大多采用6芯或10芯电缆，例如选择RVV6×0.2、RVV10×0.12。其中6芯电缆分别接于云台的上、下、左、右、自动、公共6个接线端。10芯电缆除了接云台的6个接线端外，还可以接电动镜头的变倍、聚焦、光圈、公共4个端子。 (12) 在监控系统中，从解码器到云台及镜头间的控制电缆距离比较短，一般没有特别要求。 (13) 中控室的控制器到云台及电动镜头的距离少则几十米，多则几百米，一般对控制电缆有一定的要求，一般要求线径要粗，例如可以选择RVV10×0.5、RVV10×0.75等
楼宇对讲系统的线缆	(1) 楼宇对讲系统所采用的线缆，一般可以选择RVV、RVVP、SYV等类线缆。 (2) 视频传输，一般可以选择SYV75-5等线缆。 (3) 传输语音信号与报警信号的线缆，一般可以选择RVV4-8×1.0等。 (4) 有些系统考虑外界干扰或不能接地时，其在系统当中可以选择RVVP类线缆。 (5) 数字编码按键式可视对讲系统，则有关线缆的选择如下： 1) 音频/数据控制线可以选择RVVP4等。 2) 电源线，可以选择AVVR2、RVV2等。 3) 分户信号线可以选择RVVP6等。 4) 主干线包括视频同轴电缆，例如选择SYV75-5、SYV75-3等。 (6) 直接按键式楼宇可视对讲系统各室内机的视频、双向声音、遥控开锁等接线端子都以总线方式与门口机并接，但是各呼叫线则单独直接与门口机相连，则有关线缆的选择如下： 1) 呼叫线，可以选择2芯屏蔽线，例如RVVP2等。 2) 视频同轴电缆可以选择SYV75-5、SYV75-3等。 3) 电源线，可以选择一根2芯护套线，例如AVVR2、RVV2等。 4) 传声器/扬声器/开锁线可以选择一根4芯非屏蔽或屏蔽护套线，例如AVVR4、RVV4或RVVP4等

5.4 保 护 管

5.4.1 概述

（1）常用套管（多行业）种类。

1）阻燃套管：套管不易被火焰点燃，或者虽能被火焰点燃但点燃后无明显火焰传播，并且当火源撤去后，在规定时间内火焰可自熄的一种套管。

2）非阻燃套管：被点燃后在规定的时间内火焰不能自熄的一种套管。

3）绝缘套管：是由电绝缘材料制成的一种套管。

4）平滑套管：套管轴向内外表面为平滑面的一种套管。

5）非螺纹套管：不用螺纹连接的一种套管。

6）硬质套管：只有供助设备或工具才可能弯曲的一种套管。

7）半硬质套管：无须借助工具能手工弯曲的一种套管。

8）波纹套管：套管轴向具有规则的凹凸波纹的一种套管。

9）螺纹套管：带有连接用螺纹的一种平滑套管。

10）可挠金属电线保护套管：具有可挠性可自由弯曲的金属套管。其外层为镀锌钢带，中间层为冷轧钢带，里层为耐水电工纸。可挠金属电线保护套管结构如图 5-1 所示。

11）包塑可挠金属电线保护套管：可挠金属电线保护套管表面包覆一层 PVC 塑料的一种套管。包塑可挠金属电线保护套管结构如图 5-2 所示。

其中，可挠金属电线保护套管型号名称规律如图 5-3 所示。套管代号的含义见表 5-7。

（2）建筑与电工套管分类与细分解说

绝缘电工套管与配件的分类见表 5-8。

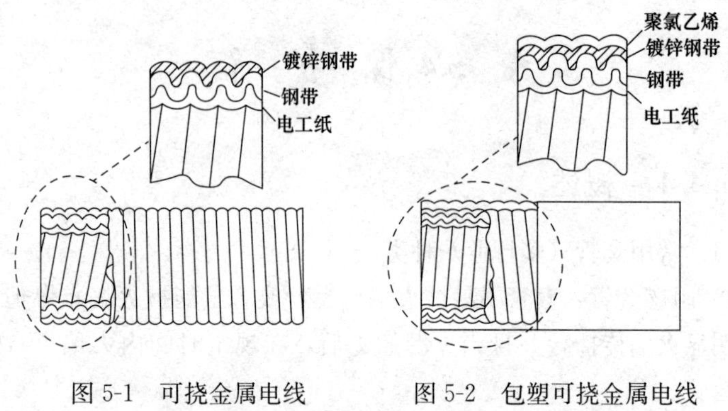

图 5-1　可挠金属电线保护套管结构　　图 5-2　包塑可挠金属电线保护套管结构

L □-□
可挠金属电线保护套管
类别(Z,V)
Z——外层为镀锌钢带；
V——在镀锌钢带外层覆一层聚氯乙烯(PVC)
产品结构序号：
4——外层为镀锌钢带,中间为冷轧钢带,里层为耐水电工纸；
5——在4型可挠金属电线保护套管外表面包覆一层聚氯乙烯(PVC)

图 5-3　可挠金属电线保护套管型号名称规律

表 5-7　　套管代号的含义

名称代号		特性代号	主参数代号	
主称	品种		温度等级	公称尺寸
套管：G	硬质管：Y。 半硬质管：B。 波纹管：W	轻型：2。 中型：3。 重型：4。 超重型：5	25 型：25。 15 型：15。 5 型：05。 90 型：90	16、20、25、32、40、50、60

表 5-8　　建筑用绝缘电工套管与配件的分类

依据	分类
根据机械性能分	低机械应力型套管（简称轻型）、中机械应力型套管（简称中型）、高机械应力型套管（简称重型）、超高机械应力型套管（简称超重型）
根据连接形式分	螺纹套管、非螺纹套管
根据弯曲特点分	硬质套管、半硬质套管、波纹套管。其中硬质套管又分为冷弯型硬质套管、非冷弯型硬质套管
根据阻燃特性分	阻燃套管、非阻燃套管

电线的保护套管有瓷管导线保护套管、钢套管、塑料管导线保护套管等。其中，瓷管导线保护套管的类型细分解说见表 5-9。

表 5-9　　瓷管导线保护套管的类型细分解说

类型	解说
反口瓷管	一般用作穿墙管，可应用于户内外 50mm² 以上导线穿管
平口瓷管	一般用作户内穿墙管，可应用于弯口瓷管与反口瓷管的延长连接
弯口瓷管	一般用作穿墙管，可应用于户内外 50mm² 以下导线穿管

钢管导线保护套管的类型细分解说见表 5-10。

表 5-10　　钢管导线保护套管的类型细分解说

类型	解说
电线管	其又叫作薄壁管，是管线材中主要管材
镀锌管	镀锌管又叫作白铁管，一般用作户内外穿墙管
黑铁管	一般用作户内外穿墙管使用

塑料管导线保护套管的类型细分解说见表 5-11。

表 5-11　　塑料管导线保护套管的类型细分解说

类型	解说
半硬塑料管	一般用作现埋暗设
波纹塑料管	一般用作户内
硬塑料管	一般用作户内外穿墙管

(3) 装饰装修常用套管的特点与使用

钢管与塑料管均可以作为暗管。钢管具有机械强度大、使用年限长、价格贵。家装一般不采用，公装中常采用。塑料管具有重量轻、阻力小、施工容易、易于弯曲、绝缘良好、不怕腐蚀等特点。家装中一般采用，公装中也常采用。常用配管的特点见表 5-12。

表 5-12　　常用配管的特点

类型	特点
金属配管	钢管大量用作输送流体的管道。钢管可以分为无缝钢管、焊接钢管。根据焊缝形式可以分为直缝焊管、螺旋焊管。根据用途又可以分为一般焊管、镀锌焊管、吹氧焊管、电线套管、电焊异型管等。 镀锌钢管可以分为热镀锌、电钢锌。其中，热镀锌镀锌层厚、电镀锌成本低。电线套管一般采用普通碳素钢电焊钢管。用在混凝土、各种结构配电工程中，电线套套管壁较薄，大多进行涂层或镀锌后使用，并且要求进行冷弯试验。 配线工程中常使用的钢管有厚壁钢管、薄壁钢管、金属波纹钢管、普利卡套管等。厚壁钢管又称为焊接钢管、低压流体输送钢管，其有镀锌、不镀锌之分。薄壁钢管又称为电线管。在工程图中，焊接钢管常用 SC 标注、薄壁钢管常用 MT 标注
塑料配管	塑料管与传统金属管道相比，具有自重轻、耐腐蚀、耐压强度高、卫生安全、节约能源、节省金属、改善生活环境、使用寿命长、安装方便等特点。 建筑电气工程中常用塑料管材有 PVC 管、塑料波纹管，也分为硬质塑料管、半硬质塑料管、软塑料管。配线常用的电线保护管多为 PVC 塑料管（聚氯乙烯塑料管）。PVC 管又可以分为普通聚氯乙烯 PVC、硬聚氯乙烯（PVC-U）、软聚氯乙烯（PVC-P）、氯化聚氯乙烯（PVC-C）。 硬聚氯乙烯管道（UPVC）是各种塑料管道中消费量最大的塑料管材。PVC 硬质塑料管在工程图上常标注代号为 PC（旧符号为 SG 或 VG）
阻燃 PVC 管	电线暗敷一定要采用阻燃 PVC 管配合应用。一般插座应选择 $\phi20$ 管，照明应选择 $\phi16$ 管
PVC 管的检验	PVC 阻燃管管壁表面光滑，壁厚应保证手指用劲捏而不破，具有相应合格证书、表面具有阻燃标记与制造厂标等特点
镀锌管	电线敷设也可以采用国标的专用镀锌管作穿线管。混凝土上、吊顶布线一般用黄蜡套管，其他地方不得使用黄蜡套管
电线管能够采用弯头吗	电线管不能够采用弯头，在拐弯处可以采用握簧在拐弯处握弯

配管是根据线路与线槽、电线管的特点综合来考虑的。一般遵循的原则：

（1）尽量少接、少切电线管。

（2）管线长度超过 15m 或有两个弯角时，应增设拉线盒。

（3）天棚上的灯具应设拉线盒固定。

（4）严禁不采用电线管，导线直接埋入抹灰层。

（5）电线管接头一般不设在转角处。

（6）根据先配长管，再配短管进行。有时，沿电路线槽配管也可以。

（7）转弯处用弯管器冷弯，杜绝采用直弯接头。

5.4.2 钢管暗配的注意事项

（1）安装时尽量减少弯曲和交叉。

（2）暗配管安装时，连接管的对口处应在套管的中心位置，套管的长度为连接管外径的1.5～3倍，焊接口应牢固严密。

（3）暗配管连接宜采用管外焊接。

（4）暗配管弯曲时弯曲半径不应小于管外径的6倍。

（5）暗配管弯曲时弯曲半径埋设时地下或混凝土楼板内不应小于管径的10倍。暗配管弯曲时不应出现裂缝或显著的凹痕等现象。

（6）钢管不应有穿孔裂缝，显著的凹凸不平及严重锈蚀现象。

（7）管道在无弯时超过30m，有一个弯时超过20m应加设接线盒。

（8）管道在有两个弯时15m，有三个弯时8m应加设接线盒。

（9）管口要采取保护措施，防止异物进入导致堵塞。

（10）管内壁光滑无毛刺，管口应刮光。

（11）管内壁应刷防锈漆。

（12）埋入混凝土的钢管，离表面的净距不小于15mm。

（13）配管埋入土层内应刷两层沥青。

（14）混凝土墙体及混凝土柱内的接线盒、开关盒、插座盒的安装应于土建施工同步进行。钢管进入接线盒时，暗配管可采用点焊固定。

（15）预留空洞。

（16）在砖墙内剔槽敷设时，必须用相应强度的水泥砂浆抹面保护。

5.4.3 穿钢管管径

多根导线穿管时，导线横截面积的总和（包括绝缘层）应不超过管内面积的40%。管子内径不小于导线数直径的1.4～1.5倍。绝缘导线允许穿管根数与相应的最小管径见表 5-13。

表 5-13　　BV、BLV 塑料线穿钢管管径选择

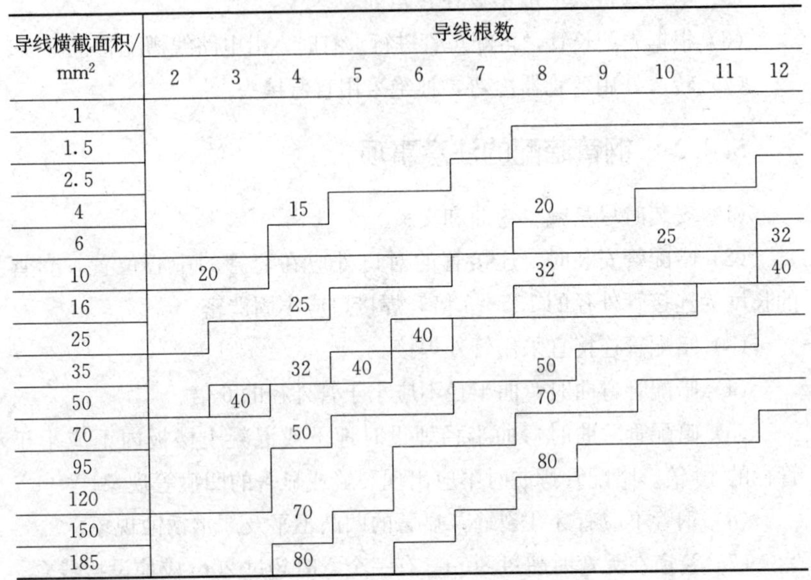

导线横截面积/mm²	导线根数										
	2	3	4	5	6	7	8	9	10	11	12
1											
1.5											
2.5											
4			15				20				
6									25		32
10	20						32				40
16			25								
25					40						
35			32	40			50				
50		40					70				
70			50								
95							80				
120			70								
150											
185			80								

注　表中管径指内径。

5.5 PVC管

5.5.1　概述

（1）常用 PVC 电线管的特性。

1）阻燃性能好的 PVC 管可以使自燃火迅速熄灭。PVC 电工套管主要用于穿电线。

2）能够在较长时间内有效地保护线路。

3）PVC 管重量轻，便于运输与搬运。

4）PVC 管具有耐一般酸碱性能，耐腐蚀、防虫害。

5）绝缘性能好，能够承受高压而不被击穿，能有效避免漏、触电危险。

6）抗拉压力强，能够适合于明装或暗装在混凝土中，不怕受压破裂。

7）用PVC管黏合剂与有关附件，可以迅速地把PVC管连接成所需的形状。

8）PVC管只要插入一根弯管弹簧，就可以在室温下人工弯曲成形。

9）PVC管剪接方便，可以用剪管器方便地剪断直径32mm以下的PVC管。

(2) PVC管的分类如下：根据PVC管管壁的薄厚可以分为轻型管、中型管、重型管。轻型管主要用于挂顶，中型管主要用于明装或暗装，重型管主要用于埋藏混凝土中。

PVC管还可以分为PVC电工管、PVC波纹管。PVC波纹管一般是大口径的PVC排水排污管道，主要是房地产建筑干道排水与市政排水排污等用。PVC电工管主要是布电线用。

PVC电工套管可以分为L型轻型-205（外径ϕ16～ϕ50）、M型中型-305（外径ϕ16～ϕ50）、H型重型-405（外径ϕ16～ϕ50）。

PVC电工套管根据公称外径分为ϕ16、ϕ20、ϕ25、ϕ32、ϕ40等，它们的厚度如下：

1）ϕ16外径的轻、中、重型PVC电工套管，厚度分别为1.00（轻型，允许差＋0.15）、1.20（中型，允许差＋0.3）、1.6（重型，允许差＋0.3）。

2）ϕ20外径的中、重型（无轻型的）PVC电工套管，厚度分别为1.25（中型，允许差＋0.3）、1.8（重型，允许差＋0.3）。

3）ϕ25外径的中、重型（没有轻型的）PVC电工套管，厚度分别为1.50（中型，允许差＋0.3）、1.9（重型，允许差＋0.3）。

4）ϕ32外径的轻、中、重型PVC电工套管，厚度分别为1.40mm（轻型，允许差＋0.3mm）、1.80mm（中型，允许差＋0.3mm）、2.4mm（重型，允许差＋0.3mm）。

5）ϕ40外径的轻、中、重型PVC电工套管，厚度分别为1.80mm（轻型、中型，允许差＋0.3mm）、2.0mm（重型，允许差＋0.3mm）。

5.5.2 PVC管暗配注意事项

(1) PVC管进入箱盒的深度为管外径的1.1倍。

(2) PVC管与PVC管及箱盒等之间连接时应采用专用胶合剂。

(3) PVC管在砖墙内剔槽敷设时，必须用强度不低于M10的水泥砂浆抹面保护。

(4) PVC管直埋于混凝土，在浇捣混凝土时，派专人防护，防止机械损伤，避免管路堵塞。

(5) 选择的PVC管口应平整光滑。

5.5.3 穿硬塑料管管径

多根导线穿管时，导线横截面积的总和（包括绝缘层）应不超过管内面积的40%。管子内径不小于导线数直径的1.4～1.5倍。绝缘导线允许穿管根数与相应的最小管径见表5-14。

表5-14　BV、BLV塑料线穿硬塑管管径选择

导线横截面积/mm^2	导线根数										
	2	3	4	5	6	7	8	9	10	11	12
1											
1.5											
2.5											
4			15				20				
6			20				25				32
10		20	25				32				
16		25					40				
25			32				50				
35			40								65
50		40					65				
70			50				80				
95											
120			65								
150		65	80				100				
185											

注　表中管径指内径。

5.6 其他电器、设备的3C认证范围

其他电器、设备的3C认证范围见表5-15。

表5-15　　其他电器、设备的3C认证范围

类型	认证范围
家用和类似用途固定式电气装置电器附件外壳属于3C认证范围	(1) 暗装式或暗装金属安装盒。 (2) 暗装式或暗装塑料安装盒。 (3) 半暗装式塑料或金属安装盒。 (4) 金属配电箱箱体。 (5) 金属照明箱箱体。 (6) 明装式安装盒。 (7) 塑料或金属盖或盖板。 (8) 塑料或金属面板。 (9) 塑料或金属外壳。 (10) 塑料配电箱箱体。 (11) 塑料照明箱箱体。
家用及类似用途器具耦合器属于3C认证范围	(1) Ⅰ类设备用10A插头连接器。 (2) Ⅰ类设备用10A器具插座。 (3) Ⅰ类设备用16A插头连接器。 (4) Ⅰ类设备用16A器具插座。 (5) Ⅰ类设备用2.5A插头连接器。 (6) Ⅰ类设备用2.5A器具插座。 (7) Ⅱ类设备用10A插头连接器。 (8) Ⅱ类设备用10A器具插座。 (9) Ⅱ类设备用16A插头连接器。 (10) Ⅱ类设备用16A器具插座。 (11) Ⅱ类设备用2.5A插头连接器。 (12) Ⅱ类设备用2.5A器具插座。 (13) 插头连接器。 (14) 互连电线组件。 (15) 互连耦合器。 (16) 连接器。 (17) 两极不可拆线连接器。 (18) 两极带接地不可拆线连接器。 (19) 器具插座。 (20) 器具耦合器。

续表

类型	认证范围
家用及类似用途器具耦合器属于3C认证范围	(21) 器具输入插座。 (22) 用于冷条件下Ⅱ类设备的2.5A连接器。 (23) 用于酷热条件下Ⅰ类设备的10A连接器。 (24) 用于酷热条件下Ⅰ类设备的10A器具输入插座。 (25) 用于酷热条件下Ⅰ类设备的16A连接器。 (26) 用于酷热条件下Ⅰ类设备的16A器具输入插座。 (27) 用于冷条件下Ⅰ类设备的10A连接器。 (28) 用于冷条件下Ⅰ类设备的10A器具输入插座。 (29) 用于冷条件下Ⅰ类设备的16A连接器。 (30) 用于冷条件下Ⅰ类设备的16A器具输入插座。 (31) 用于冷条件下Ⅰ类设备的2.5A连接器。 (32) 用于冷条件下Ⅰ类设备的2.5A器具输入插座。 (33) 用于冷条件下Ⅱ类设备的0.2A连接器。 (34) 用于冷条件下Ⅱ类设备的0.2A器具输入插座。 (35) 用于冷条件下Ⅱ类设备的10A连接器。 (36) 用于冷条件下Ⅱ类设备的10A器具输入插座。 (37) 用于冷条件下Ⅱ类设备的16A连接器。 (38) 用于冷条件下Ⅱ类设备的16A器具输入插座。 (39) 用于冷条件下Ⅱ类设备的2.5A器具输入插座。 (40) 用于冷条件下Ⅱ类设备的6A连接器。 (41) 用于冷条件下Ⅱ类设备的6A器具输入插座。 (42) 用于热条件下Ⅰ类设备的10A连接器。 (43) 用于热条件下Ⅰ类设备的10A器具输入插座。 (44) 由器具插座和插头连接器组成的互连耦合器。 (45) 由器具输入插座和连接器组成的器具耦合器
小功率电动机属于3C认证范围如下(36V以上、1100W以下的产品)	(1) 单相离合器电动机。 (2) 电容起动异步电动机(YC系列)。 (3) 电容运转异步电动机(YY系列)。 (4) 电阻起动异步电动机(YU系列)。 (5) 各类规定用途的交流异步电动机、交流同步电动机、交流串励电动机、直流电动机(按用途、结构确定单元数)。 (6) 各类规定用途的塑封、塑壳电动机(按用途、结构确定单元数)。 (7) 家用缝纫机电动机。 (8) 家用换气扇用电动机。 (9) 家用真空吸尘器用单相串励电动机—风机。 (10) 交流台扇用电动机(包括壁扇、落地扇等结构相同的电动机)。 (11) 空调器风扇用电动机(按结构确定单元数)。 (12) 三相电泵。 (13) 三相离合器电动机。

续表

类型	认证范围
小功率电动机属于3C认证范围如下（36V以上、1100W以下的产品）	（14）三相盘式制动异步电动机。 （15）三相异步电动机（YS系列）。 （16）食品搅拌器用串励电动机。 （17）双值电容异步电动机（YL系列）。 （18）水泵用电动机（按结构确定单元数）。 （19）吸排油烟机用电动机。 （20）洗衣机脱水用电动机。 （21）洗衣机用电动机（按结构确定单元数）。 （22）永磁同步电动机（按结构确定单元数）。 （23）罩极电动机（按用途和结构确定单元数）。 （24）直流电动机（按结构确定单元数）。 （25）爪极式永磁同步电动机。 （26）转页扇电动机
属于3C认证范围的家用及类似用途插头插座	（1）带保护门单相两极带接地暗装插座。 （2）带保护门单相两极带接地明装插座。 （3）带保护门单相两极双用、两极带接地暗装插座。 （4）带保护门单相两极双用、两极带接地明装插座。 （5）带保护门单相两极双用暗装插座。 （6）带保护门单相两极双用明装插座。 （7）带开关单相两极带接地暗装插座。 （8）带开关单相两极带接地明装插座。 （9）带开关单相两极双用、两极带接地暗装插座。 （10）带开关单相两极双用、两极带接地明装插座。 （11）带开关单相两极双用暗装插座。 （12）带开关单相两极双用明装插座。 （13）单相两极不可拆线插头。 （14）单相两极不可拆线移动式插座。 （15）单相两极带接地暗装插座。 （16）单相两极带接地不可拆线插头。 （17）单相两极带接地不可拆线移动式插座。 （18）单相两极带接地不可拆线移动式多位插座。 （19）单相两极带接地可拆线插头。 （20）单相两极带接地可拆线移动式插座。 （21）单相两极带接地明装插座。 （22）单相两极或两极带接地器具插座。 （23）单相两极可拆线插头。 （24）单相两极可拆线移动式插座。 （25）单相两极双用、两极带接地暗装插座。 （26）单相两极双用、两极带接地明装插座。 （27）单相两极双用暗装插座。

续表

类型	认证范围
属于3C认证范围的家用及类似用途插头插座	(28) 单相两极双用明装插座。 (29) 电线加长组件。 (30) 三相四极暗插座。 (31) 三相四极不可拆线插头。 (32) 三相四极可拆线插头。 (33) 三相四极明插座。 (34) 组合型插座
属于3C认证范围的家用及类似用途固定式电气装置的开关	(1) 明装或暗装倒扳式单极开关。 (2) 明装或暗装倒扳式两极开关。 (3) 明装或暗装倒扳式两极双路开关。 (4) 明装或暗装倒扳式三极加中线开关。 (5) 明装或暗装倒扳式三极开关。 (6) 明装或暗装倒扳式双路换向开关（或中间开关）。 (7) 明装或暗装倒扳式双路开关。 (8) 明装或暗装倒扳式有公共进入线的双路开关。 (9) 明装或暗装倒扳式有一个断开位置的双路开关。 (10) 明装或暗装翘板式单极开关。 (11) 明装或暗装翘板式两极开关。 (12) 明装或暗装翘板式两极双路开关。 (13) 明装或暗装翘板式三极加中线开关。 (14) 明装或暗装翘板式三极开关。 (15) 明装或暗装翘板式双路换向开关（或中间开关）。 (16) 明装或暗装翘板式双路开关。 (17) 明装或暗装翘板式有公共进入线的双路开关。 (18) 明装或暗装翘板式有一个断开位置的双路开关。 (19) 明装或暗装式拉线开关。 (20) 明装式或暗装式按钮开关。 (21) 明装式或暗装式旋转开关

5.7 钉子、螺钉

5.7.1 钉子的种类

钉子的种类见表5-16。

表 5-16　　钉子的种类

类型	应用
钢钉	钢钉一般用于水泥墙、地面与面层材料的连接以及基层结构固定。具有不用钻孔打眼、不易生锈等特点。在安装水电工程中应用较少，不过钢钉夹线器应用较广泛
膨胀螺钉/螺栓	在安装水电工程中应用较多：主要固定线槽等作用
纹钉	纹钉主要用于基层饰面板的固定。在安装水电工程中应用较少
圆钉	圆钉主要用于基层结构的固定。具有易生锈、强度小、价格低、型号全等特点。在安装水电工程中应用较少
直钉	直钉主要用于表层板材的固定。在安装水电工程中应用较少

5.7.2 代号

小螺钉头型及代号见表 5-17。

表 5-17　　小螺钉头型及代号

代号	小螺钉头型	代号	小螺钉头型
B	球面圆柱头	P	平元头
C	圆柱头	PW	平元头带垫圈
F（K）	沉头	R	半元头
H	六角头	T	大扁头
HW	六角头带垫圈	V	蘑菇头
O	半沉头	—	—

小螺钉牙型及代号见表 5-18。

表 5-18　　小螺钉牙型及代号

代号	小螺钉牙型	代号	小螺钉牙型
A	自攻尖尾，疏	HL	高低牙
AB	自攻尖尾，密	M	机械牙
AT	自攻丝尖尾切脚	P	双丝牙
B	自攻平尾，疏	PTT	P型三角牙
BTT	B型三角牙	STT	S型三角牙
C	自攻平尾，密	T	自攻平尾切脚
CCT	C型三角牙	U	菠萝牙纹

小螺钉表面处理及代号见表 5-19。

表 5-19　小螺钉表面处理及代号

代号	小螺钉表面处理	代号	小螺钉表面处理
Zn	白锌	C	彩锌
B	蓝锌	F	黑锌
O	氧化黑	Ni	镍
Cu	青铜	Br	红铜
P	磷	—	—

小螺钉槽形及代号见表 5-20。

表 5-20　小螺钉槽形及代号

代号	小螺钉槽形	代号	小螺钉槽形
+	十字槽	—	一字槽
T	菊花槽	H	内六角
PZ	米字槽	H	H 型槽
Y	Y 型槽	—	—

5.8 螺栓、胀塞、线（管）卡

5.8.1 膨胀螺栓的种类

膨胀螺栓的种类见表 5-21。

表 5-21　膨胀螺栓的种类

类型	螺钉或者螺栓	胀管
塑料膨胀螺栓（钉）一式	圆头木螺钉、垫圈	塑料胀管 1
塑料膨胀螺栓（钉）二式	圆头螺钉、垫圈	塑料胀管 2
沉头膨胀螺栓（钉）	螺母、弹簧垫圈、垫圈、沉头螺栓	金属胀管
裙尾膨胀螺栓（钉）	螺栓、垫圈、金属螺帽	铅制胀管
箭尾膨胀螺栓（钉）	圆头螺钉、垫圈	金属胀管
橡胶膨胀螺栓（钉）	圆头螺钉、垫圈	橡皮胀管
金属膨胀螺栓（钉）	圆头木螺钉、垫圈	金属胀管

5.8.2 胀塞

胀塞就是塞入墙壁中，利用胀形结构稳固在墙壁中，然后可供螺钉固定等作用。它的种类有塑料八角形胀塞、塑料多角形胀塞、锦纶加长胀塞等。每个种类具有不同的规格。其外形如图 5-4 所示。

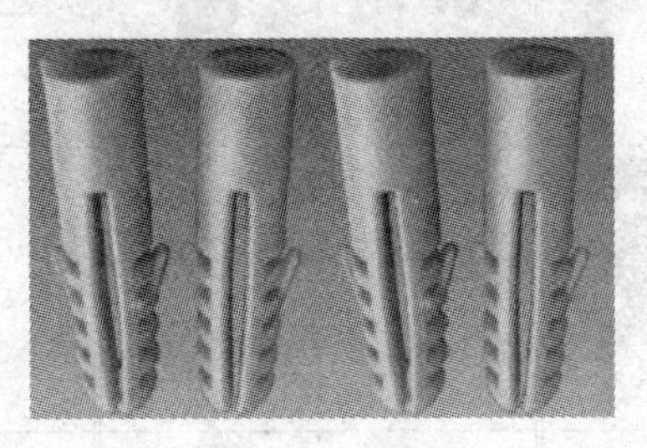

图 5-4 胀塞

5.8.3 管卡

双钉管卡就是需要两颗钉子，才能固定管子的卡子。实际中，有时采用一颗钉子是不规范的操作，其外形如图 5-5 所示。钢钉线卡主要起到固定线路的作用，其螺钉采用优质钢材，因此而得名。钢钉线卡具有圆形、扁形。不同形状中具有不同的规则，即大小尺寸不同。

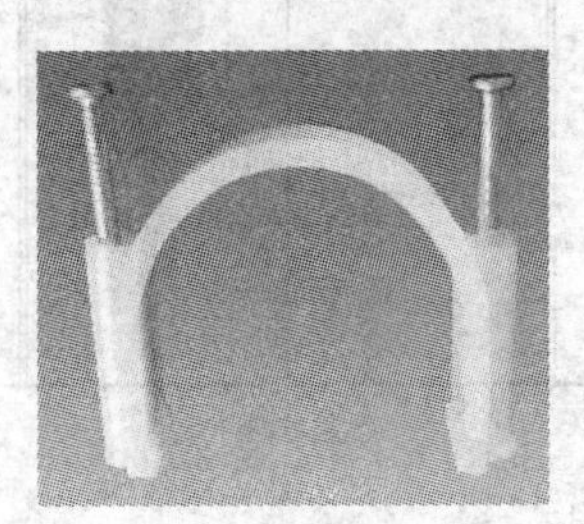

图 5-5 双钉管卡

5.9 端头与压线帽

5.9.1 端头

端头的种类见表 5-22。

表 5-22　端头的种类

种类	图例	种类	图例	种类	图例
叉形无绝缘焊接端子		平插式全绝缘母端子		子弹形绝缘公端子	
叉形绝缘端子		钩形绝缘母端子		欧式端子	
圆形裸端头		针形绝缘端子		—	—
圆形预绝缘端头		扁平式绝缘端子		—	—

5.9.2 压线帽

压线帽的种类见表 5-23。

表 5-23　压线帽的种类

种类	解说
螺旋式压线帽	用于连接电线，其内具有螺纹。使用时先剥去电线外皮，然后插入接头内，最后旋转即可

续表

种类	解说
弹簧螺旋式压线帽	用于连接电线，其内具有弹簧。使用时旋转弹簧夹紧电线，具有不易脱落的特点
双翼螺旋式压线帽	双翼螺旋式压线帽内部一般也具有弹簧
安全型压线帽	使用时先剥去电线外皮，然后插入接头内，最后用工具压着即可

5.10 束带与扎带

束带与扎带的种类见表5-24。

表5-24　束带与扎带的种类

种类	图例	种类	图例
锦纶固定扣环		圆头束带	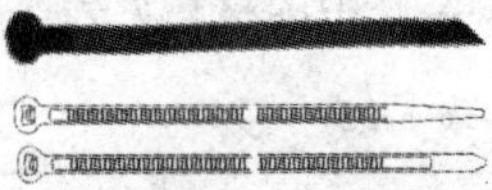 尼龙、耐燃材料、各种颜色
双孔束带	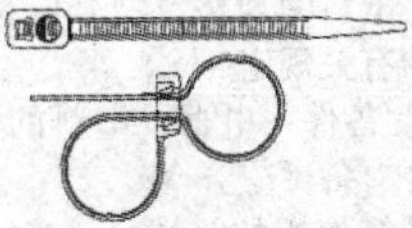 可以固定捆绑二束电线，具有集中固定等特点	双扣式锦纶扎带	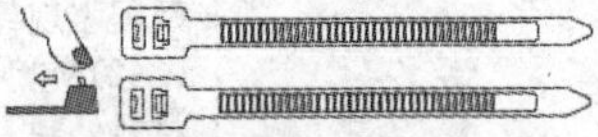 束紧后将尾端插入扣带孔，可增加拉力、防滑脱等作用
粘扣式束带	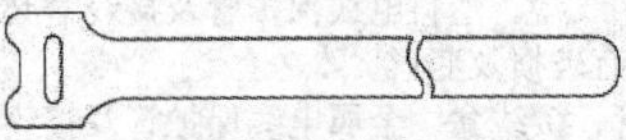 一般适用于网路线、信号线、电源线的扎绑	固定头式扎带	 使用束线捆绑电线后，可以用螺钉固定在基板上
插鞘式束带	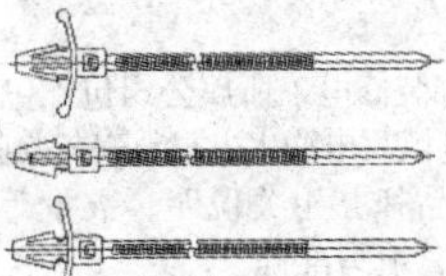	可退式不锈钢束带	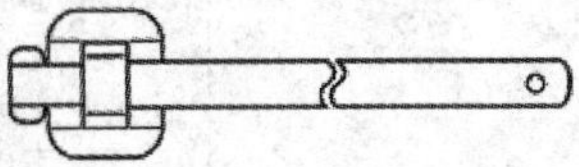
束带	锦纶、耐燃材料、各种颜色	反穿式束带	 束紧时光滑面向内，齿列状向外，因此不会伤及被束扎物表面

续表

种类	图例	种类	图例
铁氟龙束带		重拉力束带	一般属于宽宽度、能够承受力的特点，适合大电缆线捆绑使用
可退式束带		—	—

5.11 装修中的材料

装修中的材料见表5-25。

表5-25　装修中的材料

项目	要求
装修中主要材料的质量要求	（1）规格、型号。电器、电料的规格、型号应符合设计要求及国家现行电器产品标准的有关规定。 （2）包装、材料、附件、备件。电器、电料的包装应完好，材料外观不应有破损，附件、备件应齐全。 （3）通信用材料。通信系统使用的终端盒、接线盒与配电系统的开关、插座，宜选用同一系列产品。 （4）保护管、接线盒。 1）塑料保护管、接线盒。塑料电线保护管及接线盒必须是阻燃型产品，外观不应有破损及变形。 2）金属电线保护管、接线盒。金属电线保护管及接线盒外观无折扁、裂缝，管内无毛刺，管口应平整
水电材料的验收	（1）装饰装修电工材料一定要验收，可以是专人验收，也可以由装饰装修电工来验收。 （2）无论水电材料是装饰装修电工所属公司包工包料业务范围，还是业主自购，一般要规范填写申购水电材料表与验收确认。 （3）表中应设计品名、品牌、相关说明、数量等。填写人员必须认真填写，字体工整、填写准确。 （4）装饰装修电工在施工中不用的材料，不得拆开包装、损坏。这样不会影响退货。 （5）所有的电工材料进场，装饰装修电工必须均要验收。并且对不符合国家标准、行业标准、低劣的材料均要做出相应回应，以免竣工后发生与电有关的问题，而达不到验收要求

续表

项目	要求
需要考虑隔热材料的场合	(1) 如果照明灯具或镇流器嵌入可燃装饰装修材料中，应采取隔热措施加以分隔。 (2) 如果照明、电热器等设备的高温部位靠近非A级材料，或导线穿越B2级以下装修材料时，应采用岩棉、瓷管或玻璃棉等A级材料隔热
需要考虑材料的特点	(1) 如果配电箱的壳体、底板宜采用A级材料制作。 (2) 配电箱不得安装在B2级以下（含B2级）的装修材料上。 (3) 开关、插座应安装在B1级以上的材料上。 (4) 卤钨灯灯管附近的导线应采用耐热绝缘材料制成的护套，不得直接使用具有延燃性绝缘的导线
电工材料计划的落实	(1) 对于家装公司而言，电工材料在设计师与业主交底、定位时，已经给出了电工材料单，并且由监察经理执行。电工师傅只要按图纸、按交底定位的要求，要求材料进场施工即可。 (2) 对于业主自装情况下的电工，可以在电路定位后，写出材料清单给业主，由业主采购。对于包工包料，则材料清单由电工师傅购买
电工材料验收的注意事项	(1) 电工施工作业前，应对电工材料对照材料清单验收。主要查看名称、牌子、数量、型号等是否一样。 (2) 电工材料验收时，监察经理要在场。 (3) 对于有的装饰公司的电工，则无须验收材料，一切由监察经理执行。 (4) 对于业主自装情况下的电工，则需要检验一下业主采购的是否全面、准确。如果是包工包料的电工，最好在施工前要求业主验收材料，毕竟水电是隐蔽工程，是装修中关键的一环。 (5) 有一点电工一定要记住，施工不用的材料，不得拆开其包装、试用、损坏，否则，会影响材料的退货。 (6) 另外，电工对于所有的进场的不符合国家、行业及相关标准的材料，有权要求更换

5.12 开　关

5.12.1 概述

家用开关的种类见表5-26。

表 5-26　　家用开关的种类

分类依据	种类
按开关的安装方法	面板安装式开关、框缘安装式开关、半暗装式开关、暗装式开关、明装式开关等
触点断开状态	微间隙结构开关、小间隙结构开关、正常间隙结构开关、无触点间隙开关等
端子类型	适于连接硬导线和软导线的无螺纹端子的开关、仅适于连接硬导线的无螺纹端子的开关、带螺纹端子的开关等
防水保护等级	防溅开关、防喷开关、无有害进水保护的开关等
防止与危险部件接触、防外部固体物进入保护等级	能防止钢丝与危险部件接触和防尘的开关、能防止钢丝与危险部件接触和防止最小直径为 1.0mm 的外部固体物进入的有害影响的开关、能防止手指接触危险部件和防止最小直径为 12.5mm 的外部固体物进的有害影响的开关等
开关的起动方法	按钮开关、拉线开关、旋转开关、倒扳开关、跷板开关等
连接方式	单极开关、双极开关、三极开关、三极加分合中线的开关、双控开关、双控双极开关、双控换向开关、带公共进线的双路开关、有一个断开位置的双控开关等
由开关设计所决定的安装方法	不移动导线便不能拆卸盖或盖板的开关、无须移动导线便可拆卸盖或盖板的开关等

另外，还有触摸延时开关、调光/调速开关、插匙取电开关、防水开关、数控开关、拉线开关、遥控开关。

明装型开关、插座就是直接安装在墙体平面，为明线连接，不用任何配套线盒等特点。

暗装型开关、插座一般需要与明盒或暗盒固定配套使用的有统一规格尺寸的开关插座。常用的暗装开关插座型号有 86 型、120 型等。

单控开关就是一个开关控制一组线路，它是最常用的一种开关。

双控开关就是两个开关控制一组线路，可以用于楼上楼下同时控制等。因此，复式楼、别墅应用较广。

常用开关的组成见表 5-27。

表 5-27　　常用开关的组成

名称	解说
触点	触点一般由银或者银合金制成，它能在电流通断瞬间过大时，起到一定的保护作用
面板	一般是由 PC 塑料或 ABS 塑料构成。应选择无毒、抗冲击、防火阻燃效果好的 PC 塑料
翘板	跷板一般由铜或者银铜合金制成，其中铜为材料的跷板成本较低，银铜合金的导电性能较好

家用开关的特点见表5-28。

表5-28 家用开关的特点

名称	特点
微间隙结构开关	处于断开位置时，触点距离小于1.2mm的开关
无触点间隙的开关	带半导体开关装置的开关
小间隙结构开关	处于断开位置时，触点距离为3mm至1.2mm的开关

银色或金色等金属表面的开关是一般采用静电电镀等工艺着色，有的是将染色剂掺在塑料原料中制作而成，有的采用喷涂等。喷涂角色要差一些，时间长了，容易掉色。

另外，有的家用开关采用了发光二极管，利用不同颜色的发光二极管呈现不同色彩。

当接插有触电危险家用电器的电源时应选择能断开电源的带开关插座开关，而且断开的是相线。

家用开关选购技巧见表5-29。

表5-29 家用开关选购技巧

项目	选购技巧
参数	选择的开关额定电流要大于或等于线路额定电流
接线	接线时面板与底板应借助工具可拆卸，没有紧涩与难拆现象等。 用导线连接时应无明显缝隙、连接紧固、无松动现象
看	开关边缘无凸起、肿胀等缺陷。 插口与面板边缘应有一定的宽度。 开关面板颜色均匀、表面光亮，没有凹陷、杂色等缺陷。 开关闭合位置应具有明显红色等指示标识。 开关各接线柱无锈痕、变形、裂纹等现象。 开关接线螺钉无锈痕、变形、裂纹等现象
明确	明确型号、厂家名称、商标
手感	手感轻巧，声音清脆，开闭时无紧涩感。 开关开闭时应一次到位，没有滞留中间位置。 面板与底板结合牢固，没有松动现象

选择开关面板的技巧：

(1) 开关面板表面光洁、品牌标志明显，有防伪标志和国家电工安全认证的长城标志。

（2）开关开启时手感灵活，插座稳固，铜片要有一定的厚度。

（3）开关面板的材料应有阻燃性和坚固性。

（4）好的开关面板与差的开关面板其包装、产品色泽、分量大不相同。

（5）开关面板完整无碎裂。

5.12.2　安装要求

（1）开关的安装一般在灯具安装之后。

（2）开关必须串联在相线上。

（3）开关面板垂直度允许偏差≤1mm。

（4）成排安装开关的面板之间的缝隙≤1mm。

（5）开关安装后应方便使用，即以实用为原则。

（6）同一室内同一平面开关必须安排在同一水平线上，开关方向应一致。

（7）同一室内同一平面开关的多个开关必须按最常用、很少用的顺序排列。

（8）开关一般向上按为开灯状态。跷板开关安装方向一致，并且下端按入为通状态，上端按入为断状态。

（9）开关位置应与灯头位相对应。

（10）出水口下方一般不要有开关。

（11）开关不宜装在门后。

（12）开关安装完毕后，不得再次喷浆，以保持面板清洁。

家装开关安装有关尺寸见表5-30。

表5-30　家装开关安装有关尺寸

项目	距离
层高小于3m拉线开关距顶板	≥100mm
开关边缘距门框边缘的距离	0.15～0.2m
开关距地面高度	1.3m
拉线开关距地面高度	2～3m

电气开关接头与燃气管间距离间隔规定见表5-31。

表5-31 电气开关接头与燃气管间距离间隔规定

位置	距离
同一平面	≥50mm
不同平面	

照明开关安装在相线上。首先要明确照明开关一定要安装在相线上。如果照明开关安装在零线上，当开关断开时，尽管电灯没有亮，但是由于灯头与相线继续为接通状态，灯具上各点的对地电压仍然存在220V的电压，从而使人误认为是断电状态，当接触时，会造成触电事故。

5.13 插座、插头

5.13.1 概述

使用插头时应该轻柔，手要按住插头，不可直接拉电线，以免造成连接处断裂，引发事故。选择插头的方法技巧见表5-32。

表5-32 选择插头的方法技巧

方法技巧	方法技巧
看电流	大电流开关相对于小电流开关具有明显的优点。好的开关应能通过16A以上的电流，一般的开关的最多只能通过10A电流
看触点	看触点就是看触点的大小与触点的材料。触点越大越好，所采用的材料是银镍合金，说明材料比较好
看结构	主要的外形是大跷板式的与拇指式的。其中，大翘板开关具有尽可能预防了因手部潮湿造成的意外触电
看外壳材料	好的插头正面面板与背面底座均采用PC料（防弹胶）制作而成。 低劣一点的插头正面采用PC料，而反面采用黑色锦纶料替代PC料，性能自然差一点

漏电保护插头又称为触电保护插头，它实际上是一种带插头的触电漏电保护器。它可以与一般的常规插座相配合，用于保护日用电器或移动式设备。

漏电保护插座又称为触电保护插座，其主要用于作直接接触触电保护用。其常见的额定漏电动作电流在30mA及以下。漏电保护插座可以与现有的插头相配合，为各种日用电器或移动式电气设备提供安全保护。

漏电保护插座种类多，常见的有可移动式安全保护转换插座、嵌装式漏电保护插座。

电源插座具有二三极插座（五孔插座）、二极插座、二极带接地插座、三相四线插座等，其内部主要为弹性极好的锡磷青铜片。有的电源插座有安全保护门。其中，五孔插座实质上就是两个插座：一个两孔插座与一个三孔插座在一个插座板上。

常用插座的特点见表5-33。

表5-33　　常用插座的特点

外形			
特点	单相二孔插座的接线要求：当孔眼横排列时为“左零右相”。插座上的开关可用来控制灯或者插座	单相三孔插座的接线要求：最上端的接地孔眼一定要与接地线相接，余下的两孔眼为“左零右相”接线。禁忌零线与保护接地线接为一体	地板插座主要用于离开墙壁较远或不便从墙壁插座中引出电源、信号源的场合

续表

外形			
特点	浴室中禁忌使用普通开关、插座，而应选择防水开关、防水插座，并且注意开关、插口要远离洗浴区，高度禁忌低于距地面 0.5m。厨房插座禁忌装在灶台上方，以免过热	单相二孔插座接线要求：当为左右孔排列时，则“左零右相”	单相二孔插座的接线要求是：当孔眼竖排列时为“上相下零”。一般 3P 以上的空调要选用 20A 的三眼插座，3P 以下的空调选用 16A 三眼插座

选择插座的方法与技巧见表 5-34。

表 5-34　　选择插座的方法与技巧

方法技巧	方法与技巧
看保护门	好的插座一看是否具有保护门，二看单插一个孔是否会打开保护门（只有两个孔一起插才能顶开保护门）。 挑选插座时，可以借助螺丝刀或小钥匙插两孔的一边与三孔下边的任意一孔。如果不用什么力气，就能够插得进，证明插座质量不是很好
看插口内材料	通过插口观察材料颜色，如果能够看到，并且发现颜色为黄色，说明采用的是黄铜。黄铜具有质地偏软、易生锈、使用长时间后导电性能会下降等缺点，因此，该类型的插座质量是低档的。 如果看到的是紫红色，说明插口内材料为锡磷青铜。锡磷青铜具有不易生锈等优点，因此，该类型的插座质量是较好的。 另外，为防止插口用锡磷青铜，里面用黄铜，拆开看比较明了些
看五孔插座二三插口之间的距离	如果是多类型插排，如果二孔插口与三孔插口距离比较近，则会使得在插头插了三孔插口时，因插头太大，把地方占多了，两孔插口无法再插入其他插头，质量较差；反之，质量较好

5.13.2 接线与安装

插座接线需要符合表5-35规定。

表5-35 插座接线要求

类型	要求
单相两孔插座	面对插座，则右孔或上孔与相线连接，左孔或下孔与中性线连接
单相三孔插座	面对插座，右孔与相线连接，左孔与中性线连接，中间上方应接保护地线。插座的接地端子不与零线端子相连
三相四孔、三相五孔插座	三相四孔、三相五孔插座的接地（PE）或接零（PEN）线接在上孔。插座的接地端子不与零线端子连接。另外，同一场所的三相插座，接线的相序应一致

插座的接地、接零线在插座间不应串联。家装的特殊情况，主要是指潮湿的场所与接插有触电危险家用电器等情况，具体如下：

（1）潮湿场所采用密封型并带保护地线触点的保护型插座，安装高度不低于1.5m。

（2）当接插有触电危险家用电器的电源时，采用能断开电源的带开关插座，并且开关断开相线。

（3）镜子旁边根据需要预留插座，以便接插吹风机。

（4）卫生间一定要选用防水插座。

（5）为防止幼童把手指头伸进插座孔中，距离地面30cm高的插座都必须带保险装置。

（6）插座在墙的上部，在墙面垂直向上开槽。

（7）插座在墙的下部，在墙面垂直向下开槽。

家装插座安装常见的误区：

（1）家装整个空间均采用一种插座、安装高度均相同。

（2）插座缺少防护措施。

（3）插座导线随意安装。

（4）多个电器共用同一插座。

（5）只有一个回路。

（6）插座位置过低。

(7) 潮湿场所没有采用密封或保护式插座。

(8) 开关插座后面的线没有理顺成波浪状置于底盒内。

5.14 暗盒、底盒、接线盒

5.14.1 概述

接线盒的种类与外形见表 5-36。

表 5-36 接线盒的种类与外形

名称	外形	名称	外形
开关盒		圆盒（曲叉）	
86 双联盒		圆盒（四叉）	
明装盒		高深圆盒（曲叉）	

续表

名称	外形	名称	外形
高深圆盒（四叉）		圆盒（三叉）	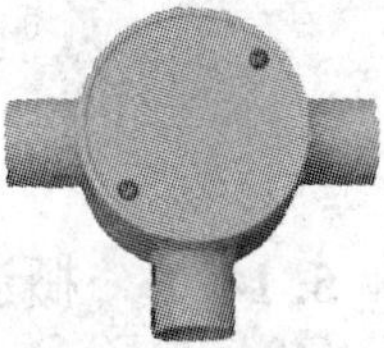
86 开关盒		高深圆盒（单叉）	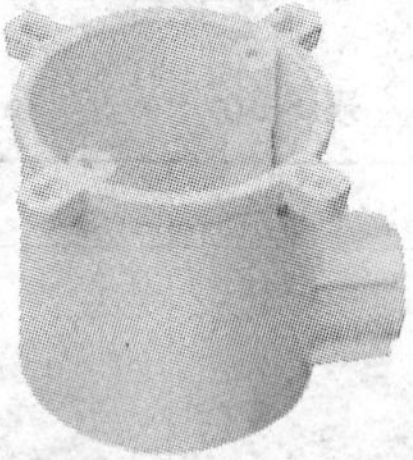
86 八角盒		高深圆盒（三叉）	
圆盒（单叉）	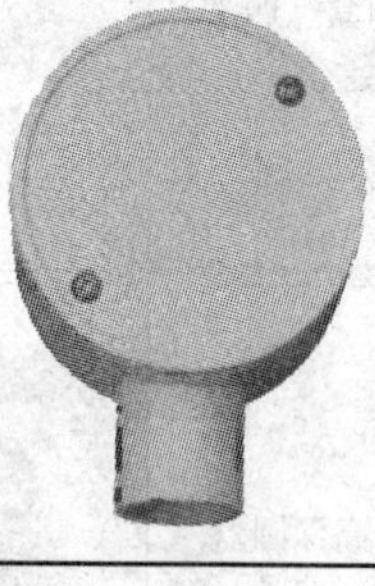	—	—

接线盒是电工辅料之一，在电线的节点部位需要采用接线盒作为过渡，从而使电线管与接线盒连接，线管里面的电线在接线盒中连起来。可见，接线盒起到保护电线与连接电线的多重作用。

一般国内的接线盒是86型的，接线盒需要配接线盒盖（或者直接配开关和插座面板），一般是PVC和白铁盒材质。

接线板与接线盒作用相类似，只是形状上不相同。

暗盒（接线盒）的尺寸见表5-37。

表5-37　暗盒（接线盒）的尺寸

名称	图例	名称	图例
86型暗盒	 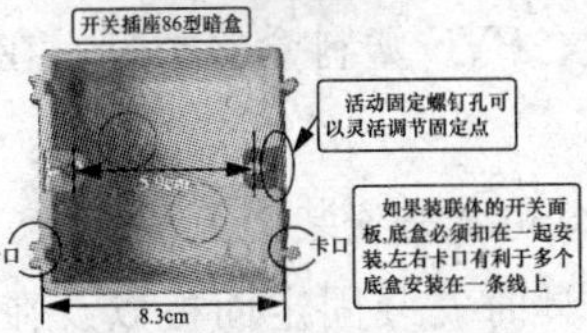	128型暗盒	
116型三位暗盒	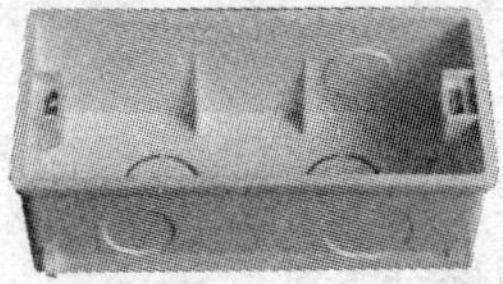	四位暗盒	

常用暗盒的特点见表5-38。

表5-38　常用暗盒的特点

名称	特点
120型	120型接线暗盒分为120/60型与120/120型。120/60型暗盒尺寸约为114mm×54mm，面板尺寸约为120mm×60mm。 120/120型暗盒尺寸约为114mm×114mm。面板尺寸约为120mm×120mm
86型	86型暗盒的尺寸约为80mm×80mm，面板尺寸约为86mm×86mm。其为使用的最多的一种接线暗盒，因此，86型暗盒也叫作通用暗盒。86型面板还分单盒、多联盒（由二个及二个以上单盒组成）
八角型	八角型暗盒通常用于建筑灯头线路的驳接。有八个"角"，所以又叫作八角盒
特殊	特殊暗盒主要用于线路的过渡连接。另外，还有一些生产厂家特制的专用暗盒也属于特殊暗盒

安装底盒分为明装底盒和暗装底盒，材料有金属和塑料。底盒的深度一般有35mm、40mm、50mm等规格。

质量差的暗盒可能是使用劣质的再生塑料生产的。其太脆易断裂、太软易变形、暗盒固定螺钉的螺孔易掉落、上螺钉时容易拧毛。

暗盒可以任意组合成多位一体。采用具有活动固定螺钉孔的暗盒，具有灵活调节固定点的作用。

5.14.2 接线盒与开关盒的区别

（1）接线盒与开关盒均属于电气安装工程中的辅料，但在单独的接线盒、开关盒安装工程中常划入主材。

（2）接线盒与开关盒有金属盒、PVC塑料盒等类型，在安装工程中，均普遍采用86型盒。

（3）开关盒、插座底盒、灯具盒也就是安装开关、插座、灯具时的终端底盒，即安装开关、插座、灯具时安装固定面板以及在盒内接线用的盒子。

（4）需要接线盒的情况如下：

1）管线长度、管线弯头超过规定的距离与弯头个数。

2）管路有分支时，需要设置的过路过渡盒。

3）管线配到负荷终端需要预留的盒，以便穿线、分线、过渡接线。

（5）计算接线盒时，灯头盒、插座盒、开关盒是根据设计来计算的。

（6）分接线盒是根据管路分支或者返管时的过渡、管路直线距离、弯头数量超过规定的要求时需要增设的接线盒，据实进行计算的。

5.14.3 使用暗盒的要点

（1）不同材质的接线暗盒不宜混合使用。

（2）暗盒电线需要预留一定的长度，以能够在暗盒中留2圈为宜。

（3）暗盒需要与选择的开关、插座面板配套。

（4）所有线盒、暗盒（开关、插座、灯具等的暗盒）必须安装牢固、端正。

(5) 暗盒的深度只要框的表面与墙壁面平整即可。

(6) 暗盒上的水泥块需要清理干净，特别是安装螺钉的孔需要清理干净，以免影响面板安装。

(7) 暗盒里的线管穿入口需要装锁扣。因此，线管槽的深浅最好根据暗盒穿入口的高度来考虑，这样可以避免线管影响面板的安装。

(8) 使用中，尽量不破坏暗盒的结构。因为暗盒结构的破坏会容易导致预埋的盒体变形，从而对面板的安装造成不良影响。

(9) 同时穿管、穿线施工时，需要注意暗盒的预留孔对电线等造成的损伤。

(10) 暗盒电线头袒露，不利于安全，并且带电的线头外露有可能造成火灾或触电事故。因此，水电改造时的线盒的线头需要做好必要的保护。

5.14.4 选择暗盒的方法与要点

(1) 选择暗盒一定要选择通用的暗盒，这样可以与大多数面板相吻合。如果选择非通用的，则后面工作可能会遇到一些麻烦。

(2) 选择暗盒尽量选择四周以及底部具有敲漏口的暗盒，并且至少具有 2 种口径。这样安装暗盒时，就不需要考虑太多。

(3) 选择暗盒尽量选择具有连接扣的暗盒，这样可以为连接多个暗盒时达到“拿来就用”的效果，如果没有连接扣的暗盒，需要连接多个暗盒时，则必须考虑它们间的距离，这样面板安装才能顺利进行。

(4) 选择暗盒尽量选择深度深一些的暗盒，因为深度深的暗盒可以预留的线长一些，有利于安装面板时顺利进行，而不会出现螺丝刀旋转没有空间、螺钉看不到，或者一个开关安装几十分钟甚至数小时的问题。

(5) 选择暗盒尽量选择带螺钉防堵塞功能的暗盒，如果选择带螺钉防堵塞功能的暗盒，那么安装面板时，就会顺利一些。因为，无螺钉防堵塞功能的暗盒，在墙面粉刷时，水泥块等可能会粘到螺钉孔里，造成堵塞。

(6) 选择暗盒尽量选择带可微调面板上下或者左右距离的暗盒，可以避免尺寸误差带来的安装困难或者弥补粉刷、瓷砖铺贴配合的缝隙不对。

(7) 市场上很多暗盒会比标准的严格一些，功能特点周全一些。对于安装来说，有时候尺寸不是完全统一的，因此，可以在安装前确定具体的暗盒，然后根据尺寸开暗盒孔。

(8) 金属材质的暗盒具有接地、防火、硬度好等特点。PVC 材质的暗盒具有绝缘性好等特点。因此，需要根据实际情况来选择暗盒的材质类型。

5.15 电 能 表

5.15.1 概述

电能表是用来测量电能的仪表，记录用电客户使用电能量多少，俗称电度表、火表。电能表有单相电能表、三相三线有功电能表、三相四线有功电能表等。居民客户一般选择单相电能表。三相三线、三相四线电能表可以用于照明或具有三相用电设备的动力线路的计费。

根据所计电能量的不同与计量对象的重要程度，电能计量装置分为以下几类：

Ⅰ类计量装置。月平均用电量 500 万 kWh 及以上或变压器容量为 1000kVA 及以上的高压计费用户。

Ⅱ类计量装置。月平均用电量 100 万 kWh 及以上或变压器容量为 2000kVA 及以上的高压计费用户。

Ⅲ类计量装置。月平均用电量 10 万 kWh 及以上或变压器容量为 315kVA 及以上的计费用户。

Ⅳ类计量装置。负荷容量为 315kVA 以下的计费用户。

Ⅴ类计量装置。单相供电的电力用户。

单相电能表的额定电流，最大可达 100A。一般单相电能表允许短时间通过的最大额定电流为额定电流的 2 倍，少数厂家的电能表为额定电流的 3 倍或者 4 倍。

三相四线电能表额定电流常见的有 5、10、25、40、80A 等。长时间允许通过的最大额定电流一般可为额定电流的 1.5 倍。

单相电子式电能表的型号有 4 种型号，即 5（20）A、10（40）A、15（60）A、20（80），其也称为 4 倍表。另外，还有 2 倍表、5 倍表等类型。表的倍数越大，则在低电流时计量越准确。

5.15.2 DDSY 型号字母含义

单相电子式电能表的型号常见的字母含义：

(1) 第一个字母 D。为电能表产品型号的统一标识，即是电能表的第一个字母。

(2) 第二个字母 D。D 代表单相电表，即“单”字的第一个字母。

(3) 第三个字母 S。代表全电子式。

(4) 第四个字母 Y。代表预付费。

5.15.3 电能表的选择

(1) 电能表的额定容量需要根据用户的负荷来选择，也就是根据负荷电流与电压值来选定合适的电能表，使电能表的额定电压、额定电流等于或大于负荷的电压与电流。

(2) 选用电能表一般负荷电流的上限不能超过电能表的额定电流，下限不能低于电能表允许误差范围内规定的负荷电流。最好使用电负荷在电能表额定电流的 20%～120%。

(3) 根据负载电流不大于电能表额定电流的 80%，当出现电能表额定电流不能满足线路的最大电流时，则需要选择一定电流比的电流互感器，将大电流变为小于 5A 的小电流，再接入 5A 电能表。计算耗电电能时，5A 电能表耗电能数乘以所选用的电流互感器的电流比，就为实际耗用的电能的度数。一般超过 50A 的电流计量宜选用电流互感器进行计量。

(4) 选购电能表前，需要计算总用电量，以便选择电能表。

(5) 一般低压供电，负荷电流为 50A 及以下时，宜采用直接接入式电能表。负荷电流为50A以上时，宜采用经电流互感器接入的接线方式。同时需要选用过载4倍及以上的电能表。

（6）选择电能表需要满足精确度的要求。

（7）选择电能表需要根据负荷的种类来选择。

（8）也可以根据表5-39来选择电能表。

表5-39　　电能表选择

电能表容量	单相220V最大	三相380V
1.5（6）A	<1500W	<4700W
2.5（10）A	<2600W	<6500W
5（30）A	<7900W	<23600W
10（60）A	<15800W	<47300W
20（80）A	<21000W	<63100W

5.16 配电箱

5.16.1 配电箱概述

1. 特点

将测量仪器、控制器件、保护器件、信号器件等按一定规律安装在专业的板上，便制成了配电板。将配电板装入专用的箱内，即成了配电箱。

正常运行时，配电箱可以借助手动或自动开关接通或分断电路。故障或不正常运行时，可以借助保护电器切断电路或报警，以及借助测量仪表显示运行中的各种参数。另外，还可以对某些电气参数进行调整，对偏离正常的工作状态进行提示或者发出相应的信号。配电箱具有便于管理、控制、计量、故障检修等作用。

常用的配电箱有木质配电箱、铁质配电箱。用电量大的，一般使用铁质配电箱。

2. 类型

配电箱的类型，还可以分为一级配电箱、二级配电箱、三级配电箱，各级配电箱的特点如下：

（1）一级配电箱。一级配电箱也就是总配电箱。一级配电箱一般位于配电房中。一级配电箱一般采用下进下出线、前开门，主母线采用铜排连接，具有接触良好、内带计量系统等特点，具有防雨箱顶的适合野外工作。

（2）二级配电箱。二级配电箱也就是分配电箱、分箱。二级配电箱一般负责一个供电区域，其可以采用内外门设计、外表喷塑等，具有防雨箱顶的适合野外工作。

（3）三级配电箱。三级配电箱也就是开关箱，其只能够负责一台设备。平时所讲的一机一闸一箱一漏就是针对该级配电箱而言的。

3. 基本功能

配电箱有两大基本功能：

（1）保护。配电箱有一级自动漏电保护装置。如某一条电源线路或者电器发生故障，它会自动断开相线、地线，不影响其他线路的正常使用及维修。

（2）配电。配电箱可以把从外面接进来的电源总线通过四路、六路、八路以及十路，合理地分配到不同的房间与不同的电器设备。

5.16.2 家用装修配电箱

1. 概述

家用配电箱是连接进户电源与用电设备的中间装置。主要起分配电能、控制作用、测量与指示作用、保护作用等功能。

家装原配电箱是毛坯房一般具有的，在家装前需要对该电气设备检测。检测的主要步骤就是打开配电箱箱盖→查看与试验配电箱→检测后，合上或者装上配电箱箱盖。

（1）打开配电箱箱盖。打开配电箱箱盖就是把箱盖的螺钉拧出。操作简单，但是，需要注意的是拧出的螺钉为了防止丢失，应放在一起。

（2）查看与试验配电箱。查看与试验配电箱主要是查看原配电箱的相应参数与性能是否符合家装时需要的负荷、回路、接地情况、保护措施、进户要求等。

另外，还要在断电的情况下，检测各线对地电阻、线与线间绝缘电阻等。

如果，不符合要求，则需要考虑更换配电箱。如果，是进户线的确存在隐患，则需要与物业部门联系，不得私自调整或者更改。

（3）合上或者装上配电箱箱盖。检测完后，即可合上或者装上配电箱箱盖。

2. 参数

一般家用配电箱有关参数见表 5-40。

表 5-40　一般家用配电箱有关参数

项目	参数	项目	参数
进户控制开关的工作电流	40～60A	插座控制开关的工作电流	16A
漏电保护器动作电流	30mA	柜式空调控制开关的工作电流	20
照明控制开关的工作电流	10A	—	—

3. 安装要求

一般家用配电箱的安装要求：

（1）箱内开关应安装牢固，无松动现象。

（2）箱内的各分路开关应有明显的标示。

（3）配电箱及各回路配线均需规范要求进行分色。

一般家用配电箱要有指示标签。指示标签可以提供开关、操作等相应功能指示。特别是复杂电路应用时，更起到一定的指示、提醒等区别功能，以免混淆误操作。一般家用配电箱指示标签需要标签全面、没有错字、字体规范、字迹清楚，不得任意涂改。

5.17 家居电器与设备

家居电器与设备种类多，不同类型的电器与设备又可以分为不同的种类。其中，常见家用电器功率见表 5-41。

表 5-41 常见家用电器功率

电器	一般功率/W
抽油烟机	140
窗式空调机	800～1300
单缸家用洗衣机	230
电吹风	500
电饭煲	500
电炉	1000
计算机	200
电暖气	1600～2000
电热淋浴器	1200
电热水器	1000
电扇	100
电视机	200
电水壶	1200
电熨斗	750
大型吊扇	150
小型吊扇	75
家用电冰箱	65～130
空调	1000
理发吹风器	450
录像机	80
手电筒	0.5
双缸家用洗衣机	380
14 寸台扇	52
16 寸台扇	66
微波炉	1000
吸尘器	400～850
音响器材	100

5.18 热 水 器

5.18.1 概述

热水器有直排式热水器、烟道式热水器、平衡式热水器、室外式热水器、强排式热水器等种类。其中，直排式热水器、烟道式热水器、强排式热水器需要消耗室内氧气。室外式热水器与平衡式热水器不消耗室内氧气。

热水器根据使用的气源不同可以分为燃天然气热水器、燃液化气热水器、燃煤气热水器。

热水器根据容量，还可以分为8L、10L、16L等。

热水器的选择要点：

（1）热水器的容量不是越大越好，而是要适用。热水器的容量一般根据水压、煤气表具容量、使用情况而定。

（2）电热水器功率一般比较大，因此，选择插座时不可只图便宜。另外，为了避免频繁地插拔热水器插头，可以选择带开关的插座。电热水器的插座一般选择带防水盖的插座。

（3）厨房与卫生间间距小的，一般选用8L的热水器就可以了。热水器安装与浴室相距比较远的，则一般选择10L以上的热水器。

（4）根据安全性来选择热水器室外式热水器、平衡式热水器比较安全。其次是强排风式热水器。

5.18.2 安装注意事项

（1）热水器安装高度一般为165～175cm，以观火窗同人的视线平行为准。

（2）热水器安装位置四周应无可燃物。

（3）热水器不能安装在“箱体”内。

（4）热水器不能安装在空气对流较强的位置。

（5）热水器的安装要牢固。

（6）热水器的进水管、出水管应垂直安装。

（7）热水器的冷、热水管不宜采用软金属编织管与波纹管。

（8）热水器的煤气引气管一般采用优质镀锌管。

（9）热水器的煤气引气管安装后须试压以及做致密性试验。

（10）热水器的煤气引气管接头严禁用生带料作填充物。

（11）热水器的热水出水管不安装阀门，以免影响出水量。

（12）热水器电源插座应距离进水管、出水管 5cm 以上，而且应是带开关的插座。

（13）热水器废气排出洞不得采用公共排气洞，而是单独另开启。

（14）热水器煤气、天然气管接头不宜多。

（15）热水器煤气、天然气管接头通过橱柜、天棚的接头应采用环氧树脂或塑钢土封固。

（16）安装时应先把热水器安装就位，再从热水器开始逆向安装冷、热水管和煤气、天然气管。

5.18.3 安装要求

（1）强排热水器一般要配置带开关的插座。

（2）大功率热水器必须走 $6mm^2$ 以上的专线。

（3）热水器冷热水管布管时，应根据热水器的型号来布管。

（4）大功率用电器不得直接安装在可燃构件上。

5.19 空　　调

5.19.1 概述

空调也就是空气调节器，是指通过人工手段，对建筑/构筑物内环境空气的温度、湿度、洁净度等参数进行调节、控制的过程。

家用空调的种类分为很多种，常见的包括挂壁式空调、立柜式空调、窗式空调、吊顶式空调等。

空调的结构包括压缩机、冷凝器、蒸发器、四通阀、单向阀毛细管组件等。

空调型号的含义，以 KFR-26GW 为例介绍：

K 表示为家用空调。

F 表示为分体式空调，C 表示为窗式空调。

R 表示为热泵加热功能。如果没有 R，则表示为单冷功能的空调，D 表示为有辅助电加热功能。

26 表示为额定制冷量。

G 表示为壁挂型空调，L 表示为落地式空调，也就是柜机。

W 表示为分体式的室外机。

5.19.2 安装注意事项

（1）空调电源一般采用 16A 的孔插座。

（2）空调洞要考虑向外倾斜，以免雨水进来。

（3）电源插座尽量靠近空调，以免大堆电源线堆积在空调附近。

（4）室外机水平要安装平稳。

（5）室外机的出气口与进气口均要保持通畅。

（6）室外机排出的热空气不能影响附近居民。

（7）室外机禁忌安放在多尘大风处。

（8）室外机、室内机禁忌安放在易燃气源处。

（9）室外机、室内机禁忌安放在热源处。

（10）室外机安放时前后左右应有一定的空间，以便空气流畅。

（11）室内机要安装平稳。

（12）室内机的进气口与出气口均要保持通畅。

（13）室内机离电视机应大于 1m，以免产生互扰现象。

（14）分体壁挂式室内外机连接管尽量不要超过 5m。

（15）小于四匹的分体立柜式室内外机连接管尽量不要超过 10m。

（16）五匹左右的分体立柜式室内外机连接管尽量不要超过 15m。

（17）室内外机连接管不能有折扁处。

（18）连接管应该采用质优的产品。

5.20 电 视 机

5.20.1 常见电视的特点

常见电视特点见表 5-42。

表 5-42 常见电视的特点

类型	特点
LED电视	采用LED灯作为背光源的一种电视机
大屏幕彩电	大屏幕彩电一般是指屏幕尺寸在25英寸以上的彩电
计算机电视机	计算机电视英文缩写为PCTV，也就是是将计算机与电视合二为一，既具有电视功能又具有家用计算机功能的多媒体设备
互联网电视机	可以直接访问互联网的电视机
宽屏幕电视机	宽屏幕电视是指屏幕幅型比（宽高比）为16：9的电视机
三合一电视机	儿童电视机、年轻人电视机、老年人电视机三合一电视机，也就是可以通过不同的专属遥控器，适用于三种不同人群
数码双频彩电	兼容数字信号与模拟信的电视机
数字彩电	国际上把全数字电视简称为数字电视机，英文为Digital Television，缩写为DTV

5.20.2 平板电视机壁挂安装的要求

平板电视机壁挂安装要求见表5-43。

表 5-43 平板电视机壁挂安装的要求

类型	要求
承重墙面	平板电视安装面承载能力应保证不低于电视机实际载重量的4倍，安装后前后倾斜10°时电视机不应倾倒。因此，平板电视壁挂安装，则安装的墙面必须是实心砖、混凝土、具有相应强度等效的安装面，不得安装在空心墙面
湿度	平板电视机不宜长期处于潮湿的环境中。因此，平板电视机不应安装水幕墙附近以及过多植物摆放在电视机旁边
光照	避免太阳光直射到平板电视机上
信号干扰	平板电视机应避免强电、弱电的影响。因此，无线电收音机、电磁炉、音响等尽量不要过于靠近壁挂的平板电视机，以免信号互相干扰
安装位置	安装平板电视的观看距离至少为显示屏对角距离的3～5倍

续表

类型	要求
壁挂支架	注意区分平板电视机挂架的分类：可调角度挂架、固定角度挂架。其中，固定角度挂架是一经安装就难以改变角度；可调角度挂架一般可以随意调节观赏角度。根据实际与个人需求选择。 一般来说符合 FDMI（视频产品支架悬挂）标准设计的挂架，采用 45 号优质钢材制造而成。另外，还有特殊的挂架。因此，在购买平板电视机时，要落实是否随机赠送
普通砖墙	该类型墙壁的安装一般只需冲击钻在墙壁打孔，再上螺钉、挂电视，没有其他特殊的操作
板墙	一般要挂在木板条上
大理石墙壁	根据大理石墙壁的种类整体大理石与有花纹大理石来具体操作。 整体大理石板一般采用玻璃钻一边钻，一边在玻璃钻头浇水，也可以采用冲击钻的电钻挡钻孔。孔打好后，安装膨胀螺钉。有花纹大理石，钻孔时要加倍小心，方法可以借鉴整体大理石板的方法
玻璃墙	根据玻璃墙后面是砖墙、板墙来具体操作。 玻璃墙后面是砖墙，可以采用玻璃钻。需要注意的是：玻璃钻头必须比打砖墙的冲击钻头大、一边钻一边向玻璃钻浇水。玻璃孔打好后，再用冲击钻钻里面的砖墙。为防止上螺钉时把玻璃压破，因此，选用膨胀管大的螺钉作为填圈。 玻璃墙后面是板墙，只需要用玻璃钻钻出玻璃孔，需要注意的是：玻璃孔要稍微大一点。钻好孔后放进填圈，自攻螺钉比玻璃的厚度＋木板的厚度还长一点

5.21 抽油烟机

5.21.1 概述

抽油烟机可以分为薄型抽油烟机、深型抽油烟机、柜式抽油烟机，各自的特点见表 5-44。

表 5-44 抽油烟机的种类及它们的特点

类型	特点
薄型抽油烟机	具有重量轻、体积小、易悬挂、电机功率小等特点。具有不能够完全抽吸烹饪油烟等缺点
深型抽油烟机	具有排烟率高、电动机功率强劲、重量比较重等特点
柜式抽油烟机	具有吸烟率高、不用悬挂、不存在钻孔、不需要考虑厨房墙体的承载能力等特点。具有造型不够精致等缺点

另外，还可以分为中式抽油烟机、欧式抽油烟机、直吸式抽油烟机、侧吸式抽油烟机、钛合金抽油烟机、铝合金抽油烟机等。

5.21.2 选择方法

（1）选择品质有保证，售后服务周到的抽油烟机。

（2）考虑电机功率。一般而言，电机功率越大，排风量越大，排出的油烟也就越多。电动机应效果好、无噪声等。

（3）面板。精钢材质用磁铁不能够吸上，而一些劣质合金或者铁类则磁铁能够吸上。

（4）内腔。具有无缝、易清洁、能够保护线路、不易腐蚀等为宜。

5.22 断 路 器

5.22.1 低压断路器

断路器能接通、承载、分断正常电路条件下的电流，也能在所规定的非正常电路条件下接通、承载一定时间和分断电流的机械式开关。

低压断路器又叫作低压自动开关、低压自动空气开关，它主要用于保护交流 500V 及直流 440V 以下低压配电系统中的线路、电气设备免受过载、短路、欠电压等不正常情况下的危害，以及用于不频繁地起动电动机与切换电路中。

低压断路器的分类：

（1）根据极数，低压断路器可以分为单极、双极、三极、四极等。

（2）按结构形式可分为塑壳式、框架式。

（3）按用途分为保护配电线路用、保护电动机用、保护照明线路用和漏电保护用断路器。

常见低压断路器的应用见表 5-45。

表 5-45　　常见低压断路器的应用

名称	应用
DW15、DW15C 系列	适用于交流 50Hz、额定电流到 4000A，额定工作电压到 1140V（壳架等级额定电流 630A 以下）、80V（壳架等级额定电流 1000A 及以上）的配电网络中。壳架等级额定电流 630A 及以下的断路器也能在交流 50Hz、380V 网络中用于电动机的过载、欠电压、短路保护
DW17 系列	适用于交流 50Hz，电压 380V/660V，或直流 440V，电流 4000A 的配电网络
DZ10 系列	适用于交流 50Hz，380V，或直流 220V 及以下的配电线路中，用于分配电能、保线路及电源设备的过载、欠电压和短路保护，以及在正常工作条件下不频繁分断与接通线路
DZ12 系列	适用于装在照明配电箱中的交流 50Hz，单相 230V、三相 380V 及以下的照明线路中，用于线路的过载、短路保护，以及在正常情况下线路的不频繁转换
DZ15 系列	适用于交流 50Hz，额定电压 380V，额定电流 63A（100）的电路中作为通断操作，也可以用来保护线路与电动机的过载、短路保护，以及线路的不频繁转换及电动机的不频繁起动
DZ20 系列	适用于交流 50Hz，额定绝缘电压 660V，额定工作电压 380V（400V）及以下。一般用于配电，以及在正常情况下线路不频繁转换及电动机的不频繁起动
DZ47LE 系列	适用于交流 50Hz，额定电压到 400V，额定电流到 50A 的线路中，用于漏电保护
DZ47 系列	适用于交流 50Hz/60Hz，额定工作电压为 240V/415V 及以下，额定电流 60A 的电路中，主要用于现代建筑物的电气线路、设备的过载、短路保护，也适用于线路的不频繁操作、隔离
DZ5 系列	适用于交流 50Hz，380V，额定电流 0.15～50A 的电路中，用于电动机、配电网络中、电源设备的过载和短路保护、电动机不频繁起动及线路的不频繁转换
H 系列	适用于交流 50～60Hz，额定工作电压到 690V，直流 250V，额定电流 1200A 的配电网络中，用于分配电能和保护线路及民源设备的过载、欠电压、短路保护，以及在正常条件下不频繁分断和接通电力线路

安装低压断路器的注意事项：

（1）安装前，需要用500V绝缘电阻表检查断路器的绝缘电阻，一般要求不小于10MΩ。

（2）安装前，需要检查失压、分励、过流脱扣器能否在规定的动作值范围内使断路器断开。

（3）安装断路器前，需要分清N线与PE线。PE线不应接入剩余电流断路器，N线不应重复接地。

（4）低压断路器在闭合与断开过程中，其可动部件与灭弧室的零件需要无卡阻现象，各极动作需要同期。

（5）断路器安装在易燃、易爆、潮湿、有腐蚀性气体等恶劣环境中，需要根据有关标准选用具有特殊防护条件的剩余电流保护装置，或者采取相应的防护措施。

（6）需要用试验按钮试验3次，应具有正确的动作。

（7）低压断路器需要垂直安装在配电板上，并且底板结构要求平整。

（8）断路器接线的容量需要与外接线规格相适应，需要避免大线接小开关。

5.22.2 漏电保护器

漏电保护器又叫作漏电开关、自动断路器，是用于在电路或电器绝缘受损发生对地短路时，防止人身触电与电气火灾的保护电器。

漏电保护器的种类多、形式多。以电流动作型漏电保护器为例介绍其基本结构。漏电保护器主要由检测元件、中间环节、执行机构等组成。

（1）检测元件。漏电保护器的检测元件一般是零序电流互感器，也就是漏电电流互感器。其是由封闭的环形铁芯与一次、二次绕组构成。漏电保护器的一次绕组中有被保护电路的相、线电流通过，二次绕组一般由漆包线均匀地绕制而成。互感器主要作用是把检测到的漏电电流信号转换为可以接收的电压或功率信号。

（2）中间环节。漏电保护器的中间环节主要功能是对漏电信号进行处理（变换、比较、放大等）。

（3）执行机构。漏电保护器的执行机构一般是触点系统，一些漏电保护器具有分励脱扣器的低压断路器或交流接触器，其主要功能是受中间环节的指令控制，用来切断被保护电路的电源等。

漏电保护器分级安装选型的原则：

（1）单台用电设备。单台用电设备时，漏电保护器动作电流需要不小于正常运行实测泄漏电流的4倍。

（2）配电线路。配电线路的漏电保护器动作电流需要不小于正常运行实测泄漏电流的2.5倍，以及还需要满足其中泄漏电流最大的一台设备正常运行泄漏电流的4倍。

（3）全网保护。用于全网保护时，漏电保护器动作电流需要不小于实测泄漏电流的2倍。

漏电保护器的选择原则、方法与应用见表5-46。

表5-46　漏电保护器的选择原则、方法与应用

项目	原则、方法与应用
漏电保护器剩余动作电流的选择	（1）安全角度来考虑，剩余电流断路器的动作电流选择越小越好。但是，小也是有原则的。 （2）配置选择性保护时，需要保证除对非直接接触、TT系统保护外，还需要能够对下级装有30mA的漏电保护系统做选择性保护。只是隔离事故电路，其他电路依旧保证继续供电。 （3）额定剩余电流为30mA及以下的漏电保护器，可以用于对直接接触、TT系统的保护。也可以用于不直接接触、IT中性线不接地系统与安全条件（例如建筑工地、游泳池等）的保护。 （4）额定剩余动作电流为50mA及以上的漏电保护器，可以用于对非直接接触、TT系统与防止火灾的保护
漏电保护器的应用	（1）属于Ⅰ类的移动式电气设备、手持式电动工具，需要装设漏电保护器。 （2）建筑施工工地的电气施工机械设备，需要装设漏电保护器。 （3）暂设临时用电的电器设备，需要装设漏电保护器。 （4）常见建筑物内的插座回路，需要装设漏电保护器。 （5）客房内插座回路，需要装设漏电保护器。 （6）一些直接接触人体的电气设备，需要装设漏电保护器。 （7）游泳池、喷水池、浴池的水中照明设备，需要装设漏电保护器。 （8）安装在水中的供电线路与设备，需要装设漏电保护器。 （9）安装在潮湿、强腐蚀性等恶劣场所的电气设备，需要装设漏电保护器

5.22.3　小型断路器与家装断路器

1. 小型断路器（公装）

小型断路器的选择方法：

（1）NDM1-63、NDM1-125、NDB1-32、NDB1C-63、NDB1C-32、NDB2-63、NDB2T-63 系列小型断路器可以适用于 50Hz/60Hz、额定工作电压 400V、额定工作电流到 125A 的电路中作线路、设备的过载、短路保护，或者隔离开关使用。该类断路器可以应用于建筑的配电保护，也就是有的公装项目可能需要考虑。

（2）NDB2Z-63 系列小型断路器可以适用于直流电流，额定电压到 440V，额定电流到 63A 的电路中用于线路、设备的过载、短路保护，或者隔离开关。

（3）2P40A 适用于住宅建筑房屋带漏电总开关。

（4）DPN16A 适用于住宅建筑房屋照明回路。

（5）DPN16A 适用于住宅建筑房屋插座回路。

（6）DPN20A 适用于住宅建筑房屋厨房间回路。

（7）DPN20A 适用于住宅建筑房屋卫生间回路。

（8）DPN20A 适用于住宅建筑房屋房间空调回路。

（9）DPN20A 适用于住宅建筑房屋厅挂壁空调回路（柜式空调回路建议选择用 25A 的）。

（10）一些建筑场所，可以选择家用与类似用途的断路器，如图 5-6 所示。

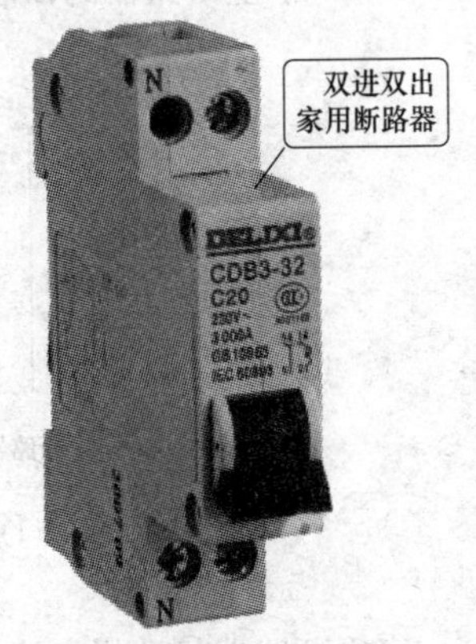

图 5-6　家用与类似用途的断路器外形

2. 家用及类似家用断路器

家用断路器一般在家庭供电中作总电源保护开关或分支线保护开关用。如果住宅线路或家用电器发生短路或过载时，家用断路器能够自动跳闸，切断电源，从而保护相应设备，防止损坏或事故扩大。漏电保护器安装于每户配电箱的插座回路上等。

家装一般要求采用安装家用断路器，家用断路器安装的目的包括：

（1）防止单相触电事故。

（2）防止因电气设备漏电引发触电事故。

（3）防止因电路漏电引发触电事故。

（4）切断故障线路防止因漏电引发火灾事故。

（5）防止因电气设备使用不当造成人身触电事故。

（6）防止电气设备本身的缺陷引发触电事故。

常用家用断路器参数见表 5-47。

表 5-47　　常用家用断路器参数

型号	交流	额定电压	额定电流	特点
ZT4-NBH8-40	50/60Hz	230V	40A	同时切断相线和中性线
NBH8-32	50/60Hz	230V	32A	不频繁操作转换、过载与短路保护

DZ47 小型断路器的命名规律如图 5-7 所示。

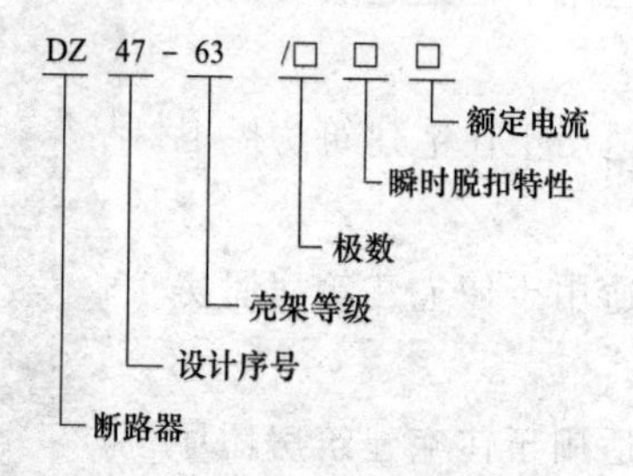

图 5-7　DZ47 小型断路器的命名规律

家用断路器的选择方法与技巧：

（1）选择极数。家庭中作总电源保护的家用断路器一般用二极（2P）断路器，作分支保护的家用断路器一般用单极（1P）断路器。

（2）选择额定电流。禁忌偏小或者偏大。如果偏小，则断路器会频繁跳闸；如果偏大，则装了等于没有装，起不到保护作用。

家用断路器的额定电流的计算方法（计算总负荷电流与各分支

电流）：

（1）分支电流。

1）纯电阻性负载。用注明功率直接除以电压，一般为 I＝功率/220V。

2）感性负载。估算方法是根据其注明负载计算出来的功率×2。

（2）总负荷电流。

总负荷电流等于各分支电流的和。

总家用断路器根据总负荷电流的 1.2～1.5 倍选择。另外，还要考虑以后用电负荷增加的可能性，即需要留有余量。

根据“经验”来选择家用断路器的技巧如下：

一般而言，住户配电箱总开关选择 32～40A 小型断路器或隔离开关；照明回路一般选择 10～16A 小型断路器；插座回路一般选择 16A/30mA 的漏电保护断路器；空调回路一般选择 16～25A 小型断路器。

如果电力部门或者物业在室外安装了开关，则在安装家用断路器时，首先关断这个开关，然后安装家用断路器：首先固定，然后接线。需要注意的是室外的开关处，应有人监护或者悬挂警告牌。如果物业没有在室外安装开关，即需要带电操作，则需要注意安全第一、操作得当：

（1）操作的工具绝缘性要好，手应戴电工绝缘手套、脚下应用木凳等。

（2）接线时，一般是首先固定好断路器，然后首接下线（负载侧），再接进户线。如果是双极的，则先接零线，再接相线。另外，还需要注意：接完断路器下线后，要把断路器开关打在关闭状态再接上线，以确保安全。

5.23 水管的概述

水管的种类及特点见表 5-48。

表 5-48 水管的种类及特点

名称	解说
PPR	PPR 水管具有耐温、耐压、耐腐蚀、不结垢、不渗透、质轻、无毒、施工方便、比较便宜等优点，而且保温性比铜塑管、铝塑管好一些。 具有安装困难、易渗漏、接头多等缺点。 PPR 水管一般分冷水管、热水管。冷水管管壁薄，热水管管壁厚，在抗断裂性方面热水管性能比冷水管好。为保险起见，可以不分冷热水，都采用热水管。 PPR 管主要用途如下： （1）建筑物的冷热水系统。 （2）建筑物内的采暖系统包括地板、壁板及辐射采暖系统。 （3）可直接饮用的纯净水供水系统。 （4）输送或排放化学介质等工业用管道系统。 （5）中央空调系统。 PPR 管的管径为 16～160mm，家装中常用到的是 20mm（俗称 4 分管）、25mm 两种（俗称 6 分管），其中 4 分管应用更广泛一些
不锈钢管	具有性能稳定、耐腐蚀性极强、一定强度的塑性与韧性、极好的低温性能、热效应高、耐热、耐火、不会老化等优点。 具有价格贵、施工较困难等缺点
镀锌铁管	镀锌管易生锈、积垢、不保温、会发生冻裂，已经被逐步淘汰。目前使用最多的是钢塑管、PPR 管等
复合管材	复合管材是集金属与塑料的优点于一身，因塑料和金属的膨胀系数不同，长期使用必将导致管材分层，造成危害
铝塑管	具有耐温、耐压、耐腐蚀、不结垢、不渗透、质轻、安装方便、可长达 200m 等优点。 具有热胀冷缩系数高、卡式接头内水封易损、保温性差、有潜在渗水倾向等缺点。可以从头到尾用一根整管，中间没有接头
塑料管材	具有耐高温、温差较大的情况下易发生变形致使泄漏、抗压能力小、容易脆裂、不能适用于长期供热、不宜在寒冷的北方使用、不适于高层建筑、主要成分为一些高分子聚合物具有一定的毒性等特点
铜管	具有性能稳定、耐腐蚀性极强、一定强度的塑性与韧性、极好的低温性能、热效应高、耐热、耐火、不会老化、有一定的抗冻胀性能、坚固耐用、热膨胀率小、能抑制细菌滋生等优点。 具有易结铜绿、安装难度大、易渗漏、需保温层、价格贵等缺点。 接口的方式可以分为焊接与卡套。其中，卡套具有老化漏水的问题。采用焊接方式，需要会操作氧焊。 是目前最高档的水管
铜塑管	具有耐温、耐压、耐腐蚀、不结垢、不渗透、质轻、长度一般在 3m 左右等优点。具有易结铜绿等缺点

5.24 给水UPVC管

给水 UPVC 管管材外径和壁厚见表 5-49。

表 5-49　　给水 UPVC 管管材外径和壁厚

公称外径/mm	壁厚（公称压力）/mm				
	0.6MPa	0.8MPa	1.0MPa	1.25MPa	1.6MPa
20					2.0
25					2.0
32				2.0	2.4
40			2.0	2.4	3.0
50		2.0	2.4	3.0	3.7
63	2.0	2.5	3.0	3.8	4.7
75	2.2	2.9	3.6	4.5	5.6
90	2.7	3.5	4.3	5.4	6.7
110	3.2	3.9	4.8	5.7	7.2
125	3.7	4.4	5.4	6.0	7.4
140	4.1	4.9	6.1	6.7	8.3
160	4.7	5.6	7.0	7.7	9.5
180	5.3	6.3	7.8	8.6	10.7
200	5.9	7.3	8.7	9.6	11.9
225	6.6	7.9	9.8	10.8	13.4
250	7.3	8.8	10.9	11.9	14.8
280	8.2	9.8	12.2	13.4	16.6
315	9.2	11.0	13.7	15.0	18.7
355	9.4	12.5	14.8	16.9	21.1
400	10.6	14.0	15.3	19.1	23.7
450	12.0	15.8	17.2	21.5	26.7
500	13.3	16.8	19.1	23.9	29.7
560	14.9	17.2	21.4	26.7	
800	21.2	24.8	30.6		

5.25 PPR管

5.25.1 概述与类型

PPR管又称三型聚丙烯管、无规共聚聚丙烯管、PPR管，具有节能节材、环保、轻质高强、耐腐蚀、内壁光滑不结垢、施工简便、维修简便等特点。

PPR管的类型见表5-50。

表5-50　　PPR的类型

名称	解说
抗菌型PPR管	抗菌型PPR管使用了金属离子型抗菌剂，因此，其具有抗菌性，例如对大肠杆菌、金黄色葡萄球菌等细菌具有抗性。抗菌型PPR管还具有耐热性高、不会分解失效、安全性好、对环境无污染等特点 抗菌管道的应用范围与PPR管道应用相同，主要是对产品抗菌性能提出了更高的要求。抗菌型PPR管适用于水质较差的区域或家庭直饮水系统
抗菌增强型PPR管	抗菌增强型PPR管是在玻纤稳态PPR水管的基础上添加抗菌材料，性能特点除具备玻纤稳态PPR管特性外，还具有抗菌性能。抗菌增强型PPR管适用于高水压，周围环境较差的区域
增强型PPR管	增强型PPR管的耐压比传统PPR管提高了，强度也增高了，线性膨胀系数降低了，使用寿命提高了。增强型PPR管中间波纤层主要起有效阻隔管材周边污染源的渗入，保障水质的卫生的作用

5.25.2 PPR管的结构

PPR管的结构见表5-51。

表 5-51　　PPR 管的结构

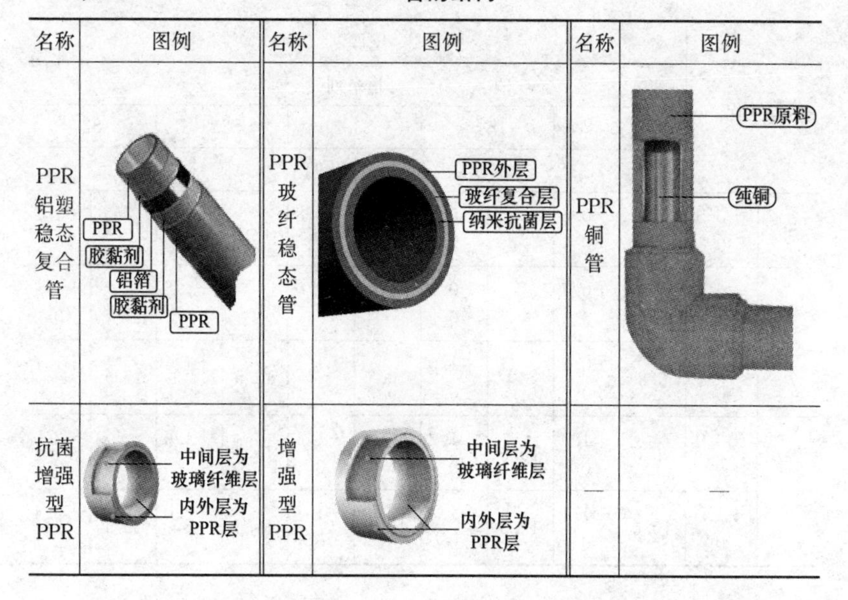

名称	图例	名称	图例	名称	图例
PPR铝塑稳态复合管	PPR、胶黏剂、铝箔、胶黏剂、PPR	PPR玻纤稳态管	PPR外层、玻纤复合层、纳米抗菌层	PPR铜管	PPR原料、纯铜
抗菌增强型PPR	中间层为玻璃纤维层、内外层为PPR层	增强型PPR	中间层为玻璃纤维层、内外层为PPR层	—	—

5.25.3　PPR 管材的公称外径与壁厚以及允许偏差

PPR 管材的公称外径与壁厚以及允许偏差见表 5-52。

表 5-52　　PPR 管材的公称外径与壁厚以及允许偏差　　单位：mm

<table>
<tr><td rowspan="4" colspan="2">公称外径 d_n</td><td colspan="10">壁厚 e_n</td></tr>
<tr><td colspan="10">管系列</td></tr>
<tr><td colspan="2">S5</td><td colspan="2">S4</td><td colspan="2">S3.2</td><td colspan="2">S2.5</td><td colspan="2">S2</td></tr>
<tr><td colspan="10">壁厚尺寸及偏差</td></tr>
<tr><td>20</td><td>+0.3
0</td><td>2.0</td><td>+0.3
0</td><td>2.3</td><td>+0.4
0</td><td>2.8</td><td>+0.4
0</td><td>3.4</td><td>+0.5
0</td><td>4.1</td><td>+0.6
0</td></tr>
<tr><td>25</td><td>+0.3
0</td><td>2.3</td><td>+0.4
0</td><td>2.8</td><td>+0.4
0</td><td>3.5</td><td>+0.5
0</td><td>4.2</td><td>+0.6
0</td><td>5.1</td><td>+0.7
0</td></tr>
<tr><td>32</td><td>+0.3
0</td><td>2.9</td><td>+0.4
0</td><td>3.6</td><td>+0.5
0</td><td>4.4</td><td>+0.6
0</td><td>5.4</td><td>+0.7
0</td><td>6.5</td><td>+0.8
0</td></tr>
<tr><td>40</td><td>+0.4
0</td><td>3.7</td><td>+0.5
0</td><td>4.5</td><td>+0.6
0</td><td>5.5</td><td>+0.7
0</td><td>6.7</td><td>+0.8
0</td><td>8.1</td><td>+1.0
0</td></tr>
</table>

续表

公称外径 d_n		壁厚 e_n									
		管系列									
		S5		S4		S3.2		S2.5		S2	
		壁厚尺寸及偏差									
50	+0.5 0	4.6	+0.6 0	5.6	+0.7 0	6.9	+0.8 0	8.3	+1.0 0	10.1	+1.2 0
63	+0.6 0	5.8	+0.7 0	7.1	+0.9 0	8.6	+1.0 0	10.5	+1.2 0	12.7	+1.4 0
75	+0.7 0	6.8	+0.8 0	8.4	+1.0 0	10.3	+1.2 0	12.5	+1.4 0	15.1	+1.7 0
90	+0.9 0	8.2	+1.0 0	10.0	+1.2 0	12.3	+1.4 0	15.0	+1.6 0	18.1	+2.0 0
110	+1.0 0	10.0	+1.1 0	12.3	+1.4 0	15.1	+1.7 0	18.3	+2.0 0	22.1	+2.4 0

5.25.4 PPR水管识别方法

PPR水管识别方法见表5-53。

表5-53　　PPR水管识别方法

项目	方法
产品测试单位	产品测试单位正规的PPR为专业单位，而伪PPR管可能是非专业单位
产品名称	PPR的产品名称正规为“冷热水用聚丙烯管”或冷热水用PPR管。如果为超细粒子改性聚丙烯管（PPR）、PPR冷水管、PPR热水管、PPE管等非正规名称的可能是伪PPR管
落地声	PPR管落地声较沉闷。伪PPR管落地声较清脆
密度	伪PPR的密度比PPR略大
手感	PPR管手感柔和。伪PPR管手感光滑
寿命	PPR管使用寿命均在50年以上。伪PPR管的使用寿命仅为1～5年
透光度	PPR管完全不透光。伪PPR管轻微透光或半透光
颜色	PPR管呈白色亚光或其他色彩的亚光。伪PPR管光泽明亮或彩色鲜艳

5.25.5 PPR 管的选择

安全、经济选用 PPR 管的方法见表 5-54。

表 5-54 安全、经济选用 PPR 管的方法

项目	方法
管道总体使用系数安全系数 C 的确定	一般场合且长期连续使温度＜70℃，可选安全系数 $C=1.25$。重要场合且长期连续使用温度≥70℃，且有可能较长时间在更高温度运行，可选安全系数 $C=1.5$
管件的 SDR 与管材的 SDR	管件的 SDR 应不大于管材的 SDR，即管件的壁厚应不小于同规格管材壁厚
针对冷水、热水的选择	用于冷水≤40℃的系统，可选择 PN1.0～1.6MPa 管材、管件。用于热水系统可以选用≥PN2.0MPa 管材、管件

5.25.6 使用注意事项

（1）PPR 管在 5℃以下存在一定低温脆性，因此，对于易受外力部位应覆盖保护物。

（2）PPR 管长期受紫外线照射易老化降解，因此，安装在阳光直射处、户外必须包扎深色防护层。

（3）PPR 管除了与金属管或用水器连接使用带螺纹嵌件或法兰等机械连接方式外，其余均应采用热熔连接。

（4）PPR 管的线膨胀系数较大，在明装或非直埋暗敷布管时必须采取防止管道膨胀变形的技术措施。

（5）PPR 管明敷或非直埋暗敷布管时，必须按规定安装支架、吊架。搬运、施工中注意保护。

（6）冷水管试压压力为系统工作压力的 1.5 倍，不得小于 10MPa。

（7）热水管试验压力为工作压力的 2 倍，不得小于 1.5MPa。

5.26 PPR管件

5.26.1 PPR 管件的功能

PPR 管件的功能如图 5-8 所示。

图 5-8　PPR 管件的功能

5.26.2 PPR 管件的用量

PPR 管件的用量见表 5-55。

表 5-55 PPR 管件的用量

名称	图例	二卫生间一厨房一般用量	一卫生间一厨房一般用量	一卫生间一厨房一阳台一般用量	二卫生间一厨房一阳台一般用量
45°弯头/只		10	5	5～10	10～15
90°弯头/只		70	40	20～30	30～40
PPR 热水管/m		80	40	—	—
堵头/只		13	7	10～20	20～30
管卡/只		60	40	10～20	15～40
过桥弯/根		3	1	1～2	3～4

续表

名称	图例	二卫生间一厨房一般用量	一卫生间一厨房一般用量	一卫生间一厨房一阳台一般用量	二卫生间一厨房一阳台一般用量
内丝三通/只		2	1	—	—
内丝直接/只		4	2	2～4	3～5
内丝直弯/只		13	7	10～12	17～20
生料带/卷		4	2	1～2	2～5
同径三通/只		14	7	4～8	5～10
外丝直接/只		2	1	1	1～2
外丝直弯/只		2	1	1	1～2
直接头/只		10	5	5～10	3～6

5.27 给水聚丙烯冷水管（PPR）水力计算

给水聚丙烯冷水管（PPR）水力计算见表 5-56、表 5-57。

表 5-56　给水聚丙烯冷水管（PPR）水力计算（一）

Q		D_e/mm									
		20(DN15)		25(DN20)		32(DN25)		40(DN32)		50(DN40)	
m^3/h	L/s	v/(m/s)	1000i/(Pa/m)	v/(m/s)	1000i/(Pa/m)	v/(m/s)	1000i/(Pa/m)	v/(m/s)	1000i/(Pa/m)	v/(m/s)	1000i/(Pa/m)
0.090	0.025	0.13	2.665								
0.108	0.030	0.16	3.683								
0.126	0.035	0.19	4.841								
0.144	0.040	0.21	6.135								
0.162	0.045	0.24	7.561								
0.180	0.050	0.27	9.115	0.15	2.381						
0.198	0.055	0.30	10.794	0.17	2.820						
0.216	0.060	0.32	12.596	0.18	3.291						
0.236	0.065	0.35	14.518	0.20	3.793						
0.252	0.070	0.38	16.558	0.21	4.326	0.13	1.359				
0.270	0.075	0.40	18.713	0.23	4.889	0.14	1.536				
0.288	0.080	0.43	20.983	0.24	5.482	0.15	1.722				
0.306	0.085	0.46	23.366	0.26	6.104	0.16	1.917				
0.324	0.090	0.48	25.859	0.28	6.756	0.17	2.122				
0.342	0.095	0.51	28.463	0.29	7.436	0.18	2.336				
0.360	0.100	0.54	31.174	0.31	8.144	0.19	2.558				
0.396	0.110	0.59	36.917	0.34	9.644	0.21	3.029	0.13	1.029		
0.432	0.120	0.64	43.078	0.37	11.254	0.23	3.535	0.14	1.201		
0.468	0.130	0.70	49.651	0.40	12.971	0.24	4.074	0.16	1.384		
0.504	0.140	0.75	56.627	0.43	14.794	0.26	4.647	0.17	1.578		
0.540	0.150	0.81	64.000	0.46	16.720	0.28	5.252	0.18	1.784		

续表

Q		D_e/mm									
		20(DN15)		25(DN20)		32(DN25)		40(DN32)		50(DN40)	
m^3/h	L/s	v/(m/s)	1000i/(Pa/m)	v/(m/s)	1000i/(Pa/m)	v/(m/s)	1000i/(Pa/m)	v/(m/s)	1000i/(Pa/m)	v/(m/s)	1000i/(Pa/m)
0.576	0.160	0.86	71.763	0.49	18.748	0.30	5.889	0.19	2.000		
0.612	0.170	0.91	79.911	0.52	20.877	0.32	6.558	0.20	2.227	0.13	0.763
0.648	0.180	0.97	88.439	0.55	23.104	0.34	7.257	0.22	2.465	0.14	0.844
0.684	0.190	1.02	97.342	0.58	25.430	0.36	7.988	0.23	2.713	0.15	0.929
0.720	0.200	1.07	106.615	0.61	27.853	0.38	8.749	0.24	2.971	0.15	1.018
0.900	0.250	1.34	158.394	0.76	41.380	0.47	12.998	0.30	4.414	0.19	1.512
1.080	0.300	1.61	218.880	0.92	57.181	0.57	19.962	0.36	6.100	0.23	2.090
1.260	0.350	1.88	287.719	1.09	75.165	0.66	23.611	0.42	8.018	0.27	2.747
1.440	0.400	2.15	364.625	1.22	95.257	0.75	29.922	0.48	10.162	0.31	3.482
1.620	0.450	2.42	449.357	1.38	117.393	0.85	36.875	0.54	12.523	0.34	4.291
1.800	0.500	2.68	541.708	1.53	141.519	0.94	44.454	0.60	15.097	0.38	5.172
1.980	0.550	2.95	461.499	1.68	167.589	1.04	52.643	0.66	17.878	0.42	6.125
2.160	0.600			1.84	195.561	1.13	61.429	0.72	20.862	0.46	7.148
2.340	0.650			1.99	225.398	1.22	70.801	0.78	24.045	0.50	8.238
2.520	0.700			2.14	257.067	1.32	80.749	0.84	27.423	0.54	9.396
2.700	0.750			2.29	290.536	1.41	91.262	0.90	30.994	0.57	10.619
2.880	0.800			2.45	325.779	1.51	102.333	0.96	34.753	0.61	11.907
3.060	0.850			2.60	362.770	1.60	113.952	1.02	38.699	0.65	13.259
3.240	0.900			2.75	401.484	1.70	126.113	1.08	42.829	0.69	14.674
3.420	0.950			2.91	441.899	1.79	138.808	1.14	47.141	0.73	16.151
3.600	1.000			3.06	483.996	1.88	152.031	1.20	51.632	0.76	17.690
3.780	1.050					1.98	165.777	1.26	56.300	0.80	19.289
3.960	1.100					2.07	180.038	1.32	61.143	0.84	20.949
4.140	1.150					2.17	194.810	1.38	66.160	0.88	22.667
4.320	1.200					2.26	210.088	1.44	71.348	0.92	24.445
4.500	1.250					2.35	225.866	1.50	76.707	0.96	26.281
4.680	1.300					2.45	242.141	1.56	82.234	0.99	28.175
4.860	1.350					2.54	258.908	1.62	87.928	1.03	30.126
5.040	1.400					2.64	276.162	1.68	93.788	1.07	32.133
5.220	1.450					2.73	293.901	1.74	99.812	1.11	34.197
5.400	1.500					2.83	312.118	1.80	105.999	1.15	36.317

续表

Q		D_e/mm									
		20(DN15)		25(DN20)		32(DN25)		40(DN32)		50(DN40)	
m^3/h	L/s	v/(m/s)	1000i/(Pa/m)	v/(m/s)	1000i/(Pa/m)	v/(m/s)	1000i/(Pa/m)	v/(m/s)	1000i/(Pa/m)	v/(m/s)	1000i/(Pa/m)
5.580	1.550					2.92	330.813	1.86	112.348	1.19	38.429
5.760	1.600					3.01	349.979	1.92	118.857	1.22	40.722
5.940	1.650							1.98	125.526	1.26	43.007
6.120	1.700							2.04	132.352	1.30	45.346
6.300	1.750							2.10	139.337	1.34	47.739
6.480	1.800							2.16	146.477	1.38	50.185
6.660	1.850							2.22	153.772	1.42	52.685
6.840	1.900							2.28	161.222	1.45	55.237
7.020	1.950							2.34	168.825	1.49	57.842
7.200	2.000							2.40	176.580	1.53	60.500
7.860	2.100							2.52	192.545	1.61	65.969
7.920	2.200							2.64	209.109	1.68	71.644
8.280	2.300							2.76	226.267	1.76	77.523
8.640	2.400							2.88	244.012	1.84	83.603
9.000	2.500							3.00	262.338	1.91	89.882
9.360	2.600									1.99	96.358
9.720	2.700									2.07	103.030
10.080	2.800									2.14	109.896
10.440	2.900									2.22	116.955
10.800	3.000									2.29	124.205
11.160	3.100									2.37	131.644
11.520	3.200									2.45	139.271
11.880	3.300									2.52	147.085
12.240	3.400									2.60	155.085
12.600	3.500									2.68	163.268
12.960	3.600									2.75	171.635
13.320	3.700									2.83	180.183
1380	3.800									2.91	188.913
14.010	3.900									2.98	197.821
14.400	4.000									3.06	206.909

注 1. T=20℃，v=0.0101cm/s；

2. 公称压力1.25MPa；

3. i为管道单位长度水头损失。

表 5-57　　给水聚丙烯冷水管（PPR）水力计算（二）

Q		D_e/mm							
		63(DN50)		75(DN70)		90(DN80)		110(DN100)	
m³/h	L/s	v/(m/s)	1000i/(Pa/m)	v/(m/s)	1000i/(Pa/m)	v/(m/s)	1000i/(Pa/m)	v/(m/s)	1000i/(Pa/m)
1.080	0.300	0.14	0.694						
1.260	0.350	0.17	0.694						
1.440	0.400	0.19	1.156	0.14	0.502				
1.620	0.450	0.22	1.425	0.15	0.619				
1.800	0.500	0.24	1.717	0.17	0.747				
1.980	0.550	0.27	2.034	0.19	0.884				
2.160	0.600	0.29	2.373	0.20	1.032				
2.340	30.650	0.31	2.735	0.22	1.189				
2.520	0.700	0.34	3.119	0.24	1.356	0.16	0.562		
2.700	0.750	0.36	3.526	0.25	1.533	0.18	0.635		
2.880	0.800	0.39	3.953	0.27	1.718	0.19	0.712		
3.060	0.850	0.14	4.402	0.29	1.914	0.20	0.793		
3.240	0.900	0.43	4.872	0.31	2.118	0.21	0.878	0.14	0.336
3.420	0.950	0.46	5.362	0.32	2.331	0.22	0.966	0.15	0.370
3.600	1.000	0.48	5.873	0.34	2.553	0.24	1.058	0.16	0.405
3.780	1.050	0.51	6.404	0.36	2.784	0.25	1.154	0.17	0.442
3.960	1.100	0.53	6.955	0.37	3.023	0.26	1.253	0.17	0.480
4.140	1.150	0.55	7.526	0.39	3.271	0.27	1.356	0.18	0.519
4.320	1.200	0.58	8.116	0.41	3.528	0.28	1.462	0.19	0.560
4.500	1.250	0.60	8.726	0.42	3.793	0.29	1.572	0.20	0.602
4.680	1.300	0.63	9.354	0.44	4.066	0.31	1.685	0.20	0.645
4.860	1.350	0.65	10.002	0.46	4.348	0.32	1.802	0.21	0.690
5.040	1.400	0.67	10.002	0.48	4.638	0.33	1.922	0.22	0.736
5.220	1.450	0.70	11.354	0.49	4.936	0.34	2.046	0.23	0.783
5.400	1.500	0.72	12.058	0.51	5.241	0.35	2.172	0.24	0.831
5.580	1.550	0.75	12.780	0.53	5.555	0.36	2.302	0.24	0.881
5.760	1.600	0.77	13.520	0.54	5.877	0.38	2.436	0.25	0.932
5.940	1.650	0.80	14.279	0.56	6.207	0.39	2.573	0.26	0.985
6.120	1.700	0.82	15.055	0.58	6.545	0.40	2.712	0.27	1.038

续表

Q		D_e/mm							
		63(DN50)		75(DN70)		90(DN80)		110(DN100)	
m³/h	L/s	v/(m/s)	1000i/(Pa/m)	v/(m/s)	1000i/(Pa/m)	v/(m/s)	1000i/(Pa/m)	v/(m/s)	1000i/(Pa/m)
6.300	1.750	0.84	15.850	0.59	6.890	0.41	2.856	0.28	1.093
6.480	1.800	0.87	16.662	0.61	7.243	0.42	3.002	0.28	1.149
6.660	1.850	0.89	17.492	0.63	7.604	0.43	3.151	0.29	1.206
6.840	1.900	0.92	18.339	0.65	7.972	0.45	3.304	0.30	1.265
7.020	1.950	0.94	19.204	0.66	8.348	0.46	3.460	0.31	1.324
7.200	2.000	0.96	20.087	0.68	8.732	0.47	3.619	0.31	1.385
7.860	2.100	1.01	21.903	0.71	9.521	0.49	3.946	0.33	1.510
7.920	2.200	1.06	23.787	0.75	10.340	0.52	4.285	0.35	1.640
8.280	2.300	1.11	25.739	0.78	11.188	0.54	4.637	0.36	1.775
8.640	2.400	1.16	27.757	0.82	12.066	0.56	5.001	0.38	1.914
9.000	2.500	1.20	29.842	0.85	12.972	0.59	5.376	0.39	2.058
9.360	2.600	1.25	31.992	0.88	13.907	0.61	5.764	0.41	2.206
9.720	2.700	1.30	34.207	0.92	14.840	0.63	6.163	0.42	2.359
10.080	2.800	1.35	36.487	0.95	15.861	0.66	6.574	0.44	2.516
10.440	2.900	1.40	38.830	0.99	16.879	0.68	6.996	0.46	2.678
10.800	3.000	1.45	41.237	1.02	17.926	0.71	7.429	0.47	2.844
11.160	3.100	1.49	43.707	1.05	18.999	0.73	7.874	0.49	3.014
11.520	3.200	1.54	46.240	1.09	21.100	0.75	8.331	0.50	3.189
11.880	3.300	1.59	48.834	1.12	21.228	0.78	8.798	0.52	3.367
12.240	3.400	1.64	51.490	1.16	22.383	0.80	9.277	0.53	3.551
12.600	3.500	1.69	54.207	1.19	23.564	0.82	9.766	0.55	3.738
12.960	3.600	1.73	56.985	1.22	24.771	0.85	10.266	0.57	3.930
13.320	3.700	1.78	59.823	1.26	26.005	0.87	10.778	0.58	4.125
2680	3.800	1.83	62.721	1.29	27.265	0.89	11.300	0.60	4.325
14.010	3.900	1.88	65.679	1.33	28.551	0.92	11.833	0.61	4.529
14.400	4.000	1.93	68.696	1.36	29.861	0.94	12.376	0.63	4.737
14.760	4.100	1.98	71.772	1.39	31.199	0.96	12.931	0.64	4.949
15.120	4.200	2.02	74.907	1.43	32.562	0.99	13.495	0.66	5.165
15.480	4.300	2.07	78.100	1.46	33.950	1.01	14.071	0.68	5.386
15.840	4.400	2.12	81.351	1.50	35.363	1.03	14.656	0.69	5.610
16.200	4.500	2.17	84.660	1.53	36.801	1.06	15.252	0.71	5.838

续表

Q		D_e/mm							
		63(DN50)		75(DN70)		90(DN80)		110(DN100)	
m^3/h	L/s	v/(m/s)	1000i/(Pa/m)	v/(m/s)	1000i/(Pa/m)	v/(m/s)	1000i/(Pa/m)	v/(m/s)	1000i/(Pa/m)
16.560	4.600	2.22	88.026	1.56	38.265	1.08	15.859	0.72	6.070
16.920	4.700	2.27	91.449	1.60	39.753	1.10	16.476	0.74	6.306
17.280	4.800	2.31	94.929	1.63	41.265	1.13	17.103	0.75	6.546
17.640	4.900	2.36	98.466	1.67	42.803	1.15	17.740	0.77	6.790
18.000	5.000	2.41	102.059	1.70	44.365	1.18	18.387	0.79	7.038
18.360	5.100	2.46	105.708	1.73	45.951	1.20	19.045	0.80	7.289
18.720	5.200	2.51	109.413	1.77	47.561	1.22	19.712	0.82	7.545
19.080	5.300	2.55	113.173	1.80	49.196	1.25	20.390	0.83	7.804
19.440	5.400	2.60	116.989	1.84	50.855	1.27	21.077	0.85	8.067
19.800	5.500	2.65	120.860	1.87	52.537	1.29	21.774	0.86	8.334
20.160	5.600	2.70	124.785	1.90	54.244	1.32	22.482	0.88	8.605
20.520	5.700	2.75	128.766	1.94	55.974	1.34	23.199	0.90	8.879
20.880	5.800	2.80	132.800	1.97	57.728	1.36	23.926	0.91	9.158
21.240	5.900	2.84	136.889	2.01	59.505	1.39	24.662	0.93	9.440
21.600	6.000	2.89	141.032	2.04	61.306	1.41	25.409		9.725
21.960	6.100	2.94	145.229	2.07	63.131	1.43	26.165	0.96	10.015
22.320	6.200	2.99	149.479	2.11	64.978	1.46	26.930	0.97	10.308
22.680	6.300	3.04	153.783	2.14	66.849	1.48	27.706	0.99	10.605
23.040	6.400			2.18	68.743	1.50	28.491	1.01	10.905
23.400	6.500			2.21	70.660	1.53	29.285	1.02	11.209
23.760	6.600			2.24	72.600	1.55	30.089	1.04	11.517
24.120	6.700			2.28	74.563	1.57	30.903	1.05	11.828
24.480	6.800			2.31	76.548	1.60	31.726	1.07	12.143
24.840	6.900			2.35	78.557	1.62	32.558	1.08	12.462
25.200	7.000			2.38	80.588	1.65	33.400	1.10	12.784
25.560	7.100			2.41	82.641	1.67	34.251	1.12	13.110
25.920	7.200			2.45	84.717	1.69	35.111	1.13	13.439
26.280	7.300			2.48	86.716	1.72	35.981	1.15	13.772
26.640	7.400			2.52	88.917	1.74	36.860	1.16	14.108
27.000	7.500			2.55	91.080	1.76	37.749	1.18	14.448
37.360	7.600			2.58	93.245	1.79	37.646	1.19	14.792

续表

Q		D_e/mm							
		63(DN50)		75(DN70)		90(DN80)		110(DN100)	
m^3/h	L/s	v/(m/s)	1000i/(Pa/m)	v/(m/s)	1000i/(Pa/m)	v/(m/s)	1000i/(Pa/m)	v/(m/s)	1000i/(Pa/m)
37.720	7.700			2.62	95.433	1.81	39.553	1.21	15.139
28.080	7.800			2.65	97.643	1.83	40.486	1.23	15.490
28.440	7.900			2.69	99.875	1.86	41.393	1.24	15.844
28.800	8.000			2.72	102.128	1.88	42.327	1.26	16.201
29.160	8.100			2.75	104.404	1.90	43.271	1.27	16.562
29.520	8.200			2.79	106.701	1.93	44.223	1.29	16.927
29.880	8.300			2.82	109.021	1.95	45.184	1.30	17.294
30.240	8.400			2.86	111.362	1.97	46.154	1.32	17.666
30.600	8.500			2.89	113.724	2.00	47.134	1.34	18.041
30.960	8.600			2.92	116.109	2.02	48.122	1.35	18.419
31.320	8.700			2.96	118.515	2.04	49.119	1.37	18.800
31.680	8.800			2.99	120.942	2.07	50.125	1.38	19.186
32.040	8.900			3.03	123.391	2.09	51.140	1.40	19.574
32.400	9.000			3.06	125.861	2.12	52.164	1.41	19.966
32.760	9.100			3.09	128.352	2.14	53.196	1.43	20.361
33.120	9.200			3.13	130.865	2.16	54.238	1.45	20.760
33.480	9.300			3.16	133.399	2.19	55.288	1.46	21.162
33.840	9.400					2.21	56.347	1.48	21.567
34.200	9.500					2.23	57.415	1.49	21.976
34.560	9.600					2.26	58.491	1.51	22.388
34.920	9.700					2.28	59.576	1.52	22.803
35.280	9.800					2.30	60.670	1.54	23.222
35.640	9.900					2.33	61.773	1.56	23.644
36.000	10.000					2.35	62.884	1.57	24.069
36.900	10.250					2.41	65.700	1.61	25.147
37.800	10.500					2.47	68.570	1.65	26.245
38.700	10.750					2.53	71.492	1.69	27.364
39.600	11.000					2.59	74.468	1.73	28.503
40.500	11.250					2.64	77.497	1.77	29.662
41.400	11.500					2.70	80.597	1.81	30.842

续表

Q		D_e/mm							
		63(DN50)		75(DN70)		90(DN80)		110(DN100)	
m^3/h	L/s	v/(m/s)	$1000i$/(Pa/m)	v/(m/s)	$1000i$/(Pa/m)	v/(m/s)	$1000i$/(Pa/m)	v/(m/s)	$1000i$/(Pa/m)
42.300	11.750					2.76	83.712	1.85	32.041
43.200	12.000					2.82	86.898	1.89	33.261
44.100	12.250					2.88	90.135	1.93	34.500
45.000	12.500					2.94	93.424	1.97	35.759
45.900	12.750					3.00	96.746	2.00	37.037
46.800	13.000					3.06	100.156	2.04	38.335
47.700	13.250							2.08	39.653
48.600	13.500							2.12	40.990
49.500	13.750							2.16	42.346
50.400	14.000							2.20	43.721
51.300	14.250							2.24	45.116
52.200	14.500							2.28	46.530
53.100	14.750							2.32	47.962
54.000	15.000							2.36	49.414
55.800	15.500							2.44	52.373
57.600	16.000							2.52	55.408
59.400	16.500							2.59	58.517
61.200	17.000							2.67	61.700
63.000	17.500							2.75	64.955
64.800	18.000							2.83	68.284
66.600	18.500							2.91	71.684
68.400	19.000							2.99	75.157
70.200	19.500							3.07	78.702

注 1. $T=20℃$，$v=0.0101$cm/s；

2. 公称压力 1.25MPa；

3. i 为管道单位长度水头损失。

5.28 排 水 管

5. 28. 1 排水 UPVC 管管材外径和壁厚

排水 UPVC 管管材外径和壁厚见表 5-58。

表 5-58　排水 UPVC 管管材外径和壁厚

公称外径/mm	平均外径/极限偏差/mm	壁厚/mm		长度/mm	
		基本尺寸	极限尺寸	基本尺寸	极限偏差
40	+0.3/0	2.0	+0.4	4000/6000	±10
50	+0.3/0	2.0	+0.4		
75	+0.3/0	2.3	+0.4		
90	+0.3/0	3.2	+0.6		
110	+0.4/0	3.2	+0.6		
125	+0.4/0	3.2	+0.6		
160	+0.5/0	4.0	+0.6		

5. 28. 2 PVC-U 排水管管件

PVC-U 排水管管件外形见表 5-59。

表 5-59　PVC-U 排水管管件外形

名称	图例	名称	图例
45°弯头		90°弯头	

续表

名称	图例	名称	图例
P形弯		消音双联斜三通（H管）	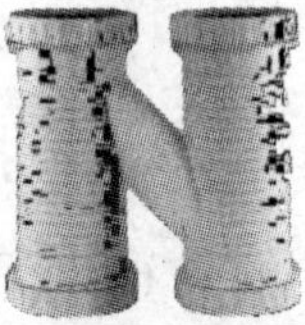
S形弯		消音套管接头（带口）	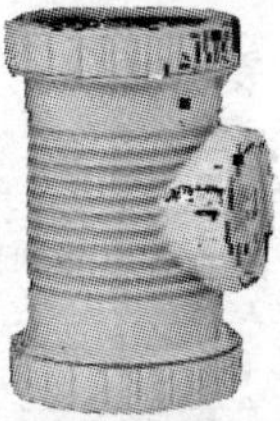
三通		消音异径接头	
套管接头（带口）		斜三通	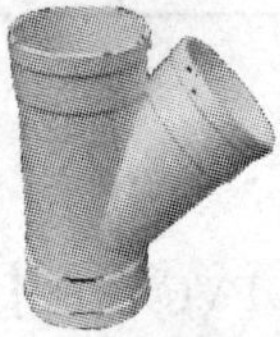
透气帽	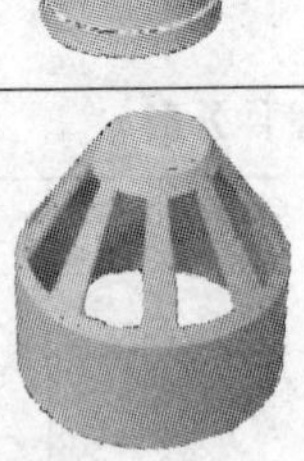	异径三通	
消音90°弯头		预埋地漏	

续表

名称	图例	名称	图例
圆地漏		45°弯头（带口）	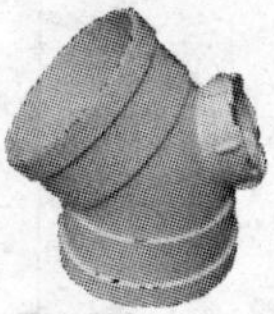
异径接头（补芯）		90°弯头（带口）	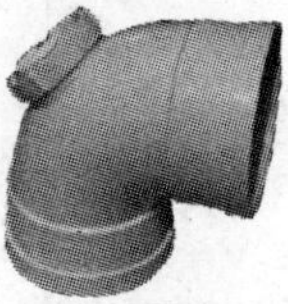
大便器接口		P形弯（带口）	
止水环		S形存水弯（带口）	
立体四通	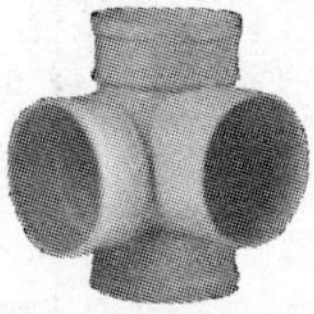	双联斜三通（H管）	
四通		套管接头（直接）	

续表

名称	图例	名称	图例
洗衣机地漏		雨水斗	
消音三通	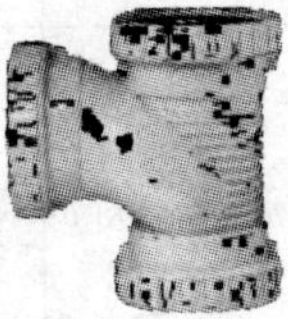	预埋防漏接头	
消音四通	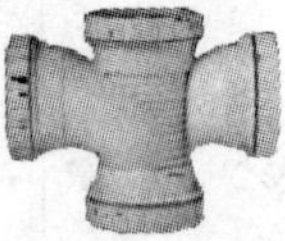	止水环	
消音斜三通	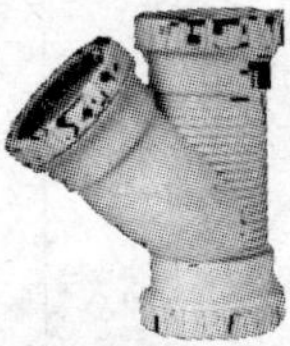	存水弯（C弯）	
消音异径三通		方地漏	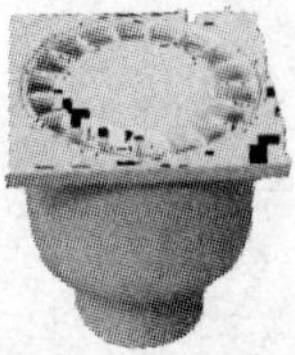
斜四通		圆地漏	

续表

名称	图例	名称	图例
清扫口		瓶形三通	

5.29 水 龙 头

5.29.1 分类

水龙头的分类见表5-60。

表5-60 水龙头的分类

依据	分类
安装尺寸	单孔水龙头、4寸3孔水龙头、8寸3孔水龙头、入墙式水龙头等
操作	自动水龙头、手动水龙头、自动恢复水龙头等
阀体安装型	台式暗装水龙头、壁式明装水龙头、台式明装水龙头、壁式暗装水龙头等
阀体材料	不锈钢水龙头、铜合金水龙头、塑料水龙头等
阀芯	陶瓷阀芯水龙头、合金水龙头等
控制方式	肘控制水龙头、脚踏控制水龙头、单柄控制水龙头、双柄控制水龙头、感应控制水龙头、电子控制水龙头等
密封件材料	铜合金水龙头、陶瓷水龙头、橡胶水龙头、工程塑料水龙头、不锈钢水龙头等
启闭结构	弹簧式水龙头、平面式水龙头、螺旋升降式水龙头、柱塞式水龙头、圆球式水龙头、铰链式水龙头等
手柄	单柄水龙头、双柄水龙头、单柄双控、双柄双控等
温度	恒温水龙头、单冷水龙头等

续表

依据	分类	
用途	面盆水龙头	单枪式水龙头
		三孔式水龙头
	厨房水龙头	壁面出水水龙头
		台面嵌入水龙头
	缸上和淋浴水龙头	单枪式水龙头
		三孔式水龙头
		五孔式水龙头
		壁面式水龙头
		附缸式水龙头

5.29.2 特点

常用水龙头的特点见表 5-61。

表 5-61　常用水龙头的特点

名称	特点
带 180°开关水龙头	一般采用陶瓷芯片作为密封件，具有冷、热水可调节、开启方便、款式多等特点
带 90°开关的龙头	陶瓷芯片密封，具有冷、热水可调节等特点
单柄水龙头	一般采用陶瓷阀芯作为密封件，具有开关灵活、温度调节简便、使用寿命长等特点
单枪式水龙头	冷水管与热水管接在同一机心内
螺旋稳升式水龙头	具有出水量大、价格低等特点
三孔式水龙头	冷水管与热水管分别接在不同的控制钮下
三联浴缸水龙头	具有有两个出水口，一个连接浴缸花洒，一个连接花洒下面的水龙头
双联面盆水龙头	出口水较短、较低
滤水水龙头	水龙头内置隔膜装置，可以去除水中的杂质
恒温水龙头	采用石蜡温控阀芯，当水温超过一定数值时，水龙头会自动限流，防止烫伤

常用面盆水龙头的特点见表5-62。

表5-62　　常用面盆水龙头的特点

名称	特点
挂墙式面盆水龙头	挂墙式面盆水龙头是指从面盆对着的那堵墙延伸出来的水龙头，水管都是埋在墙壁里
坐式面盆水龙头	坐式面盆水龙头是指常规的与面盆孔对接水管，与面盆相连接的水龙头
单把单孔面盆水龙头	单把单孔面盆水龙头是指水龙头的入水管接口只有一个，水龙头阀门也只有一个，该种水龙头一般是在只有冷水流入的情况下使用
双把双孔面盆水龙头	双把双孔面盆水龙头是指水龙头的入水管接口有两个，将冷热水分开，龙头控制的阀门也有两个，一个控制热水，一个控制冷水
单把双孔面盆水龙头	单把双孔面盆水龙头是指水龙头的入水管接口有两个，水龙头阀门有一个。该种水龙头一般是通过左右或者上下的转动阀门达到调节冷热水的目的
双把单孔面盆水龙头	双把单孔面盆水龙头是指水龙头的入水管接口有一个，水龙头的阀门有两个

5.29.3　选择

根据水源特点选择水龙头的方法见表5-63。

表5-63　　根据水源特点选择水龙头的方法

水源特点	水龙头
单一供水	应选择一个进水口的水龙头
冷、热水分流供应	一个进水口的水龙头就不能选用
经常性的手上带油、肥皂液时使用	不应选择旋转式的水龙头，应选择抬启式的水龙头
需要很快地调节水的温度和流量	不宜选用双柄式的水龙头，应选择单柄式的
需要变换用水的位置，	不宜选用固定式的水龙头，应选择移动式的

选择拖把池水龙头的方法见表5-64。

表 5-64　　选择拖把池水龙头的方法

项目	方法
材质	常见水龙头的材质多以铜为主，部分是锌铝合金的。一般铜材质的水龙头掂量起来比较重。壁较厚的水龙头，看起来有质感，镀层质量也相对要好一些。壁薄的水龙头镀层不结实，容易脱落
零部件	一般的水龙头是陶瓷阀芯的，有的是进口陶瓷阀芯，有的是国产陶瓷阀芯。这两种陶瓷阀芯的用料、加工精度不同，影响到水龙头的使用寿命
转手柄	上下、左右转动手柄，如果感觉轻便、无阻滞感则说明阀芯是好的
看外表	外表镀层光亮如镜，说明是质优
试水流	试水流时发泡丰富说明是质优

浴缸淋浴水龙头选择方法见表 5-65。

表 5-65　　浴缸淋浴水龙头选择方法

项目	方法
看外表	优质水龙头表面镀铬光亮，即表面越光滑越亮说明质量越好
转把柄	优质水龙头在转动把手时，水龙头与开关间没有过渡的间隙，关开轻松无阻、不打滑。劣质的水龙头间隙大受阻感也大
听声音	优质水龙头是整体浇铸铜，敲打起来声音沉闷。如果声音很脆，可能采用的是不锈钢材料，质量就要差一些
识标记	如果标识分辨不清，说明水龙头可能是劣质的

浴缸淋浴水龙头的选购需要考虑水龙头的款式与装修风格的协调性，具体见表 5-66。

表 5-66　　搭配浴缸淋浴水龙头

项目	搭配
颜色选择	水龙头以不锈钢镀铬最为常见，另外，还有一些色彩鲜艳的水龙头，不同的水龙头适应不同的风格：不锈钢镀铬水龙头一般以简约风格为主。古铜色水龙头一般以中式为主。金色水龙头一般搭配欧式风格
造型选择	水龙头的手柄与出水管造型各式各样，一般为流线型。各种直线或曲线水龙头造型能够与简约风格的装修搭配

选购面盆水龙头的方法见表 5-67。

表 5-67 选购面盆水龙头的方法

项目	方法
看外表	水龙头的表面镀铬越光滑越亮代表质量越好
转把柄	优质水龙头转动把手时，没有过渡的间隙，关开轻松无阻，不打滑
听声音	优质水龙头敲打起来声音沉闷

5.29.4 优劣的判断

水龙头优劣的判断方法见表 5-68。

表 5-68 水龙头优劣的判断方法

项目	方法
阀芯结构	有的好水龙头采用单片阀芯无垫圈阀芯结构，最大可能解决滴漏问题。这样的一体装置更加可靠、质优
看外表	水龙头的表面镀铬工艺是很讲究的，一般都是经过几道工序才完成的。因此，判断水龙头的优劣可以根据其外表来判断： （1）表面越光滑越亮的水龙头代表质量越好。 （2）具有表层不易褪色、耐腐蚀、不易剥落等特性的水龙头质量越好
识标记	（1）一般正规的水龙头均有生产厂家等标识。 （2）一些非正规、一些质次的水龙头往往仅粘贴一些纸质的标签，甚至没有任何标识
听声音	（1）优质水龙头一般是整体浇铸铜，轻敲声音沉闷。 （2）轻敲水龙头，如果声音很脆，说明可能是不锈钢的水龙头
压力平衡	开动洗衣机或冲厕所时，根据恒温水龙头（淋浴）水温是否忽冷忽热来判断：如果不出现忽冷忽热现象，则说明恒温水龙头压力平衡性较好
转把柄	（1）转动把手时，优质水龙头与开关间没有过度的间隙，而且关开轻松无阻、不打滑。 （2）转动把手时，劣质的水龙头与开关间间隙大，受阻感也大

5.29.5 安装注意事项

（1）安装水龙头前先需要放水冲洗净水管中的泥沙杂质，除去安装孔内的杂物。

（2）检查水龙头包装盒内的配件不得掺入杂质，以免堵塞或者磨损陶瓷阀芯。

（3）水龙头接管时左边是热水，右边是冷水，两管相距100～200mm。

（4）待墙面泥水工完成以后，再安装水龙头，以免龙头表面镀层被磨损、刮花。冲淋之类的进口产品，应预先安装增压泵，以保证出水正常。

（5）双给水龙头具有两个预留口，应在同一水平线，并且与盆池等轴线对称，预留口平面中心轴与墙面垂直。

（6）一些水龙头需要在安装水管前买好，原则上只要确定台盆水龙头、浴缸水龙头、洗衣机等位置就可以了。但是，实际工作可能因为不同类型的水龙头而有所不同，因此，对于需要确定冷热水管间的距离等要求的水龙头最好是安装水管前买好，例如洗澡用的花洒水龙头就应在安装水管前买好。

5.29.6 保养方法

（1）不要采用碱性清洁剂、钢丝球来擦拭水龙头，以免将具有电镀层的水龙头的电镀层损坏。可以采用布涂上牙膏的方式来清洁。

（2）单柄龙头在使用过程中，要慢慢开启与关闭。

（3）双柄龙头在使用过程中，不能关得太死，以免水栓脱落等。

5.30 阀　门

5.30.1 种类

阀门的种类见表5-69。

表5-69　　阀门的种类

依据	种类	解说
根据结构特征——关闭件相对于阀座移动的方向	闸门式阀门	关闭件沿着垂直阀座中心移动的一种阀门
	截门式阀门	关闭件沿着阀座中心移动的一种阀门
	滑阀式阀门	关闭件在垂直于通道的方向滑动的一种阀门
	蝶式阀门	关闭件的圆盘，围绕阀座内的轴旋转的一种阀门
	旋启式阀门	关闭件围绕阀座外的轴旋转的一种阀门
	旋塞、球形阀门	关闭件是柱塞或球，围绕本身的中心线旋转的一种阀门
根据用途	安全阀	在介质压力超过规定值时，用来排放多余的介质，保证管路系统及设备安全的一种阀门，如安全阀、事故阀
	分配用	用来改变介质流向、分配介质的一种阀门，如三通旋塞、分配阀、滑阀
	调节用	用来调节介质的压力与流量的一种阀门，如调节阀、减压阀
	止回用	用来防止介质倒流的一种阀门，如止回阀
	开断用	用来接通或切断管路介质的一种阀门，如截止阀、闸阀、球阀、蝶阀等
	其他特殊用途	如疏水阀、放空阀、排污阀
根据驱动方式	气动	借助压缩空气来驱动的一种阀门
	液动	借助（水、油）来驱动的一种阀门
	电动	借助电机或其他电气装置来驱动的一种阀门
	手动	借助手轮、手柄、杠杆或链轮等用人力驱动，传动较大力矩时，装有蜗轮、齿轮等减速装置的一种阀门
根据压力	真空阀	绝对压力＜0.1MPa，即760mm汞柱高的一种阀门，通常用毫米汞柱或毫米水柱表示压力

续表

依据	种类	解说
根据压力	低压阀	公称压力 P_N≤1.6MPa 的一种阀门（包括 P_N≤1.6MPa 的钢阀）
	中压阀	公称压力 P_N=2.5～6.4MPa 的一种阀门
	高压阀	公称压力 P_N=10.0～80.0MPa 的一种阀门
	超高压阀	公称压力 P_N≥100.0MPa 的一种阀门
根据介质温度	普通阀门	适用于介质温度－40～425℃的一种阀门
	高温阀门	适用于介质温度 425～600℃的一种阀门
	耐热阀门	适用于介质温度 600℃以上的一种阀门
	低温阀门	适用于介质温度－40～－150℃的一种阀门
	超低温阀门	适用于介质温度－150℃以下的一种阀门
根据公称通径分	小口径阀门	公称通径 D_N<40mm 的一种阀门
	中口径阀门	公称通径 D_N=50～300mm 的一种阀门
	大口径阀门	公称通径 D_N=350～1200mm 的一种阀门
	特大口径阀门	公称通径 D_N≥1400mm 的一种阀门
根据与管道连接方式	卡套连接阀门	采用卡套与管道连接的一种阀门
	夹箍连接阀门	阀体上带有夹口，与管道采用夹箍连接的一种阀门
	焊接连接阀门	阀体带有焊口，与管道采用焊接连接的一种阀门
	螺纹连接阀门	阀体带有内螺纹或外螺纹，与管道采用螺纹连接的一种阀门
	法兰连接阀门	阀体带有法兰，与管道采用法兰连接的一种阀门

5.30.2 阀门的识读

阀门的识读方法见表 5-70。

表 5-70　阀门的识读方法

阀门型号的命名规律如下： ［阀门类型代号］［传动方式代号］［连接形式代号］［结构形式代号］［阀座密封面或衬里材料代号］［公称压力数值］［阀体材料代号］				
阀门类型——汉语拼音字母	A——安全阀 G——隔膜阀 L——节流阀 T——调节阀	DZ——电磁阀 H——止回阀和底阀 Q——球阀 X——旋塞阀	D——蝶阀 J——截止阀 S——疏水阀 Y——减压阀	Z——闸阀
传动方式——一位数字	O——电磁动 4——正齿轮转动 8——气-液动	1——电磁-液动 5——伞齿轮转动 9——电动	2——电-液动 6——气动 其他手轮、手柄、扳手无数字表示	3——蜗轮 7——液动

续表

连接形式——一位数字	1——内螺纹　2——外螺纹　3——法兰（用于双弹簧安全阀） 4——法兰　5——法兰（用于杠杆式、安全门、单弹簧安全门） 6——焊接　7——对夹　8——卡箍　9——卡套

结构形式——一位数字	名称	1	2	3	4	5	6	7	8	9	10
	闸阀	明杆楔式单闸阀	明杆楔式双闸阀	—	明杆平行式双闸阀	暗杆楔式双闸阀	暗杆楔式双闸阀	—	暗杆平行式	—	—
	截止阀、节流阀	直通式（铸造）	角式（铸造）	直通式（锻造）	角式（锻造）	直流工式	—	—	直通式（无填料）	压力计用	—
	隔膜阀	直通式	角式	—	—	直流式	—	—	—	—	—
	球阀	直通式（铸造）	—		直通式（铸造）	—	—	—	—	—	—
	旋塞阀	直通式	调节式	直通填料式	三通填料式	四通填料式		油封式	三通油封式	液面指标器用	—
	止回阀	直通升降式（锻造）	立式升降式	直通升降式（锻造）	角瓣旋启式	多瓣旋启式	—		—	—	摇板式
	蝶阀	旋转偏心轴式	—	—	—	—	—	—	—	—	杠杆式
	弹簧式安全阀	封闭全启式	封闭全启式	封闭带扳手微启式	封闭带板手全启式	—	—	不封闭带扳手微启式	不封闭带扳手全启式	—	带散热器全启式
	杠杆式安全阀	单杆式微启式	单杠式微启式	双杠式微启式膜片	双杠式全启式	—	—	—	—	—	—
	减压阀	外弹簧薄膜式	内弹簧薄膜式	活塞式	波纹管式	杠杆弹簧式	气垫薄膜式	—	—	—	—

续表

密封面或衬里——汉语拼音字母	B——锡基轴（巴承合金氏合金） CJ——衬胶 CQ——衬铅 CS——衬塑料 D——掺氮钢 F——氟塑料 H——合金钢 J——硬橡胶 P——皮革（掺硼钢） S——塑料 SA——聚四氟乙烯 SB——聚三氟乙烯 SC——聚氟乙烯 SD——酚醛塑料 SN——锦纶 TC——搪瓷 T——铜合金 W——密封圈由阀体加工 X——橡胶 Y——硬质合金
阀体材料——汉语拼音字母	B——铅合金 Ⅱ——铬钼合金钢 L——铬合金 P——铬镍钛钢 Q——球墨铸铁 R——铬镍钼钛钢 T——铜合金 V(Ⅱ)——铬钼钒合金钢 X——可锻铸铁 Z——灰铸件（一般不表示）。

5.30.3 材料的特点

阀门阀体、阀盖、闸板常用材料的特点见表 5-71。

表 5-71 阀门阀体、阀盖、闸板常用材料的特点

名称	适用公称压力	温度与介质
不锈耐酸钢	≤6.4MPa	温度≤200℃硝酸、醋酸等介质
低温钢	≤6.4MPa	温度≥−196℃乙烯、丙烯、液态天然气
高温铜	≤17.0MPa	温度≤570℃的蒸汽、石油产品
灰铸铁	≤1.0MPa	温度为−10～200℃的水、蒸汽、空气、煤气、油品等介质
可锻铸铁	≤2.5MPa	温度为−30～300℃的水、蒸汽、空气、油品介质，
耐酸高硅球墨铸铁	≤0.25MPa	温度低于120℃的腐蚀性介质
球墨铸铁	≤4.0MPa	温度为−30～350℃的水、蒸汽、空气、油品等介质
碳素钢	≤32.0MPa	温度为−30～425℃的水、蒸汽、空气、氢、氮、石油制品等介质
铜合金	≤2.5MPa	水、海水、氧气、空气、油品等介质、温度−40～250℃的蒸汽介质

5.30.4 阀门垫片材料

常用阀门垫片材料常用的应用范围见表5-72。

表5-72 常用垫片材料常用的应用范围

名称	适用介质	应用压力/Mpa	应用温度/℃
厚纸板	水、油	≤10	40
铝	蒸汽、空气	64	350
铜	蒸汽、空气	100	250
橡胶板	水、空气	≤6	50
橡胶石棉板 XB-200	蒸汽、空气、煤气	≤15	200
油浸纸板	水、油	≤10	40

5.30.5 选择

民用阀门选择的经验方法见表5-73。

表5-73 民用阀门选择的经验方法

类型	方法
正常表面	无砂眼、电镀表面光泽均匀、龟裂、烧焦、露底、无脱皮、剥落、黑斑、麻点、喷涂表面组织应细密光滑等
管螺纹	螺纹表面无凹痕、断牙等
闸阀、球阀	选购时看阀体或手柄上标明的公称压力、结构长度是否符合要求
三角阀	根据实际情况选择是内螺纹的，还是外螺纹的。另外，注意锌合金的三角阀具有价格低，但易腐蚀、断裂等

5.30.6 使用注意事项

（1）水表出口端应安装水过滤器，以免水网中的渣滓进入家用水系统，从而造成类阀堵塞或者损害。

（2）禁忌管道以及扣件带有泥沙的情况下安装。

（3）装修结束之前，应对管道进行冲渣排放，禁忌未经过冲渣排放就立即使用水系统。

(4) 目前，一般不应用铁质接头、铁质管道等铁质材料。

(5) 阀门在安装时不可拧死，以不漏水为原则。以免维修拆卸对管道造成损害。

5.31 洗 面 盆

5.31.1 种类与特点

洗面盆的常见种类与特点见表 5-74。

表 5-74 洗面盆的常见种类与特点

种类	特点
台式洗面盆	台式洗面盆是以洗面盆为主体结构的梳妆台，有洗面、化妆等多种用途。台式洗面盆的台面一般采用大理石或人造大理石制作，也可以在水泥台面上铺贴釉面砖等。 台式洗面盆的种类有陶瓷台板的台式洗面盆。台式洗面盆又可以分为台上式洗面盆、台下式洗面盆。其中，台上式洗面盆的安装方法就是将洗面盆周围端部露在化妆台的上面。台下式洗面盆就是将洗面盆周围端部隐蔽起来。台下式洗面盆是在托架式或立柱式洗面盆的基础上，在化妆台面上挖出洗面盆形状的孔，然后将洗面盆安装在化妆台面下并用托架固定，洗面盆与台面接触处用建筑密封胶或者玻璃胶勾缝。 台式洗面盆的水龙头可以安装在洗面盆上，也可以安装在台面上。安装在台面上时，台面的相应位置应打好配件的安装孔。因此，安装前必须精确测量、准确定位
角式洗面盆	角式洗面盆就是能够安装在墙角的一种洗面器，其平面形状是三角形。角式洗面盆一般适合小型卫生间使用。 角式洗面盆的安装方法：将洗面盆上缘两侧各有的 2～3 个安装孔，用螺钉直接固定在墙中预埋木砖上或膨胀锦纶塞上。然后就是安装上、下水管道配件
立柱盆	立柱盆是一种洁具，是在地面上以直立式状态呈现，置于卫生间内用于洗脸、洗手的一种瓷盆。根据不同的材质，立柱盆可以分为陶瓷立柱盆、玻璃立柱盆

5.31.2 洗面盆安装

洗面盆的应用与安装知识点见表 5-75。

表 5-75　　　　洗面盆应用与安装知识点

项目	解说
立柱盆的下水口的安装	立柱盆的下水口一般设置在立柱底部中心或立柱背后，尽可能用立柱遮接。墙面上给水预留口一定要注意高度要适当，尽量避免让软管暴露在外、不另加接软管
下方没有柜子的立柱类的洁具给水预留口与地面的距离	下方没有柜子的立柱类的洁具，预留口高度与地面距离大约600mm
墙挂式洗面盆排水管的安装	无立柱、无柜子的墙挂式洗面盆的排水管一般采用从墙面引出弯头的横排方式设置下水管，也就是下水管入墙的安装方式
有柜子的洗面盆排水管的安装	有柜子的洗面盆的给水管，一般采用弯头从墙面的柜子背板引出，而不应从柜子底板上引出。另外，高度距离柜底上方一般为 300mm。洗面盆的水龙头一般离地 1～1.2m，以及离洗面盆 30～40cm。洗面盆柜内的下水管应避免安装在门柜边
洗面盆下水返异味	如果洗面盆与下水管道的直通，异味就易从下水道返上来。因此，洗面盆的下水管一般是 S 形状

5.32 槽　盆

槽盆，也就是厨房水槽、厨盆。根据材料，可以分钢板珐琅、陶瓷、人造石、不锈钢、结晶石水槽、铸铁搪瓷等。根据款式，可以分单盆、大小双盆、双盆、异形双盆等。不同材质槽盆的特点见表 5-76。

表 5-76　　　　不同材质槽盆的特点

槽盆类型	槽盆材质	优势	缺点
不锈钢槽盆	不锈钢	材料具有良好的弱弹性、坚韧、耐磨、耐高温、抗生锈、防氧化、不吸油和水、不藏垢和易清洗、安装方便、密封性强、不易渗水	无颜色选择、形状可塑性不强
人造结晶石槽盆	石英石与树脂混合	材质硬度高并具有良好的吸音能力、能够把洗刷餐具时产生的噪声减到最低、有很强的抗腐蚀性、形状可塑性强、色彩多样	安装难度高、价格昂贵、易吸水吸油、易被染色
铸铁珐琅槽盆	铸铁内芯	坚实、高强度抗压、多种颜色选择、造型艺术感强、易于清洁	过于厚实和笨重、材质容易受损、安装不方便、材质无弹性、器皿易受损

槽盆的特点见表 5-77。

表 5-77 槽盆的特点

项目	解说
安装方式	可以分为槽盆台下盆、台上盆、1 个大水槽 1 个小水槽、1 个大水槽半个小水槽、台面盆、2 个大水槽半个小水槽、翼板带溢水孔盆、有翼板盆、无翼板盆、单水槽等
标准附件	下水器、水龙头、皂液器、排水管、安装夹等
表面处理	可以分为丝光、花岗岩、精密细纹等
槽体种类	可以分为 300×340（左）/420×380（右）、420×380/420×380、240×380/480×380、300×380/420×380、280×340/380×340 等
水槽的结构	翼板、面板、下水孔、水龙头孔、盆、溢流孔、挡水边等
制作工艺	可以分为一体拉伸水槽（一体拉伸）、焊接水槽（由两个一体成型的单盆对焊、由两个一体成型的单盆和一块面板焊接）

水槽一方面要尺寸足够，以满足使用时的需求。同时还要考虑占据橱柜的空间以及在厨房中相对于准备区和烹饪区的位置布局。水槽外形见表 5-78。

表 5-78 水槽外形

项目	解说
长方形	长方形水槽的内部空间能最大限度地被使用，水槽款式丰富，还容易与可移动的沥水篮、案板搭配使用
异形水槽	在保证使用功能性的同时，可以更加合理利用空间。异形水槽也分为单槽、双槽
圆形	圆形水槽是通过线条的变化能够为厨房增加一份灵动，但是圆形的内部使用空间相对方形水槽来说较小。圆形水槽常见的有单盆、双盆

5.33 地漏

地漏有关术语见表 5-79。

表 5-79　　地漏有关术语

名称	解释
箅子	安装在地漏表面带有孔隙的盖面，是地漏的部件之一
侧墙式地漏	箅子为垂直方向安装且具有侧向排除地面积水功能的无水封地漏
带网框地漏	内部带有活动网框（可用来拦截杂物），并且可取出倾倒的地漏。根据内部结构可以分有水封、无水封两种形式
调节段	用于调节箅子面高度，使其与地坪表面高度一致
多通道地漏	可同时接纳地面排水与1～2个器具有侧向排除地面积水功能的无水封地漏
防水翼环	设于地漏壳体周边，用于防止地漏与地坪接触部位的渗水，是地漏外壳体的组成部分
防溢地漏	具有防止废水在排放时冒溢出地面功能的有水封地漏
盖板	安装在地漏表面没有孔隙的盖面，是密闭型地漏的部件之一
密闭型地漏	带有密封盖板的地漏，其盖板具有排水时可人工打开、无须排水时可密闭的功能。根据内部结构可以分为有水封、无水封两种形式
密封防臭地漏	密闭型地漏，有传统型、改良型两种。其中改良型，在上盖下装有弹簧，使用时用脚踏上盖，上盖就会弹起，不用时再踏回去，俗称弹跳地漏
三防地漏	是在地漏体下端排管处安装一个小漂浮球，日常利用下水管道里的水压与气压将小球顶住，使其和地漏口完全闭合，从而起到防返味、防菌虫、防返水的作用
实用型地漏	用于地面排水，并且兼有其他功能或安装形式特殊的地漏
水防臭地漏	主要是利用水的密闭性来防止异味的散发，从而起到防臭的一种传统式地漏
水封	地漏中用于阻隔臭气逸出的存水装置
水封深度	指地漏中存水的最高水面到水封下端口间的垂直距离
四防地漏	四防地漏是利用永磁铁的重力平衡原理来上下制动开闭的地漏装置，它通过对重力及磁力的精确计算及结构巧妙设计使得密封垫打开自如，实现自动密封，从而达到防返味、防返水、防菌虫、防堵塞的作用
洗衣机专用地漏	指在中间有一个圆孔，可供排水管插入，上覆可旋转的盖，不用时可以盖上，用时旋开的专用于洗衣机排用的地漏
直埋式地漏	可直接安装在垫层且排出管不穿越楼层的有水封地漏
直通式地漏	排除地面的积水，并且出水口垂直向下的无水封地漏

地漏的材质有 PVC、锌合金、陶瓷、铸铝等，常见地漏的材质的特点见表 5-80。

表 5-80 常见地漏的材质的特点

名称	特点
PVC	具有价格便宜、易受温度影响发生变形、耐划伤、冲击性较差等特点
不锈钢	具有价格适中、美观、耐用等特点
工程塑料	具有使用寿命长、高档、价格较贵等特点
黄铜	具有质重、高档、表面可做电镀处理等特点
陶瓷	具有价格便宜、耐腐蚀、不耐冲击等特点
铜合金	具有价格适中、实用型等特点
锌合金	具有价格便宜、极易腐蚀等特点
铸铝	具有价格中档、重量轻、较粗糙等特点
铸铁	具有价格便宜、容易生锈、不美观、不易清理等特点

地漏的常见要求：地漏必须放在地面的最低点、地漏要用防臭地漏。洗衣机地漏一般不用深水封地漏，以免下水太慢，满足不了洗衣机的需要。

5.34 卫生设备（器具）

5.34.1 概述

卫生器具是指供水或接受、排出污水或污物的容器或装置。其是建筑内部给水排水系统的重要组成部分，是收集、排除生活、生产中产生的污、废水的一种设备。

根据作用，卫生设备（器具）可以分为：

（1）便溺用卫生器具。大便器、小便器等。

（2）盥洗、淋浴用卫生器具。洗脸盆、淋浴器等。

（3）洗涤用卫生器具。洗涤盆、污水盆等。

（4）专用卫生器具。医疗、科学研究实验室等特殊需要的卫生器具。

卫生间常用设备常用数据见表5-81。

表5-81　　卫生间常用设备常用数据

项目	数据
冲洗器	690mm×350mm
化妆台	长1350mm；宽450mm
淋浴器高	2100mm
浴缸长度	长度：1220mm、1520mm、1680mm 宽：720mm 高：450mm
坐便	750mm×350mm

选择卫生设备（器具）需要注意以下两点：

（1）卫生器具与各种阀门等应积极选择节水型器具。

（2）卫生器具的品种、规格、颜色应符合设计要求并应有产品合格证书。

5.34.2　安装要求

各种卫生器具与台面、墙面、地面等接触部位一般要采用硅酮胶或防水密封条进行密封。卫生设备与地面或墙体的连接的固定件安装要求：

（1）卫生设备与地面或墙体的连接应用金属固定件安装牢固。

（2）金属固定件应进行防腐处理。

（3）当墙体为多孔砖墙时，应凿孔填实水泥砂浆后再进行固定件安装。

（4）当墙体为轻质隔墙时，应在墙体内设后置埋件，后置埋件应与墙体连接牢固。

各种卫生器具安装的管道连接件要求：

（1）应易于拆卸、维修。

（2）排水管道连接应采用有橡胶垫片排水栓。

（3）卫生器具与金属固定件的连接表面应安置铅质或橡胶垫片。

（4）各种卫生陶瓷类器具不得采用水泥砂浆窝嵌。

卫生器具施工安装方法或者要点、规定如下：

（1）冷热水管安装应左热右冷，平行间距应不小于 200mm。

（2）当冷热水供水系统采用分水器供水时，应采用半柔性管材连接。

（3）暗敷的管道、嵌入墙体的管道、嵌入地面的管道要做隐蔽工程验收。

（4）管道敷设要横平竖直。

（5）排水管道连接应采用有橡胶垫片排水栓。

（6）各类阀门安装位置要正确、平正，便于维修、使用。

（7）卫生器具安装验收合格后要采取成品保护措施。

（8）卫生器具安装的管道连接件要易于维修。

（9）卫生器具与金属固定件的连接表面应安置铅质或橡胶垫片。

（10）卫生陶瓷类器具不得采用水泥砂浆窝嵌。

（11）卫生设备与地面或墙体的连接应用金属固定件安装牢固。

（12）卫生设备与地面或墙体的连接的金属固定件要进行防腐处理。

（13）卫生设备与多孔砖墙时，应凿孔填实水泥砂浆后再进行固定件安装。

（14）卫生设备与轻质隔墙时，应在墙体内设后置埋件，后置埋件应与墙体连接牢固。

（15）卫生器具与墙面、台面、地面等接触部位要采用防水密封条、硅酮胶密封。

（16）卫生洁具的给水连接管，不得有凹凸弯扁等缺陷。

（17）卫生洁具固定应牢固。

（18）卫生洁具不得在多孔砖或轻型隔墙中使用膨胀螺栓固定卫生器具。

（19）卫生洁具与进水管、排污口连接必须严密，不得有渗漏现象。

（20）坐便器应用膨胀螺栓固定安装，并用硅酮胶等连接密封，底座不得用水泥砂浆固定。

（21）浴缸排水必须采用硬管连接。

5.35 卫生陶瓷

5.35.1　卫生陶瓷的术语、定义

卫生陶瓷的术语和定义见表5-82。

表5-82　　卫生陶瓷的术语和定义

名称	解说
安装孔平面	比安装孔半径大10mm的环形平面
斑点	尺寸不超过1mm的异色点。除非数量足以引起变色，小于0.3mm的斑点密集程度不足以引起变色时可不计
便器用水量	一个冲水周期所用的水量
标准面	边长为50mm的正方形面
冲水周期	在冲水装置打开瞬间至供水阀完全关闭瞬间的时间内，完成冲洗便器内壁并补水至水封水位的时间
冲水装置	连接在供水管道和便器之间的一种阀门，起动时，水能以一定速度和预定的水量流到便器里执行冲洗过程，然后慢慢关闭，并使存水弯里重新形成水封
瓷质卫生陶瓷	由黏土或其他无机物质经混炼、成型、高温烧制而成的用作卫生设施
大包	尺寸超过3mm的表面隆起部分
大花斑	尺寸为3～6mm的异色点
挡水堰	便器排水道内控制水位的部位
节水型蹲便器	用水量不大于8L的蹲便器
节水型小便器	用水量不大于3L的小便器
节水型坐便器	用水量不大于6L的坐便器
洁具	带配件的陶瓷件
静压力	进水阀关闭时，在水无流动状态下，供水管的水对进水阀的压力
坑包	尺寸不大于6mm的凹凸面
孔眼圆度	孔眼最大半径与最小半径的差

续表

名称	解说
临界水位	冲水装置因重力作用或真空作用而流回至供水管道内的最低水位
流动压力	冲水过程中，在水流动状态下，供水管的水对进水阀的压力
排污口安装距	下排式便器排污口中心到完成墙的距离；后排式便器排污口中心到完成地面的距离
配件	与陶瓷件配套使用的洁具配件。如水箱配件、冲洗阀、坐圈和盖、水嘴、软管及排水配件等
溶洞	釉面上尺寸大于 1mm 的孔洞
色斑	尺寸超过 6mm 的异色区或由密集斑点形成的异色区
水封表面面积	当坐便器中水充至存水弯挡水堰时，坐便器中静止的水表面面积
水封深度	从水封水表面到水道入口最高点的垂直距离
水箱（重力）冲水装置	能储存一定水量，开启时由于重力作用而排出定量的水（含供水系统内同时排出的水）进入便器
陶质卫生陶瓷	由黏土或其他无机物质经混炼、成型、高温烧制而成的、用作卫生设施
小包	尺寸为 1.3mm 的表面隆起部分
小花斑	尺寸为 1～3mm 的异色点
压力冲水装置	利用供水水压形成冲水压力的装置。如冲洗阀、压力式冲洗水箱
溢流水位	当洁具排水口关闭或堵塞时，洁具内发生溢流时的水位
釉泡	尺寸不超过 1mm 的表面隆起部分
棕眼	釉面上尺寸不大于 1mm 的小孔

5.35.2 卫生陶瓷的分类

卫生陶瓷的分类见表 5-83。

表 5-83　卫生陶瓷的分类

名称	解说
壁挂式洗面器	安装于墙面或托架上的一种洗面器
壁挂式小便器	挂装于墙壁上的一种小便器
壁挂式坐便器	挂装在墙面上的一种坐式大便器。冲洗管道有冲落式、虹吸式两种

续表

名称	解说
便器	用于承纳并冲走人体排泄物的一种有釉陶瓷质卫生器
冲落式坐便器	借冲洗水的冲力直接将污物排出的一种便器。其主要特点是在冲水、排污过程中只形成正压，没有负压
低水箱	与坐便器配套的带盖水箱。根据安装方式有挂式低水箱、坐式低水箱
蹲便器	使用时以人体取蹲式为特点的一种便器。其可以分为无遮挡蹲便器、有遮挡蹲便器；根据结构分为有返水弯蹲便器、无返水弯蹲便器
高水箱	与蹲便器配套的无盖水箱，利用高位差产生的水压将污物排走
挂箱式坐便器	水箱挂装在墙面上的一种坐便器
虹吸式坐便器	主要借冲洗水在排水道所形成的虹吸作用将污物排出的一种便器。冲洗时正压对排污起配合作用
净身器	带有喷洗的供水系统与排水系统，洗涤人体排泄器官的一种有釉陶瓷质卫生设备。根据洗涤水喷出方式，分为直喷式净身器、斜喷式净身器、前后交叉喷洗式净身器
立柱式洗面器	下方带有立柱的一种洗面器
连体式坐便器	与水箱为一体的一种坐便器。其冲洗管道有虹吸式、冲落式两种
落地式小便器	直立于地面的一种小便器
喷射虹吸式坐便器	在水封下设有喷射道，借喷射水流而加速排污并在一定程度上降低冲水噪声的一种坐便器
水箱	与便器配套，用以盛装冲洗水的一种有釉陶瓷质容器
台式洗面器	与台板组合在一起的一种洗面器
洗面器	供洗脸、洗手用的一种有釉陶瓷质卫生设备。其有悬挂式洗面器、立柱式洗面器、台式洗面器
小便器	供男性小便使用的一种有釉陶瓷质卫生设备。有壁挂式小便器、落地式小便器
旋涡虹吸式连体坐便器	利用冲洗水流形成的旋涡加速污物排出的一种虹吸式连体坐便器
浴盆	专供洗浴用的一种有釉陶瓷质卫生设备
坐便器	使用时以人体取坐式为特点的便器。根据冲洗方式可以分为冲落式坐便器、虹吸式坐便器、喷射虹吸式坐便器、旋涡虹吸式坐便器

5.35.3 卫生陶瓷产品表面区域划分

卫生陶瓷产品表面区域划分见表5-84。

表5-84 卫生陶瓷产品表面区域划分

名称	图例	名称	图例
洗面器及洗涤槽表面	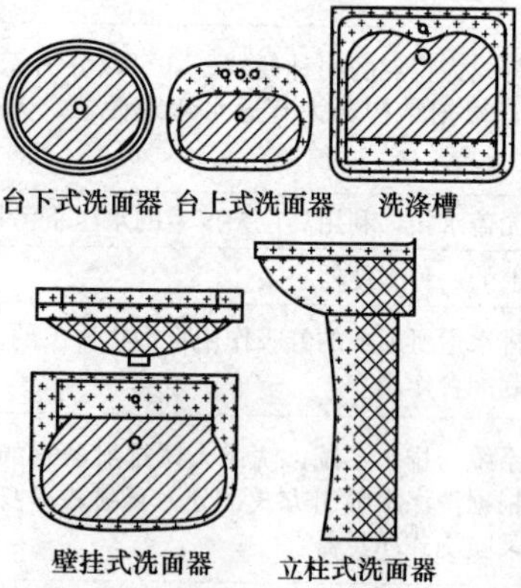 台下式洗面器 台上式洗面器 洗涤槽 壁挂式洗面器 立柱式洗面器	蹲便器表面	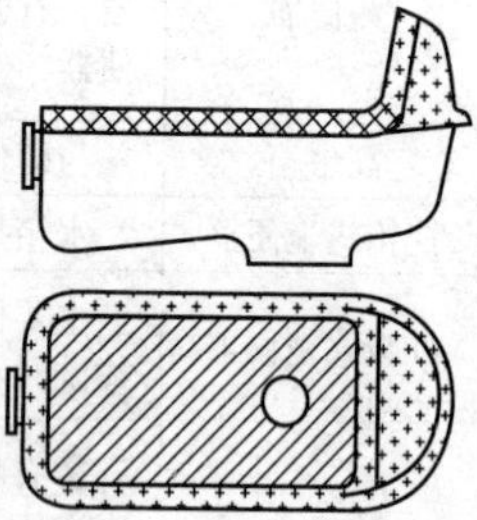
坐便器表面	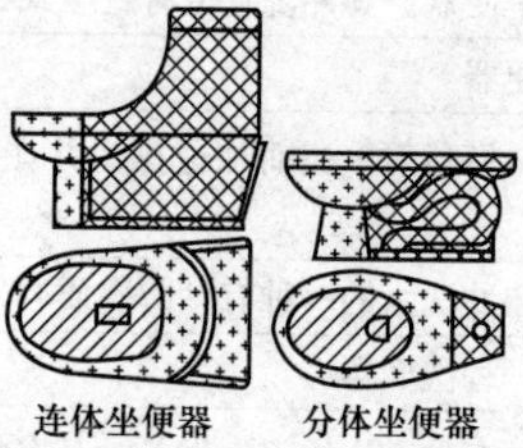 连体坐便器 分体坐便器	净身器表面	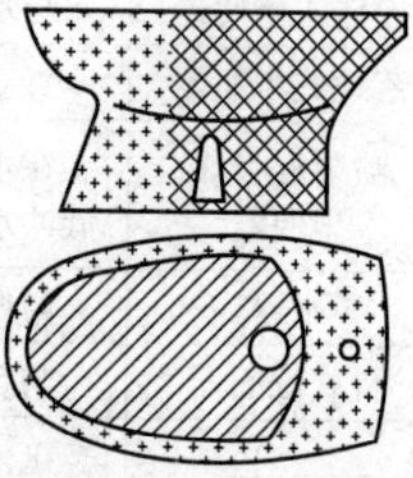
水箱表面	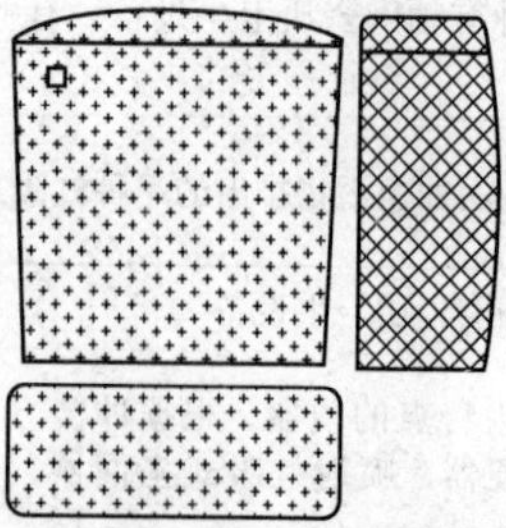	淋浴盆表面	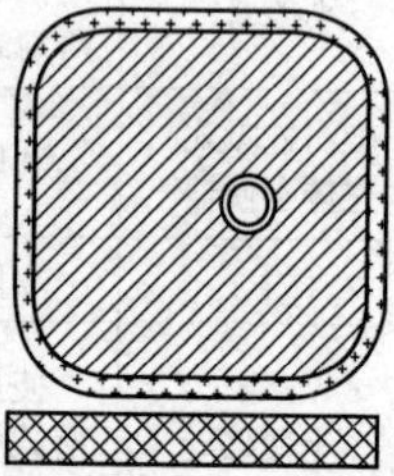

续表

名称	图例	名称	图例
小便器表面		—	—

图例 洗净面 可见A面 可见B面 其他

5.35.4 卫生陶瓷的尺寸与允许偏差

卫生陶瓷的尺寸与允许偏差见表 5-85。

表 5-85　　卫生陶瓷的尺寸与允许偏差　　单位：mm

尺寸类型	尺寸范围	允许偏差
孔眼直径	$\phi<15$	+2
	$15\leqslant\phi\leqslant30$	±2
	$30\leqslant\phi\leqslant80$	±3
	$\phi>80$	±5
孔眼圆度	$\phi\leqslant70$	2
	$70<\phi\leqslant100$	4
	$\phi>100$	5
孔眼中心距	≤100	±3
	>100	规格尺寸×(1±3%)
孔眼距产品中心线偏移	≤100	3
	>100	规格尺寸（1×3%）
孔眼距边	≤300	±9
	>300	规格尺寸×(1±3%)
安装孔平面度	—	2
排污口安装距	—	+5 −20
外形尺寸	—	规格尺寸×(1±3%)

5.35.5 卫生设备用台盆

卫生设备用台盆命名规则如图 5-9 所示。

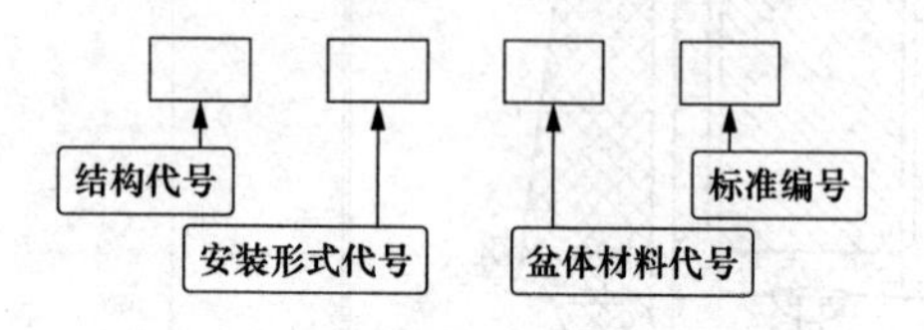

图 5-9 卫生设备用台盆命名规格

卫生设备用台盆代码见表 5-86。

表 5-86 卫生设备用台盆代码含义

<table>
<tr><th>项目</th><th colspan="4">代码含义</th></tr>
<tr><td rowspan="4">产品安装形式代码</td><td colspan="2">安装形式</td><td colspan="2">代号</td></tr>
<tr><td colspan="2">立式</td><td colspan="2">L</td></tr>
<tr><td colspan="2">台式</td><td colspan="2">T</td></tr>
<tr><td colspan="2">悬挂式</td><td colspan="2">G</td></tr>
<tr><td rowspan="3">产品结构代码</td><td colspan="2">产品结构</td><td colspan="2">代号</td></tr>
<tr><td colspan="2">分体式</td><td colspan="2">F</td></tr>
<tr><td colspan="2">连体式</td><td colspan="2">L</td></tr>
<tr><td rowspan="5">盆体材料代码</td><td>盆体材料</td><td>代号</td><td>盆体材料</td><td>代号</td></tr>
<tr><td>陶瓷</td><td>T</td><td>不锈钢</td><td>G</td></tr>
<tr><td>玻璃</td><td>B</td><td>铸铁搪瓷</td><td>Z</td></tr>
<tr><td>玻璃纤维增强塑料</td><td>W</td><td>其他</td><td>Q</td></tr>
<tr><td>人造石（含胶衣型）</td><td>R</td><td></td><td></td></tr>
</table>

5.35.6 卫生设备用台盆尺寸、偏差

卫生设备用台盆尺寸和偏差见表 5-87。

表 5-87 卫生设备用台盆尺寸和偏差 单位：mm

台盆		规格	允许偏差
外形尺寸	不锈钢	≤2000	±2
	人造石（含胶衣型）	≤1000	±5
	玻璃	≤1000	±2
	玻璃纤维增强塑料	≤1000	+5 −10
	铸铁搪瓷	≤1000	+5 −10
	其他	≤1000	+5 −10
进水孔孔间距		102 152 204	±2 ±2 ±2
排水孔孔径			+2 0

5.36 浴缸

浴缸是卫生间洁具中最大的器件。浴缸形状多样，但是以长方形浴缸为常见。有的浴缸带裙边、防滑底、溢水口、靠手或扶手，还有按摩健身浴缸具有多个喷嘴自动调节喷出水流和气泡，使浴缸中浴液成旋流运动状态，对人体穴位进行水流按摩，以达到健身的目的。

不同浴缸的特点见表 5-88。

表 5-88 不同浴缸的特点

名称	概述	优点	缺点
钢板浴缸	由整块厚度约为 2mm 的浴缸专用钢板经冲压成型，表面再经搪瓷处理而成	耐磨、耐热、耐压、安装方便、质地相对轻巧	保温效果差、注水噪声大、造型较单调、不能进行后续加工
木质浴缸	选用木质硬、密度大、防腐性能好的材质，（如云杉、橡木、松木、香柏木等）制作而成。市场上实木浴桶的材质以香柏木的最为常见	充分浸润身体、保温性强、缸体较深、容易清洗、不带静电、环保天然	价格较高、需保养维护、易变形漏水

续表

名称	概述	优点	缺点
亚克力浴缸	使用人造有机材料制造	重量轻、搬运安装方便、加工方便、造型丰富、价格便宜、保温性好、可以随时随地进行抛光翻新	耐高温能力差、不能经受太大的压力、不耐碰撞、表面容易被硬物弄花、长时间使用后表面会发黄
铸铁浴缸	采用铸铁制造，表面覆搪瓷	耐磨、耐热、耐压、耐用、注水噪声小、便于清洁	价格高、分量重、安装与运输难

5.37 蹲 便 器

5.37.1 概述

蹲便器就是指使用时以人体取蹲式为特点的一种便器。蹲便器根据功用可以分为防臭型、普通型、虹吸式、冲落式，根据进排水冲水方式可以分为后进前出式、后进后出式。根据有无存水弯（结构）可以分为带存水弯、不带存水弯。根据有无遮挡，可以分为无遮挡蹲便器、有遮挡蹲便器。

5.37.2 选择

选择蹲便器的方法：

(1) 防臭型、普通型的选择。如果是改造设施，原房屋排水系统排污口没有相应的防臭设置，则应选择安装带有存水弯的防臭型蹲便器。如果原房屋排水系统在安装蹲便器的排污口处设置了存水弯，则可以选择普通型蹲便器。

(2) 后进前排型、后进后排型的选择。如果地面排污口到墙面距离为 35cm 以内，则一般选择安装后排型蹲便器。如果地面排污口到墙面距离 65cm 以内，则一般选择前排型蹲便器。

蹲便器常用推荐尺寸：

（1）进水口中心到完成墙的距离，应不小于60mm。

（2）任何部位的坯体厚度，应不小于6mm。

（3）所有带整体存水弯卫生陶瓷的水封深度，不得小于50mm。

（4）成人型蹲便器推荐尺寸为长610mm、宽455mm。

（5）幼儿型蹲便器推荐尺寸为长480mm、宽400mm。

5.37.3 安装要点

（1）蹲便器的排污口与落水管的预留口均需要涂上黏结剂或者胶泥。

（2）蹲便器的排污口与落水管的预留口需要接驳好，并且矫正好蹲便器的位置。

（3）如果砌砖固定蹲便器，则需要预留填碎石的缺口。

（4）与蹲便器相配合安装的冲水阀分有手压式冲水阀、脚踏式冲水阀。根据选择的阀种安装好。

（5）与蹲便器相配合安装的水箱，水箱安装高度距离便器水圈1.8m，水压要求0.14～0.55MPa为宜。

（6）待黏结剂干后，才能够往蹲便器内试冲水。

（7）填入碎石土后，用砖封闭缺口。最后在砖外面批水泥砂浆（水泥∶砂=1∶3），然后贴上瓷砖。

（8）蹲便器内试冲水时，需要观察接口是否漏水。

（9）只要试验合格后，才能够在地面与蹲便器间填入碎石土。需要注意严禁填入水泥混凝土。

5.38 坐 便 器

5.38.1 种类

坐便器（马桶）的种类见表5-89。

表 5-89　坐便器（马桶）的种类

依据	分类
根据安装方式	根据安装方式可以分为落地式坐便器、挂墙式坐便器
根据排水方式	根据排水方式，可以分为横排（墙排）式坐便器、底排（下排）式坐便器
根据排水系统冲水功能	根据排水系统冲水功能，坐便器冲水方式可以分为冲落式坐便器、虹吸式坐便器。其中，虹吸式坐便器又分为普通虹吸式坐便器、旋涡虹吸式坐便器、喷射虹吸式坐便器、喷射旋涡虹吸式坐便器。冲落式坐便器又可以分为后排式坐便器、下排式坐便器。虹吸式坐便器都为下排式坐便器
根据使用功能	根据使用功能可以分为普通坐便器、智能型坐便器、节水型坐便器。节水型坐便器根据有关规定，产品每次冲洗周期大便冲洗用水量不大于6L。当水压为0.3Pa时，大便冲洗用产品一次冲水量为6L或8L，小便冲洗用产品一次冲水量2～4L（如人为分两段冲洗，则为第一段与第二段之和），冲洗时间为3～10s
根据坐便器的孔距	根据坐便器的孔距可以分为30cm坐便器、40cm坐便器、50cm坐便器
坐便器根据水箱与底座的连接、结构方式	坐便器根据水箱与底座的连接、结构方式，可以分为连体坐便器、分体坐便器。连体坐便器又可以分为高水箱、低水箱两种。其中，低水箱连体坐便器对用户家的水压有比较高的要求，用户家的水压不能低于2kg

5.38.2　特点

常用坐便器的特点见表5-90。

表 5-90　常用坐便器的特点

项目	解说
冲落式坐便器	冲落式坐便器是依靠有效水量以最快速度、最大流量，封盖污物并且把污物排出。如果没有设置管道水封选择冲落式马桶则不容易防臭。冲落式用水较多。冲落式的水封比虹吸低，水封的表面积也比较小。冲落式的管道内径比较大，一般都在7cm以上
分体式坐便器	分体式坐便器是水箱与底座分开的，具有安装困难、实用性好、体积比较小、搬运比较方便、生产比较容易、价钱相对便宜等特点

续表

项目	解说
挂墙排污式坐便器	挂墙排污式坐便器一般都是后排冲落式结构，并且需要预埋水箱与铁架，承重能力相对较弱、可以消除卫生死角
横排水坐便器	横排水坐便器的出水口要与横排水口的高度相等（或者略高一些），这样才能够保证污水排通顺畅
虹吸式坐便器	虹吸式坐便器是指在大气压的情况下，迅速形成液体高度差，使液体从受压力大的高水位流向压力小的低水位，并且充满污管，产生虹吸现象，直到液体全部排出，虹吸式用水较少，虹吸的管道内径国家标准要求 4.1cm 以上。 （1）普通虹吸式。当洗净面的水达到一定量时，产生虹吸现象，将脏物通过管道抽吸出去。 （2）喷射虹吸式。其比普通虹吸在水封底部多了一个底辅冲孔，一部分的水将通过喷射管道产生一个推动力，使虹吸效果更好，更省水。 （3）旋涡虹吸式。其也叫静音虹吸，洗净面一般不对称，一边高一边低，水箱一般都比较矮。冲水的时候，噪音比较小，但需要的冲水量比较多。 （4）喷射旋涡虹吸式。其比旋涡虹吸式多了一个底辅冲孔，该种款式最省水、结构比较复杂、容易出故障
后下水坐便器	下水口的中心到水箱后面墙体的距离为 20～25cm 的坐便器为后下水坐便器
连体式坐便器	连体式坐便器是水箱与底座相连，具有造型美观、坚固、清洁容易、适合较小卫生间使用等特点
前下水坐便器	下水口中心到水箱后面墙体的距离在 40cm 以上的坐便器为前下水坐便器
中下水坐便器	下水口的中心到水箱后面墙体的距离为 30cm 的坐便器为中下水坐便器

5.38.3 选择

选择坐便器的方法见表 5-91。

表 5-91　　选择坐便器的方法

项目	方法
变形大小	将瓷件放在平整的平台上，各方向活动检查是否平稳匀称，安装面及瓷件表面边缘是否平正，安装孔是否均匀圆滑
冲水方式	坐便器主要是虹吸式的，排水量小。直冲虹吸式坐便器有直冲、虹吸两者的优点。节水型用水量为 6L 以下
瓷质	一般的优质坐便器的瓷釉厚度均匀，色泽纯正，没有脱釉现象，没有较大或较多的针眼，摸起来没有明显的凹凸感、釉面应该光洁、顺滑、无起泡、色泽饱和
盖板	坐便盖板如果是依照人体工程学原理设计的，则舒适安全，如果采用高分子材料的，则强度高、耐老化
看出水口	卫生间的出水口有下排水、横排水之分。选择时，需要测量好下水口中心到水箱后面墙体的距离。这是因为每套房子都有不同的马桶安装孔距
坑距	排污口中心点到墙壁的距离一般分为 200mm、300mm、400mm 等规格
坯泥	坯泥的用料、厚度对坐厕的质量、稳固性有十分的重要性
手轻轻敲击坐便器	挑选坐便器时，可以用手轻轻敲击坐便器，如果敲击的声音是沙哑声、不清脆响亮，则这样的坐便器很可能有内裂或产品没有烧熟
售后	选择有售后保证的产品
水箱配置	应选择具有注水噪声低，坚固耐用，经得起水的长期浸泡而不腐蚀、不起水垢的坐便器水箱
吸水率	无裂纹高温烧制的坐便器吸水率低、不容易吸进污水、产生异味。有些中低档的坐便器吸水率高，当吸进污水后易发出难闻气味，并且很难清洗。时间久了，还会发生龟裂、漏水等现象
下水道	如果马桶的下水道粗糙，则容易造成遗挂现象

5.39 小便斗与小便器

5.39.1　概述

小便斗是男士专用的一种便器，是一种装在卫生间墙上的固定物。

小便斗，一般是由黏土或其他无机物质经混炼、成型、高温烧制而成。

小便斗的分类包括：

（1）根据结构可以分为冲落式小便斗、虹吸式小便斗。

（2）根据排污方式可以分为后排式小便斗、下排式小便斗。

（3）根据冲水方式可以分为普通型小便斗（冲水阀与小便斗是分开的）、连体型小便斗（感应小便冲水阀已先行安装在小便斗内）、无水小便斗。

（4）根据安装方式可以分为落地式小便斗、挂墙式小便斗。

（5）根据进水方式可以分为上进水型小便斗、后进水型小便斗。

5.39.2 选购

选购小便斗的主要步骤见表 5-92。

表 5-92 选购小便斗的主要步骤

步骤	解说
第一步	明确小便斗排污管道是后排污的还是下排污的，管道带不带存水湾。如果管道带有存水湾，则不要选择带有虹吸功能的小便斗
第二步	根据进水方式、安装方式、冲水方式、排污方式、结构选择相应的小便斗
第三步	检查产品，选择合适尺寸适合的安装的小便斗
第四步	如果选择的是普通型小便斗，还需要选购相应的小便冲水阀
第五步	注意选择售后有保证的产品

5.39.3 安装方法与要点

小便斗的安装方法与要点见表 5-93。

表 5-93 小便斗的安装方法与要点

名称	安装方法与要点
壁挂式小便斗	（1）壁挂式小便斗，可以分为地排水小便斗、墙排水小便斗。 （2）壁挂式小便斗的常见配件有螺钉、装饰帽、胶圈、小便斗挂钩等。 （3）地排水的安装需要注意排水口的高度。 （4）墙排水的小便斗需要注意排水口的高度，最好是做墙砖前，根据小便斗的尺寸来预留进出水口

续表

名称	安装方法与要点
地排污型小便器（S形）	首先在小便器的靠墙面涂上一层玻璃胶，再将小便器挂在挂片上，并且调整适当位置，然后轻压便器的两侧，再将排水管一端接在小便器的排污口处，另一端接入下水管道内，然后用玻璃胶密封接合处
落地式小便斗	（1）落地式小便斗一定要在做管道时，先确定排水管到墙砖位置的精确尺寸。 （2）在确认尺寸正确的情况下，先用密封圈套紧下水管道口，防止小便斗漏水。 （3）用密封胶涂在小便斗橡皮圈与密封圈的接口处，并把小便斗稳定放在安装处，通过水平尺确定小便斗水平安装后，在小便斗底部和上部及左右侧画上线。 （4）然后通过计算，确认小便斗后部的安装位置以及打孔，且用专用配件固定。 （5）安装后部配件后，在小便斗与靠墙和靠地的缝隙涂上密封胶。 （6）然后安装好进水管，再试水
墙排污型小便器（P形）	首先将小便器的去水铜座、胶垫安装在便器排污孔上，然后在便器的靠墙面涂上一层玻璃胶，再对准安装好的挂片，同时调节便器的排污口与下水管道入口对齐，轻压便器的两侧，最后用玻璃胶密封便器与墙面的缝隙处

5.40 材料与设备进场验收

材料与设备进场验收的要点见表5-94。

表5-94　材料与设备进场验收的要点

项目	解说
开关、插座、接线盒、风扇、附件进场验收的要点	（1）进行必要的外观检查。 （2）查验合格证、安全认证标志等。 （3）防爆产品需要有防爆标志、防爆合格证号。 （4）对开关、插座的电气、机械性能进行现场抽样检测，不同极性带电部件间的电气间隙与爬电距离一般要求不小于3mm，绝缘电阻值一般要求不小于5MΩ。 （5）用自攻锁紧螺钉或自切螺钉安装的开关、插座，螺钉与软塑固定件旋合长度一般要求不小于8mm。另外，软塑固定件在经受10次拧紧退出试验后，应无松动或掉渣，螺钉、螺纹没有损坏的现象。 （6）有的开关、插座是采用金属间相旋合的螺钉、螺母来紧固。该类开关、插座的验收，根据拧紧后能完全退出，反复5次仍能够正常使用，则为合格。 （7）开关、插座、接线盒及其面板等塑料绝缘材料阻燃性能存在异议时，可以抽样送到有资质的试验室进行检测

续表

项目	解说
电线、电缆进场验收的要点	（1）按批查验合格证、生产许可证编号、安全认证标志等。 （2）检查包装是否完好。 （3）抽检的电线绝缘层是否完整无损，厚度是否均匀。电缆是否无压扁扭曲，铠装是否松卷。 （4）抽检的耐热、阻燃的电线、电缆外护层是否具有明显的标识、制造厂标等。 （5）现场抽样检测绝缘层厚度、圆形线芯的直径，线芯直径误差一般要求不大于标称直径的1%。 （6）对电线、电缆绝缘性能、导电性能、阻燃性能存在异议时，可以抽样送到有资质的试验室进行检测
导管进场验收的要点	（1）按批查验合格证。 （2）外观检查钢导管有无压扁、内壁是否光滑。 （3）外观检查非镀锌钢导管有无严重锈蚀，油漆是否完整。镀锌钢导管镀层覆盖是否完整、表面有无锈斑。 （4）外观检查绝缘导管、配件有无碎裂、是否具有表面有阻燃标记与制造厂标。 （5）现场抽样检测导管的管径、壁厚、均匀度。 （6）对绝缘导管、配件的阻燃性能存在异议时，可以抽样送到有资质的试验室进行检测
型钢、电焊条进场验收要点	（1）按批查验合格证、材质证明书。 （2）外观检查型钢表面有无严重锈蚀、过度扭曲、弯折变形。 （3）外观检查电焊条包装是否完整。拆包抽检，焊条尾部应无锈斑。 （4）检查存在异议时，可以抽样送到有资质的试验室进行检测
镀锌制品与外线金具进场验收要点	（1）按批查验合格证、质量证明书等。 （2）外观检查镀锌层覆盖是否完整、表面有无锈斑。 （3）检查金具配件是否齐全，有无砂眼。 （4）对镀锌质量存在异议时，可以抽样送到有资质的试验室进行检测
电缆桥架、线槽进场验收要点	（1）查验合格证。 （2）外观检查部件是否齐全，表面是否光滑不变形。 （3）外观检查钢制桥架涂层是否完整，有无锈蚀。 （4）外观检查玻璃钢制桥架色泽是否均匀，有无破损碎裂。 （5）外观检查铝合金桥架涂层是否完整、有无扭曲变形、是否压扁，表面是否划伤

续表

项目	解说
封闭母线、插接母线进场验收要点	（1）查验合格证、随带安装技术文件等。 （2）外观检查防潮密封是否良好，各段编号标志是否清晰，附件是否齐全，外壳是否不变形，母线螺栓搭接面是否平整，镀层覆盖是否完整，有无起皮与麻面。 （3）外观检查插接母线上的静触点有无缺损、表面是否光滑、镀层是否完整
裸母线、裸导线进场验收要点	（1）查验合格证。 （2）外观检查包装是否完好，裸母线是否平直，表面是否无明显划痕，测量厚度、宽度是否符合制造标准。 （3）外观检查裸导线表面是否无明显损伤，是否不松股扭折断股（线）。 （4）测量线径，需要符合有关标准
电缆头部件、接线端子进场验收要点	（1）查验合格证。 （2）外观检查部件是否齐全，表面是否无裂纹与气孔，填料是否不泄漏等
钢制灯柱进场验收要点	（1）按批查验合格证。 （2）外观检查涂层是否完整，根部接线盒盒盖的紧固件、内置熔断器、开关等器件是否齐全，盒盖密封垫片是否完整。 （3）检查钢柱内是否设有专用接地螺栓，地脚螺孔位置的尺寸是否正确等

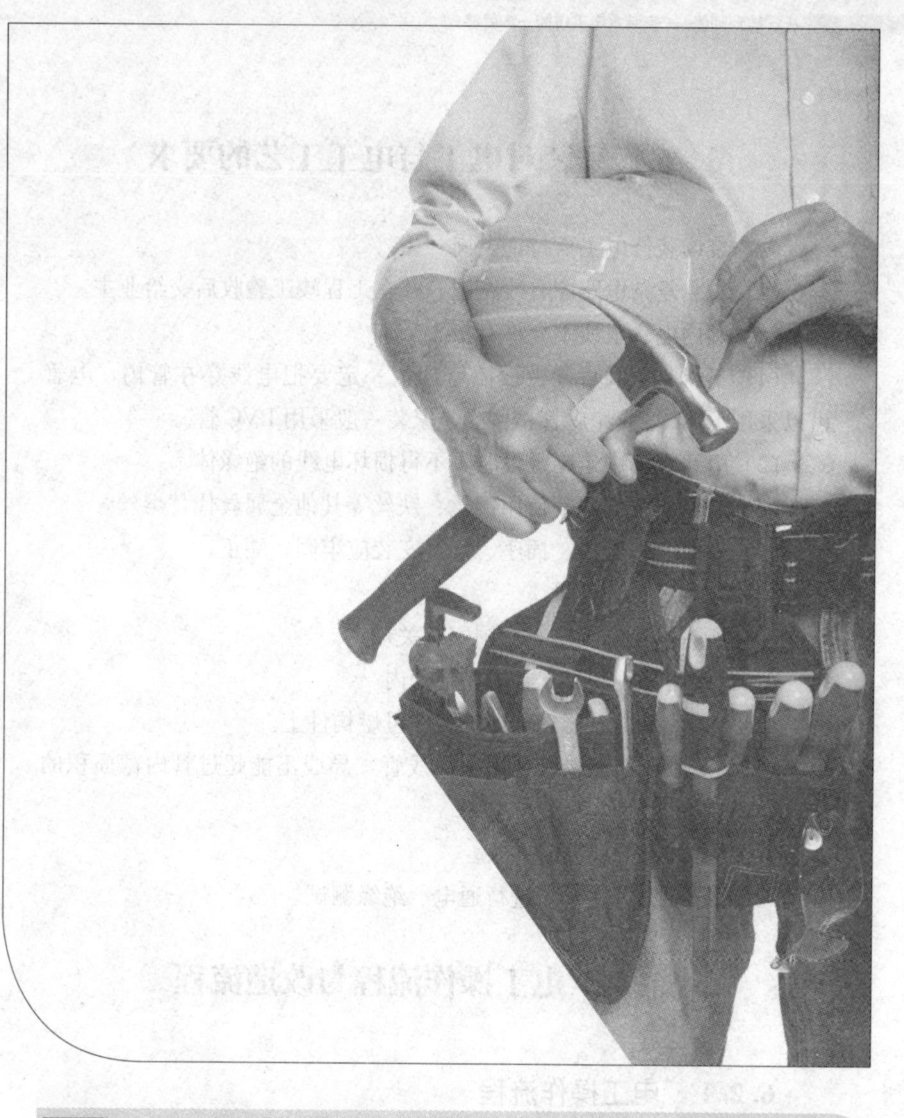

6 装饰装修电工基本操作与安装技能

6.1 家装对电工与电工工艺的要求

（1）装饰装修电工要持证上岗。

（2）安装复杂电路应有线路图，并在工程竣工验收后交给业主。

（3）墙内电管电线不允许有接头。

（4）不得将电线直接敷设墙壁内，一定要把电线穿在管内，电管可以采用PVC管或蛇皮管，目前，家装一般采用PVC管。

（5）电线在墙中走暗敷设时，不得损坏电线的绝缘体。

（6）熔断器盒内严禁使用铜丝、铁丝等其他金属丝代替熔丝。

（7）有线盒、开关、插座、灯具安装应牢固，端正。

（8）空调线单独敷设。

（9）所有电工施工应符合国家有关规定。

（10）线路过渡，分支必须在暗盒内。

（11）大功率用电器具不得安装在可燃构件上。

（12）严禁双回路电线共用一根线管，导线不能超过管内截面积的30％。

（13）导线穿好应及时并头。

（14）导线穿管完毕后进行通电、绝缘测试。

6.2 电工操作流程与改造流程

6.2.1 电工操作流程

家居装饰电工操作流程可以反映电工工作中一些细节的先后顺序以及应做的具体工作，图6-1所示就是装饰电工工作一般流程。

6.2.2 电路改造流程

电路改造流程见表6-1。

图 6-1 装饰电工工作一般流程

表 6-1 电路改造流程

流程	内容
1	与业主充分沟通，到物业了解情况
2	草拟布线图，如果是暗敷，则需要考虑开槽线路图，以免损坏无须牵连的水管、瓷砖等
3	划线、确定插座位置、确定开关位置、确定面板位置，并且在相应墙面画出准确的位置和尺寸。如果是用暗敷，则需要考虑开槽
4	穿线
5	安装开关、面板、插座、灯具
6	检查、调试
7	完成电路布线图、电路备案

6.3 电工施工前的检测与电路交底

6.3.1 电工施工前的检测

电工施工前需要进行的检测项目包括：①配电箱；②电视线路；

③电话线路；④网络线路；⑤原开关；⑥原插座；⑦电线；⑧灯具。

另外，电工施工前一定要检查房屋结构、质量等是否存在隐患，否则动工时发现问题时物业部门可能不会承担相应责任。

6.3.2　电路交底

电路交底主要是对于有分工的家装而言，其主要作用是进一步明确电气电路、电器设备、开关插头以及有关配合事项。

电路交底相关人员：设计师、业主、监察经理、电工师傅。

电工师傅接收监察经理所给的电路有关图纸和现场，对于一些布局、要求、及时询问、核实。

这些图纸包括平面布置图、天花布置图、家具立面图、背景立面图、水电示意图、橱柜图纸等。

电工师傅还要了解相关电器的尺寸与安装尺寸等。

6.4 电路定位

电路定位对于有分工的家装而言，主要是电工师傅根据交底的图纸确定实际位置。为便于安装的正确性，电路定位时一般需要用彩色粉笔在相应定位位置做一些标志、标识以及简单的文字。

定位的相关标准与要求是电路定位做到精准、全面、一次到位。具体的定位如下：

（1）厨房定位全面参照橱柜图纸。

（2）床头开关插座的具体布局。

（3）电话定位是否用子母机、多房间布局。

（4）电视机插座与其定位，应考虑电视机柜的高度，以及所用电视机的种类。

（5）客厅花厅灯泡个数以及是否采用分组控制。

（6）空调定位主要考虑是单相还是三相以及摆放位置。

（7）热水器定位时明确类型、安装位置。

（8）整体浴室的定位与厂家协调完成。

(9) 主顶灯是否考虑移位。

对于业主自装情况下的电工，则定位更要仔细，以免变化太大或者作业完毕后不满意。

装饰装修电工在施工前，一定要项目经理提供全部施工图纸，并认真阅读审查一遍，方可施工。其中，家装提供的图纸应有：

1) 平面布置图。通晓电工工作中的开关、插座、电视线、电话线、网络的功能的定位。

2) 天花布置图。通过天花布置图可以通晓灯的位置，以及灯的种类、灯安装的高度、灯安装工艺。

3) 家具图。对于诸如酒柜、装饰柜、书柜等需要安装灯具的地方的考虑。

4) 背景图。是否需要安装灯具或者其他需要考虑插座的问题。

5) 橱柜图纸。可以了解一些电器的位置：消毒柜、电冰箱、微波炉、抽油烟机等。从而有利于电工作业的清晰透明化。

6) 水电示意图。可以了解灯具、开关、电器插座、电器摆放、以及线管水管的布局是否合理、实际可行。

7) 电气安装图。对于家居电气有一个全面的指示安装示意。

这些图纸如果有疑问应及时与业主、设计师交流沟通，尽量在施工前杜绝不切实际的或者操作比较困难的电工施工。

6.5 强电安装的检验

强电安装质量检验方法主要实战检验法与仪表检测法。例如，电源插座可以采用220V灯光测试通断。绝缘强度检测可以采用绝缘电阻表测量，线间绝缘强度大于0.5MΩ为正常。

强电安装检查的一般项目如下：

(1) 插座是否符合有关要求，高度、类型等。

(2) 灯是否符合有关要求。

(3) 低压电器的有关安装是否正确。

(4) 电线穿管敷设是否正确，选择、安装、管内线径横截面积是否小于40%等。

(5) 电线的布局是否横平竖直。

(6) 电线的敷设是否根据设计规定、要求进行施工安装。

(7) 电线的接头：管中是否具有接头等。

(8) 电线线径的选择是否正确。

(9) 开关有关要求是否正确。

(10) 线盒有关要求：预留线头长度是否正确等。

(11) 照明线路是否进行了低压线路设有的负荷保护安装等。

6.6 弹线与开槽

开槽首先弹线，再用切割机、开槽机切到一定深度，再利用电锤或用手锤凿到相应的一定深度。

弹线是非常重要的步序之一，其基本要求就是横平竖直、清晰明了。

弹线重要的要有一个正确的基准，因此，定位仪、水平仪等工具就派上用处了。弹线技巧如下：

(1) 首先，根据需要布线的高度距离地板划两处高度标志，再用一根塑料管装上水，一端固定在一确定的高度，另外一端检测另一处高度标志是否相符，不符合进行调整，然后将调整的两处连接起来画水平线。

(2) 画水平线可以采用墨斗弹线实现。

(3) 画垂直线可以采用吊排定垂直两点，再利用墨斗弹线实现。

开电线槽，简称为开槽，其主要用于暗装电线，暗装电线已经是家装很普及的一种方式，因此，开电线槽具有一定的规范，具体的一些规范如下：

(1) 横平竖直、大小一致是基本要求。

(2) 在砖墙开槽的深度一般规定为电线管管径+12mm。电线槽开多深可以根据加12法——电线槽的深度是线管的直径+12mm的抹灰层即可以了。不过，实际中16mm的PVC管，则开槽深度为20mm；若选用20mm的PVC管，则开槽深度为25mm也比较常见。

(3) 开槽次序应先地面后顶面，再墙面。并且应画好开槽线。

(4) 如果同一槽内有2根以上电线管时，管与管间必须具有大于等于15mm的间隙。

(5) 同一房间、同一线路忌错开开槽，应一次开到位。

(6) 混凝土上忌开槽，如果不得已，则开槽时绝不能伤及钢筋结构，或者使钢筋露在外面。

(7) 空心板顶棚，忌横向开槽。

(8) 开槽一般遵循就近、方便、合理、高效、美观原则。

(9) 一般强电走上，弱电在下，相应强电线槽在上，弱电线槽在下。

开槽后的清理：清理开槽的垃圾一般需要袋装，统一放置一指定地方，清理时应洒水防尘。

6.7 PVC电线管的安装操作

进户的PVC塑料导线管的管壁厚度应不小于1.2mm。PVC电线管安装操作要点：

(1) PVC暗管必须采用安全可靠的带护套的电线。

(2) PVC暗管弯曲半径不得小于该管外径的6～10倍。

(3) PVC管安装之后必须用管卡固定于槽内，固定间距一般不大于1m，钉钢钉的一边应靠右或者靠下。

(4) PVC管接头均用配套接头，用PVC胶水粘牢，弯头均用弹簧弯曲。

(5) PVC管内电线总横截面积（包括绝缘外皮）不应超过管内横截面积的40%。

(6) PVC管内电线总根数不应超过8根。单根PVC管内走线一般不超过3根电线。

(7) PVC管弯曲敷设时，其路由长度应≤15m，并且该段内不得有“S”弯。

(8) PVC管严禁未有接线盒跳槽。

(9) PVC管严禁走倾斜布局。

（10）PVC管应用管卡固定。

（11）PVC管与PVC管间要采用套管连接，套管长度一般为管外径的1.5～3倍，PVC管间的对口应位于套管中心。

（12）PVC管与底盒连接时，必须在管口套锁扣。暗盒，拉线盒与PVC管用螺母固定。

（13）PVC管与器件连接时，插入深度大约为2cm。

（14）PVC管在墙体内严禁交叉。

（15）槽PVC管每间隔2m必须固定。

（16）导线在管内不应有扭结现象。

（17）地面上的PVC管一般每间隔1m必须固定。

（18）电源线与通信线不得穿入同一根PVC管内。

（19）吊顶内的暗线必须有阻燃套管保护。

（20）吊顶内三通、四通分线以及三相插座走线的PVC管可以穿4根电线。

（21）护墙板内的暗线必须有阻燃套管保护。

（22）明线铺设必须使用PVC管，以保护隐蔽的线路不被破坏。

（23）墙槽PVC管要求每间隔1m必须固定。

（24）同一槽内PVC管如超过2根，则管与管之间应留≥15mm的间缝。

（25）同一回路电线应穿入同一根PVC管内。

（26）线管严禁铺设在厨房、卫生间地面上，防止水渗入线管内。

（27）严禁线管直接铺设在复合板下面。

（28）在实木地板下的线管一定要有加固措施。

6.8 PVC管的连接

PVC管一般采用套管连接，连接管管端约1～2倍外径长的地方需要清理干净，然后涂上PVC胶水，再插入套管内到套管中心处，然后两根管对口紧密，保持一定时间使粘接牢固，如图6-2所示。

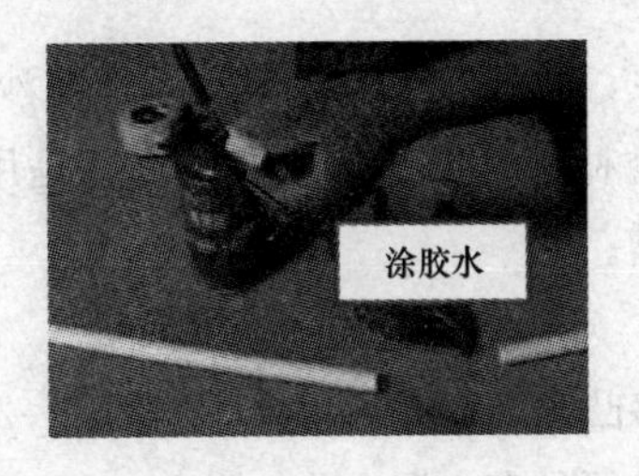

图 6-2 PVC 管涂上 PVC 胶水

PVC 管连接的套管可以采用成品套管接头，也可以采用大一号的 PVC 管来加工。自制套管的要点如下：将规格大一号的 PVC 管根据被连接管的 3～4 倍外径长来切断。用来做套管的 PVC 管其内径需要与被连接管的外径配合紧密无缝隙。

6.9 穿线与走线

是先固定 PVC 电线管再走线，还是把线放在管里再固定——直接把线放在管里再固定，可以使管横平竖直、减少工期等。但是，这是走死线，把其中的一根拉出来更换，比较困难。因此，建议还是采用先固定 PVC 电线管再走线。

穿线时的注意事项：

（1）同一交流回路的导线必须穿于同一管内。

（2）不同回路、不同电压或交流与直流的导线，不得穿入同一管内，以下几种情况除外：

1）标称电压为 50V 以下的回路。

2）同一花灯的几个回路。

3）同类照明的几个回路，但管内的导线总数不应多于 8 根。

6.10 封　槽

封槽主要步骤为调制补槽墙面水泥沙浆、湿水、封槽操作。其中，调制补槽墙面水泥沙浆一般采用 1∶3 水泥沙浆配制而成，如果是用于房屋顶面补槽用沙浆，则一般采用 801 胶＋水泥沙浆＋少许细砂组成。湿水主要是用水湿透补槽处墙面。封槽操作就是用烫子将调制好的补槽墙面水泥沙浆补槽。

封槽要点：

（1）补槽不能够凸出墙面，可以低于墙面 1～2mm。

（2）补槽前，必须具有水湿一步。

（3）顶棚的补槽水泥砂浆一定要用 801 胶等配合制。

（4）封槽之前，线管必须固定牢固，无松动。

（5）封槽之前，需要进行隐蔽工程的验收。

（6）墙面补槽的水泥砂浆比要恰当（一般为 1∶3）。

（7）封槽后的墙面、地面不得高于所在平面。

（8）封槽结束后，垃圾要及时清运。

线槽补灰以后出现裂纹的原因是水泥砂浆的干燥速度、收缩率与腻子粉不同，在墙体表面的腻子已经干透以后，里面的水泥砂浆还没有干透，因此出现裂纹。

6.11 吊顶内的电线的操作与电线接头的要求

吊顶内的电线操作要求与技巧：

（1）吊顶内的每一根电线均应采用保护管。

（2）筒灯的尾端是用蛇皮管保护的，便于弯曲与移位，也不会对电线造成损坏。

（3）吊顶内的接线头应接触牢靠，一般应采用防火胶布缠在里面，再缠其他胶带。

（4）重型灯具、电扇及其他重型设备严禁安装在吊顶龙骨上。

（5）吊顶内填充的吸音、保温材料的品种和铺设厚度应符合设计要求，并应有防散落措施。

（6）饰面板上的灯具、烟感器、喷淋头、封口蓖子等设备的位置应合理、美观，与饰面板交接处应严密。

如果电线接头不正确，则会引起电线接头打火、短路、接触不良，甚至烧坏家用电器。主线路的要求：①主线路不能截断；②主线路与支路的连接线头的对接要缠7圈半，然后刷锡、缠防水胶布，再缠绝缘胶布才可以。如果只是缠上绝缘胶布或者只缠用防水胶布均是错误的。

6.12 电线绝缘层的剥削

（1）电工刀剥削塑料护套线绝缘层。塑料护套线绝缘层分为公共护套层与每根线芯的护套层，公共护套层只能用电工刀来削剥：先按所需线头长度找好线芯缝隙，用电工刀尖划开护套层，然后向反方向扳护套层，用电工刀在根部切去护套层即可。另外，在距护套层5～10mm处，用电工刀或钢丝钳按削剥塑料硬导线绝缘层的方法，分别剥离每根芯线的绝缘层，如图6-3所示。

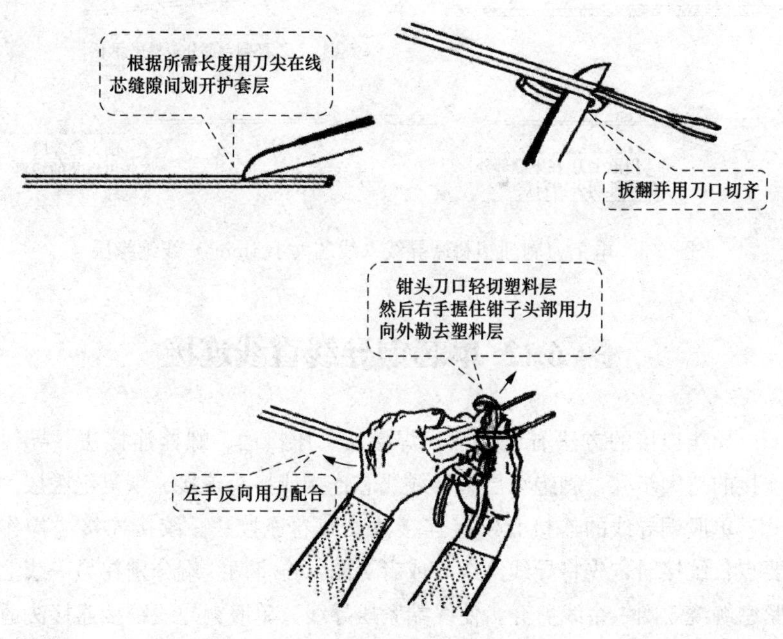

图6-3　电工刀剥削塑料护套线绝缘层

（2）电工刀剥削塑料硬导线（线芯大于4mm²）绝缘层。根据所需线头长度用电工刀以45°左右倾斜切入塑料绝缘层，然后将电工刀与线芯保持 15°左右均匀用力向线端推削，再削去一部分塑料层以及把剩余部分塑料层翻下、用电工刀在下翻部分的根部切去塑料层。即削去绝缘层，露出线芯的塑料绝缘，如图 6-4 所示。

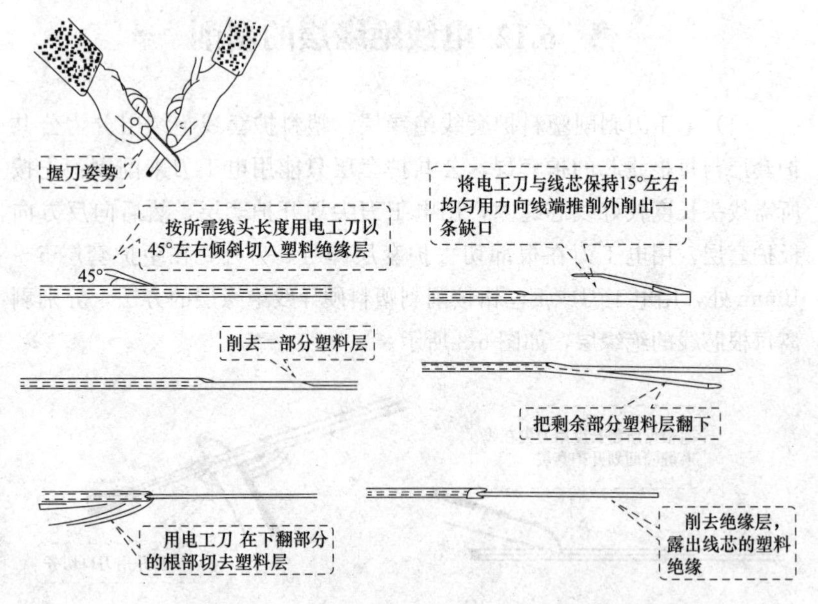

图 6-4　电工刀剥削塑料硬导线（线芯大于 $4mm^2$）线绝缘层

6.13 单芯铜导线直线连接

导线连接的方法有绞接法、焊接法、压接法、螺栓连接法。导线连接的三大步骤：剥绝缘层、导线线芯连接或接头连接、恢复绝缘层

单股铜导线的连接有绞接连接法、缠卷连接法。绞接连接法操作要点：绞接时，先将导线互绞 3 或者 2 圈，再将两线端分别在另一线上紧密缠绕 5 圈，余线剪弃，使线端紧压导线。单股铜导线绞接连接法适用于 $4mm^2$ 及以下的单芯线连接。

单芯铜导线直线连接如图 6-5 所示。

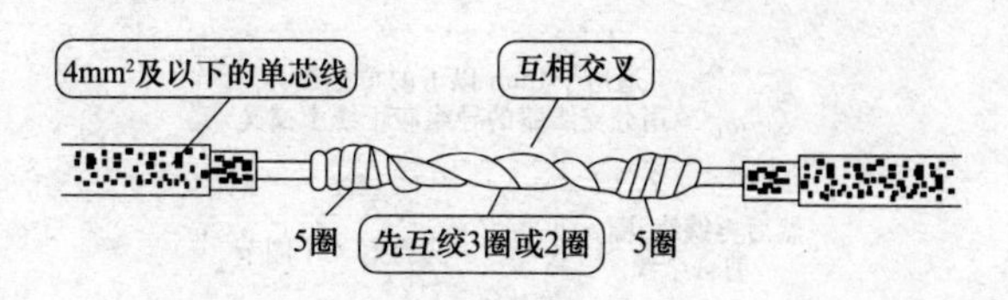

图 6-5　单芯铜导线直线连接图示

缠卷连接法又可以分直接连接法、分支连接法两种。直接连接操作法操作要点：先将两线端用钳子稍作弯曲，相互并合，然后用直径约 1.6mm² 的裸铜线作扎线紧密地缠卷在两根导线的并合部分。缠卷长度应为导线直径的 10 倍左右。缠卷连接法如图 6-6 所示。

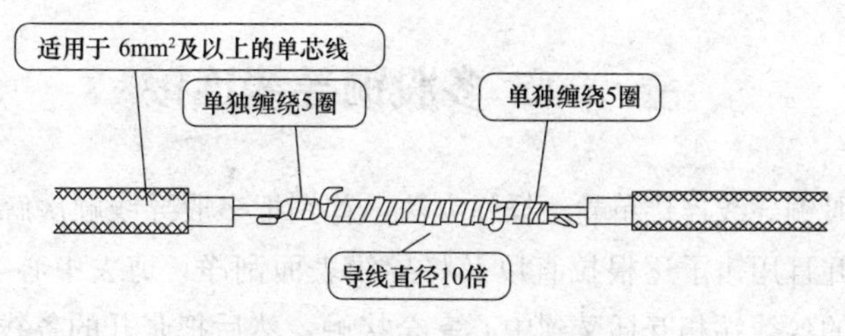

图 6-6　缠卷连接法图示

6.14 单芯铜线的分支连接

单芯铜线的分支连接分为铰接法、缠卷法。

铰接法适用于 4mm² 以下的单芯线。其具体操作方法与要点如下：先用分支线路的导线向干线上交叉，并且打好一个圈节，以防止脱落，再缠绕 5 圈。分支线缠绕好后，剪去余线。单芯线分支连接如图 6-7 所示。

缠卷法适用于 6mm² 及以上的单芯线的分支连接。其具体操作方法与要点如下：首先将分支线折成 90°紧靠干线，其公卷的长度为导线直径的 10 倍，单圈缠绕 5 圈后，剪断余下线头。

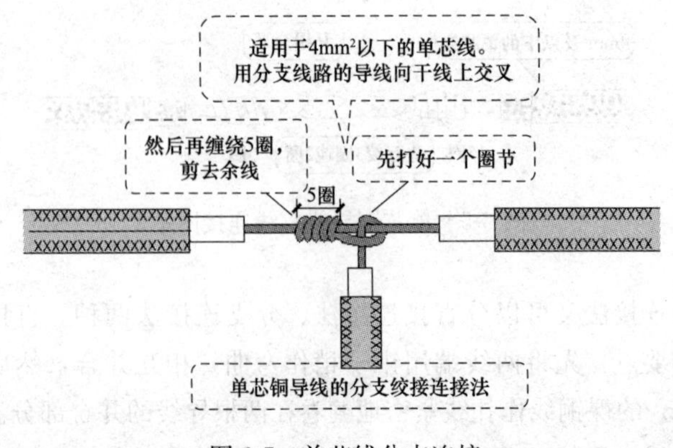

图 6-7 单芯线分支连接

6.15 多股铜导线连接

多股铜导线连接单卷法操作方法：首先把多股导线顺次解开成 30°伞状，并且用钳子逐根拉直以及将导线表面刮净，剪去中心一股。再把张开的各线端相互插叉到中心完全接触，然后把张开的各线端合拢，并且取相邻两股同时缠绕 5～6 圈后，另换两股缠绕，把原有两股压在里档或剪弃，再缠绕 5～6 圈后，采用同法调换两股缠绕，依此这样直到缠到导线叉开点为止。最后将压在里档的两股导线与缠线互绞 3～4 圈，剪弃余线，余留部分用钳子敲平贴紧导线，再用同样的方法做另一端即可。

多股铜导线连接图例如图 6-8 所示。

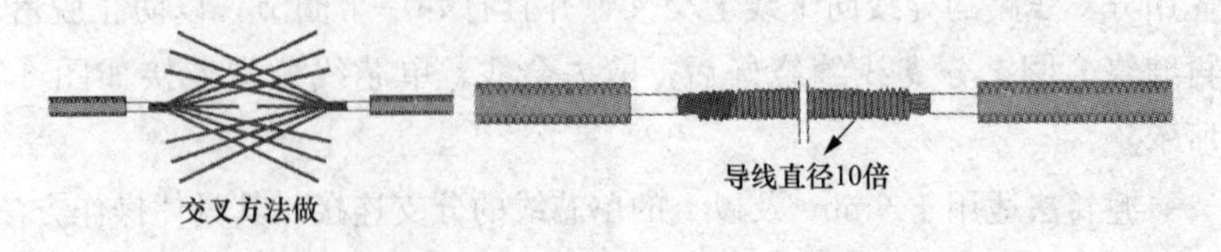

图 6-8 多股铜导线连接

6.16 电线塑料管敷设的载流量

电线塑料管敷设的载流量见表 6-2、表 6-3。

表 6-2　橡皮绝缘电线穿塑料管敷设的载流量（A）　$B_n=65℃$

导线截面/mm²	BLX-500. BLFX-500														
	两根单芯				管径 mm	三根单芯				管径 mm	四根单芯				管径 mm
	25℃	30℃	35℃	40℃		25℃	30℃	35℃	40℃		25℃	30℃	35℃	40℃	
1.0															
1.5															
2.5	19	17	16	15	20	17	15	14	13	20	15	14	12	11	20
4	25	23	21	19	20	23	21	19	18	20	20	18	17	15	25
6	33	30	28	26	20	29	27	25	22	20	26	24	22	20	25
10	44	41	38	34	25	40	37	34	31	32	35	32	30	27	32
16	58	54	50	45	32	52	48	44	41	32	46	43	39	36	40
25	77	71	66	60	40	68	63	58	53	40	60	56	51	47	40
35	95	88	82	75	40	84	78	72	66	40	74	69	64	58	50
50	120	112	103	94	50	108	100	93	85	50	95	88	82	75	63
70	153	143	132	121	50	135	126	116	106	50	120	112	103	94	63
95	184	172	159	145	63	165	154	142	130	63					
120	210	196	181	166	63	190	177	164	150	63					

导线截面/mm²	BX-500. BXF-500														
	两根单芯				管径 mm	三根单芯				管径 mm	四根单芯				管径 mm
	25℃	30℃	35℃	40℃		25℃	30℃	35℃	40℃		25℃	30℃	35℃	40℃	
1.0	13	12	11	10	16	12	11	10	9	16	11	10	9	8	20
1.5	17	15	14	13	16	16	14	13	12	16	14	13	12	11	20
2.5	25	23	21	19	20	22	20	19	17	20	20	18	17	15	20
4	33	30	28	26	20	30	28	25	23	20	26	24	22	20	25
6	43	40	37	34	20	38	35	32	30	20	34	31	29	26	25
10	59	55	51	46	25	52	48	44	41	32	46	43	39	36	32
16	76	71	65	60	32	68	63	58	53	32	60	56	51	47	40
25	100	93	86	79	40	90	84	77	71	40	80	74	69	63	40
35	125	116	108	98	40	110	102	95	87	40	98	91	84	77	50
50	160	149	138	126	50	140	130	121	110	50	123	115	106	97	63
70	195	182	168	154	50	175	163	151	138	50	155	144	134	122	63
95	240	224	207	189	63	215	201	185	170	63					
120	278	259	240	219	63	250	233	216	197	63					

注　表中管径适用于：直管≤30m，一个弯≤20m，两个弯≤15m，超长应设拉线盒或增大一级管径。

表 6-3 聚氯乙烯绝缘电线穿塑料管敷设的载流量 （A） $B_n=70℃$

导线截面/mm²	BLV-500														
	两根单芯				管径 mm	三根单芯				管径 mm	四根单芯				管径 mm
	25℃	30℃	35℃	40℃		25℃	30℃	35℃	40℃		25℃	30℃	35℃	40℃	
1.0															
1.5															
2.5	19	18	17	16	16	17	16	15	14	16	15	14	13	12	20
4	25	24	23	21	16	23	22	21	19	20	20	19	18	17	20
6	33	31	29	27	20	29	27	25	23	20	27	25	24	22	25
10	45	42	39	37	25	40	38	36	33	25	35	33	31	29	32
16	58	55	52	48	25	52	49	46	43	32	47	44	41	38	32
25	77	73	69	64	32	69	65	61	57	40	60	57	54	50	40
35	95	90	85	78	40	85	80	75	70	40	74	70	66	61	50
50	121	114	107	99	50	108	102	96	89	50	95	90	85	78	63
70	154	145	136	126	50	138	130	122	113	63	122	115	108	100	63
95	186	175	165	152	63	167	158	149	137	63	148	140	132	122	63
120	212	200	188	174	63										
导线截面/mm²	BV-500														
	两根单芯				管径 mm	三根单芯				管径 mm	四根单芯				管径 mm
	25℃	30℃	35℃	40℃		25℃	30℃	35℃	40℃		25℃	30℃	35℃	40℃	
1.0	13	12	11	10	16	12	11	10	10	16	11	10	9	9	16
1.5	17	16	15	14	16	16	15	14	13	16	14	13	12	11	16
2.5	25	24	23	21	16	22	21	20	18	16	20	19	18	17	20
4	33	31	29	27	16	30	28	26	24	20	27	25	24	22	20
6	43	41	39	36	20	38	36	34	31	20	34	32	30	28	25
10	59	56	53	49	25	52	49	46	43	25	47	44	41	38	32
16	76	72	68	63	25	69	65	61	57	32	60	57	54	50	32
25	101	95	89	83	32	90	85	80	74	40	80	75	71	65	40
35	127	120	113	104	40	111	105	99	91	40	99	93	87	81	50
50	159	150	141	131	50	140	132	124	115	50	124	117	110	102	63
70	196	185	174	161	50	177	167	157	145	63	157	148	139	129	63
95	244	230	216	200	63	217	205	193	178	63	196	185	174	161	63
120	286	270	254	235	63										

注 表中管径适用于：直管≤30m，一个弯≤20m，两个弯≤15m，超长应设拉线盒或增大一级管径。

6.17 硬塑料管中间应加接线盒的情形

硬塑料管中间应加接线盒的情形如图 6-9 所示。

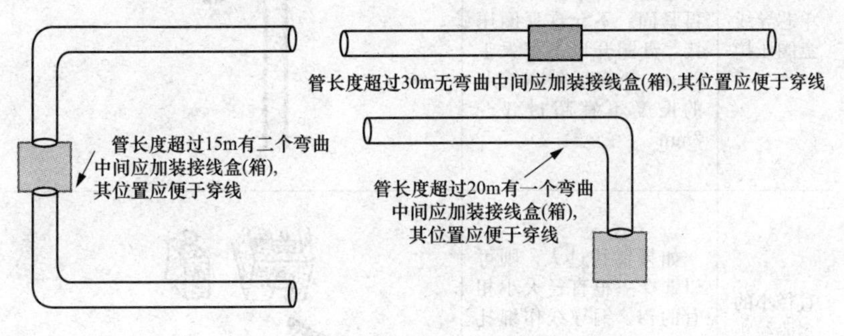

图 6-9　硬塑料管中间应加接线盒的情形

6.18 导线的预留长度

导线的预留长度的要求见表 6-4。

表 6-4　　导线的预留长度的要求

项目	导线的预留长度
接线盒、开关盒、插销盒及灯头盒内导线	预留长度应为 15cm
配电箱内导线的预留长度	应为配电箱箱体周长的 1/2
出户导线	预留长度应为 1.5m
公用导线在分支处	不剪断导线而直接穿过

6.19 线端的连接

线端的连接方法、要求见表 6-5 和表 6-6。

表 6-5　　线端的连接方法、要求（一）

项目	说明	图例
单芯导线盘圈压接	用一字或十字机螺钉压接时，导线要顺着螺钉旋进方向紧绕一圈后再紧固。不允许反圈压接，盘圈开口不宜大于2mm，压接后外露线芯的长度不宜超过1～2mm	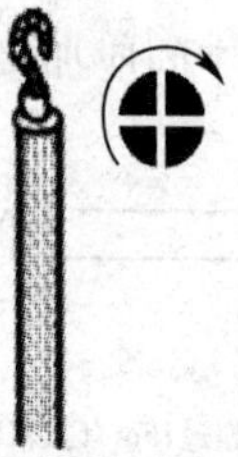
直径小的多股线头与大孔接线柱的连接	如果针孔过大，则可以选择一根直径大小相宜的铝、铜导线作绑扎线：在已绞紧的线头上紧密缠绕一层，使线头大小与针孔配合合适，插入后再进行压接	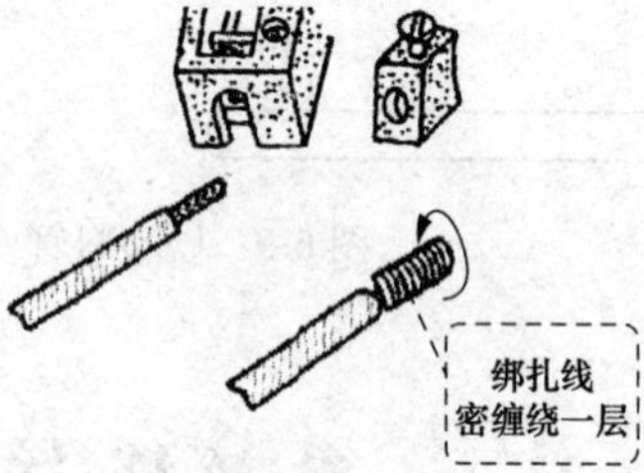 绑扎线密缠绕一层
直径大的多股线头与小孔接线柱的连接	如果线头过大，插不进针孔时，可将线头散开，适量减去中间几股：7股一般可剪去1～2股，19股一般可剪去1～7股。再将线头绞紧，然后压接即可	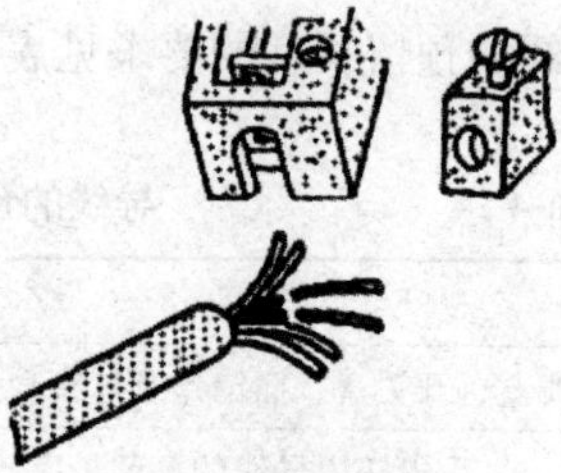
软线线头与平压接线桩的连接	软线线头的连接也可用平压式接线桩，但是，要注意导线线头与压接螺钉之间的要做绕结处理	 用适当的力矩将螺钉拧紧，以保证良好的电接触 压接时注意不得将导线绝缘层压入垫圈内 导线线头与压接螺钉之间的绕结

续表

项目	说明	图例
线头与瓦形接线桩的连接	瓦形接线桩主要特点是其采用的垫圈为瓦形。线头与瓦形接线桩的连接技巧如下： （1）压接前应先将去除氧化层和污物。 （2）线头弯曲成“U”形。 （3）再卡入瓦形接线桩压接，注意“U”形方向与螺钉拧紧方向一致。如果在接线桩上为两个线头连接，应将弯成“U”形的两个线头相重合，再卡入接线桩瓦形垫圈下方压紧	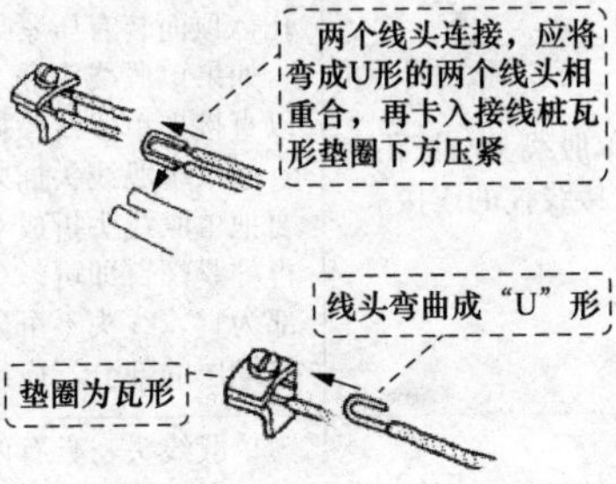 两个线头连接，应将弯成U形的两个线头相重合，再卡入接线桩瓦形垫圈下方压紧 线头弯曲成“U”形 垫圈为瓦形
多股线压接圈	一般横截面不超过 $10mm^2$、股数为 7 股及以下的多股芯线，可以采用压接圈法压接。载流量较大，横截面积超过 $10mm^2$、股数多于 7 股的导线端头，一般不采用弯压接圈压接，而应采用接线耳安装	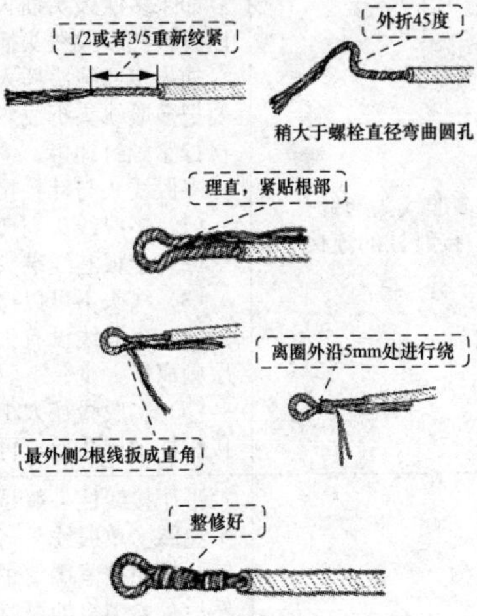 1/2或者3/5重新绞紧 外折45度 稍大于螺栓直径弯曲圆孔 理直，紧贴根部 离圈外沿5mm处进行绕 最外侧2根线扳成直角 整修好
头攻头连接	头攻头就是 2 个接线端头由一根直接相连的导线组成的并头	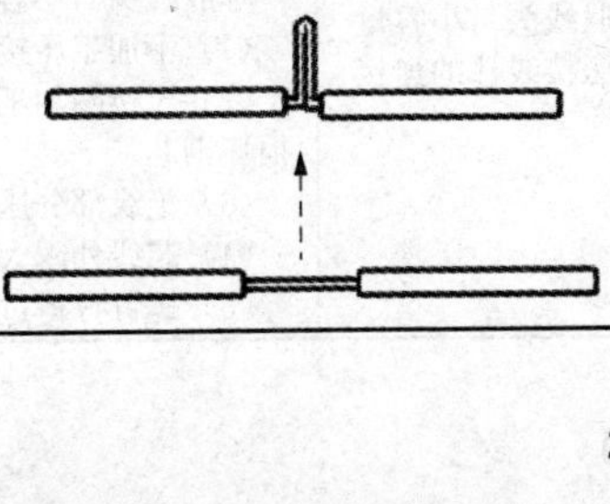

表 6-6　　线端的连接方法、要求（二）

项目	说明
多股铜芯软线盘圈压接	先将软线芯作成单眼圈状，涮锡后，将其压平再用螺丝加垫紧牢固。压接后外露线芯的长度不宜超过 1～2mm
单股线头与针孔接线柱的连接	针孔接线柱一般采用黄铜制作成矩形块，端面设有导线承接孔，顶面装有压紧导线螺钉。 如果单股线头插入针孔接线柱承接孔后，孔间隙不多，则可以直接把单股线头插入针孔接线柱承接孔后，再拧紧螺钉即可。 如果单股线头插入针孔接线柱承接孔后，孔间隙较大，则需要把单股线头折成双股并列形状后再插入针孔接线柱承接孔后，再拧紧螺钉即可。单股线头应能够插入针孔接线柱承接孔的底部为宜，线头不可以裸露在接线柱外，同时，单股线没有去掉绝缘层的部分不应被螺钉压住
单股线头与具有两个压紧螺钉针孔接线柱连接	单股线头与具有两个压紧螺钉针孔接线柱连接时螺钉的操作时，需要注意首先拧紧近孔口的一颗，再拧近孔底口的一颗，以免发生线头插入孔内不深或者只压住端头部、空压，从而出现易脱离现象。两只螺钉压接一般在线路容量较大，或接头要求较高时应用
多股线头与针孔接线柱的连接	如果多股线头插入针孔接线柱承接孔后，孔间隙不多，则可以直接把多股线头插入针孔接线柱承接孔后，再拧紧螺钉即可。 如果多股线头插入针孔接线柱承接孔后，孔间隙较大，则需要把多股线头折成双股并列形状后再插入针孔接线柱承接孔后，再拧紧螺钉即可。 多股线头与针孔接线柱连接的要点： （1）多股线头剥离绝缘层后，需要进一步把芯线绞紧。 （2）全根芯线端头不应有断股、露毛刺等现象。 （3）线头不可以裸露在接线柱外，这样很不安全， （4）多股线没有去掉绝缘层的部分不应被螺钉压住，即绝缘层剥离得太少。 （5）多股线径太小，则需要折成双股并列形状后再插入针孔接线柱承接孔后，再拧紧螺钉即可
单股线头与小容量平压接线柱的连接	平压接线柱一般是利用圆头螺钉的平面进行压接，一般没有平垫圈。单股线头与小容量平压接线柱的连接，首先要把单股线头按照拧紧螺钉的方向加工成压接圈，再套入圆头螺钉内，然后拧紧螺钉即可。 单股线头与小容量平压接线柱的连接常见错误： （1）不加工压接圈。 （2）压接圈加工错误：方向不对、弯得太大或者太小、弯时损坏铜芯。 （3）绝缘部分压入螺钉内。 （4）芯线外露太长。 （5）螺钉拧得过紧或者过松

6.20 导线的封端

导线的封端是为保证导线线头与电气设备的电接触与机械性能，在线头上焊接或压接接线端子的工艺过程。

$10mm^2$ 以下的单股铜芯线、$2.5mm^2$ 及以下的多股铜芯线与单股铝芯线一般可以直接与电器接线柱连接，不需要封端。

铜导线封端方法常用锡焊法或压接法，具体特点见表 6-7。

表 6-7　　铜导线封端方法

名称	特点
锡焊法	首先除掉线头表面氧化层与污物、接线端子孔内表面氧化层与污物，然后涂上无酸焊锡膏，线头上先搪一层锡，并将适量焊锡放入接线端子的线孔内，用喷灯对接线端子加热，待焊锡熔化时，趁热将搪锡线头插入端子孔内，继续加热，直到焊锡完成渗透到芯线缝中并灌满线头与接线端子孔内壁之间的间隙，方可停止加热
压接法	首先把表面清洁，并且把加工好的线头直接插入内表面已清洁的接线端子线孔，再用压接管压接即可

6.21 线头绝缘层的恢复

家装中一般采用绝缘带宽度为 20mm 就可以了。包缠的主要步骤如下：

先将黄蜡带从线头的一边在完整绝缘层上离切口 40mm 处开始包缠，使黄蜡带与导线保持 55°的倾斜角，后一圈压叠在前一圈 1/2 的宽度上，常称为半迭包。黄蜡带包缠完以后将黑胶带接在黄蜡带尾端，朝相反方向斜叠包缠，仍倾斜 55°，后一圈仍压叠前一圈 1/2。

恢复后的绝缘强度一般不应低于剖削前的绝缘强度。

380V 的线路上恢复绝缘层时，一般先包缠 1～2 层黄蜡带，再包缠一层黑胶带。

220V 线路上恢复绝缘层，可先包一层黄蜡带，再包一层黑胶带。或不包黄蜡带，只包两层黑胶带。

电力线上恢复线头绝缘层常用黄蜡带、涤纶薄膜带、黑胶带（黑胶布）三种材料。

6.22 线路的安装、检查的应用要求

（1）中性线与地线的位置不要接错，否则会频频跳闸，甚至烧毁电器。

（2）电线与暖气、热水、煤气管之间的平行距离不应小于 300mm，交叉距离不应小于 100mm。

（3）穿入配管导线的接头应设在接线盒内，线头要留有余量 150mm，接头搭接应牢固，涮锡，绝缘带包缠应均匀紧密。

（4）导线间电阻必须大于 0.5MΩ。

（5）导线对地间电阻必须大于 0.5MΩ。

（6）用绝缘电阻表测新敷设线路导间线及导线对地电阻要大于 0.5MΩ。

（7）电线路敷设完后，要用试灯或试电笔检测，以免增加返工的困难。

（8）进入接线盒内的电线，线头要用绝缘胶带等包扎好，并且用 $\phi16$ 的线管卷圈。

（9）电线在单个底盒内留线长度应＞150mm，且＜250mm。

（10）2 个插座或多个插座并排的地方，电线不宜开断，应根据实际长度留线。

（11）地线在底盒内也应留一定的余地。

（12）电线与暖气、热水之间的平行距离≥300mm，交叉距离≥100mm。

（13）照明线路与低压线路均要设置负荷保护。

（14）中性线与地线电压一般要小于 1V；如果等于 0，说明中性线与地线可能接在一起了。

（15）电源线不得裸露在吊顶上。

（16）电源线不得直接用水泥抹入墙中，以保证电源线可以拉动或更换。

（17）钉木地板时，电源线应沿墙脚敷设，以防止电源线被钉子损伤。

（18）电源线走向横平竖直，不可斜拉。

（19）电源线走向注意避开壁镜、家具等物的安装位置，以免壁镜、家具安装时，被电锤、钉子损伤。

（20）电器线路与蒸气热水管外的其他管路间距≥100mm。

（21）导线与燃气管路的间隔距离规定见表 6-8。导线与燃气管路的间隔距离可以用钢卷尺进行检查。

表 6-8　　导线与燃气管道间隔距离

类别	导线与燃气管之间距离/mm
同一平面	≥100
不同平面	≥150

（22）利用踢脚线布线——电线管开槽沿墙脚走，铺完之后，不用水泥封闭，直接钉上踢脚线封闭，将来维修时只要撕开踢脚线就可以了。

6.23 开关控制插座的带开关插座的安装

开关控制插座的带开关插座的安装方法与要点、步骤如图 6-10 所示。开关插座面板的开关与插座一般是分开的。可以利用开关控制灯具，插座供其他电器使用。如果，需要开关控制插座，则只需要插座的火线经过开关控制通断即可。如果想开关控制灯具，则可以不采用开关控制插座。

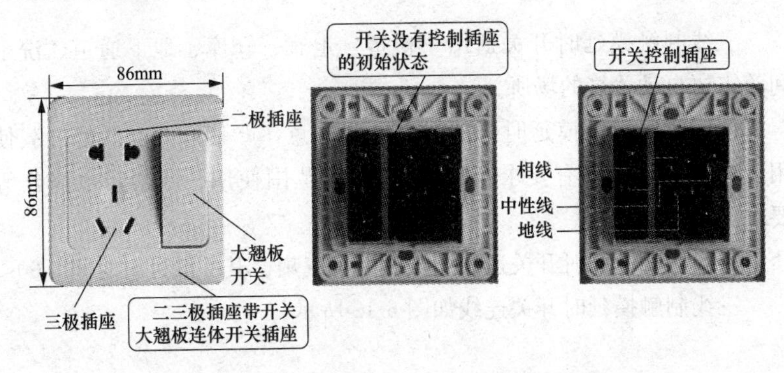

图 6-10　开关控制插座的带开关插座的安装

6.24 三开单控开关的安装

三开单控开关可以实现三路线路的控制，如控制灯具 1、灯具 2、灯具 3，如图 6-11 所示。

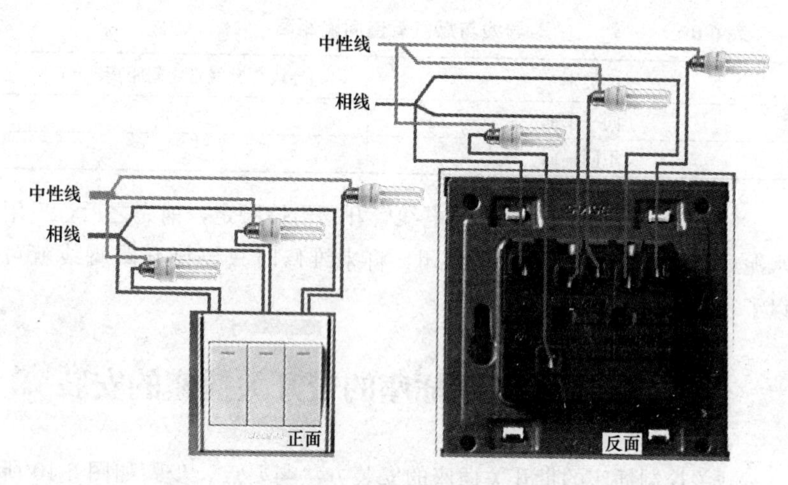

图 6-11　三开单控开关可以实现三路线路的控制

6.25 三线制触摸延时开关的安装

三线制触摸延时开关适用于楼道、走廊、仓库、地下通道、洗手间等需要自动关灯的场所。

使用三线制触摸延时开关时，需要注意：严禁短路、严禁过载使用（对灯具总功率有要求）、严禁超功率范围使用、严禁带电操作等要求。

三线制触摸延时开关适用于灯具、抽气扇。其一般延时时间≤60s。

三线制触摸延时开关连线如图 6-12 所示。

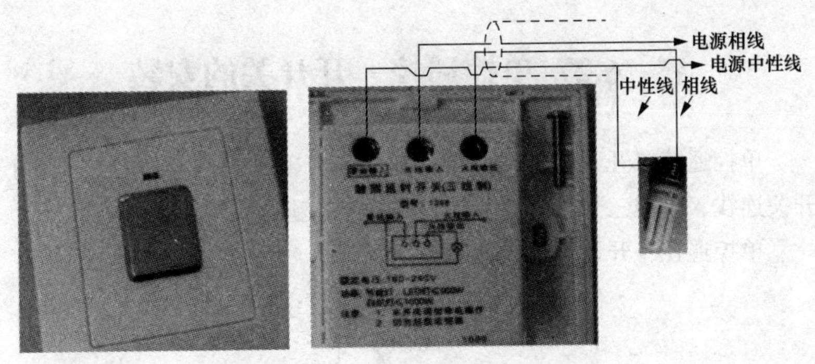

图 6-12　三线制触摸延时开关连线

6.26 单开双控开关与单开普通开关面板比较

单开双控开关与单开普通开关面板的差异：单开双控开关背面连线孔有三个，而单开普通开关背面连线孔只有两个，如图 6-13 所示。

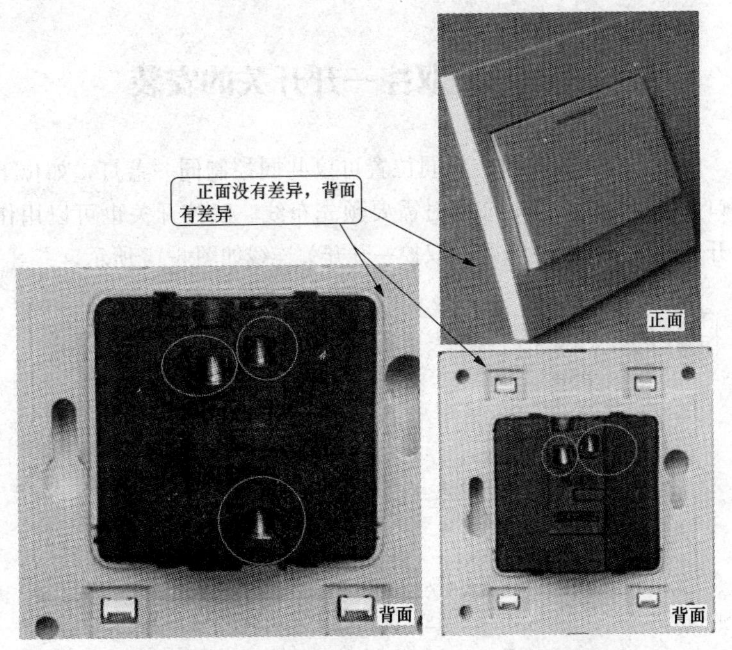

图 6-13　单开双控开关与单开普通开关面板比较

6.27 单控遥控一开开关的安装

单控遥控二开开关连线、单控遥控三开开关连线与单控二开触摸开关连线、单控三开触摸开关连线有的产品基本一样。

单控遥控一开开关连线如图 6-14 所示。

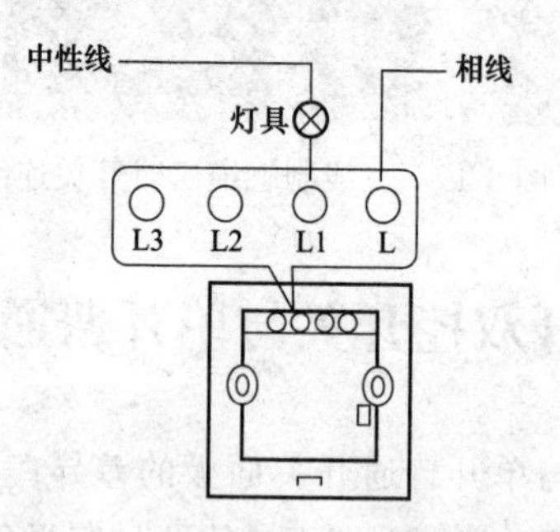

图 6-14 单控遥控一开开关安装

6.28 双控一开开关的安装

两个双控开关在两个不同位置可以共同控制同一盏灯，如位于楼梯口、大厅、床头等，应用时需要预先布线。双控开关也可以用作单控开关，单独控制一个灯。双控一开开关连线如图 6-15 所示。

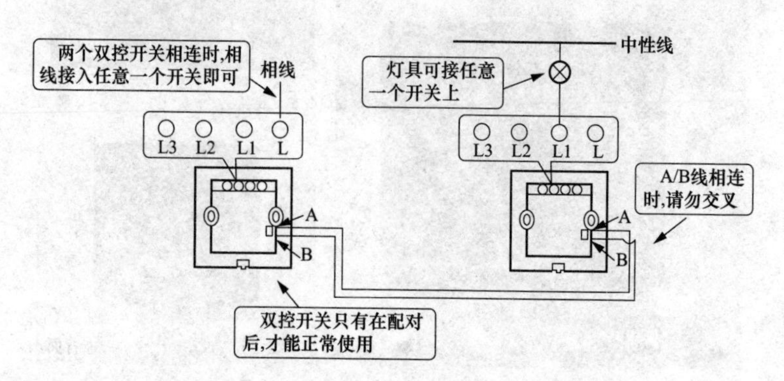

图 6-15 双控一开开关连线安装

6.29 双控双开开关的安装

双控双开开关连线如图 6-16 所示。

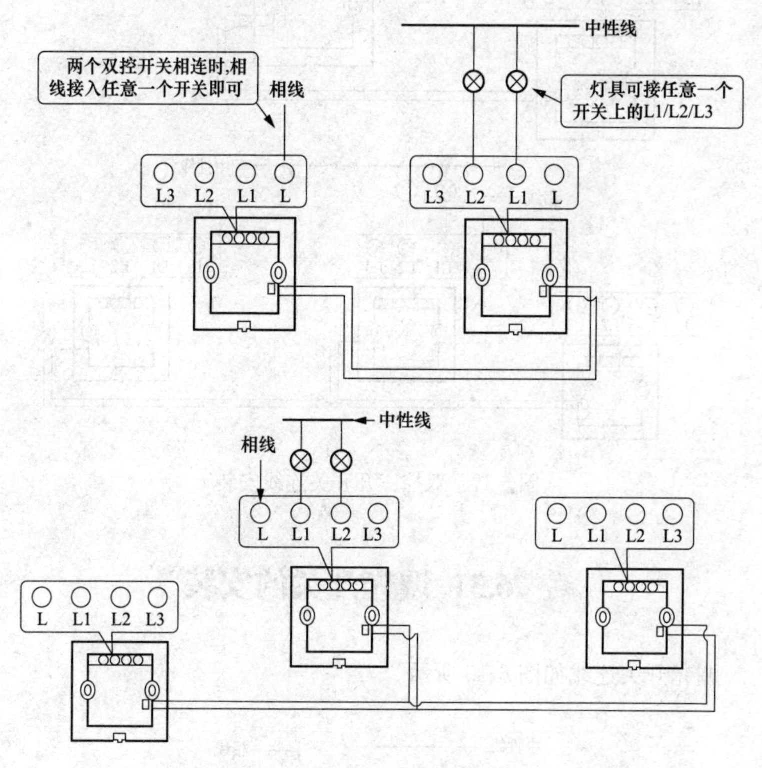

图 6-16　双控双开开关连线安装

6.30 双控三开开关的安装

双控三开开关连线如图 6-17 所示。

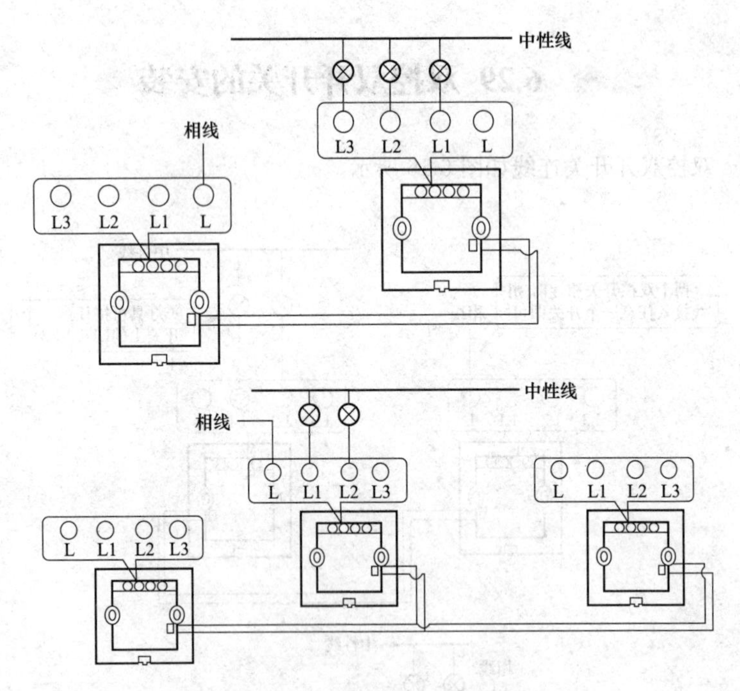

图 6-17　双控三开开关连线安装

6.31 调光开关的安装

调光开关连线如图 6-18 所示。

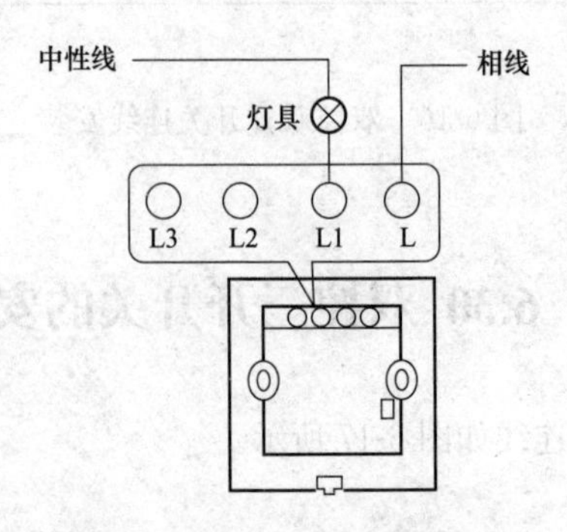

图 6-18　调光开关的连线安装

6.32 定时开关的安装

定时开关连线如图 6-19 所示。

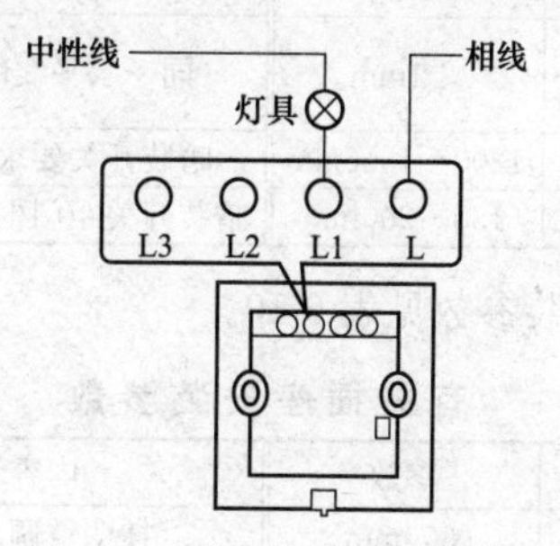

图 6-19 定时开关连线安装

6.33 调光遥控开关的安装

调光遥控开关连线如图 6-20 所示。

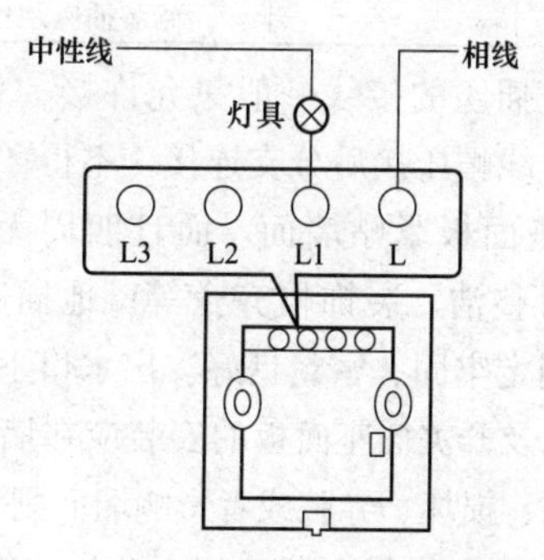

图 6-20 调光遥控开关连线安装

6.34 插座的安装

插座的安装方法及要点：

（1）安装插座插孔时，需要注意其上的“L”“N”符号与实际连接的相线、中性线一致：L 表示是相线，N 表示中性线。并且还要注意插座是左零右相。

（2）插座有关安装参数见表 6-9。

表 6-9　插座有关安装参数

内容	参数	内容	参数
并列安装相同型号开关距水平地面高度相差	≤1mm	同一水平线的开关	≤5mm
一般开关高度	1200～1350mm	暗装开关要求距地面	1.2～1.4m
一般开关距离门框门沿	150～200mm	暗装开关距门框水平距离	150～200mm

（3）有关插座安装参数见表 6-10。

表 6-10　有关插座安装参数

内容	参数	内容	参数
电源插座底边距地	300mm	挂壁空调插座	高度 1900mm
挂式消毒柜插座	1900mm	厨房插座	高 950mm
洗衣机插座	1000mm	电视机插座	650mm
脱排插座	高 2100mm	一般插座高度	200～300mm
同一室内的电源、电话、电视等插座面板高度应一致	误差小于 5mm	明装插座距地面	不低于 1.8m
—	—	暗装插座距地面	不低于 0.3m

（4）家装的开关插座的接线一般只允许接一根线。如果导线并头需要采用搪锡或用压线帽压接后分支连接，不得“头攻头”方式连接。

（5）暗装的插座面板紧贴墙面，而且四周无缝隙、无碎裂划伤、安装牢固、表面光滑整洁、装饰帽齐全等。地插座面板宜紧贴地面或与地面齐平、盖板固定牢固、密封良好。出水口下方一般不要有插座。

（6）电工灯具以及开关插座面板的安装应在墙面刷涂料或贴墙纸的工作之后，以免划花、损坏、弄脏或者影响墙面刷涂料或贴墙纸的工作。

（7）1000W 以上的高容量电器（如空调、冰箱、微波炉等），应当采用专用的回路和插座。电器回路线路排放一般走墙壁体，不要走地板、地砖下。大功率电器一般采用 16A 插座。

6.35　一开16A三孔空调插座的安装

一开 16A 三孔空调插座的安装如图 6-21 所示。该图例的连接可以实现插座面板上的开关控制插座的功能。

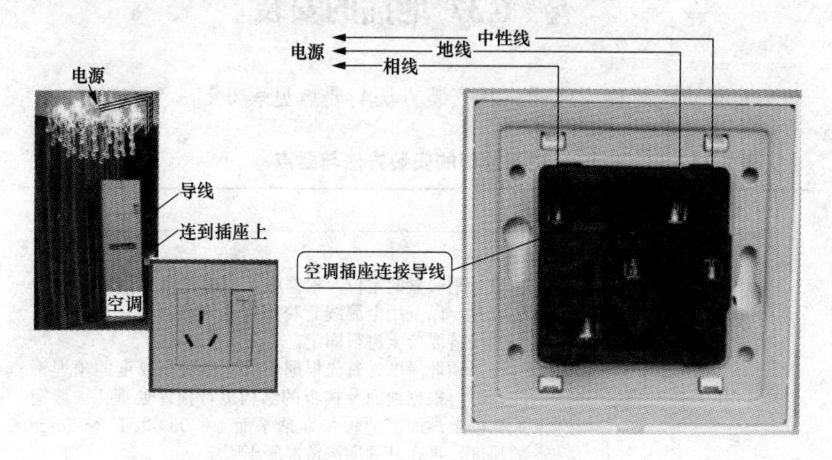

图 6-21　一开 16A 三孔空调插座的安装

6.36 七孔插座的安装

七孔插座安装方法的图例如图 6-22 所示。图例七孔插座为模块化结构的插座面板，其内部已经把插座间的电气已经连接好了，因此，只需要接入相线、中性线、地线。

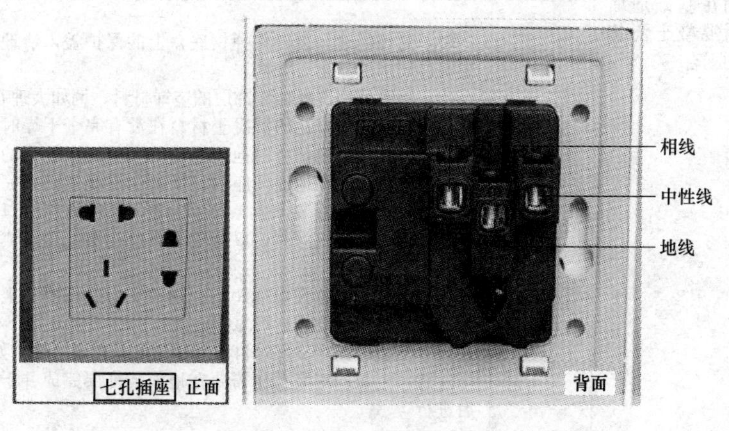

图 6-22　七孔插座的安装

6.37 地插的安装

地面插座简称为地插，其安装方法与要点见表6-11。

表6-11　　地面插座的安装方法与要点

类型	步骤	要点
预埋型地面插座的安装：该安装方法适用于翻盖型地插、弹出型地插、旋盖型地插在基础地面为混凝土浇筑的场合	地面插座钢底盒的安装	（1）钢底盒的定位。根据施工图确定钢底盒的具体安装位置，以及用金属线管将钢底盒连接起来，然后在其周围浇铸混凝土进行固定。 （2）预埋深度。首先根据要求选择适当厚度的预埋钢底盒，再根据地面及楼板的结构进行预埋处理。一般钢底盒的上端面需要保持在地平面±0.000以下3～5mm的深度，再在其周围浇铸混凝土固定。 （3）钢底盒厚度的选择。 1）预埋深度在地面找平层与装饰层间、预埋深度要求小于55mm时，可选择超薄型钢底盒。 2）预埋深度在地板钢筋结构之上到装饰层间的，可以选用厚度为65～75mm标准的预埋型钢底盒。 （4）注意事项。 1）钢底盒在浇铸混凝土固定前，需要确认钢底盒与金属线管接地良好。 2）将钢底盒的保护上盖盖好，以防止施工期间灰尘、杂物落入
	地面插座上盖的安装	（1）清理场地。首先去掉钢底盒上的保护盖，清理安装洞口周围的渣土、杂物。 （2）防腐处理。地面装饰层的装饰材料，例如大理石、瓷地砖与不适当配比的混凝土材料在没有完全干燥时有可能产生泛碱反应，将对地面插座的上盖产生较强的腐蚀作用。因此，在地面插座洞口周围的混凝土尚未完全干燥时，暂不能安装上盖。安装上盖前，可以在洞口周围刷一、二层防腐涂料，以避免泛碱反应给上盖造成的腐蚀。 （3）接地。安装强电插座的地面插座时，需要将上盖的连接地线与底盒进行可靠的连接。 （4）上盖的固定。用螺钉将上盖与底盒拧紧，固定好。 注意：上盖的安装工作需要在地面装饰层完成并干燥后进行

续表

类型	步骤	要点
地板型地面插座的安装：该种安装方法适用于地板型地面插座在基础地面为架空式防静电地板的场合	地面插座钢底盒的安装	（1）钢底盒的定位。根据需要在安装地面插座的防静电地板块上开出方洞，开洞尺寸需要比钢底盒的实际外形尺寸大 5mm。 （2）安装深度。钢底盒的上端面需要低于地板表面 3～5mm。针对不同厚度的防静电地板块可通过在钢底盒上的安装弯角与防静电地板块底面间增减垫片进行安装深度的调整。 （3）钢底盒的固定。将需要穿线的钢底盒上的敲落孔敲掉，以及用蛇皮管接头连接好，然后用自攻螺钉将钢底盒上的弯角固定在防静电地板上
	地面插座上盖的安装	（1）清理现场。需要将地板洞口周围清理、擦拭干净。 （2）接地。安装强电插座的地面插座时，需要须将上盖的接地连线与钢底盒进行可靠的连接。 （3）固定。用螺钉将上盖与钢底盒拧紧，固定好

6.38 暗盒与底盒的安装

暗盒一定要与面板配套，否则有可能装不上。底盒安装的技巧如下：

（1）底盒安装前要弹线、定位。在实际工作中，一些电工师傅出现过要么开方孔太大，要么太小，主要原因就是没有弹线、定位，凭直觉或者弹线、定位没有掌握好。弹线、定位方法：找基准、弹水平线，再翻转定位。

1）基准：一般以开关的高度为基准。

2）弹水平线：在装底盒的墙面弹一水平线。

3）翻转定位：向上翻或下翻确定另一水平线，即确定底盒洞水平位置线。然后，根据底盒宽度＋3mm 左右确定底盒洞宽度。

（2）底盒安装前要把需要的孔敲落，并且相应装上锁扣。底盒后面的小孔，需要堵住。

（3）安装洞要湿透。即用水将洞浇透，并且，注意洞浇透前应把洞内的墙灰等杂物清除。

（4）安装与清理。一般用 1∶3 水泥砂浆将底盒稳固洞中，并保证底盒与墙面平正。安装后清理多余的水泥沙浆。

需要注意的是，安装“线盒”不能破坏承重墙内面钢筋结构。底盒安装的要求与规定：

（1）安装好底盒，应在布线、布管之前。

（2）底盒的开口面应与墙面平整、牢固、方正（厨房、卫生间的暗盒要凸出墙面 20mm）。

（3）底盒尽量不要装在混凝土上。

（4）底盒与底盒并列安装，它们之间应留有 4～5mm 的缝隙。

（5）进门开关底盒边距门口边为 150～200mm，距地面应在 1.2～1.4m。

（6）如果底盒装在封石膏板的地方，则需要用至少 2 根 20mm×40mm 的木方，固定在龙骨架上。

（7）一个底盒不能装在四块瓷砖上。

（8）在贴瓷砖的地方，底盒尽量装在瓷砖正中，不得装在腰线与花砖上。

（9）如果底盒主线达不到大功率电器负荷要求时，必须走专线。

多个暗盒的连接：多个暗盒的安装方法与单一暗盒的安装方法基本一样，主要差异是由于多个暗盒的连接带来的一些差异：多个暗盒的安装需要考虑整体性与协调性。

多个暗盒同时排列连接使用，需要考虑暗盒间的距离能够装得下面板，以及面板间没有缝隙。

6.39 小型断路器的安装

小型断路器可以采用 TH-35-7.5 标准安装轨道来安装，其操作要点与方法如图 6-23 所示。

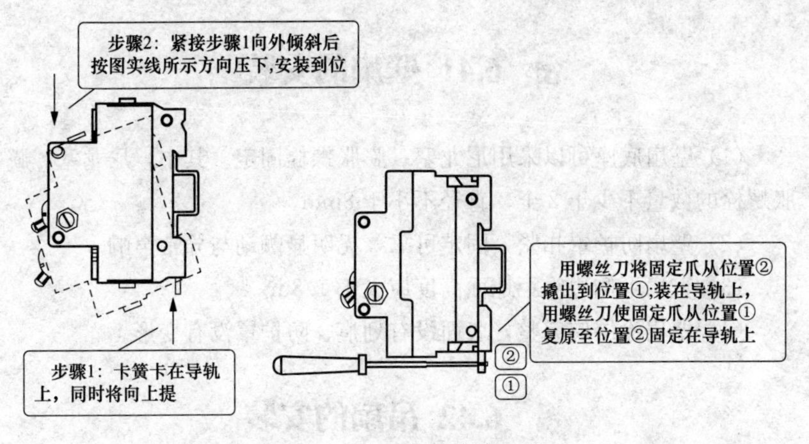

图 6-23　小型断路器的安装

6.40 小型断路器的拆卸

小型断路器的拆卸要点与方法如图 6-24 所示。

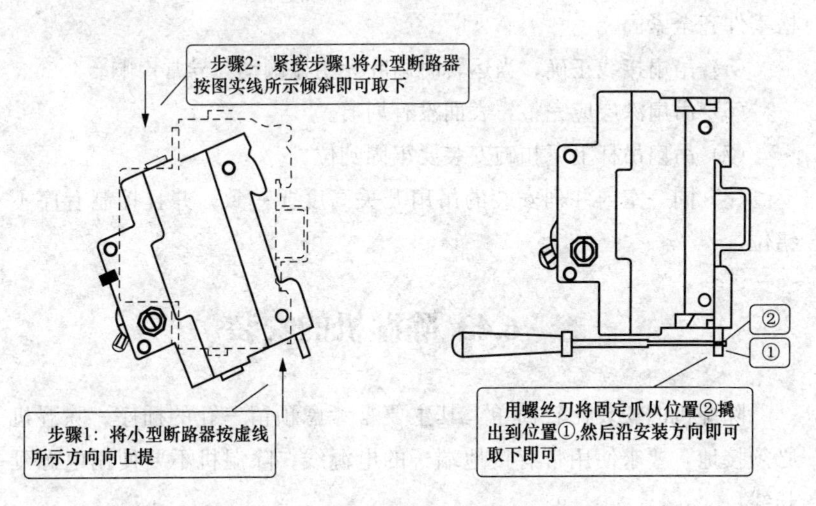

图 6-24　小型断路器的拆卸要点与方法

6.41 壁扇的安装

（1）壁扇底座可以采用尼龙塞、膨胀螺栓固定。其中，尼龙塞、膨胀螺栓的数量不少于 2 个，直径不小于 8mm。

（2）壁扇防护罩扣紧，固定可靠，无明显颤动与异常声响。

（3）壁扇下侧边缘距地面高度应大于 1.8m。

（4）壁扇涂层应完整，表面没有划痕、防护罩没有变形。

6.42 吊扇的安装

（1）吊扇挂钩安装要牢固，吊扇挂钩的直径不小于吊扇挂销直径，不小于 8mm。另外，挂销的防松零件齐全可靠。

（2）吊扇扇叶距地高度应大于 2.5m。

（3）吊扇组装不改变扇叶角度，扇叶固定螺栓防松零件齐全。

（4）吊杆间、吊杆与电机间螺纹连接，啮合长度应大于 20mm，防松零件齐全紧固。

（5）吊扇接线正确，当运转时扇叶无明显颤动与异常声响。

（6）吊扇涂层应完整，表面没有划痕。

（7）吊扇吊杆上下扣碗安装要牢固到位。

（8）同一室内并列安装的吊扇开关高度要一致，并且控制有序不错位。

6.43 除湿机的安装

除湿机的安装比较简单，其主要是考虑预留三孔的插座。除湿机必须接地，要求使用带有接地端子的电源线。除湿机不要使用电源延长线。

为避免水从水箱溢出，需要把除湿机放置在水平面上，也不要阻塞前面板格栅，后板上、侧出风口。

除湿机安装如图 6-25 所示。

图 6-25 除湿机安装图例

6.44 浴霸的安装

以某款浴霸为例，介绍浴霸的安装主要步骤与方法见表 6-12。

表 6-12 某款浴霸的安装主要步骤与方法

步骤	说明	图例
第 1 步	首先取下六块扣板，然后把主机放入到安装孔内，并且装好出风管。然后使箱体两条长边贴紧龙骨的下边，再用螺丝刀把箱体上的几颗螺钉拧出8～10mm	取下六块扣板；用螺丝刀将螺钉拧出8~10mm(两侧对称)；将主机放入到安装孔内
第 2 步	从侧面把扣件组套于箱体螺钉上	放大图；从侧面将扣件组套于箱体螺钉上
第 3 步	沿着图示箭头方向滑动箱体固定片，使箱体螺钉嵌入其小槽内，并且旋紧螺钉	放大图；旋紧螺钉；沿箭头方向滑动箱体固定片，使箱体螺钉嵌入其小槽内并旋紧螺钉

续表

步骤	说明	图例
第 4 步	调整固定片上的螺钉，使箱体牢固地固定在龙骨上，再锁紧螺母	紧固螺钉 调整固定片上的螺钉，使箱体牢固地固定在龙骨上，再锁紧螺母
第 5 步	将面板对准主机卡入龙骨，然后安装剩余扣板，最后安装取暖灯泡	将面板对准主机卡入龙骨，安装剩余扣板 安装取暖灯泡

6.45 阳台壁挂式太阳能热水器管路

阳台壁挂式太阳能热水器管路如图 6-26 所示。

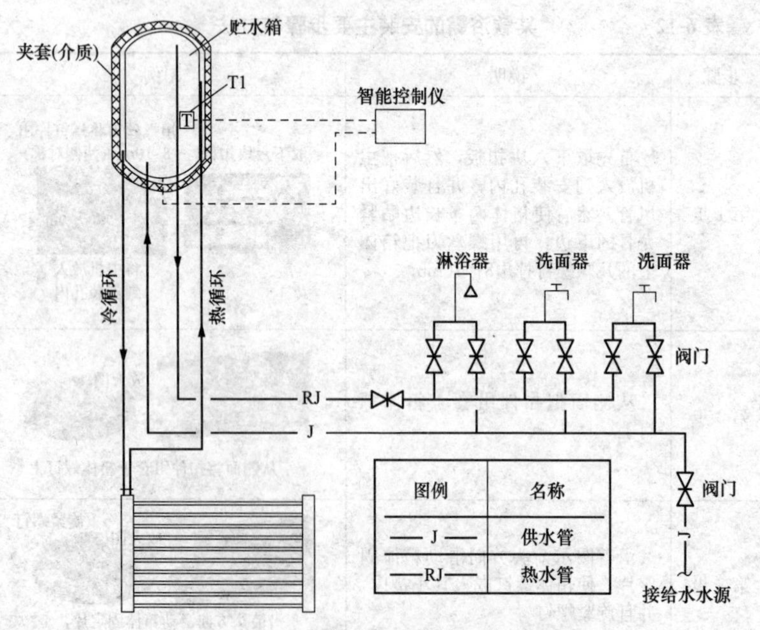

图 6-26 阳台壁挂式太阳能热水器管路图例

6.46 电热水器安装实例

电热水器安装实例如图 6-27 所示。

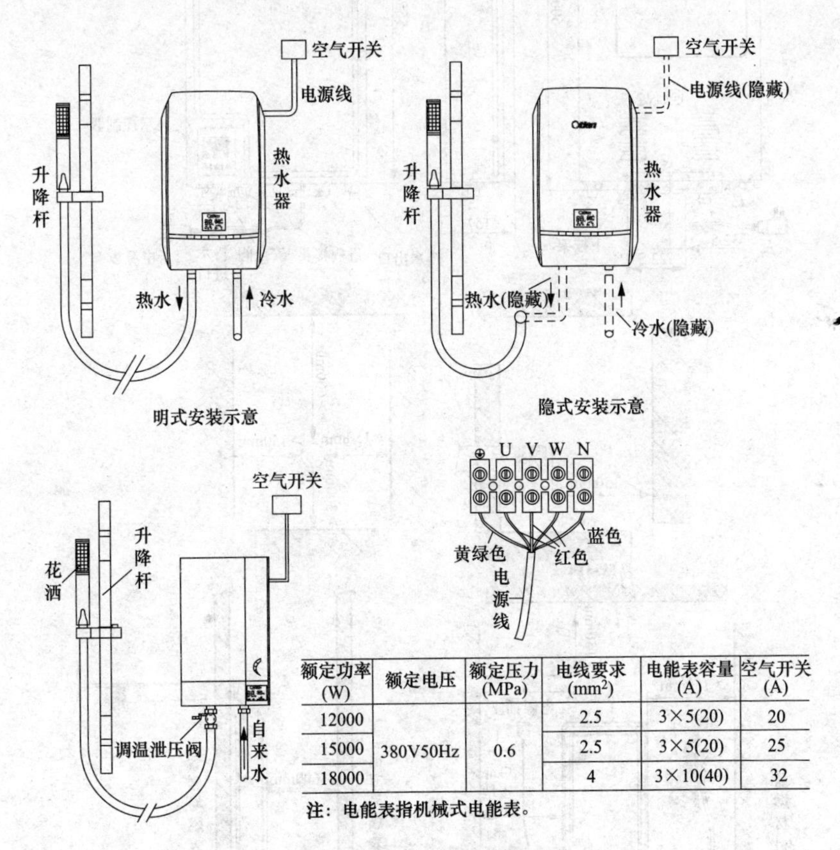

额定功率(W)	额定电压	额定压力(MPa)	电线要求(mm^2)	电能表容量(A)	空气开关(A)
12000	380V50Hz	0.6	2.5	3×5(20)	20
15000			2.5	3×5(20)	25
18000			4	3×10(40)	32

注：电能表指机械式电能表。

图 6-27　电热水器安装实例

6.47 燃气热水器安装

燃气热水器安装如图 6-28 所示。

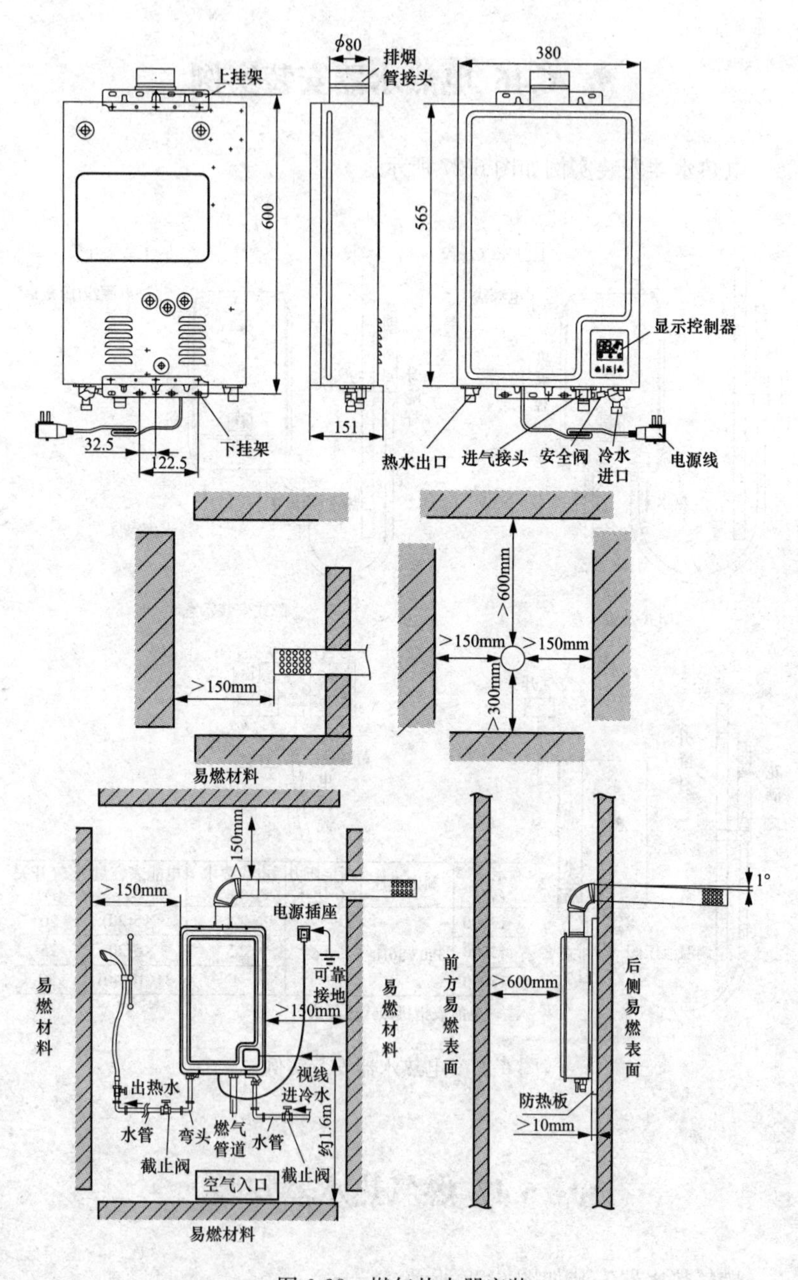

图 6-28　燃气热水器安装

6.48 吸油烟机的安装

吸油烟机安装如图 6-29 所示。

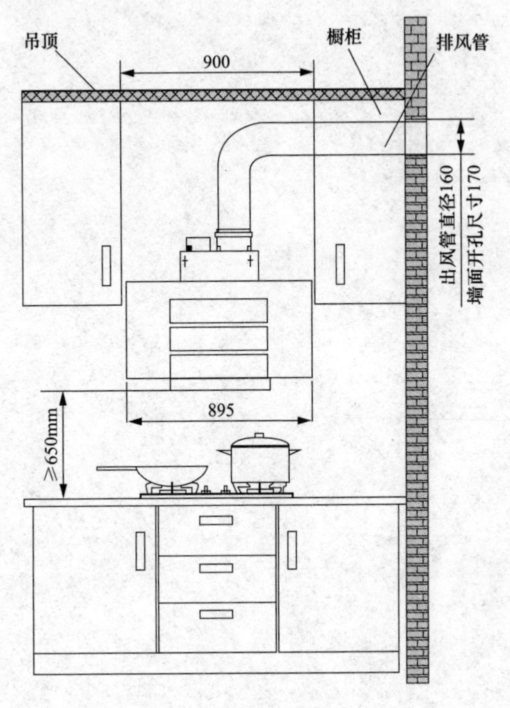

图 6-29 吸油烟机安装

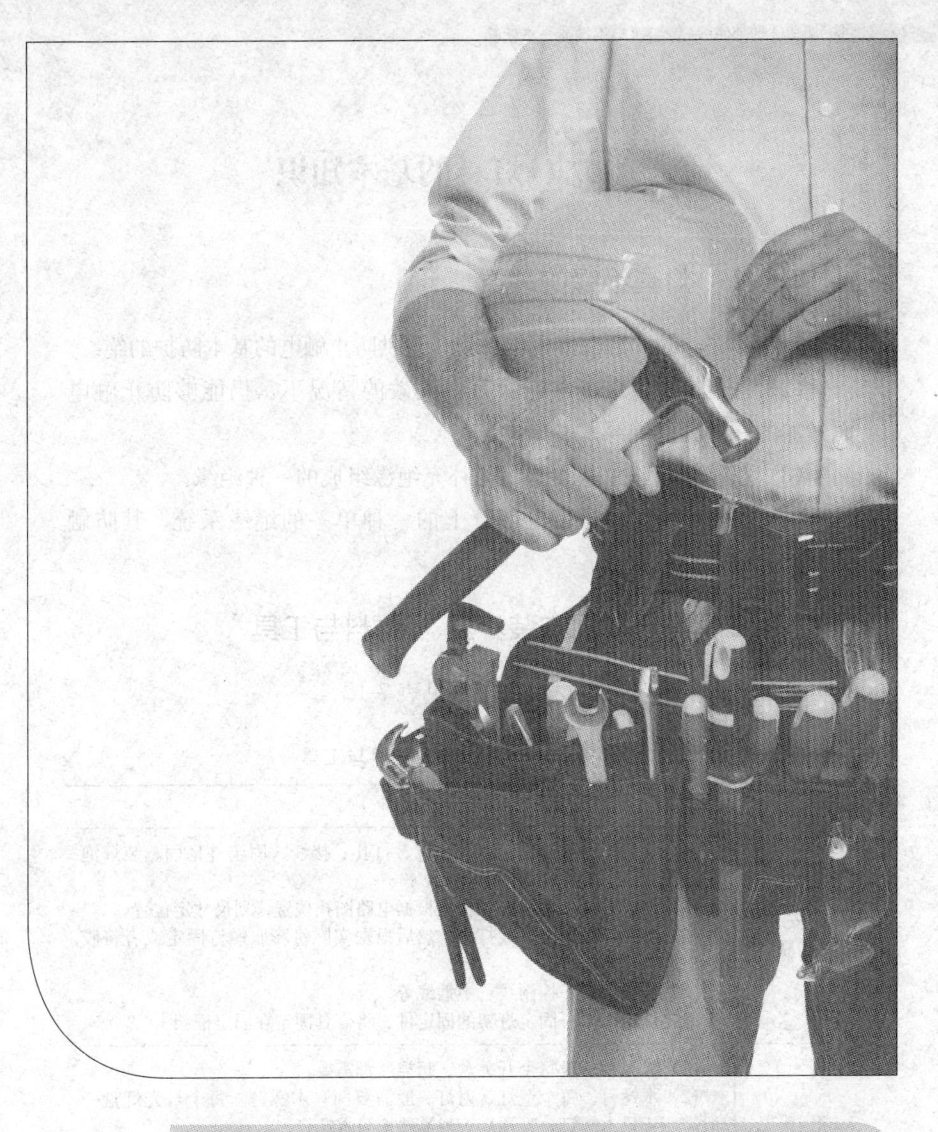

7 灯具与照明安装技能

7.1 灯具的基本知识

7.1.1 灯具绝缘的种类

（1）基本绝缘，加在带电部件上，提供防止触电的基本防护的绝缘。

（2）补充绝缘，在基本绝缘万一失效的情况下，仍能够防止触电而另加的一种独立绝缘。

（3）双重绝缘，由基本绝缘与补充绝缘组成的一种绝缘。

（4）加强绝缘，用于带电部分上的一种单一的绝缘系统，其防触电性能与双重绝缘相当。

7.1.2 灯具常规安装步骤、材料与工具

灯具常规安装步骤、材料与工具见表 7-1。

表 7-1　灯具常规安装步骤、材料与工具

项目	说明
灯具安装的步骤	灯具安装的一般步骤是划线定位、打孔、接线、固定件稳固、装灯泡与灯罩。 （1）划线定位。划线定位就是根据电路图找位置、划尺寸定位置。 （2）打孔。根据定位线打孔，然后根据实际将膨胀螺钉固定或者将胶塞敲进。 （3）接线。接好控制线、中性线等。 固定件稳固——固定灯架的固定件、将灯具固定在固定框架上
灯具的安装材料	（1）水泥。一般每个开关盒、暗插座都需要。 （2）木螺钉。每个壁灯、射灯一般需要两只木螺钉。每个日光灯盘一般需要 4 只木螺钉。吸顶灯一般需要 6 只木螺钉。 （3）膨胀螺栓。每个普通吊灯两只膨胀螺栓。每只照明灯源控制箱 4 只膨胀螺栓。 另外，还需要具有管卡子、圆钢条、电焊条、镀锌铁丝、铝条、圆锯片、机油、黑胶布、穿电线用细铁丝等
灯具安装工具	所需工具一般包括电锤、锤花（ϕ6mm、ϕ8mm 等）、手锤、卷尺、铅笔、十字螺丝刀、一字螺丝刀、防水胶带、试电笔、钢丝钳、胶塞、绝缘胶带、扳手、手套等。由于灯具种类和型号多，螺丝刀、扳手可以多配几种

续表

项目	说明
灯具安装的要点	（1）所有灯具安装前，应检查验收灯具以及灯具配件是否齐全、玻璃是否有破碎等，最好要求业主到场。 （2）同一场所成排安装的灯具，一般先定位，再安装，中心偏差≤2mm。 （3）灯具组装必须合理、牢固。 （4）灯具导线接头必须牢固、平整。 （5）有玻璃的灯具，固定其玻璃时，接触玻璃处须用橡皮垫子，同时，螺钉不能拧得太紧。 （6）镜前灯一般要安装在距地1.8m左右。 （7）灯具质量大于2kg时，应采用膨胀螺栓或预埋吊钩稳固，禁止使用木楔固定。 （8）灯带的剪断应以整米断口。 （9）安装高度＜2.4m的灯具金属外壳一定要做保护接地措施。 （10）灯具安装忌用木楔固定，而因根据情况可采用膨胀螺栓、支架、塑料胀管固定

7.1.3　照明灯具安装件安装承装载荷

安装灯具时，应预埋吊钩、螺栓（或螺钉）或采用膨胀螺栓（沉头式胀管）、尼龙塞（塑料胀管）固定，其承装荷载（N）应按表7-2规格选择。

表7-2　　照明灯具安装件安装承装载荷

胀管系列	规格						承装载荷容许拉力（×10N）	承装载荷容许剪力（×10N）
	胀管/mm		螺钉或沉头螺栓/mm		钻孔/mm			
	外径	长度	外径	长度	外径	深度		
塑料胀管	6	30	3.5	按需要选择	7	35	11	7
	7	40	3.5		8	45	13	8
	8	45	4.0		9	50	15	10
	9	50	4.0		10	55	18	12
	10	60	5.0		11	65	20	14

续表

胀管系列	规格						承装载荷容许拉力（×10N）	承装载荷容许剪力（×10N）
	胀管/mm		螺钉或沉头螺栓/mm		钻孔/mm			
	外径	长度	外径	长度	外径	深度		
沉头式胀管（膨胀螺栓）	10	35	6	按需要选择	10.5	40	240	160
	12	45	8		12.5	50	440	300
	14	55	10		14.5	60	700	470
	18	65	12		19.0	70	1030	690
	20	90	16		23	100	1940	1300

7.1.4 照明灯具导线的最小截面的选择

选择灯具导线的最小截面见表 7-3。

表 7-3　　照明选择灯具导线的最小截面

灯具安装场所、用途		线芯最小截面/mm^2		
		铜芯软线	铜线	铝线
灯头线	民用建筑室内	0.4	0.5	2.5
	工业建筑室内	0.5	0.8	2.5
	室外	1.0	1.0	2.5
移动用电设备的导线	生活用	0.4	—	—
	生产用	1.0	—	—

7.1.5 常见灯具接线线路

常见灯具接线线路见表 7-4。

表 7-4 常见灯具接线线路

光源类	电气接线图	光源类	电气接线图
高压汞灯	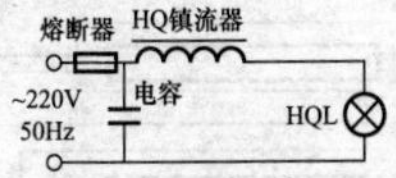	12V 卤钨灯电子变压器	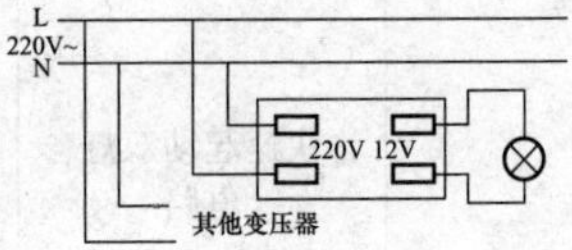
欧标金属卤化物灯	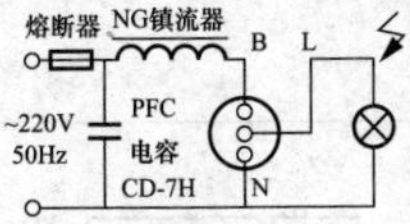	LED 灯	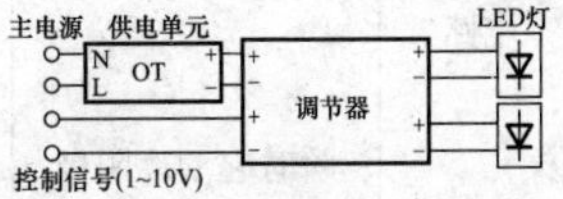
美标金属卤化物灯（配漏磁式线路）	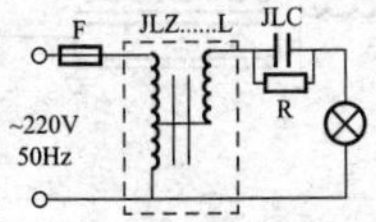	高压钠灯（标准，超级，双内管）	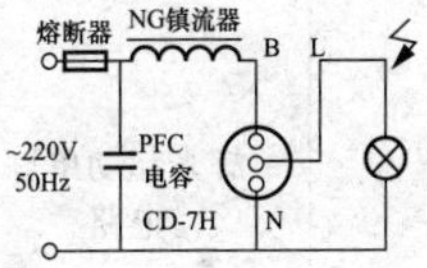
美标金属卤化物灯（配阻抗式线路）	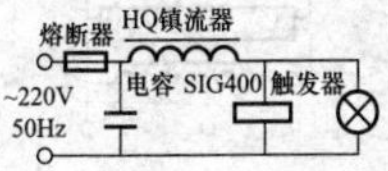		

照明荧光灯的接线线路见表 7-5。

表 7-5 照明荧光灯的接线线路

名称		电路图
荧光灯不用起动器的电路	半路谐振电路	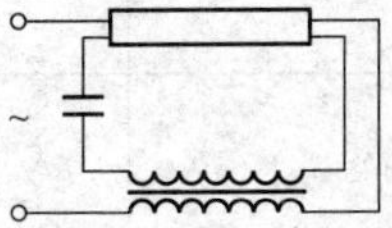
	快速起动单灯电路	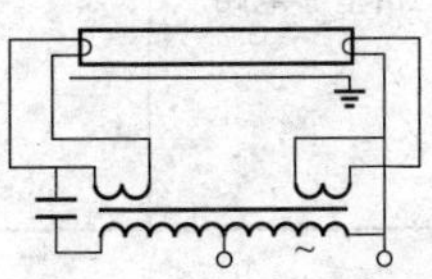

续表

名称		电路图
荧光灯不用起动器的电路	快速起动双灯电路	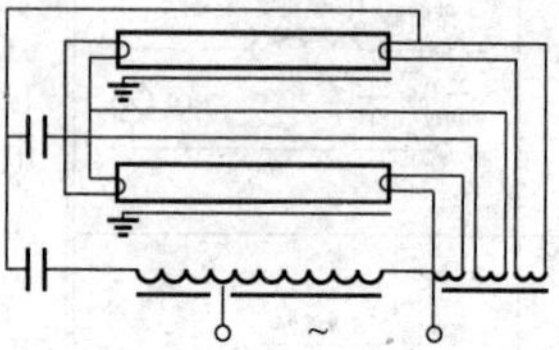 ~
	瞬时起动冷阴极双灯电路	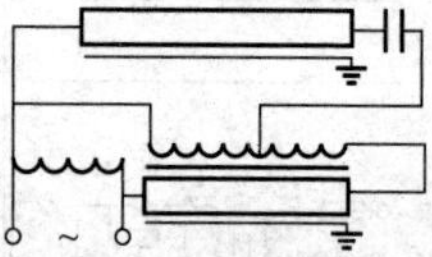 ~
荧光灯用起动器的电路	辉光起动单灯电路	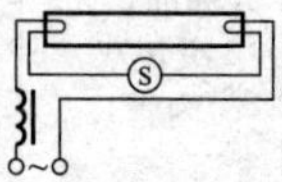 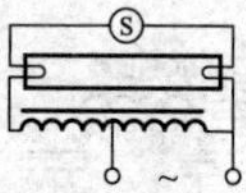 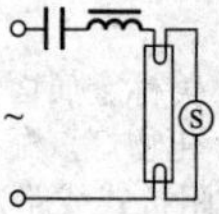 S ~
	两灯移相电路	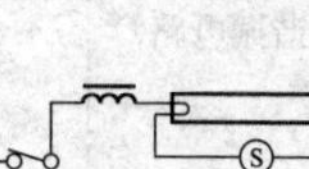 S ~
	三相星形电路	S ~

应急照明灯接线线路见表 7-6。

表 7-6　　　　应急照明灯接线线路

名称	两线专用型	三线专用型	三线专用型	三线组合插入型	三线组合插入型
接线	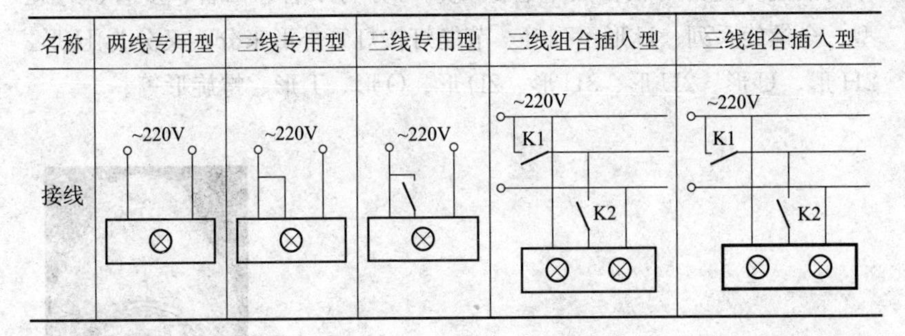				

7.1.6　灯具控制线线路

灯具控制线线路见表 7-7。

表 7-7　　　　灯 具 控 制 线 线 路

单联单控开关接线	三联单控开关接线	三地控制开关接线
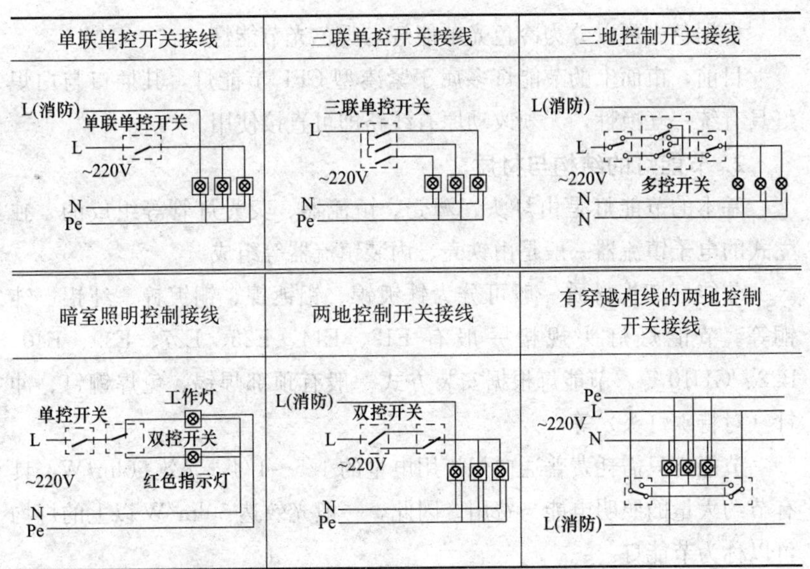		
暗室照明控制接线	两地控制开关接线	有穿越相线的两地控制开关接线

7.1.7　节能灯

1. 节能灯的种类概述

常见的灯泡包括白炽灯泡、节能灯泡，如图 7-1 所示。节能灯又叫作自镇流荧光灯，根据放电管数量，可分为双管、四管、多管、螺旋型、全螺旋系列、U形系列等。节能灯按灯管外形来分，又分为H形、2H形、U形、2U形、3U形、2D形、O形、T形、螺旋形等。

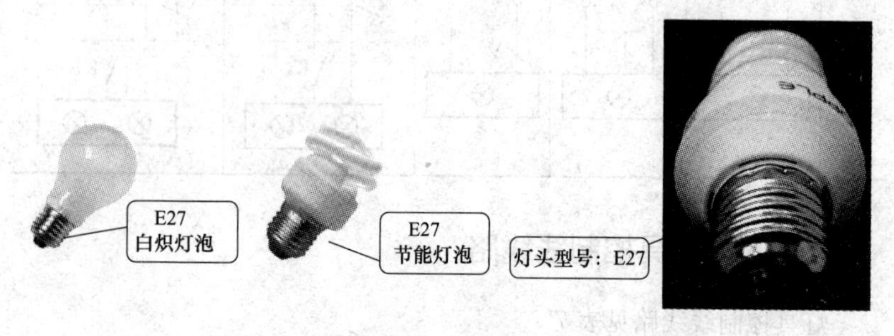

图 7-1　灯泡

根据色光可以分为冷色光节能灯与暖色光节能灯。

目前，市面上的节能灯多属于紧凑型CFL节能灯，其插口与白炽灯具有统一互换性，无须改动原有线路即可直接使用。

2. 节能灯的结构与材质

基本的节能灯是由灯头、塑壳、镇流器、荧光灯管等组成的。独立式的电子镇流器一般是由铁壳、内装镇流器等组成。

节能灯灯头材质一般可分为铁镀镍、铝镀镍、铜镀镍、纯铝、纯铜等。节能灯灯头规格一般有E12、E14、E26、E27、E39、E40、B22、GU10等。节能灯根据安装方式一般有顶部焊锡、免焊铆钉、冲针（对特殊灯头）等。

节能灯只需耗费普通白炽灯用电量的1/5～1/4，光效50lm/W，具有节约大量的照明电能与费用。因此，一般光效达50lm/W以上的灯均可以称为节能灯。

节能灯寿命也比较长，一般是8000～10000h。

节能灯有关术语见表7-8。

表 7-8　节能灯有关术语

名称	说明
初始值	初始值就是灯点亮 100h 时测得的光电参数值
额定值	额定值就是灯在规定的工作条件下，其特定的数值。该值与条件由相关标准中规定，或由制造商或销售商规定
光通维持率	光通维持率就是灯在规定条件下燃点，在寿命期间内一特定时间的光通量与该灯的初始光通量之比，一般以百分数表示
光效（光源的）	光效就是光源发出的光通量与其所耗功率之比
平均寿命（50%灯失效时的寿命）	平均寿命就是灯的光通量维持率达到有关标准要求，以及能继续燃点到 50%的灯达到单只灯寿命时的累计时间
起动时间	起动时间就是灯接通电源直到完全起动并维持燃点所需要的时间
上升时间	上升时间就是灯接通电源后，光通量达到其稳定光通量的 80%时所需的时间
寿命（单只灯的）	寿命就是一只成品灯从燃点到烧毁，或者灯工作到低于相关标准中所规定的寿命性能的任一要求时的累计时间
稳定时间	稳定时间就是灯接通电源后到灯的光电特性稳定时所需的时间
颜色	灯的颜色特性一般由色表与显色性来确定
自镇流荧光灯	自镇流荧光灯是含有灯头、镇流器、灯管，并且使之为一体的荧光灯。该种灯在不损坏其结构时是不可拆卸的

3. 节能灯的选购

选购节能灯方法见表 7-9。

表 7-9　选购节能灯方法

方法	解说
选品牌	一般选购品牌知名度较高的产品，质量可靠性高些
起动性能	有灯丝预热电路的节能灯起动时会有 0.4s 左右延时，则比“一次点燃”的灯管要好些
看工作状态	节能灯起动顺利后看其在高压下工作 5min 以上，是否产生闪烁等现象
看电磁兼容性	看是否具有通过国家电磁兼容性测试的标志。也可以采用放置中短波收音机在工作的节能灯附近，如果中短波无电台处发出的噪声越大，说明所测节能灯电磁兼容性不好

续表

方法	解说
看工作后的表现	断开电源后，检测节能灯灯体的温度，越低越好。同时，测试后灯管根部会出现一段发黑的痕迹，此发黑段越长越黑，说明灯管寿命越短质量越差
外观验收	节能灯塑料壳采用工程塑料阻燃型比普通塑料的质量好些。 另外，不能够选择外观上有接口间被撬过的痕迹、裂缝、松动等现象的节能灯

4. 节能灯质量判断

节能灯质量判断方法见表 7-10。

表 7-10　　节能灯质量判断方法

方法	具体内容
安全性	灯头与塑件的结合是否紧密； 灯管与下壳的塑件结合是否牢靠； 上壳塑件与下壳塑件卡位是否紧固，高温下是否能脱离； 电子线路中有无采用适当的保险元件或保险管； 电子镇流器线路中的骨架、线路板有无采用阻燃材料； 上壳塑件与下壳塑件卡位是否紧固，高温下是否能脱离； 外壳塑件是否采用阻燃耐高温（180℃）材料； 方法：可以一只手握塑料壳体，一只手握金属灯头，同时用力拧，如果松动脱落，则为不合格产品
寿命	节能灯的寿命由灯管的寿命与电子镇流器的寿命决定。寿命短的就差一些
光通量、光衰及光效	光通量、光衰、光效是反应节能灯是否具备节能的效果
所采用材料	好的节能灯的灯管采用三基色荧光粉、水涂粉镀膜工艺等。差的节能灯即卤粉管，采用卤磷酸荧光粉，采用有机涂粉工艺。 如果批量采购，则可取一个灯拆开塑壳，用打火机对塑壳的边缘烧 30s，塑壳在打火机关闭 30s 内能自熄，说明防火性能达到一般要求
色容差、显色指数以及整批产品的色温的一致性	色容差、显色指数、整批产品色温的一致性反应节能灯毛管的光参数的一个重要指标
电子镇流器的原材料、制作工艺的差别	好的节能灯线路板元器件排列有序、线路板焊点大小一致，无虚焊、无假焊等现象。 差的节能灯线路板元器件东倒西歪，外观感也差，有焊点大小不一致等现象

光通量的比较见表7-11。

表7-11　　光通量的比较

	光通量	光衰	光效
好的节能灯	好一点的节能灯初始光通量为560lm	2000h的光衰在10%～20%	每瓦50lm以上，甚至60lm以上
差的节能灯	9W卤粉灯初始光通量为248lm	100h的光衰高达23%以上	—

显色指数的比较见表7-12。

表7-12　　显色指数的比较

	显色指数	色容差
好的三基色荧光灯6400K色温	大于78	小于6
好的2700K色温的节能灯	大于80	小于6
比较差的节能灯	小于50	大于15

5. 使用节能灯的方法

（1）不要在高温、高湿环境下使用。

（2）注意灯管的防护，灯罩保护的采用。

（3）如果遇天气过冷、电压过低，节能灯出现起动不良的现象时，不要用灯管处于发红的大电流起动状态时间过长，应迅速关闭再次通电起动。

（4）节能灯不要装在有调光装置的灯座内，以免发生危险。

（5）节能灯避免安装在密封的地方。

（6）节能灯灯泡重量勿超过灯座负荷。

（7）安装节能灯时，不要握住灯管，以免造成损坏。

7.1.8　壁灯

1. 壁灯的概述

壁灯在家装中应用很广，在客厅、卧室、餐厅、盥洗间等一般均有采用。壁灯就是安装在墙壁上的一种灯具。壁灯所用灯泡功率一般在15～40W、玻璃灯罩一般采用乳白色的。壁灯的种类也比较多：床头壁灯、镜前壁灯、吸顶灯、变色壁灯等。不同的壁灯，具有不同的应用领域。

壁灯的类型与尺寸的关系见表 7-13。

表 7-13　　壁灯的类型与尺寸的关系

类型	高度	灯罩的直径
大型	450～800mm	ϕ150～250mm
小型	275～450mm	ϕ110～130mm

功能间应用壁灯见表 7-14。

表 7-14　　功能间应用壁灯

功能间	应用壁灯
客厅	吸顶灯加落地灯、较低的壁灯、小型壁灯等
餐厅	暖色色彩的壁灯等
卧室	漫射灯罩壁灯等
盥洗间	防潮壁灯等

2. 壁灯的配色

壁灯灯罩的颜色主要根据墙面颜色与整体需要来定：

白色的墙，宜用浅绿、淡蓝的灯罩。

湖绿的墙，宜用淡黄色、茶色、乳白色的灯罩。

奶黄色的墙，宜用浅绿、淡蓝的灯罩。

天蓝色的墙，宜用淡黄色、茶色、乳白色的灯罩。

7.2 灯具与照明设备的安装

7.2.1　施工现场电气照明要求

（1）照明系统一般宜使三相负荷平衡，其中每一单相回路上，灯具与插座数量不宜超过 25 个，负荷电流不宜超过 15A。

（2）照明系统装设熔断电流不大于 15A 的熔断器保护，或者不大于 16A 的断路器保护。

（3）室内 220V 灯具距地面不得低于 2.5m。

（4）室外 220V 灯具距地面不得低于 3m。

（5）如果灯具距地面高度不够，则需要采用安全电压。

7.2.2　家居照明参考数值

家居照明参考数值见表 7-15。

表 7-15　　家居照明参考数值

房间或场所		参考平面及其高度	照明标准值（lx）	显色指数 *Ra*
起居室	一般活动	0.75m 水平面	100	80
	书写、阅读		300*	
卧室	一般活动	0.75m 水平面	75	80
	床头、阅读		150*	
餐厅		0.75m 餐桌面	150	80
厨房	一般活动	0.75m 水平面	100	80
	操作台	台面	150*	
卫生间		0.75m 水平面	100	80

* 宜用混合照明。

7.2.3　固定照明灯具的安装

固定照明灯具的安装图例如图 7-2 所示。

7.2.4　花灯的安装

主要步骤：

（1）把灯具托起，并且把预埋好的吊杆插入灯具内。

（2）把吊挂销钉插入后，将其尾部掰开成燕尾状，并且将其压平。

（3）用导线接好，包扎好。

（4）理顺导线，然后向上推起灯具上部的扣碗。

（5）将接头放在其内，并且把扣碗紧贴顶棚，然后把螺丝拧好。

（6）调整好各个灯口。

（7）装好灯泡，配好灯罩。

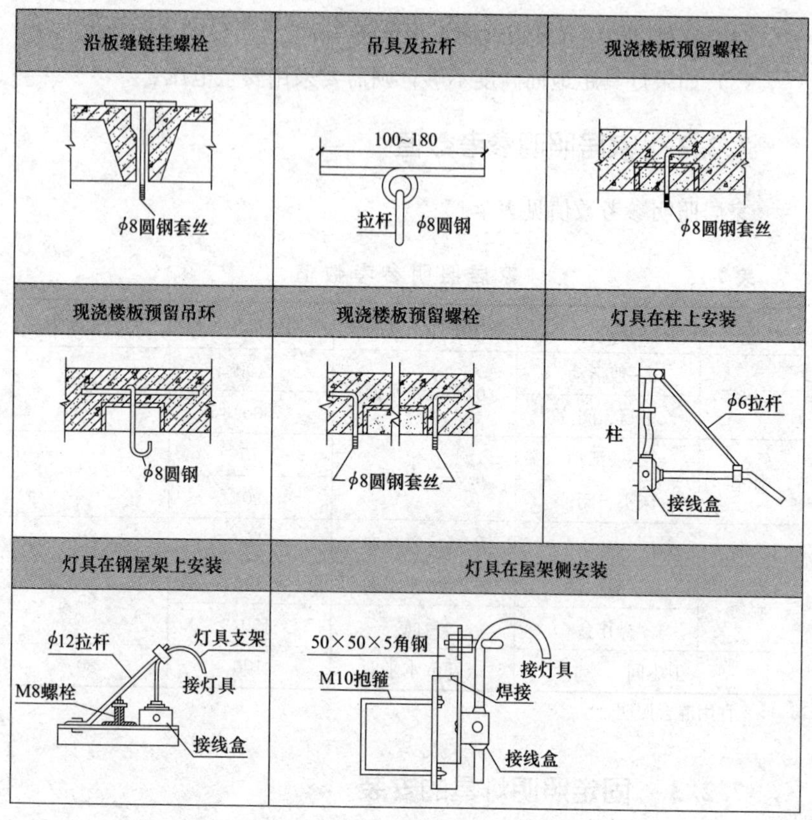

图 7-2　固定照明灯具的安装图例

花灯安装图例如图 7-3 所示。

7.2.5　吸顶灯的安装

（1）首先把灯具的托板放平。

（2）如果托板是多块拼装的，则把所有的边框对齐，并且用螺钉固定好成一体。

（3）然后把各个灯口装好。

（4）确定出线、走线的位置。

（5）把端子板（瓷接头）用机螺钉固定在托板上。

（6）根据固定好的端子板（瓷接头）到各灯口的距离掐线。

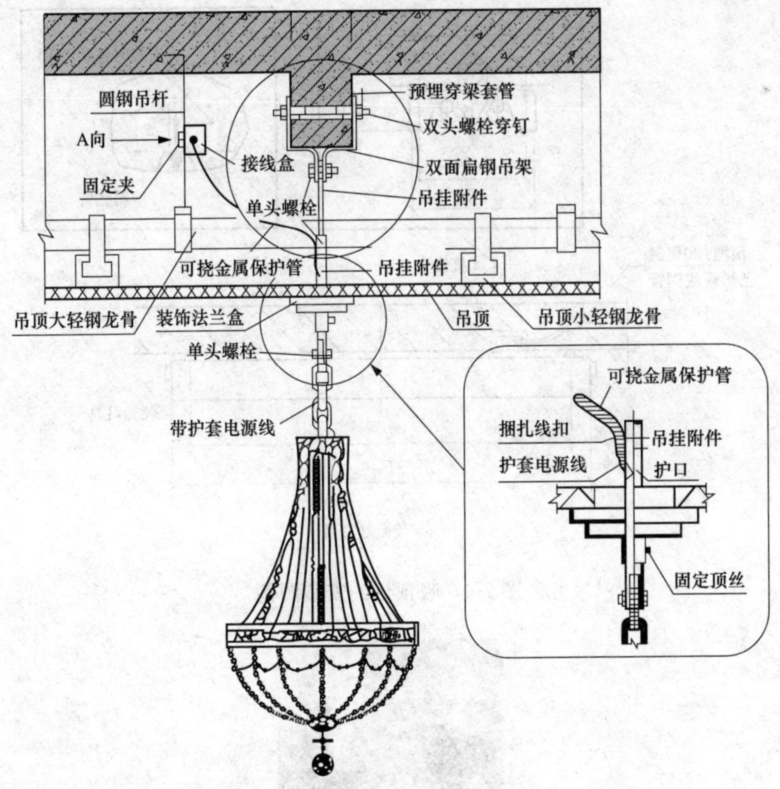

图 7-3　花灯安装图例

(7) 掐好的导线削出线芯，并且盘好圈后，进行涮锡。

(8) 然后把涮锡导线压入各个灯口。

(9) 然后理顺各灯头的相线、中性线，并且用线卡子分别固定。

(10) 根据供电要求分别压入端子板。

吸顶灯的安装如图 7-4 所示。

7.2.6　壁灯的安装

1. 壁灯的高度

一般壁灯的高度距离地面为 2240～2650mm。卧室的壁灯距离地面可以近些，大约为 1400～1700mm 左右。壁灯挑出墙面的距离为 95～400mm。壁灯的高度安装要求如图 7-5 所示。

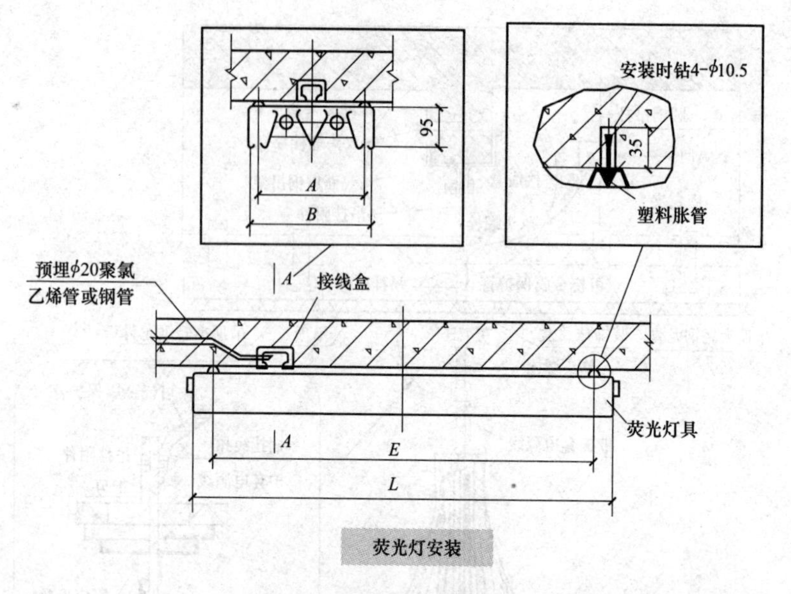

图 7-4　吸顶灯的安装图例

图 7-5　壁灯的高度安装要求

2. 壁灯的安装

壁灯的安装如图 7-6 所示。

7.2.7　LED 贴片灯带的安装

LED 贴片灯带的安装方法、要点见表 7-16。

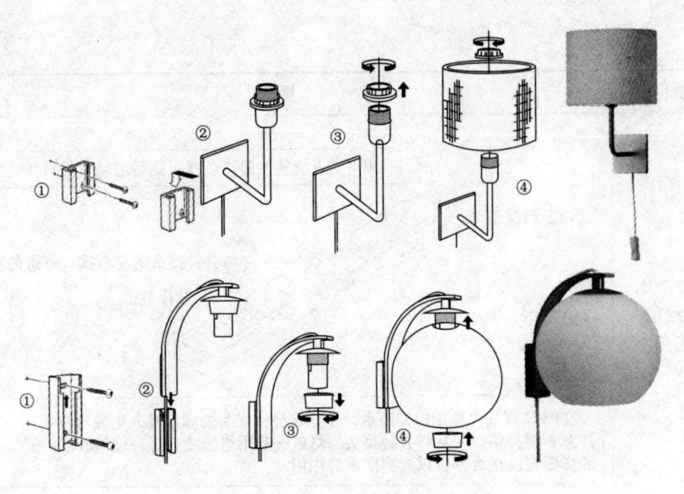

图 7-6　壁灯的安装图例

表 7-16　　　　LED 贴片灯带的安装方法、要点

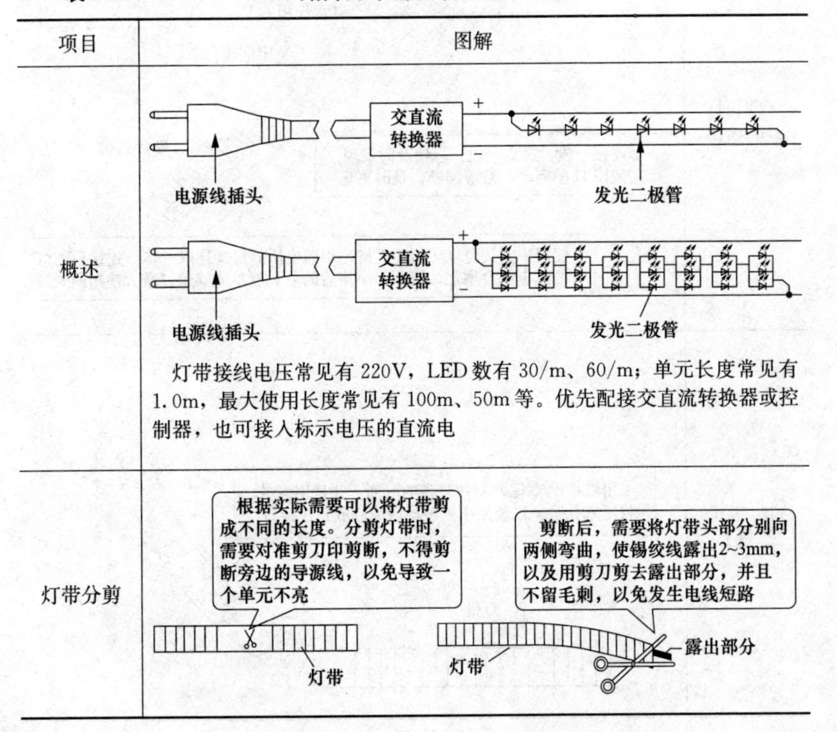

项目	图解
概述	灯带接线电压常见有 220V，LED 数有 30/m、60/m；单元长度常见有 1.0m，最大使用长度常见有 100m、50m 等。优先配接交直流转换器或控制器，也可接入标示电压的直流电
灯带分剪	根据实际需要可以将灯带剪成不同的长度。分剪灯带时，需要对准剪刀印剪断，不得剪断旁边的导源线，以免导致一个单元不亮；剪断后，需要将灯带头部分别向两侧弯曲，使锡绞线露出2~3mm，以及用剪刀剪去露出部分，并且不留毛刺，以免发生电线短路

续表

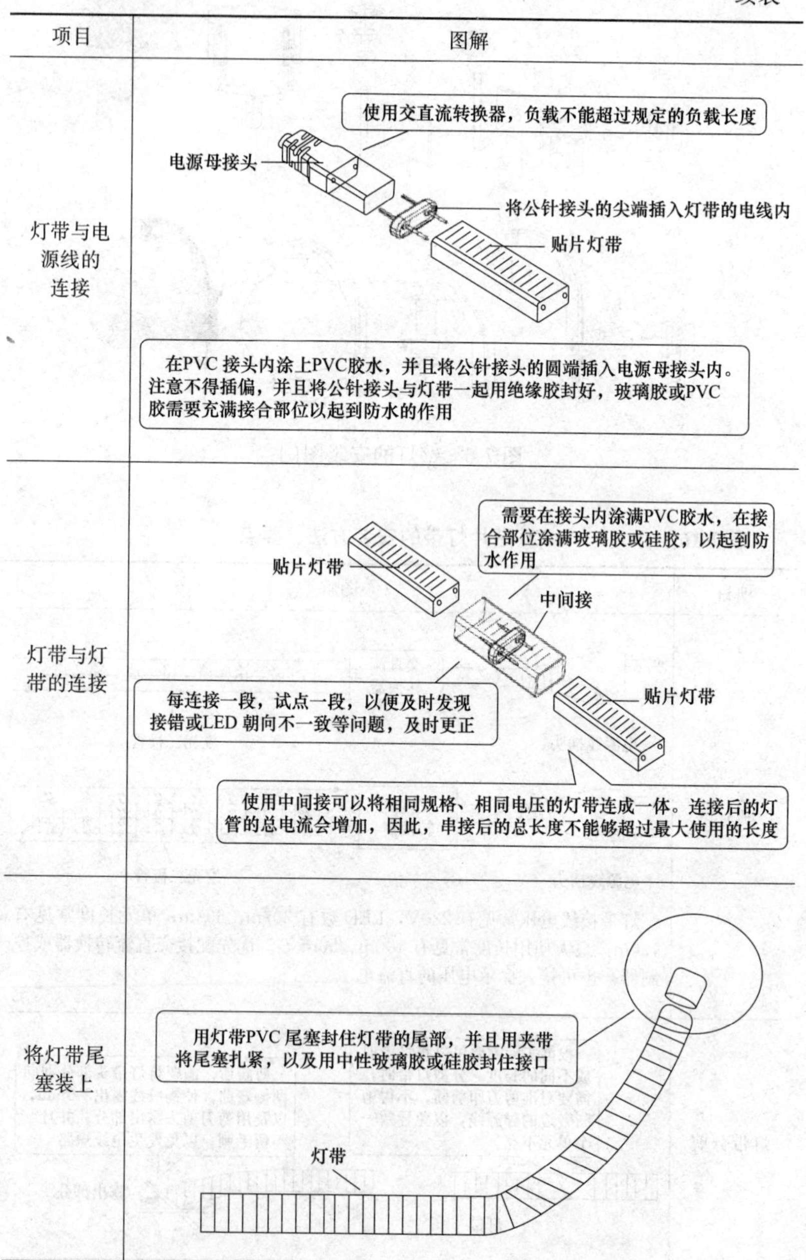

项目	图解
灯带与电源线的连接	使用交直流转换器，负载不能超过规定的负载长度 电源母接头 将公针接头的尖端插入灯带的电线内 贴片灯带 在PVC 接头内涂上PVC胶水，并且将公针接头的圆端插入电源母接头内。注意不得插偏，并且将公针接头与灯带一起用绝缘胶封好，玻璃胶或PVC胶需要充满接合部位以起到防水的作用
灯带与灯带的连接	需要在接头内涂满PVC胶水，在接合部位涂满玻璃胶或硅胶，以起到防水作用 贴片灯带 中间接 每连接一段，试点一段，以便及时发现接错或LED 朝向不一致等问题，及时更正 贴片灯带 使用中间接可以将相同规格、相同电压的灯带连成一体。连接后的灯管的总电流会增加，因此，串接后的总长度不能够超过最大使用的长度
将灯带尾塞装上	用灯带PVC 尾塞封住灯带的尾部，并且用夹带将尾塞扎紧，以及用中性玻璃胶或硅胶封住接口 灯带

续表

项目	图解
灯带的固定	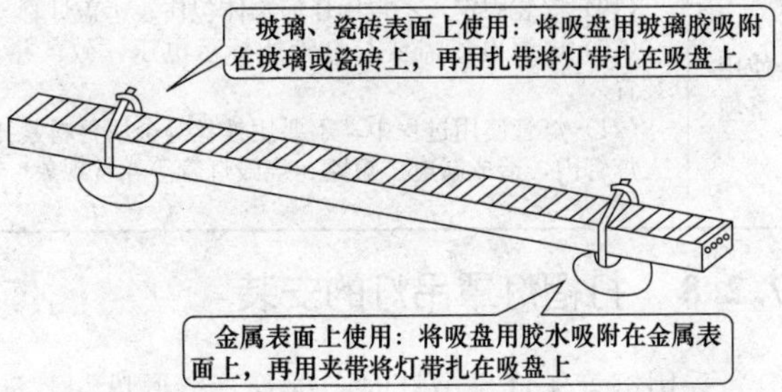 玻璃、瓷砖表面上使用：将吸盘用玻璃胶吸附在玻璃或瓷砖上，再用扎带将灯带扎在吸盘上 金属表面上使用：将吸盘用胶水吸附在金属表面上，再用夹带将灯带扎在吸盘上 固定灯带的支承物可使用固定夹、铁线、铁网、吸盘、灯槽等
安全使用注意事项	(1) 安装固定必须牢固，不能有飘动、摆动现象。 (2) 寒冷天气下安装灯带，可先通电几分钟，使灯管变软，易于弯曲，然后再断电安装。 (3) 安装、使用过程中，不要用利器敲打灯管。 (4) 不可安装于水中，易燃、易爆环境中，并且需要保证使用环境通风良好。 (5) 灯管尾端必须用尾塞套住，并用胶水粘牢或用扎带扎牢。 (6) 灯管室外使用，必须保证不能进水。 (7) 只有规格相同、电压相同的两端才能够相互串接，串接总长度不可超过最大许可使用长度。 (8) 各接口处需要牢固、无短路隐患。 (9) 各接口处不进水。 (10) 发现灯管破损时，需要立即剪去该单元，不可继续使用，以免引起危险。 (11) 如果需闪动等效果，一般需要使用专用电子控制器。 (12) 一般需要安装在儿童不能触及的地方。 (13) 一般 LED 贴片灯带灯不能直接使用交流电源，必须使用专用控制器或专用直流电源线，以免引起危险。 (14) 当贴片灯带卷成一卷，堆成一团或没有拆离包装物时，不得通电点亮灯带。 (15) 只能在灯体上印有剪刀标记处，才能够剪断灯带，以免造成一个单元不亮。 (16) 安装时，需要将灯带分别向两侧弯曲，露出 2～3mm，并且用剪钳剪干净，不得留有毛刺，以免短路。 (17) 连电源线时，需要保证正极与正极连接、负极与负极连接。 (18) 不要在安装或装配过程中接通电源，只有在接驳、安装、固定好且正确的情况下，才能够接通电源。

续表

项目	图解
安全使用注意事项	(19) 安装固定，不得用任何物体包住、遮盖灯管。 (20) 电源电压需要与灯管所标示电压一致，并且安装适当的保险装置。 (21) 灯管使用过程中，不要用铁丝等金属材料紧扎灯管，以免铁丝陷入灯管内，造成漏电、短路、烧毁灯管等异常现象

7.2.8 打褶灯罩吊灯的安装

(1) 采用钢管作灯具吊杆时，钢管管壁厚度≥1.5mm，钢管直径≥10mm。

(2) 灯具开关应串联在相线上，中性线严禁串联开关。

(3) 吊灯的安装高度最低点应离地面不小于2.2m。

(4) 吊灯的大小与其灯头数的多少与房间的大小搭配好。

(5) 吊灯光源中心距离开花板以750mm为宜。也可根据具体需要或高或低。

(6) 吊灯严禁安装在木楔、木砖上，应在顶板上安装后置埋件，然后将灯具固定在后置埋件上。特别是自重≥3kg的吊灯。

(7) 吊灯一般离天花板500～1000mm。

(8) 吊链式灯具的灯线不受拉力，灯线的长度必须超过吊链的长度。

(9) 一个回路所接灯头数不宜超过25个（花灯、彩灯等一些特殊灯具除外）。

(10) 照明吊灯内布线一般要用三通、四通接线盒，以及接线盒内不应有接头。

(11) 照明吊灯引入到接线盒的绝缘导线，一般采用黄蜡套管或金属软管等保护导线，不应有裸露部分

打褶灯罩吊灯的安装如图7-7所示。

7.2.9 透射出集中卤素灯吊灯的安装

透射出集中卤素灯吊灯的安装如图7-8所示。

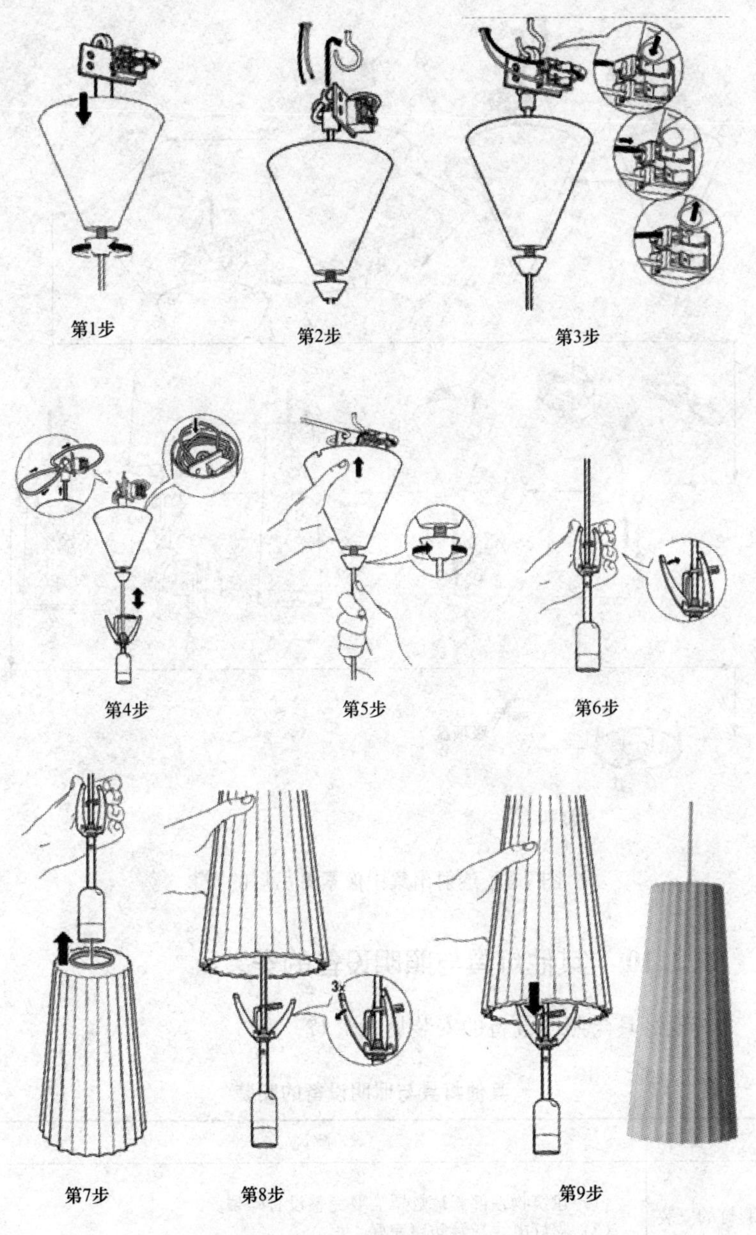

图 7-7 打褶灯罩吊灯的安装图例

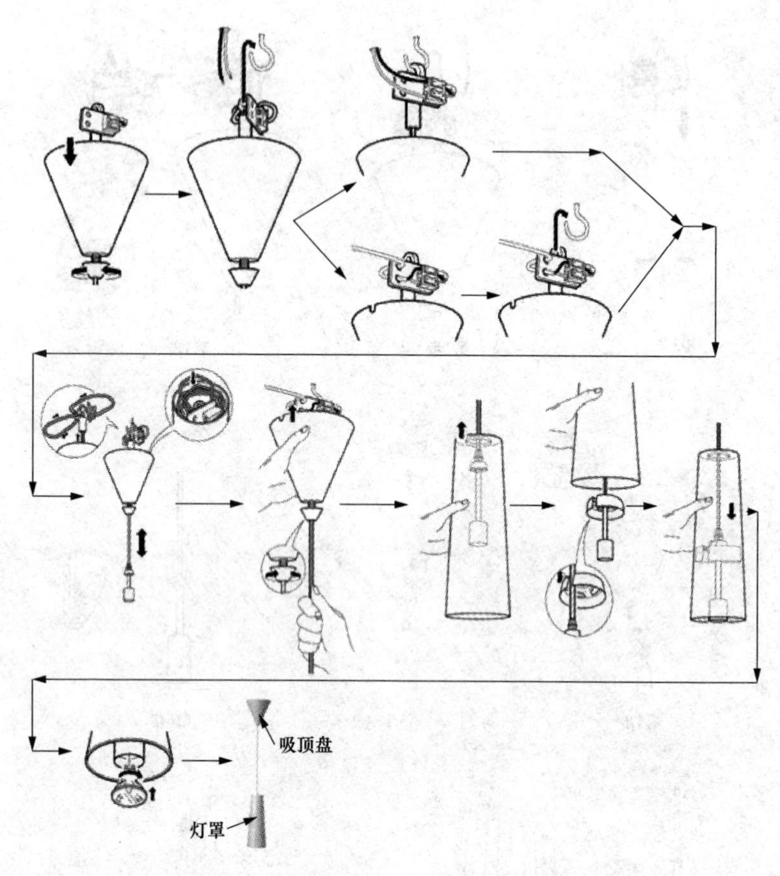

图 7-8 透射出集中卤素灯吊灯的安装

7.2.10 其他灯具与照明设备的安装

其他灯具与照明设备的安装见表 7-17。

表 7-17　　其他灯具与照明设备的安装

项目	解说
彩灯的安装要点	(1) 建筑物顶部彩灯灯罩需要完整没有碎裂。 (2) 彩灯电线导管防腐完好。 (3) 彩灯电线导管敷设平整顺直。

续表

项目	解说
彩灯的安装要点	（4）采用明配管敷设的彩灯配线管路，需要有防雨功能。管路间、管路与灯头盒间可以采用螺纹连接。金属导管、彩灯构架、钢索等可接近裸露导体，需要可靠接地，或可靠接零。 （5）垂直彩灯悬挂挑臂时，一般需要采用不小于10号的槽钢。端部吊挂钢索用的吊钩螺栓，一般要求直径不小于10mm。螺栓在槽钢上固定，两侧需要螺帽，以及加平垫、弹簧垫圈拧紧。 （6）彩灯的地锚采用架空外线用拉线盘的，埋设深度一般要求大于1.5m。 （7）建筑物顶部安装的彩灯，需要采用有防雨性能的专用灯具，并且灯罩要拧紧。 （8）彩灯的悬挂钢丝绳，一般要求直径不小于4.5mm，底把圆钢直径不小于16mm。 （9）垂直彩灯采用防水吊线的灯头，下端灯头距离地面一般要求高于3m
航空障碍标志灯的安装要点	（1）航空障碍标志灯一般装设在建筑物或构筑物的最高部位。 （2）灯具在烟囱顶上装设时，可以安装在低于烟囱口1.5～3m的部位，并且呈正三角形水平排列。 （3）距地面60m以下装设时采用的低光强，一般选择红色光、有效光强大于1600cd的光源。 （4）距地面150m以上装设时采用的高光强，一般选择白色光，有效光强随背景亮度来确定。 （5）最高部位平面面积较大，或者是建筑群时，除了需要在最高端装设外，还需要在其外侧转角的顶端分别装设标志灯。 （6）标志灯安装需要牢固可靠，并且要便于维修与更换光源。 （7）同一建筑物或建筑群，标志灯间的水平、垂直距离不大于45m。 （8）标志灯的自动通、断电源控制装置需要动作准确可靠。 （9）标志灯的电源，根据主体建筑中最高负荷等级的要求来供电
景观照明灯的安装要点	（1）人行道等人员来往密集的场所安装的落地式灯具，没有围栏防护的场所，安装高度距地面一般需要2.5m以上。 （2）每套景观照明灯的导电部分对地绝缘电阻值需要大于2MΩ。 （3）建筑物景观照明灯具构架需要固定可靠，地脚螺栓应拧紧，备帽要齐全。 （4）金属构架与灯具的可接近裸露导体、金属软管的接地或接零需要可靠，并且需要具有相应的标识。 （5）灯具外露的电线或电缆，一般需要采用柔性金属导管来保护
一般螺口灯具安装要点	（1）螺口灯具的相线应先接开关，再从开关引出的相线接在灯中心的端子上，零线应接在螺纹的端子上，不能够颠倒。 （2）卫生间及厨房装矮脚灯头时，一般采用瓷螺口矮脚灯头

续表

项目	解说
霓虹灯的安装要点	（1）霓虹灯灯管一般需要完好，无破裂。 （2）霓虹灯灯管专用支架可采用玻璃管制成。固定后的灯管与建筑物表面的最小距离不宜小于20mm。 （3）霓虹灯专用变压器的安装位置需要隐蔽，并且需要便于检修。 （4）霓虹灯灯管一般需要采用专用的绝缘支架固定，并且必须牢固可靠。 （5）霓虹灯专用变压器所供灯管长度不能够超过允许负载长度。 （6）霓虹灯专用变压器的二次导线与灯管间的连接线，一般需要采用额定电压不低于15kV的高压尼龙绝缘导线。 （7）霓虹灯专用变压器的二次导线与建筑物表面的距离不能够小于20mm。 （8）霓虹灯专用变压器在室外安装时，需要采取防水措施。 （9）霓虹灯专用变压器不宜装在吊平顶内，不宜装在易被非检修人员触及的地方。 （10）霓虹灯专用变压器明装时，其高度不能够小于3m。如果小于3m，需要采取防护措施
一般嵌入式灯具安装要点	（1）嵌入式灯具应固定在专设的框架上。 （2）嵌入式灯具导线在灯盒内应预留余地 （3）嵌入式灯具的边框应紧贴顶棚面且完全遮盖灯孔，不得有露光现象。 （4）圆形嵌入式灯具开孔宜用锯齿型开孔器，不得有露光现象。 （5）嵌入式矩形灯具的边框应与顶棚的装饰直线平行，偏差≤2mm
日光灯安装要点与主要步骤	安装吸顶日光灯的方法与要点： （1）根据图纸规定的位置确定日光灯的安装地方。 （2）日光灯进线孔处，一般需要套上塑料软管以保护导线。 （3）日光灯贴紧建筑物表面，日光灯的灯箱需要完全遮盖住灯头盒。 （4）进线孔一般对着灯头盒的位置。 （5）灯头盒螺孔的位置，一般通过在灯箱的底板上用电钻打好孔，再用机螺丝拧紧，以及在灯箱的另一端使用膨胀螺栓固定。 （6）如果日光灯安装在吊顶上，一般需要预先在顶板上打膨胀螺栓，再把吊杆与灯箱固定好，吊杆的直径一般要求不得小于6mm。日光灯灯箱固定好后，再把电源线压入灯箱内的端子板上。之后，把灯具的反光板固定在灯箱上，以及把灯箱调整顺直，再把日光灯管装好即可。 （7）严禁利用吊顶龙骨固定日光灯灯箱。 安装吊链日光灯的方法与主要步骤： （1）根据灯具的安装高度，将全部吊链编好，然后把吊链挂在灯箱挂钩上，以及在建筑物顶棚上安装好塑料台或者木台，再把导线依顺序编叉在吊链内，并且引入灯箱。 （2）灯箱的进线孔处，一般需要套上软塑料管加以保护导线，再压入灯箱内的端子板（瓷接头）内。

续表

项目	解说
日光灯安装要点与主要步骤	（3）把灯具导线与灯头盒中甩出的电源线连接好，之后用粘塑料带、黑胶布分层包扎好。 （4）理顺接头扣在法兰盘内。 （5）灯具的法兰盘的中心需要与塑料或者木台的中心对正，再用木螺丝拧紧。 （6）把灯具的反光板用机螺丝固定在灯箱上，调整好灯脚。 （7）把灯管装好即可
一般射灯安装要点	（1）射灯应配备相应的变压器。 （2）当射灯安装空间狭窄或用 $\phi40$ 的灯架时，一般应选用迷你型变压器。 （3）安装前，应检查灯杯或灯珠电压是否符合要求。 （4）射灯发热量大，应选择导线上套黄蜡管的灯座
台灯安装要点	台灯安装注意点：台灯等带开关的灯头，一般开关手柄不应有裸露的金属部分

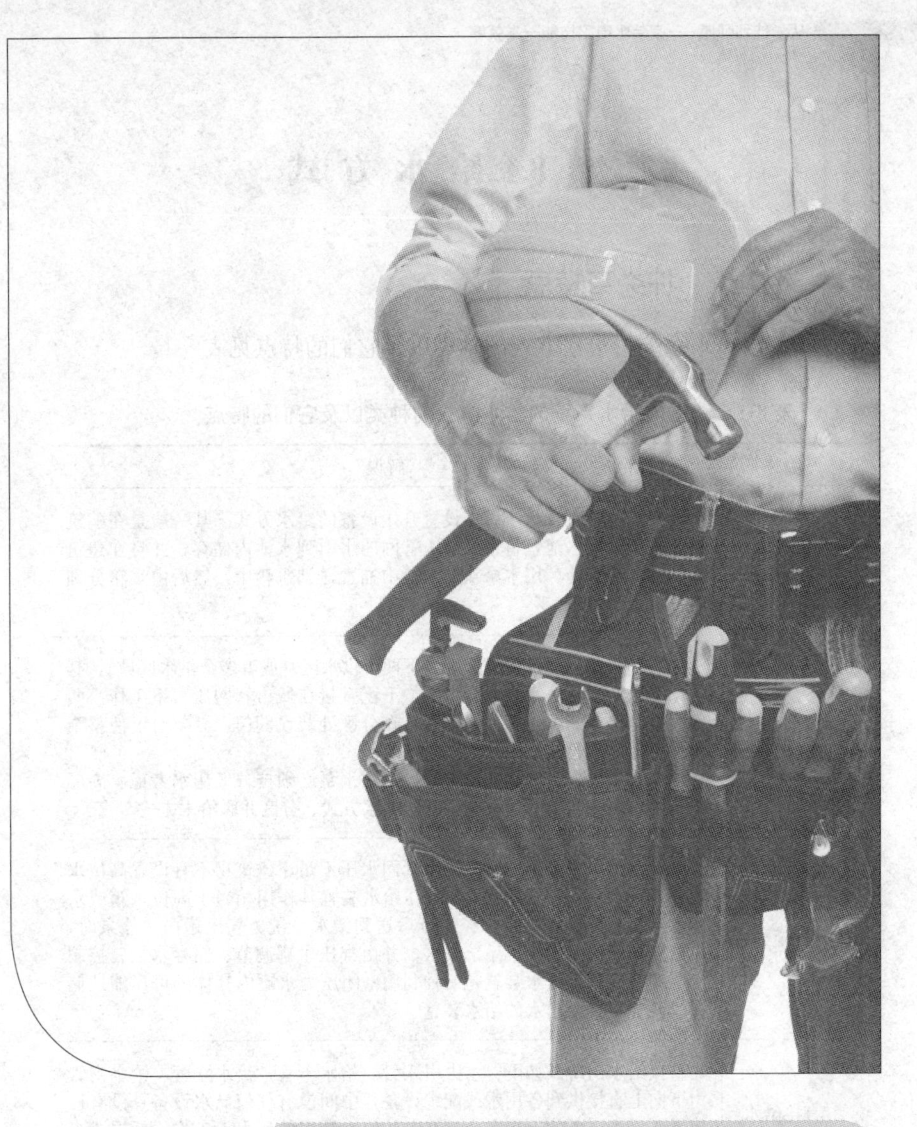

8 给排水安装技能

8.1 给 水 方 式

8.1.1 种类与特点

室内给水系统的给水方式的种类以及它们的特点见表8-1。

表8-1 室内给水系统的给水方式的种类以及它们的特点

名称	解说
水泵—水箱联合给水	水泵—水箱联合给水属于设置升压设备的给水方式。其一般是在建筑物的底部设储水池，将室外给水管网的水引到水池内储存，并且在建筑物的顶部设水箱，用水泵从储水池中抽水送到水箱中，然后由水箱分别给各用水点供水
分区供水	分区供水是将建筑物分成上、下两个供水区（或者多个供水区域），其中，上区由水箱—水泵联合供水，下区直接在城市管网压力下工作。两区间由一根或两根立管连通，并且在分区处装设阀门，必要时可使整个管网全部由水箱供水。 注：如果设有室内消防设施时，消防水泵必须按分区用水考虑。高层建筑给水系统竖向分区有分区减压给水方式、分区并联给水方式
气压罐给水	气压罐给水主要用于室外给水管网水压不足、建筑物不宜设置高位水箱、设置水箱有困难的物业。气压给水装置其作用相当于高位水箱或水塔，水泵从储水池吸水，经加压后送到给水系统、气压罐内。停泵时，再由气压罐向室内给水系统供水，并由气压水罐调节、储存水量、控制水泵运行。气压给水装置是一种利用密闭压力水罐内气体的可压缩性储存、调节、升压送水的给水装置
直接给水	直接给水的特点如下：水由引入管、给水干管、给水立管、给水支管由下向上直接供到各用水或配水设备，中间没有任何储水设备、没有任何增压设备，水的上行完全是在室外给水管网的压力下工作。低层或多层建筑物业可以采用直接给水方式给水
单设水箱给水方式	单设水箱给水方式属于设置升压设备的给水方式。其一般在给水的最高点设置储水水箱，由室外给水管网接入直接送水到水箱内储存，再通过水的重力作用把水供给比水箱高度低的各用水点
单设水泵给水	单设水泵给水属于设置升压设备的给水方式。其一般是直接采用从市政供水管网，用水泵加压供水的方式。该种方式需要防止外网负压

8.1.2 室内给水系统所需压力

室内给水系统所需压力的计算公式

$$H = H_1 + H_2 + H_3 + H_4 (\text{kPa})$$

式中 H——室内给水系统所需的水压，kPa。

H_1——引入管起点到管网最不利点位置高度所要求的静水压，kPa。

H_2——计算管路的水头损失（水在流动过程中损失的能量），kPa。

H_3——水表的水头损失（水经过水表时损失的能量），kPa。

H_4——最不利配水点的流出水头，kPa。

室内给水系统所需压力经验值如下：

（1）一般地，单层建筑物室内给水系统所需压力经验值为 100kPa。

（2）二层建筑物室内给水系统所需压力经验值为 120kPa。

（3）三层或三层以上建筑物，每增加一层室内给水系统所需压力经验值增加约 40kPa。

说明：对于引入管或室内管道较长或层高超过 3.5m 时，上述数值还应适当增加。

8.2 二次供水

8.2.1 供水接驳方式

自来水与民用建筑的接驳方式应以节能、环保、安全为原则，根据实际情况，通过经济技术比较，合理选择接驳方式。二次加压供水接驳方式如下：

（1）方式一：市政供水管网→低位水池→工频泵→高位水池→用户。

（2）方式二：市政供水管网→低位水池→变频泵→用户。

（3）方式三：市政供水管网→管网叠压供水设备→用户。

8.2.2 二次供水术语

二次供水术语见表 8-2。

表 8-2　　二次供水术语

名称	解说
叠压供水	利用城镇供水管网压力直接增压的二次供水方式
二次供水	当民用与工业建筑生活饮用水对水压、水量的要求超过城镇公共供水或自建设施供水管网能力时，通过储存、加压等设施经管道供给用户或自用的供水方式
二次供水设施	为二次供水设置的泵房、水泵、阀门、水池（箱）、电控装置、消毒设备、压力水容器、供水管道等设施
引入管	由城镇供水管网引入二次供水设施的管段

8.3 生活用水定额及小时变化系数

8.3.1　住宅最高日生活用水定额及小时变化系数

住宅最高日生活用水定额及小时变化系数见表 8-3。

表 8-3　　住宅最高日生活用水定额及小时变化系数

类别		卫生器具设置标准	用水定额（L/人·d）	小时变系数 K_h
普通住宅	Ⅰ	有大便器、洗涤盆	85～150	3.0～2.5
	Ⅱ	有大便器、洗脸盆、洗涤盆、洗衣机、热水器、沐浴设备	130～300	2.8～2.3
	Ⅲ	有大便器、洗脸盆、洗涤盆、洗衣机、集中热水供应、沐浴设备	180～320	2.5～2.0
别墅		有大便器、洗脸盆、洗涤盆、洗衣机、洒水栓，家用热水机组、沐浴设备	200～350	2.3～1.8

注　别墅用水定额中含庭院绿化用水与汽车洗车用水。当地主管部门对住宅生活用水定额有具体规定时，需要根据当地规定执行。

8.3.2　酒店、宾馆与招待所生活用水定额及小时变化系数

酒店、宾馆与招待所生活用水定额及小时变化系数见表 8-4。

表 8-4 酒店、宾馆与招待所生活用水定额及小时变化系数

物业	名称	单位	最高日生活用水定额/L	使用时数/h	小时变化系数 K_h
招待所、培训中心、普通旅馆	设公用盥洗室 设公用盥洗室、淋浴室、 设公用盥洗室、淋浴室、洗衣室 设单独卫生间、公用洗衣室	每人每日	50～100 80～130 100～150 120～200	24	3.0～2.5
酒店式公寓	酒店式公寓	每人每日	200～300	24	2.5～2.0
宾馆客房	旅客 员工	每床位每日 每人每日	250～400 80～100	24	2.5～2.0

注 空调用水需要另外计。

8.4 卫生器具给水的额定流量、当量、支管管径与流出水头的确定

卫生器具给水的额定流量、当量、支管管径与流出水头的确定见表 8-5。

表 8-5 卫生器具给水的额定流量、当量、支管管径与流出水头的确定

名称	额定流量(L/s)	当量	支管管径(mm)	配水点前所需流出水头(MPa)
大便槽冲洗水箱进水阀	0.10	0.5	15	0.020
大便器冲洗水箱浮球阀	0.10	0.5	15	0.020
家用洗衣机给水龙头	0.24	1.2	15	0.020
净身器冲洗水龙头	0.10(0.07)	0.5(0.35)	15	0.030
淋浴器	0.15(0.10)	0.75(0.5)	15	0.025～0.040
洒水栓	0.40	2.0	20	按使用要求
食堂厨房洗涤盆（池）水龙头	0.32(0.24)	1.6(1.2)	15	0.020
食堂普通水龙头	0.44	2.2	20	0.040
室内洒水龙头	0.20	1.0	15	按使用要求

续表

名称	额定流量(L/s)	当量	支管管径(mm)	配水点前所需流出水头(MPa)
污水盆（池）水龙头	0.20	1.0	15	0.020
洗脸盆水龙头、盥洗槽水龙头	0.20(0.16)	1.0(0.8)	15	0.015
洗水盆水龙头	0.15(0.10)	0.75(0.5)	15	0.020
小便槽多孔冲洗管（每 m 长）	0.05	0.25	15～20	0.015
小便器手动冲洗阀	0.05	0.25	15	0.015
小便器自动冲洗水箱进水阀	0.10	0.5	15	0.020
饮水器喷嘴	0.05	0.25	15	0.020
浴盆水龙头	0.30(0.20)	1.5(1.0)	15	0.020
住宅厨房洗涤盆（池）水龙头	0.20(0.14)	1.0(0.7)	15	0.015
住宅集中给水龙头	0.30	1.5	20	0.020

注 1. 表中括号内的数值系在有热水供应时单独计算冷水或热水管道管径时采用。
2. 卫生器具给水配件所需流出水头有特殊要求时，其数值应按产品要求确定。
3. 浴盆上附设淋浴器时，额定流量和当量应按浴盆水龙头计算，不必重复计算浴盆上附设淋浴器的额定流量和当量。
4. 淋浴器所需流出水头按控制出流的启闭阀件前计算。
5. 充气水龙头和充气淋浴器的给水额定流量应按本表同类型给水配件的额定流量乘以 0.7 采用。

8.5 室内引入管的敷设类型与要求

8.5.1 敷设类型

室内引入管的敷设类型如图 8-1 所示。

8.5.2 敷设要求

（1）室内地坪±0.000 以下管道铺设宜分两段进行。先进行地坪±0.000 以下到基础墙外壁段的铺设，后进行户外连接管的铺设。

（2）室内地坪以下管道铺设应在物业土建工程回填土夯实以后，重新开挖进行。严禁物业土建工程回填土之前或没有经夯实的土层中铺设。

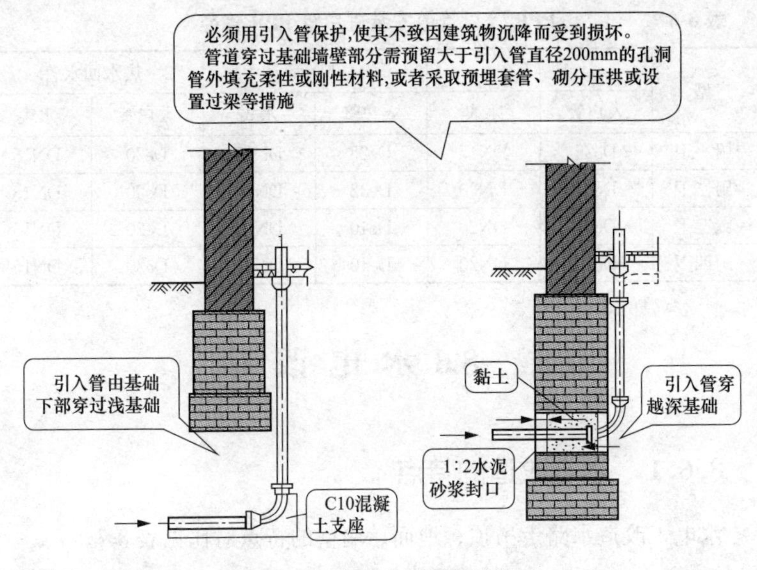

图 8-1 室内引入管的敷设类型

（3）室内埋地管道的埋置深度不要小于 300mm。

（4）管道出地坪处应设置护管，其高度要高出地坪 100mm。

（5）铺设管道的沟底应平整，不得有突出的坚硬物体。土壤的颗粒径不要大于 12mm，必要时可铺 100mm 厚的砂垫层。

（6）埋地管道回填时，管周围填土不得夹杂硬物直接与管壁接触。可以先用砂土或颗粒径不大于 12mm 的土壤回填至管项上侧 300mm 处，然后经夯实后方可回填原土。

（7）管道在穿越街坊道路，覆土厚度小于 700mm 时，需要采用严格的保护措施。

（8）管道在穿基础墙时，需要设置金属套管。套管与基础墙预留孔上方的净空高度，如果没有相应规定时，则不要小于 100mm。

8.5.3 进户管 PPR 管径要求

所有户内管道从水表后开始采用 PPR 管，进户管 PPR 管径要求见表 8-6。

表 8-6　　PPR 管材管道安装进户管 PPR 管径

户型	冷水管		热水管		热水回水管	
	入户管	水表	入户管	水表	入户管	水表
一厨一卫	De25	DN15	De25	DN15	De20	DN15
一厨二卫	De32	DN20	De32	DN20	De20	DN15
一厨三卫	De40	DN20	De40	DN20	De20	DN15
一厨四卫	De40	DN20	De40	DN20	De20	DN15

8.6 水电改造

8.6.1　水电改造的特点

水电工改造水路走吊顶、地面、墙壁的特点对比见表 8-7。

表 8-7　　水路走吊顶、地面、墙壁的特点对比

项目	特点
走吊顶	费水管，维修方便
走地面	省水管，维修不方便、需要做防水
走墙壁	目前多数采用走墙壁方式

8.6.2　水电改造的注意事项

（1）切记跟物业、业主将所有问题都咨询、落实到位，以免随后发生矛盾。

（2）上水改造的时候，一定要考虑到下水管是否要改造。

（3）墙体开槽注意深度，以免影响贴瓷砖。

（4）冷热水管不要露出墙体，以免影响贴瓷砖。

（5）地坪热水管、冷水管相叠过桥时位置要考虑好，以免影响地坪厚度、坡度。

（6）冷热水管安装完毕要进行打压试验，试压 8kg，时间 20～30min。

（7）连接距离≥1m，原则上禁止使用软管作为水管。

（8）用软管时禁忌打死弯使用。

(9) 水管的排放注意走墙体，不要走地板、地砖下，以及高空排放。

(10) 选择卫生器具、各种阀门等一般要积极采用节水型器具。各种卫生设备与管道安装均要符合相应标准规范的规定。

(11) 墙式冷热水龙头的位置高度要合理、中心间距要正确，以免面砖贴好后，龙头安装不上。

8.6.3 水路改造具体步骤

水路改造具体步骤见表8-8。排水系统检测验收常见方法就是冲水试验。

表8-8　　水路改造具体步骤

步骤	事项
1	施工前与物业、业主交流，确定业主需求，确定物业的要求
2	拆除不需要的水管
3	根据要求画线路图
4	用切割机割线
5	用电锤开槽
6	用热熔器熔合PPR管
7	施工后，用打压机进行打压测试
8	施工后，现场清理打扫

8.6.4 安装不良的现象

(1) 卫生间离热水器的距离比较远，管子太长，会出现放了几分钟还是冷水的情况。卫生间给排水图例如图8-2所示。

(2) 水路是串联，几个出水点同时使用时水量小，其他地方在用水会导致最远的出水点水压下降。因此，水管安装尽量走近路。

(3) 冷水管漏水一般是水管与管件连接时密封没有做好。

(4) 热水管漏水可能水管与管件连接时密封没有做好或者密封材料选用不对。

水管改造要考虑的事项：

(1) 全面考虑需要多少个出水点、怎样布置管路、材料预算。那些原管可以不动。

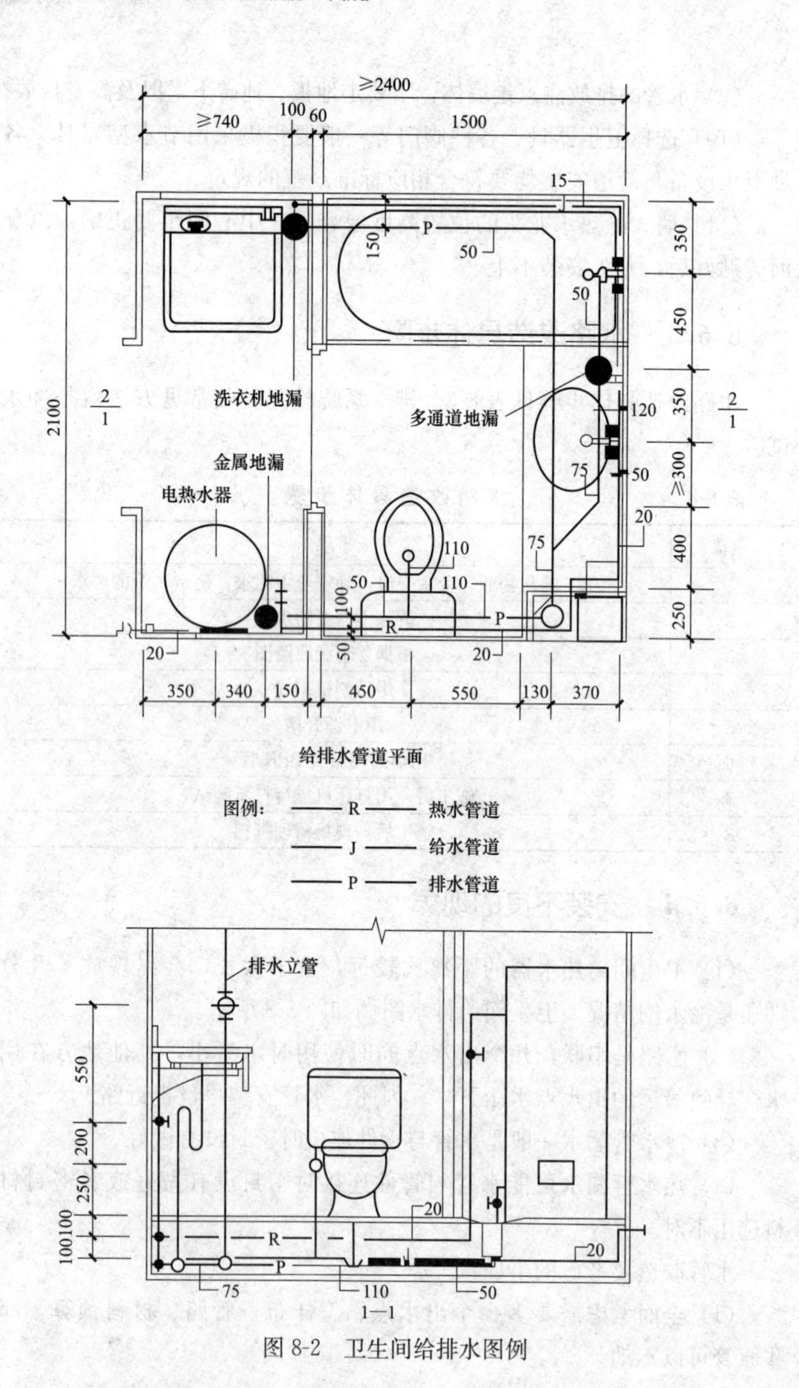

图 8-2　卫生间给排水图例

（2）卫生间墙面挖槽走线的地方要做防水。

（3）阳台的水管应开槽走暗管，以免阳光照射，管内易生微生物。

（4）水管走向要合理、规范。

（5）水管所要引接的龙头的高度要与热水器、洗衣机等设备安装高度相符。

8.6.5 水路预留接头

水路中需要考虑的预留接头的情况：

（1）厨房水槽预留冷热水两个出口。

（2）浇花用预留冷水管出口。

（3）面盆预留冷热水两个出口。

（4）淋浴预留冷热水两个出口。

（5）洗衣机预留冷水管出口。

（6）浴缸预留冷热水两个出口。

（7）坐便器的位置留一个冷水管出口。

8.7 冷水管与热水管的使用安装

8.7.1 冷水管与热水管的使用安装

冷水管与热水管的使用安装见表 8-9。

表 8-9 冷水管与热水管的使用安装

项目	要求
冷水管的使用安装	（1）冷水管在墙里要有 1cm 的保护层，因此，槽要开得深。 （2）冷水管密封可以使用四氟带。冷水管漏水一般是水管与管件连接时密封没有做好。 （3）管外径在 25mm 以下的给水管道，在转角、水龙头、角阀、水表、管道终端 100mm 处及螺纹连接处应设管卡并且必须安装牢固。 （4）水管安装与电源管的距离应不小于 50mm。 （5）水管安装与燃气管道的距离应不小于 50mm。 （6）给水管道在隐蔽前，必须经 10min 的 0.6MPa 压力试验

续表

项目	要求
热水管的使用安装	（1）给水聚丙烯管与其他金属管道平行敷设时，净距离不能够小于100mm。 （2）采用氢氧化钠、磷酸钠、水玻璃、适量水等碱液去污方法，对金属管道表面进行去污清洗后，需要充分冲洗，以及做钝化处理，用含有0.1%左右重铬酸、重铬酸钠、重铬酸钾溶液等清洗表面。 （3）给水聚丙烯管与其他金属管道平行敷设时，聚丙烯管需要在金属管道的内侧。 （4）铝塑复合管吊顶、管井敷设，管道表面与周围墙、板面的净距不能够小于50mm（有保温层时，根据保温层表面来计算）。 （5）预制时，尽量把每层立管的管件、配件在操作台上组装完。 （6）热水管道穿墙或穿楼板时，不能够强制校正。 （7）热水供应管道，直线段过长，则需要设置补偿器。补偿器的规格、形式、位置，需要符合有关要求，以及根据有关规定进行预拉伸。 （8）PPR管道安装时，不得有轴向扭曲。 （9）热水供应系统安装完成后，管道保温前，需要进行水压试验。 （10）热水供应系统试验压力，需要符合有关要求：设计没有注明时，热水供应系统水压试验压力，需要为系统顶点的工作压力加0.1MPa，以及系统顶点的试验压力需要不小于0.3MPa。 （11）热水立管穿过楼板的孔洞直径，需要大于要穿越的立管外径20～30mm。 （12）热水供应管道，需要尽量利用自然弯补偿热伸缩

8.7.2 铜水管的安装方式

铜水管的安装方式常见的有焊接式与卡套式连接。

（1）焊接式。焊接式又可以分为铜焊式、锡焊式。它们主要差异在于使用的金属填料不同：铜焊式为铜，锡焊式为锡。它们的相同之处均是在接头处加热、溶解焊料、焊接冷却、去除多余焊料等。

（2）卡套式连接。卡套式连接就是通过压缩管子上的密封或压环用机械方法进行的一种连接方式。

8.8 水管的检测与验收

8.8.1 检测水管的方法

（1）水管连接完成后，应用堵丝将预留的弯头堵塞，将水阀开关关闭，并且加压的试压压力0.8MPa，保持24h不降低，看是否有渗透水、漏水。只有在没有异常现象情况下，才能够将水管封入墙体。

(2) 打开总阀门，手摸给排水管道接头处要严密、不漏水。

(3) 打开总阀门，排水要畅通。

8.8.2 给排水管道验收要求与方法

给排水管道验收要求与方法见表8-10。

表8-10　　给排水管道验收要求与方法

项目	验收方法
管道排列应符合设计要求。 管道安装应固定牢固，无松动。 龙头、阀门安装平整，开启灵活，出水畅通。 水表运转正常	目测和手感方法
管道与器具、管道与管道连接处均应无渗漏	通水检测法、目测和手感法
水管安装不得靠近电源，水管与燃气管的间距应不小于50mm	钢卷尺检查

8.9 防　　水

8.9.1 防水施工一般方法

防水施工一般采用涂膜防水，防水施工一般方法见表8-11。

表8-11　　防水施工一般方法

步骤	内容
1	把墙体、地面修平，清理干净
2	铲掉松动的部分，并且清理干净
3	用水泥砂浆把坑洼不平的地方磨平
4	把整个大面做一次找平
5	等干燥后，严格按照防水材料的施工要求进行大面积的施工，特别注意边角的施工。防水材料施工要求不同，一般在施工材料说明书上有介绍
6	等防水施工可以检测时，做封闭水实验

8.9.2 卫生间与厨房的防水处理方法

卫生间与厨房的防水处理操作方法见表8-12。

表8-12 卫生间与厨房的防水处理操作方法

步骤	操作解说
1	把排污管口用塑料袋等包扎好
2	使用防水胶先刷墙面、地面一遍，干透后再刷一遍。并且检查一下防水层是否存在微孔，如果存在，及时补好
3	在刷完第二遍后，没有完全干透前，在表面轻轻刷上一两层薄薄的纯水泥层
4	纯水泥层刷完干透后，倒水（高约1cm）测试，时间为24h。楼下天花板没有发现渗水等现象即可

8.9.3 卫生间与厨房的防水层要求

（1）卫生间墙面防水层做到顶，地面防水层满刷。

（2）厨房防水层低于墙面30cm高，能够做到顶更好；地面防水层满刷。

（3）厨房如果墙面本身是轻质墙体，一定要对整个墙面进行防水

（4）防水涂料要涂满、无遗漏、与基层结合牢固、无裂纹、无气泡，无脱落现象。

墙壁不做防潮处理或者防潮处理得不太好，会引起墙壁潮湿带电，因此，墙壁要做防潮处理。

8.10 家装给排水技能要求、方法与注意事项

（1）水路施工主要步骤为：水路开槽→铺设冷水管和热水管→安装龙头和五金挂件→闭水测试。

（2）安装排水管需要以明装为主，以方便清通修理。

（3）暗装也需要考虑设备打开方便。

（4）布线需要符合水管在下、线管在上的要求。

（5）穿墙洞尺寸要求：单根水管的墙洞直径一般为6cm，两根水管墙洞直径一般在10cm或打2个直径为6cm的墙洞分开走。

（6）镀锌管道端头接口连接必须绞八牙以上，进管必须五牙以上，不得有爆牙现象。另外，生料带必须在六圈以上方可接管绞紧。

（7）高层建筑，底层污水管道不宜与其他管连接，应单独排至室外。

（8）各常用水龙头与排水位置需要正确、合理。

（9）各地漏、排污管等需要考虑做防臭弯。

（10）各给水管水龙头出水情况需要正常。

（11）各空调排水位置、排水管道布置与室外机的位置需要合理。

（12）各类阀门安装位置需要正确且平正，并且留有合适的检修口，便于维修。

（13）给排水管材、管件需要符合现国家标准的要求。冷水管、热水管可以采用塑覆铜管或塑覆铝管，排水管需要采用硬质PVC排水管材管件。

（14）给排水管道敷设需要符合横平竖直的原则。

（15）给水管道上如有水表，需要查明水表型号、安装位置、水表前后阀门设置情况。

（16）给水系统在家庭用户中主要是指进水管的布置。

（17）管道敷设在转角、水表、水龙头、闸筏、管道终端10cm处均需要设置管卡，与管卡连接的墙体或其他结构物必须牢固不能松动。

（18）合理布置进水管、排水管，不仅起到优化组合、合理利用的目的，也可以起到对房屋装饰美观的作用。

（19）开墙水槽的宽度，单槽为4cm，双槽为10cm，墙槽深度一般为3～4cm。

（20）开水槽需要横平竖直，墙槽高度根据用水设备而定。

（21）冷水管、热水管水龙头需要水平，位置应便于热水器的安装，以及不得安装在瓷砖腰线上。

（22）冷水管与热水管间一定要留出间距。

（23）明管热水管一般需要做保温处理，这样可以防止热耗损，还可以避免水管烫人，以及冬季炸管的发生。

（24）排水管安装要便于安装和维修。

（25）排水管的排水坡度需要符合规范要求：排水管不小于 2%，排污管不小于 5%。

（26）排水管间的套管内必须涂刷专用胶水。

（27）排水管都需要做通水试验。

（28）排水管宜以最短距离通至室外。

（29）排水系统在家庭用户中主要是指排水管的布置，例如盥洗室中洗脸盆、浴盆、马桶、阳台上污水管等。

（30）嵌入墙体、地面的不锈钢管道需要进行防腐处理，以及用水泥砂浆保护。

（31）热水器安装需要端正，进水口与进气口均需要安装阀门。

（32）热水器的冷水管、热水管的水龙头间距为 15cm。

（33）室内给水管总阀位置需要合理，便于维修，以及有利于后续设备的安装。

（34）室内排水管需要查明设备布置情况，对阳台污水管，需要查明雨水斗的型号等。

（35）水电管线验收合格后，需做水泥砂浆护坡层保护管线。

（36）水管材料需要符合设计与业主的要求。

（37）水管管道敷设需要符合左热右冷，上热下冷的原则。

（38）水管需要选择厚壁的水管，严禁使用薄壁管。

（39）水路管线固定卡子每 400mm 固定一个。

（40）水路开槽后，需要用防水涂料对管槽进行涂刷，以防止漏水发生造成损失过大。

（41）水路施工前，需要对预计进行水路改造的线路进行弹线确认。

（42）水路在吊顶内施工时，遇到水管交叉情况，需要热水管在上，冷水管在下，间距在 20mm 以上。

（43）水压测试需要打到 0.6MPa 以上，并且保持在 20min 以上，允许压力下降 0.1MPa。

（44）踢脚线处的管线需要符合后续踢脚线与墙面的平直安装。

（45）拖把池水龙头位置，排水方式需要合理。

（46）污水排水立管应设置在靠近杂质最多、最脏及排水量最大的排水处，以尽快的接纳横支管的污水，减少管道堵塞机会。另外，污水换管的布置应尽量减少不必要的转角及曲折，尽量作直线连接。

（47）洗衣池水头位置，排水方式需要合理。

（48）洗衣机下水口不能有地漏返水等异常现象。

（49）新装的给水管道必须按有关规定进行加压试验，金属及其复合管试验压力 0.6MPa 稳定 10min，管内压力下降需要不大于 0.02MPa，无渗漏。塑料管内试验压力 0.8MPa，稳压 20min，管内压力下降需要不大于 0.05MPa，大于 0.05MPa，无渗漏。塑料管检测时，需要采用试验力 0.05MPa，无渗漏。

（50）一般而言立管和横干管保温，支管不必保温。如果支管太长，则也要保温处理。

（51）一般水管不需要保温处理，短距离热耗损不是很大的水管，可以不需要保温处理。如果走管太长，则热耗损大，水管需要保温处理。

（52）目前，家装水管一般采用 PPR 水管。

8.11 PPR的熔接

8.11.1 PPR 熔接方法

PPR 熔接方法见表 8-13。

表 8-13　PPR 熔 接 方 法

步骤	项目	图解	解说
1	安装前的准备	利用尺来划好熔接深度	（1）需要准备熔接机、直尺、剪刀、记号笔、清洁毛巾等。 （2）检查管材、管件的规格尺寸是否符合要求。 （3）熔接机需要有可靠的安全措施。

续表

步骤	项目	图解	解说
1	安装前的准备	检查	(4) 安装好熔接头，并且检查其规格要正确、连接要牢固可靠。安全合格后才可以通电。 (5) 一般熔接机红色指示灯亮表示正在加温，绿色指示灯亮表示可以熔接。 (6) 一般家装不推荐使用埋地暗敷方式，一般采用嵌墙或嵌埋天花板暗敷方式
2	清洁管材、管件熔接表面		(1) 熔接前需要清洁管材熔接表面、管件承口表面。 (2) 管材端口在一般情况下，需要切除 2～3cm，如果有细微裂纹需要剪除 4～5cm
3	管材熔接深度划线		熔接前，需要在管材表面画出一段沿管材纵向长度不小于最小承插深度的圆周标线
4	熔接加热		(1) 首先将管材、管件均速地推进熔接模套与模芯，并使管材推进深度到标志线，管件推进深度为到承口端面与模芯终止端面平齐即可。 (2) 管材、管件推进中，不能有旋转、倾斜等不正确的现象。 (3) 加热时间需要根据规定执行，一般冬天需要延长加热时间 50%
5	对接插入、调整		(1) 对接插入时，速度应尽量快，以防止表面过早硬化。 (2) 对接插入时，允许不大于 5°的角度调整

续表

步骤	项目	图解	解说
6	定型、冷却		(1) 在允许调整时间过后，管材与管间，需要保持相对静止，不允许再有任何相对移位。 (2) 熔接的冷却，需要采用自然冷却方式进行，严禁使用水、冰等冷却物强行冷却
7	管道试压	(1) 管道安装完毕后，需要在常温状态下，在规定的时间内试压。 (2) 试压前，需要在管道的最高点安装排气口，只有当管道内的气体完全排放完毕后，才能够试压。 (3) 一般冷水管验收压力为系统工作压力的 1.5 倍，压力下降不允许大于 6%。 (4) 有的需要先进行逐段试压，各区段合格后再进行总管网试压。 (5) 试压用的管堵为试压专用。试压完毕后，需要更换金属管堵	

8.11.2 PPR 管熔接加热要求

PPR 管熔接加热要求见表 8-14。

表 8-14　　PPR 管熔接加热要求

DN(mm)	20	25	32	40	50	63	75	90	110
热熔深度 P/mm	$L-3.5 \leqslant P \leqslant$ 最小承口长度								
加热时间/s	5	7	8	12	18	24	30	40	50
加工时间/s	4	4	4	6	6	6	10	10	15
冷却时间/s	3	3	4	4	5	6	8	8	10

注　若环境温度＜5℃，加热时间应延长 50%。
$d_n<75$ 可人工操作，$d_n>75$ 应采用专用进管机具。
熔接弯头或三通时，按设计图纸要求，应注意其方向。

8.11.3 PPR 暗装要求与技巧

PPR 暗装要求与技巧见表 8-15。

表 8-15　　PPR 暗装要求与技巧

项目	图例
嵌墙安装	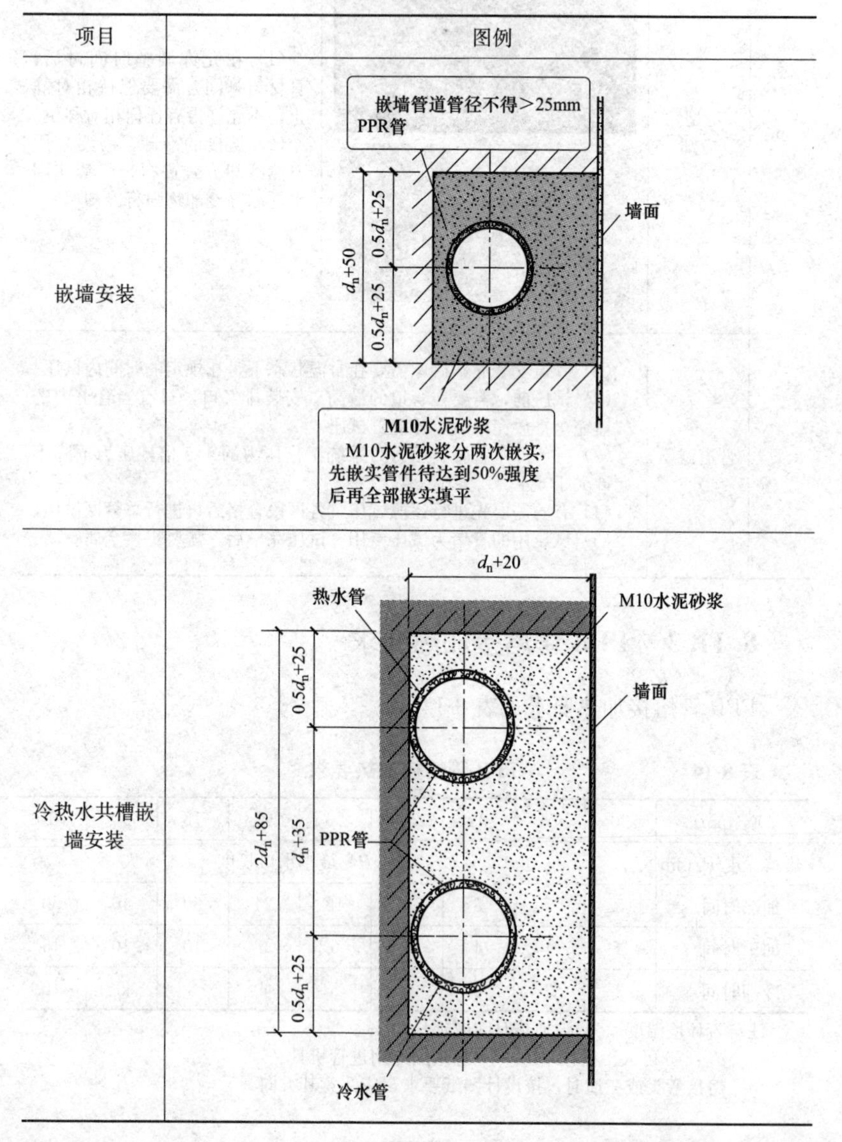
冷热水共槽嵌墙安装	

续表

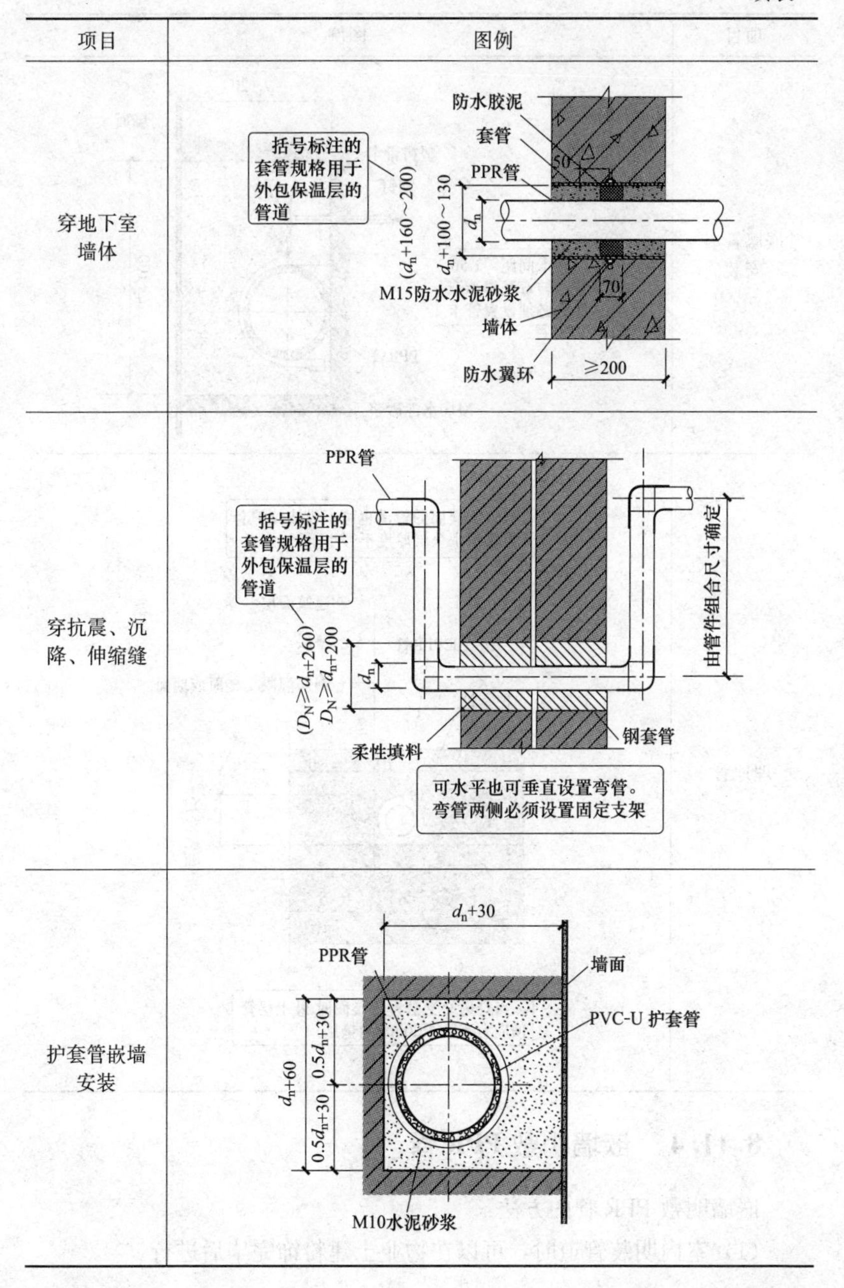

项目
图例
穿地下室墙体
括号标注的套管规格用于外包保温层的管道
防水胶泥
套管
PPR管
50
(dn+160～200)
dn+100～130
dn
M15防水水泥砂浆
70
墙体
防水翼环
≥200
穿抗震、沉降、伸缩缝
PPR管
括号标注的套管规格用于外包保温层的管道
(DN≥dn+260)
DN≥dn+200
dn
由管件组合尺寸确定
柔性填料
钢套管
可水平也可垂直设置弯管。
弯管两侧必须设置固定支架
护套管嵌墙安装
dn+30
PPR管
墙面
PVC-U 护套管
dn+60
0.5dn+30
0.5dn+30
M10水泥砂浆

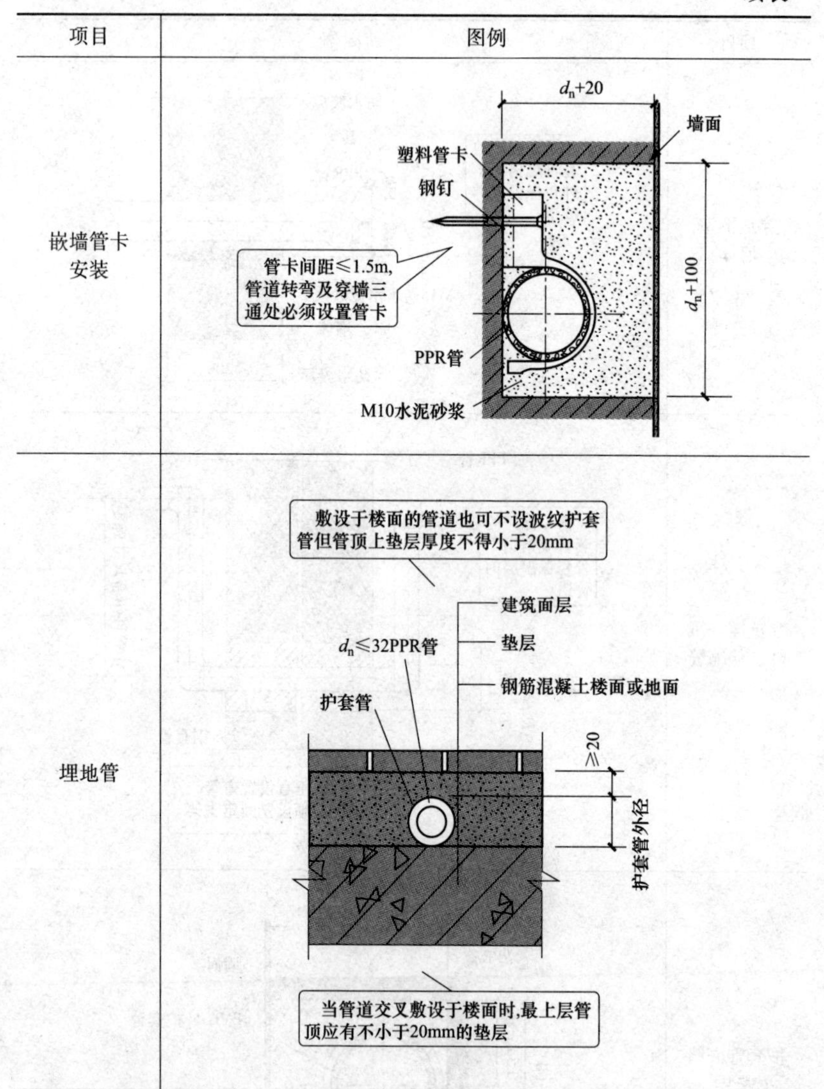

8.11.4 嵌墙明敷 PPR 管

嵌墙明敷 PPR 管的方法：

（1）室内明装管道时，可以在物业土建粉饰完毕后进行。

（2）安装前，看是否预先留有安装的孔洞或预埋了套管。

（3）热水管道穿越墙壁时，应配合土建设置的钢套管，以便热水管能自由伸缩。

（4）冷水管穿墙时，可预先留洞，洞口尺寸较外径大 50mm。

（5）管道穿越楼板时，应设置钢套管，套管一般高出地面 50mm，并且具有防水措施。

（6）管道穿越屋面时，应采取严格的防水措施。穿越前端应设固定支架，以防管道变形，造成穿越管道与套管间松动，产生渗漏。

8.12 PVC管

8.12.1 PVC 的加工、粘接与应用

PVC 的加工、粘接与应用见表 8-16。

表 8-16　PVC 的加工、粘接与应用

项目	具体内容
管材的加工	当管材的长度量取决定后，可以用手工钢锯、圆锯片、锯床割锯等工具来切断 PVC 管。切断 PVC 管时，需要两端切口保持平整，并且用蝴蝶矬除去毛边以及倒角，注意倒角不能过大
管材、管件的粘接	管材、管件的粘接主要步骤如下： （1）粘接前，需要进行试组装，并且清洗插入管的管端外表约 50mm 长度与管件承接口内壁。 （2）然后用涂有丙酮的棉纱擦洗一次。 （3）再在两者粘合面上用毛刷均匀地涂上一层粘合剂，不得漏涂。 （4）涂毕即旋转到理想的组合角度，把管材插入管件的承接口，用木槌敲击，使管材全部插入承口。 （5）两分钟内不能拆开或转换方向。 （6）及时擦去接合处挤出的粘胶，保持管道清洁
PVC 的应用	（1）立管每层装伸缩节一只，用以补偿逆流管的热胀冷缩。 （2）三通安装时，需要注意顺水方向，便于安装横管时自然形成坡度。 （3）立管每层高在 3m 内，需要考虑设管箍一只。横管则每隔 0.6m 时装吊卡一只。 （4）排水管道敷设需要有一定的坡度。 （5）排水立管需要设伸顶通气管，并且顶端需要设通气帽。如果无条件设置通气管时，需要设置补气阀。

续表

项目	具体内容
PVC的应用	(6) 伸顶通气管高出不上人屋面（含隔热层）不得小于0.3m，并且大于最大积雪厚度。 (7) 在经常有活动的屋面，通气管伸出屋面不得小于2m。 (8) 伸顶通气管管径不宜小于排水立管管径。 (9) 通气立管与排水立管需要隔层相连，连接方法应优先采用H管。并且H管与通气立管的连接点需要高出卫生器具边缘150mm。 (10) 连接多支立管的横向截流管需要采用弹性密封圈连接管道，采用该连接方法可以不设伸缩节，但是需要将承口牢固固定，以及管路系统折角转弯处需要设置防推脱支承。 (11) 伸缩节承口需要迎水流方向。 (12) 立管活动支承当管径 $d_n \leqslant 50$ 为1.2m，管径 $d_n > 75$ 为2m，管道每层至少需要设有一管卡。 (13) 立管穿楼板处需要做固定支承，其余管段固定支承距离不宜大于4m。 (14) 立管转为横干管时，需要在转角部位采用带支座增强型大弯弯管，立管底部弯头处需要固定牢固。 (15) 管径大于或等于110mm的明装管道，穿越管道井壁、管窿时，需要在穿越部位安装长度不小于300mm防火套管或阻火圈

8.12.2 安装要求

(1) 立管可以明敷暗设，其布置需要在最大排水设备附近的沿墙柱、转角或管窿、管井内。

(2) PVC-U立管与家用燃气灶具、热水器边缘净距不得小于400mm。

(3) PVC-U排水管不宜布置在热源附近。当热源作用使管道外壁温度超过60℃时，需要采取隔热措施。

(4) PVC-U管道穿越地下室外墙时，需要采取防止渗漏的措施。排水立管在中间层竖向拐弯时，则排水支管与排水立管、排水横管连接，管道敷设需要符合下列规定：

1) 排水最低横支管与立管连接处到立管底部的垂直距离需要符合相关要求。

2) 排水竖支管与立管拐弯处的垂直距离不得小于0.6m。

3) 排水支管与最低横管连接点到立管底部水平距离不得小于1.5m。

（5）PVC-U 管道不得穿越烟道、沉降缝、伸缩缝。如果确实需要穿越时，需要采取相应措施。

（6）立管的安装如图 8-3 所示。

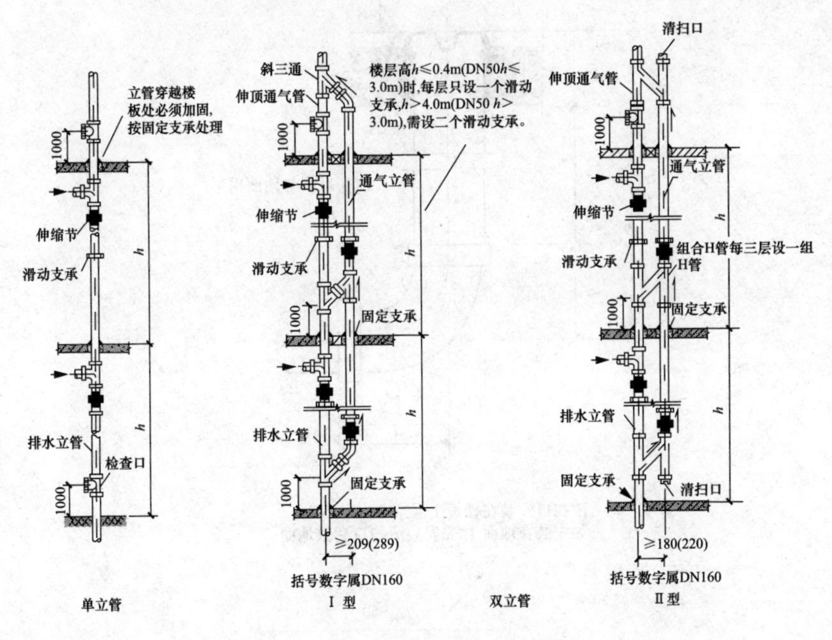

图 8-3　立管的安装图例

8.12.3　PVC-U 排水立管简易消能装置与清扫口检查口安装

（1）横管水流转角小于 135°时，需要在横主管上设检查口或清扫口。

（2）公共建筑内连接 4 个或 4 个以上大便器的横管需要设清扫口。

（3）排水立管在楼层转弯处，需要设置检查口或清扫口。

（4）排水立管的底层与最高层需要设立管检查口，检查口中心离地大约 1m。

（5）立管每隔 6 层需要设检查口。

PVC-U 排水立管简易消能装置与清扫口检查口安装如图 8-4 所示。

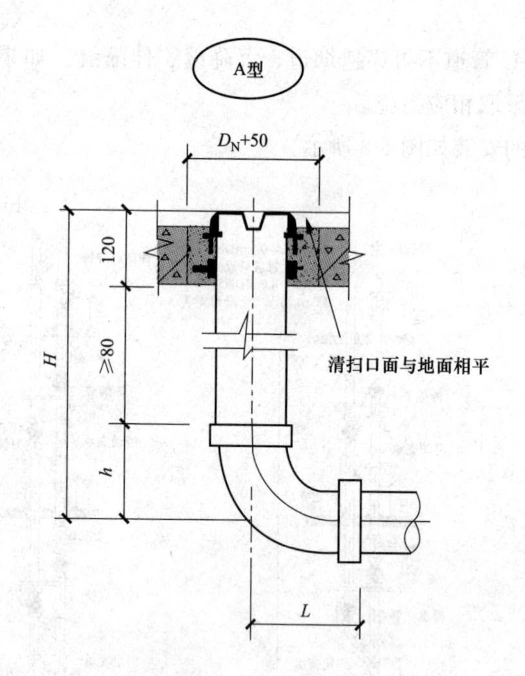

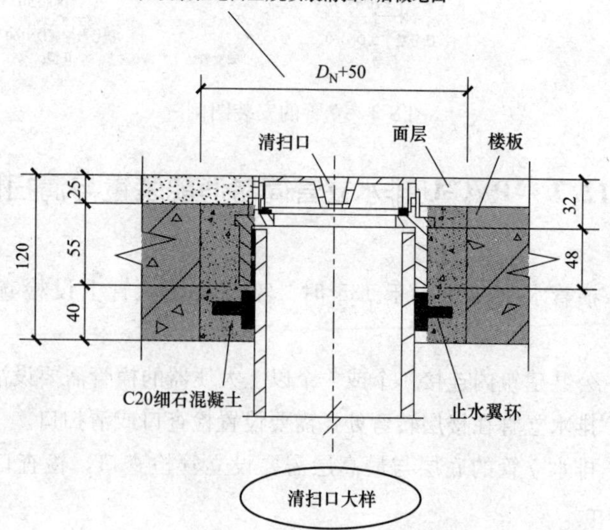

图 8-4　PVC-U 排水立管简易消能装置与清扫口检查口安装（一）

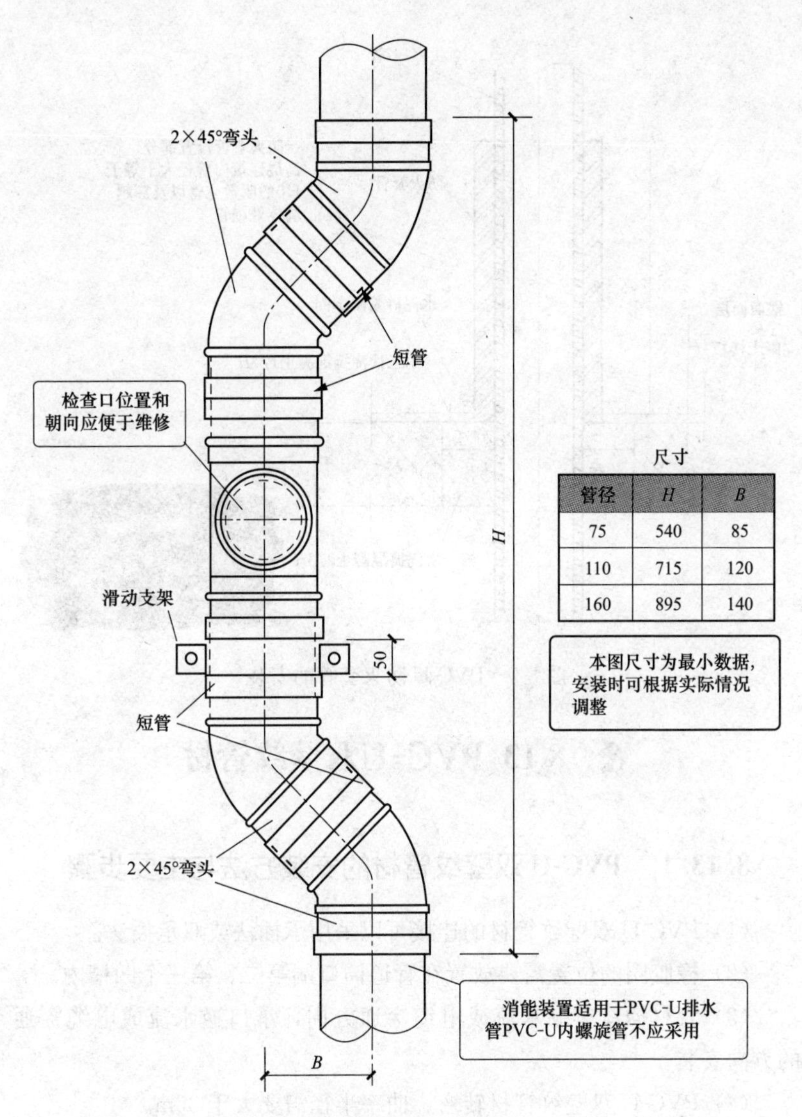

管径	*H*	*B*
75	540	85
110	715	120
160	895	140

图 8-4 PVC-U 排水立管简易消能装置与清扫口检查口安装（二）

8.12.4 PVC-U 防火套管的安装

PVC-U 防火套管的安装如图 8-5 所示。

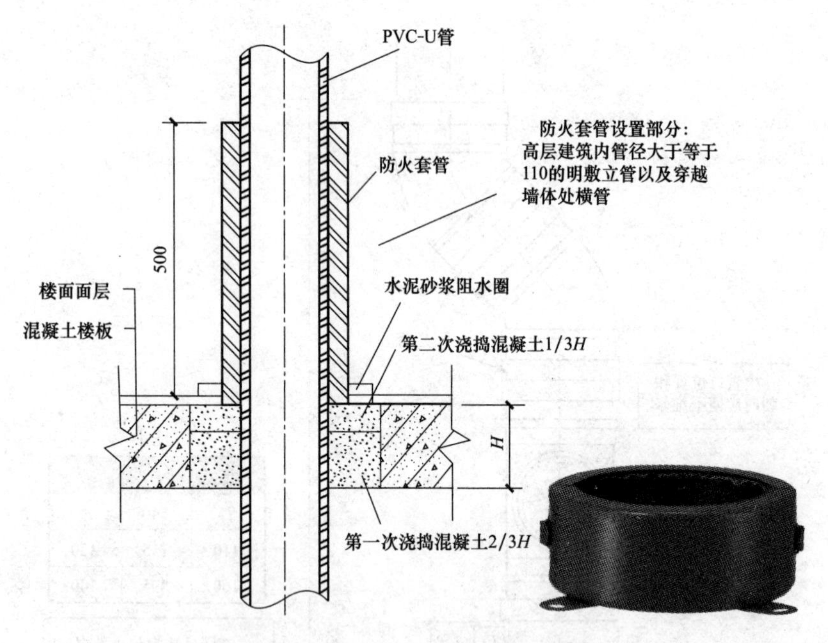

图 8-5　PVC-U 防火套管的安装

8.13 PVC-U双壁纹管材

8.13.1　PVC-U 双壁纹管材的安装方法与主要步骤

（1）PVC-U 双壁纹管材的连接可以采用承插法或双承插法。

（2）橡胶圈的位置需要放置在管道插口端第二、第三个凹槽内。

（3）管材插口应顺水流或电缆穿通方向，承口逆水流或电缆穿通的方向安装。

（4）PVC-U 双壁纹管材转弯，曲率半径需要大于 36m。

（5）接口时，首先需要将承口的内壁及插口外壁清理干净，同时在承口内壁与插口橡胶圈位置涂上润滑剂。

（6）然后将承口、插口中心轴线对齐，并且一个施工人员扶着管材的连接部位，另一个施工人员用木头锤敲击待插入的管材，将插口徐徐敲入承口底。

(7) 然后逐步依次安装。

说明：承插口也可以采用粘合剂连接，涂抹的长度一般为承口的2/3左右。

8.13.2　安装注意事项

(1) 铺管安装前，需要检验管材规格型号、塑料托架、密封圈、双向套节等材料的规格、数量是否是安装需要的。

(2) 铺管安装前，还要对相关材料、辅料外观质量进行检查。

(3) 管材现场搬运如果采用人工搬运，则需要轻抬轻放，严禁直接在地面上拖拉、滚压。

(4) 如果PVC-U双壁纹管材安装位置不受汽车垂直负载，则管顶以上的覆土厚度不应小于300mm。如果受汽车垂直负载及土建工程设备负载，则管顶以上的覆土厚度不应小于700mm。

(5) PVC-U双壁纹管材安装地覆土要及时，防止管道暴露时间过长造成损失。

(6) 回填土质量必须达到相应规定的密实度，不得回填入淤泥、有机物、混有石块/砖头、含有硬物体的泥土等。

8.14　污水管与排水管的坡度

生活污水管道坡度的确定见表8-17。

表8-17　生活污水管道坡度的确定

管径/mm	通用坡度	最小坡度
50	0.035	0.025
75	0.025	0.015
100	0.020	0.012
125	0.015	0.010
150	0.010	0.007
200	0.008	0.005

8.15 水 表

8.15.1 分户水表的安装

分户水表的安装如图 8-6 所示。

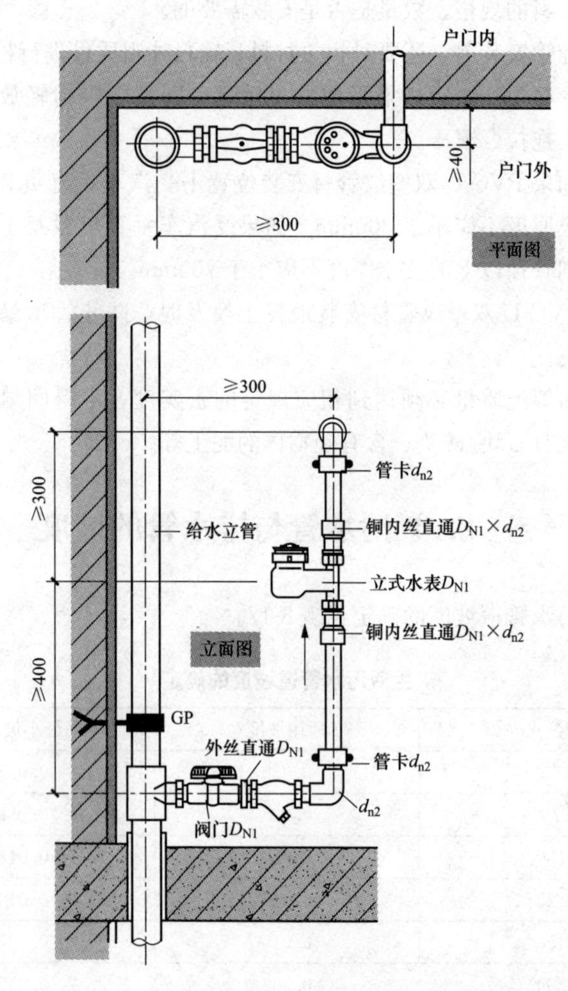

图 8-6 分户水表的安装图例

8.15.2 薄壁不锈钢给水管立式分户水表明装

薄壁不锈钢给水管立式分户水表明装安装如图 8-7 所示。

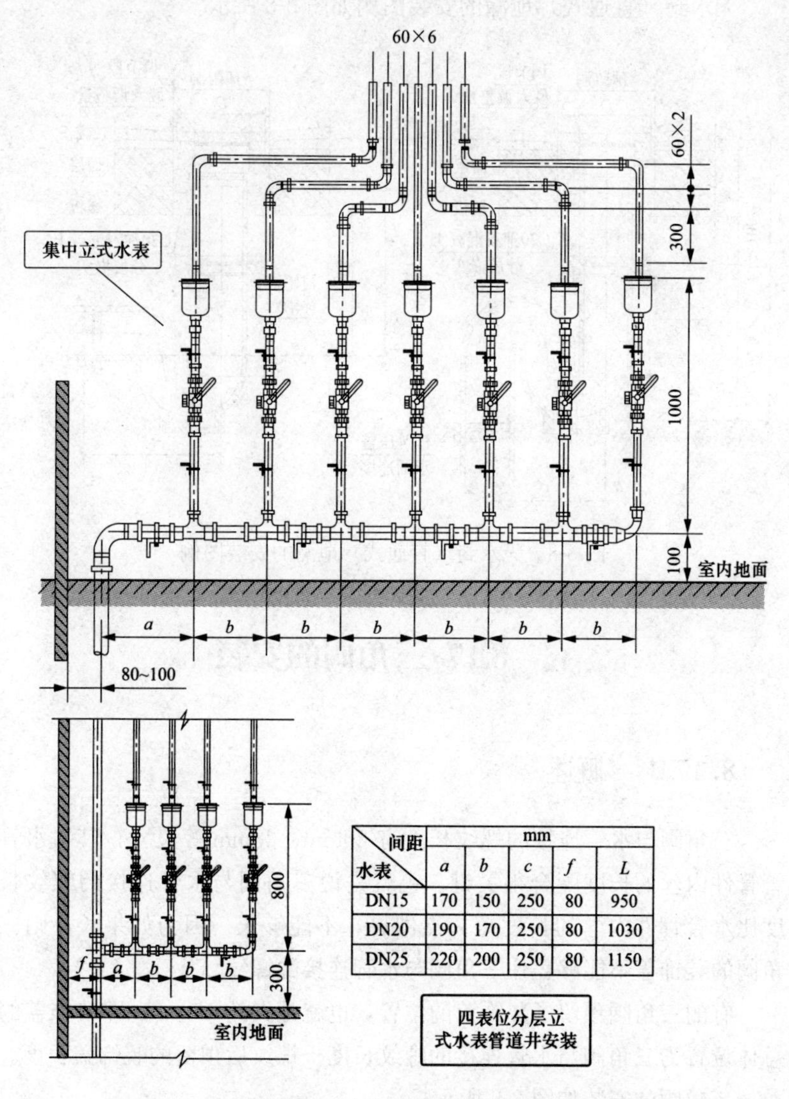

水表 \ 间距	a (mm)	b	c	f	L
DN15	170	150	250	80	950
DN20	190	170	250	80	1030
DN25	220	200	250	80	1150

图 8-7 薄壁不锈钢给水管立式分户水表明装安装图例

8.16 无水封（直通式）地漏的安装

无水封（直通式）地漏的安装图例如图 8-8 所示。

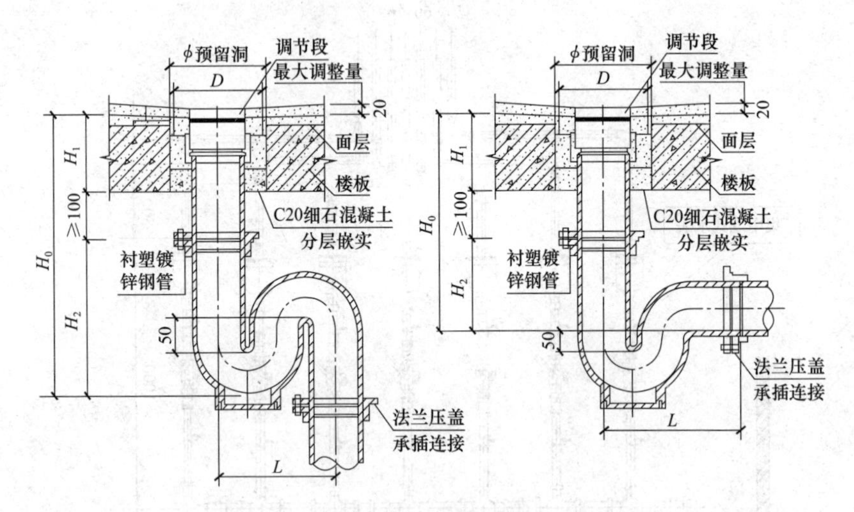

图 8-8 无水封（直通式）地漏的安装图例

8.17 三角阀的安装

8.17.1 概述

三角阀与水管连接的螺纹长度有 20mm、28mm 等尺寸，其与水管管管件内丝的长度配合很关键。也就是说三角阀与水管连接的螺纹长度比水管管件内丝的长度短一点即可，不能够长。因为如果长，则三角阀的装饰盖不能够盖住三角阀与水管连接的螺纹。

有的三角阀预留了装饰盖的位置，也就是大约 10mm，即装饰盖的总体位置为三角阀与水管连接的螺纹长度＋螺纹后预留的装饰盖长度。

三角阀的安装如图 8-9 所示。

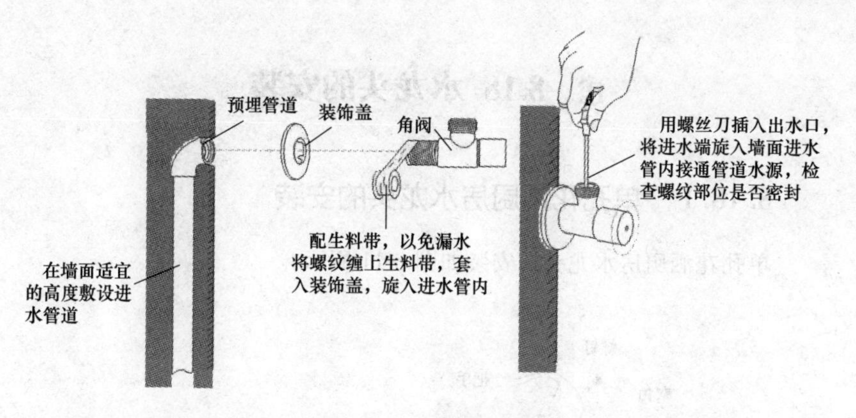

图 8-9 三角阀的安装

8.17.2 薄壁不锈钢给水管角阀的安装

薄壁不锈钢给水管角阀的安装如图 8-10 所示。

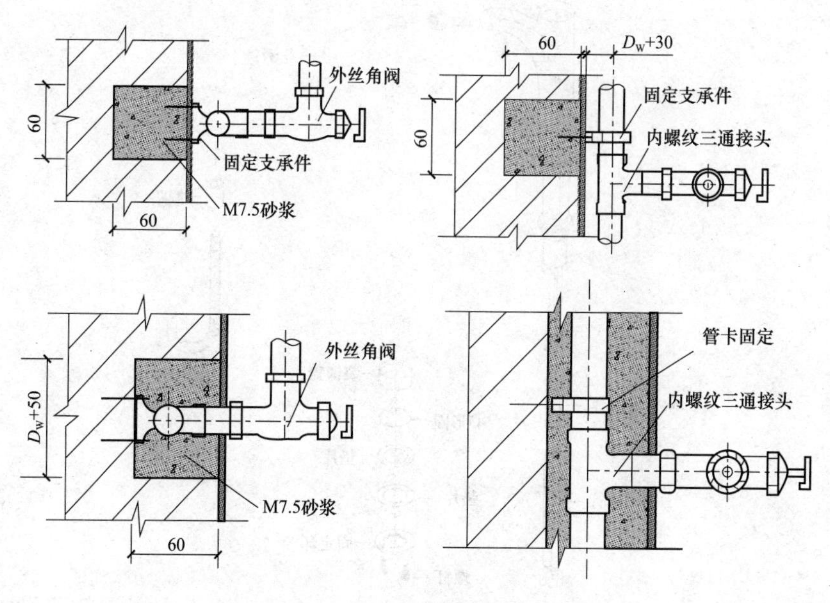

图 8-10 薄壁不锈钢给水管角阀的安装

8.18 水龙头的安装

8.18.1 单孔花洒厨房水龙头的安装

单孔花洒厨房水龙头的安装如图 8-11 所示。

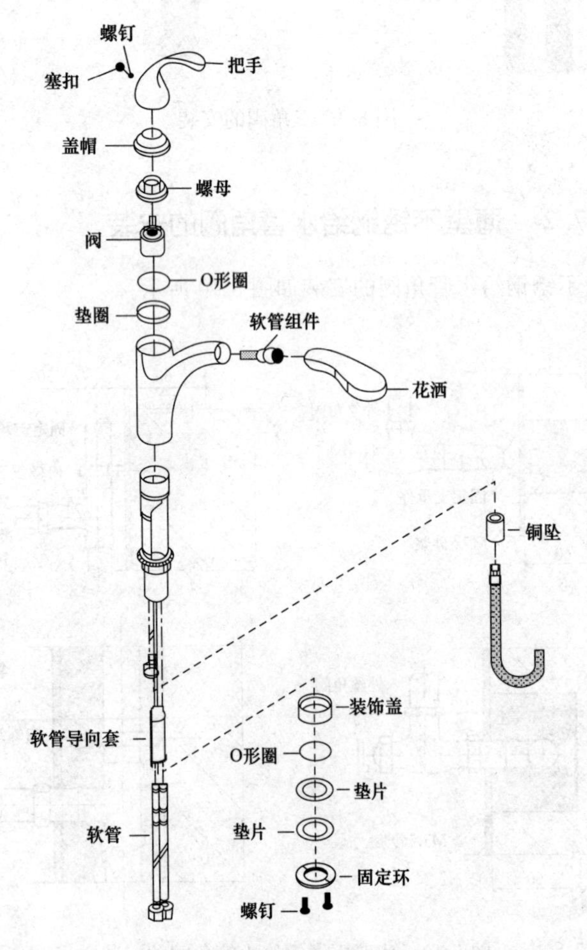

图 8-11 单孔花洒厨房水龙头的安装图例（一）

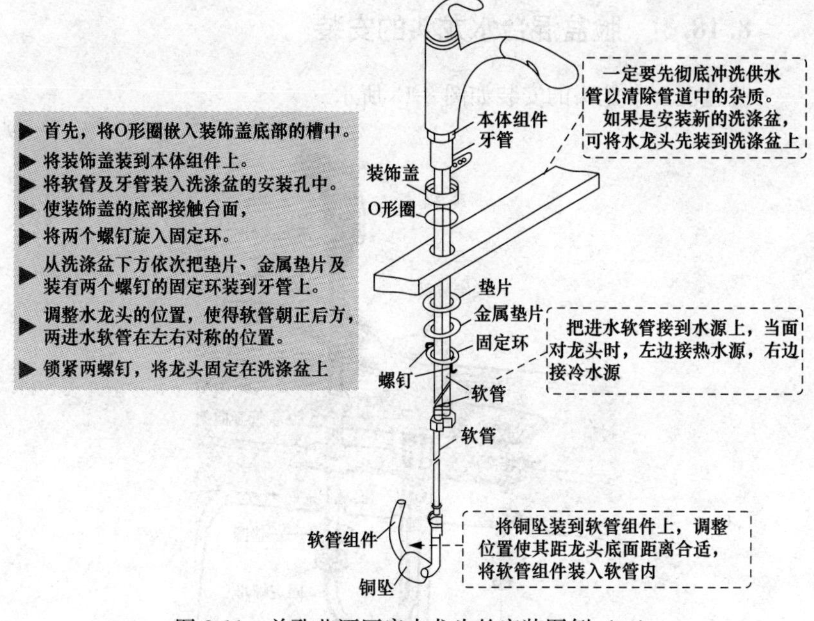

图 8-11　单孔花洒厨房水龙头的安装图例（二）

8.18.2　脸盆用单枪混合龙头的安装

脸盆用单枪混合龙头的安装如图 8-12 所示。

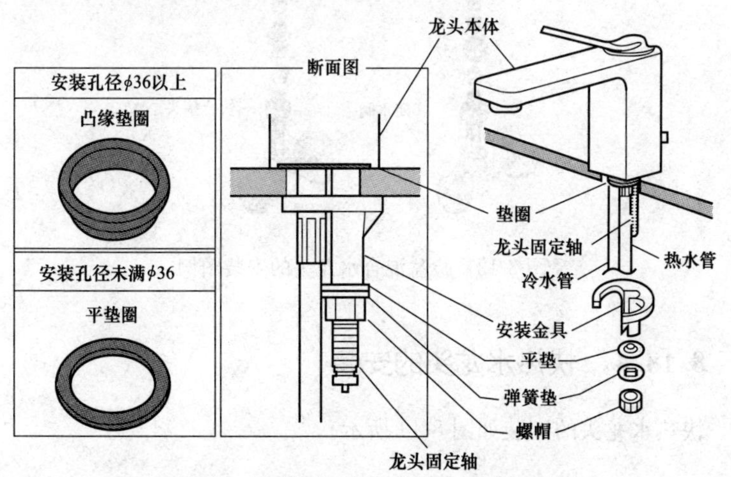

图 8-12　脸盆用单枪混合龙头的安装图例

8.18.3 脸盆混合水龙头的安装

脸盆混合水龙头的安装如图 8-13 所示。

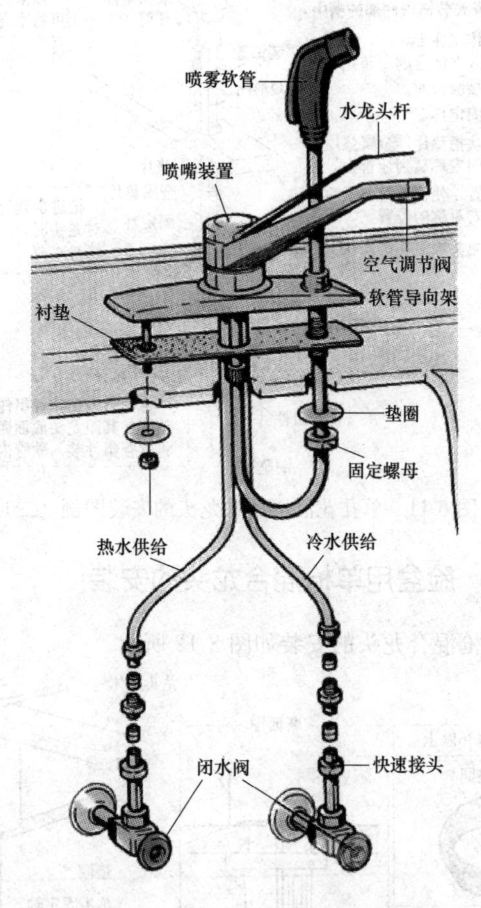

图 8-13 脸盆混合水龙头的安装图例

8.18.4 快热水龙头的安装

快热水龙头的安装如图 8-14 所示。

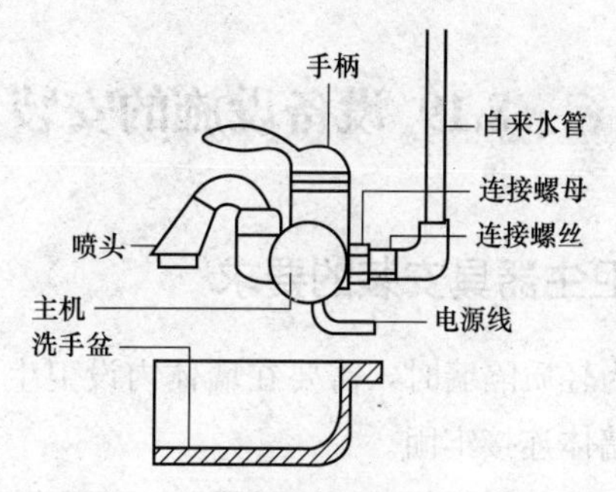

图 8-14　快热水龙头的安装图例

8.18.5　交流感应水龙头的安装

交流感应水龙头的安装如图 8-15 所示。

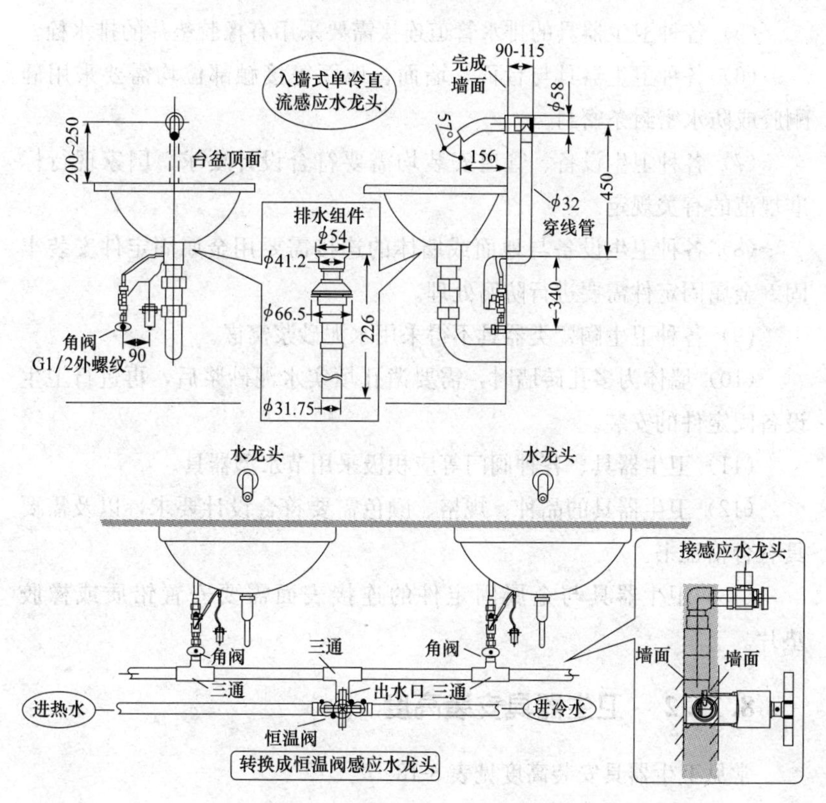

图 8-15　交流感应水龙头的安装图例

8.19 设备设施的安装

8.19.1 卫生器具安装的要求

（1）当墙体为轻质隔墙时，需要在墙体内设卫生设备的后置埋件，后置埋件需要与墙体连接牢固。

（2）各类阀门安装需要位置正确且平正，以及便于使用与维修。

（3）各种卫生器具安装的管道连接件需要易于拆卸、维修。

（4）各种卫生器具安装验收合格后，需要采取适当的成品保护措施。

（5）各种卫生器具的排水管道连接需要采用有橡胶垫片的排水栓。

（6）各种卫生器具与台面、墙面、地面等接触部位均需要采用硅酮胶或防水密封条密封。

（7）各种卫生设备、管道安装均需要符合设计要求、国家现行标准规范的有关规定。

（8）各种卫生设备与地面或墙体的连接需要用金属固定件安装牢固。金属固定件需要进行防腐处理。

（9）各种卫生陶瓷类器具不得采用水泥砂浆窝嵌。

（10）墙体为多孔砖墙时，需要凿孔填实水泥砂浆后，再进行卫生设备固定件的安装。

（11）卫生器具、各种阀门等应积极采用节水型器具。

（12）卫生器具的品种、规格、颜色需要符合设计要求，以及需要具有合格证书。

（13）卫生器具与金属固定件的连接表面需要安置铅质或橡胶垫片。

8.19.2 卫生器具安装高度

常见卫生器具安装高度见表 8-18。

表 8-18 常见卫生器具安装高度

名称	卫生器具边缘离地面高度/mm
架空式污水盆（池）（到上边缘）	800
落地式污水盆（池）（到上边缘）	500
洗涤盆（池）（到上边缘）	800
洗手盆（到上边缘）	800
洗脸盆（到上边缘）	800
盥洗槽（到上边缘）	800
浴盆（到上边缘）	480
蹲、坐式大便器（从台阶面到高水箱底）	1800
蹲式大便器（从台阶面到低水箱底）	900
外露排出管式坐式大便器（到低水箱底）	510
虹吸喷射式坐式大便器（到低水箱底）	470
外露排出管式坐式大便器（到上边缘）	400
虹吸喷射式坐式大便器（到上边缘）	380
大便槽（从台阶面到冲洗水箱底）	不低于 2000
立式小便器（到受水面部分上边缘）	100
挂式小便器（到受水部分上边缘）	600
小便槽（到台阶面）	200
化验盆（到上边缘）	800
净身器（到上边缘）	360
饮水器（到上边缘）	1000

8.19.3 墙体卫生器具固定的形式

墙体卫生器具常用固定形式如图 8-16 所示。

8.19.4 洗脸盆排水管的安装

洗脸盆排水管的安装如图 8-17 所示。

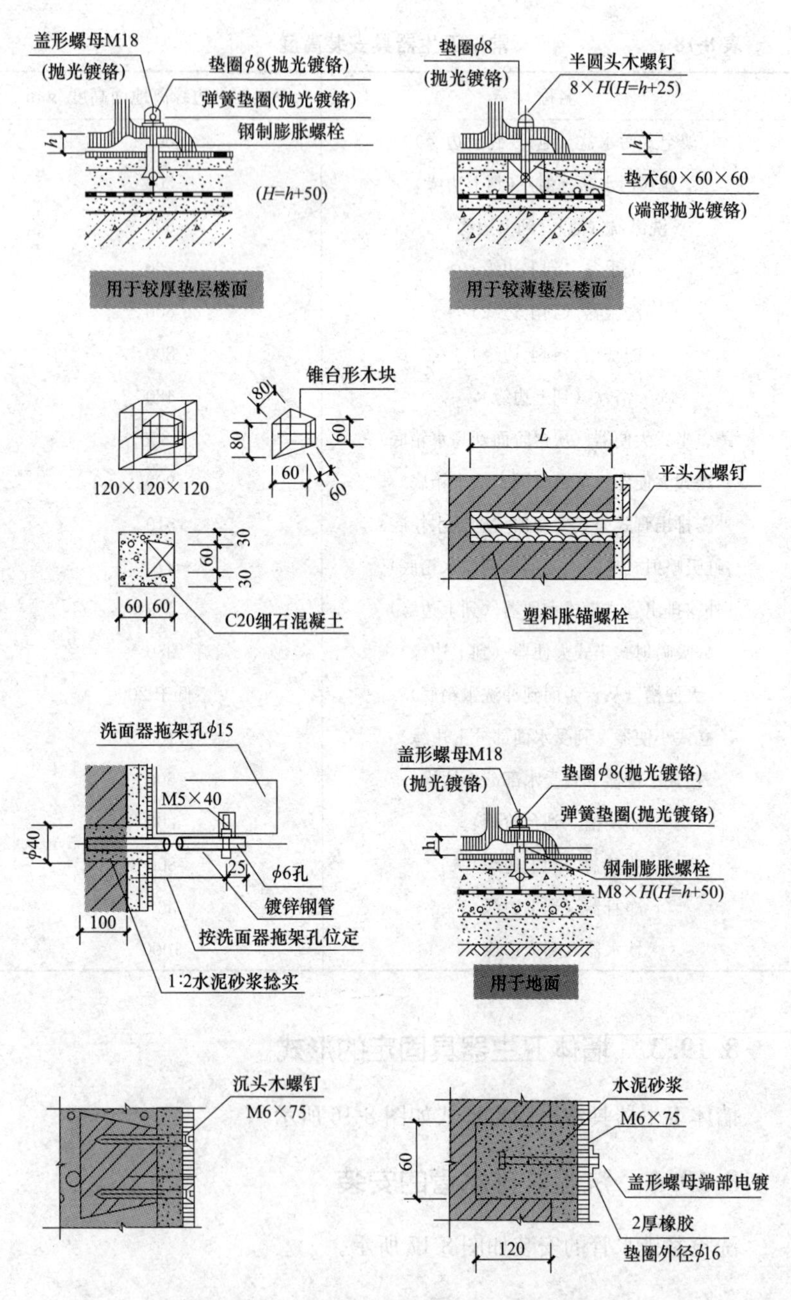

图 8-16　墙体卫生器具常用固定的形式

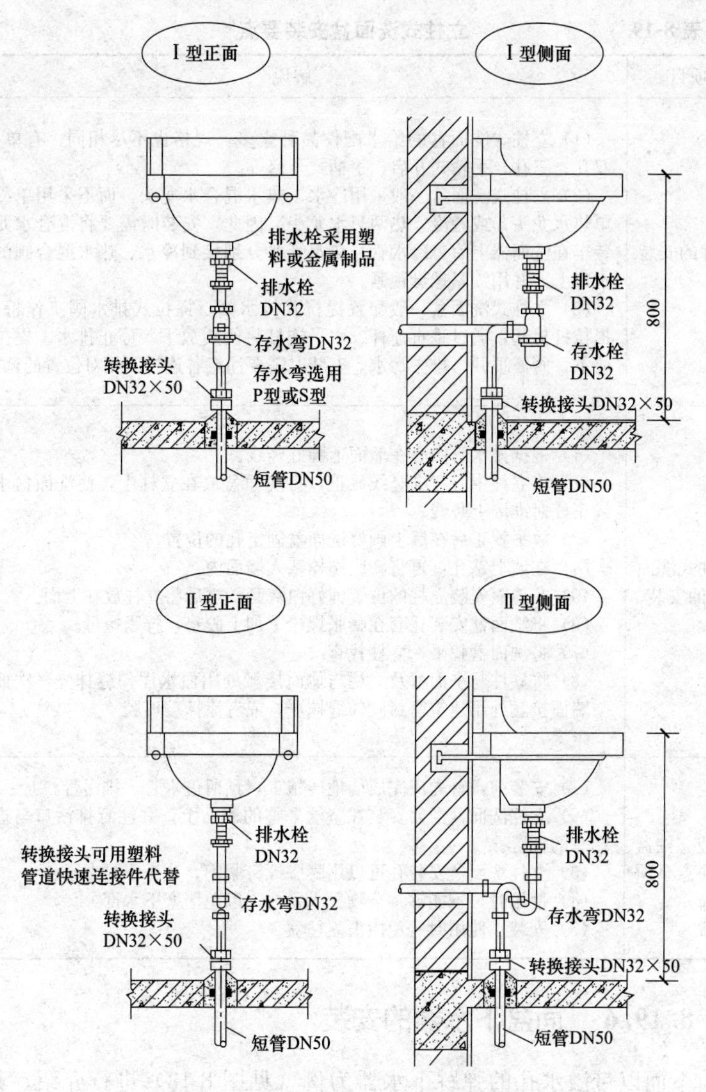

图 8-17　洗脸盆排水管的安装图例

8.19.5　立柱式洗面盆安装要点

立柱式洗面盆安装要点见表 8-19。

表 8-19　　立柱式洗面盆安装要点

项目	解说
配件的安装	(1) 立柱式洗面盆的给水配件品种繁多，规格也不尽相同，有单孔、双孔、三孔、手轮式开启、手柄式开启等。 (2) 立柱式洗面盆一般采用冷水、热水混合水龙头，而不采用单冷或单热水龙头，或者冷、热两只水龙头。因此，安装时需要将混合水龙头装牢在洗面器上后，冷水管、热水管要分别接到冷水、热水混合阀的进水口上，并用锁紧螺母锁紧。 (3) 立柱式洗面盆一般配置提拉式排水阀。提拉式排水阀工作特点：提拉杆提起，通过垂直连杆、水平连杆将阀瓣放下，停止排水。提拉杆放下，阀瓣顶开，排去污水。安装时需要注意各连杆间相对位置的调整
立柱式洗面盆的安装	(1) 根据排水管中心在墙面上画好竖线。 (2) 将立柱中心对准竖线放正，将洗面盆放在立柱上，使洗面盆中心线正好对准墙上竖线。 (3) 放平找正后在墙上画好洗面盆固定孔的位置。 (4) 在墙上钻孔，再将膨胀螺栓塞入墙面内。 (5) 在地面安装立柱的位置铺好白灰膏，之后将立柱放在上面。 (6) 将洗面盆安装孔套在膨胀螺栓上加上胶垫，拧紧螺母。 (7) 将洗面盆找平，立柱找直。 (8) 将立柱与洗面盆及立柱与地面接触处用白水泥勾缝抹光，洗面盆与墙面接触处用建筑密封胶勾缝抹严，或者涂抹玻璃胶
安装立柱盆的注意事项	(1) 安装前，首先应完成墙地砖施工，预留进水管、排污管。 (2) 立柱洗面盆需要安装在坚硬平整的墙面上，并注意排污口与进水端头的位置。 (3) 立柱洗面盆安装孔可以用膨胀螺钉紧固，注意不要太紧。 (4) 使用时，不能够将杂物投入盆内，以免堵塞下水部分。 (5) 安装、使用时避免撞击立柱盆

8.19.6　面盆下水器的安装

下面以带溢水孔的弹跳下水器为例（见图 8-18）进行介绍，其他下水器的安装步骤与要点与此类似，安装步骤为：

(1) 把下水器下面的固定件与法兰拆下。

(2) 把下水器的法兰扣紧在盆上。

(3) 法兰放紧后，把盆放平在台面上，下水口对好台面的口。

(4) 在下水器适当位置缠绕上生料带，防止渗水。

(5) 把下水器对准盆的下水口放进去。

(6) 把下水器对准盆的下水口，放平整。

(7) 把下水器的固定器拿出，拧在下水器上。

(8) 用扳手把下水器固定紧。

(9) 在盆内放水测试。

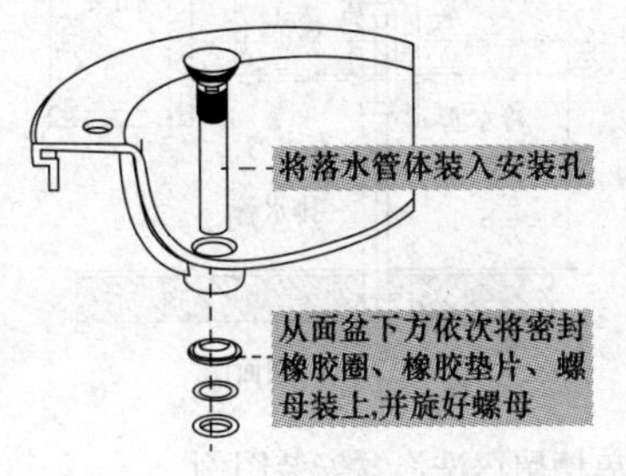

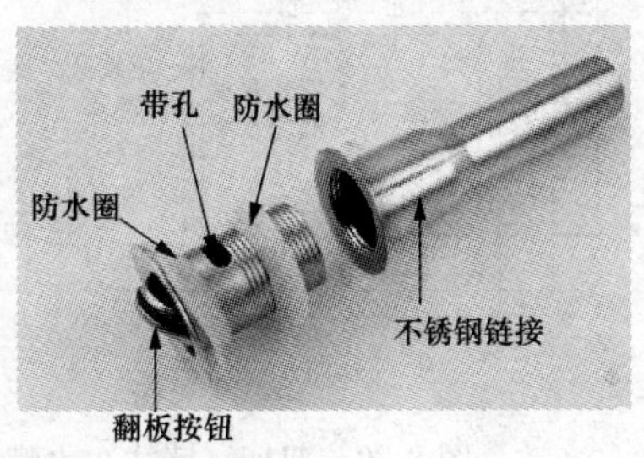

图 8-18 安装面盆下水器

8.19.7 洗涤池排水管的安装

洗涤池排水管的安装图例如图 8-19 所示。

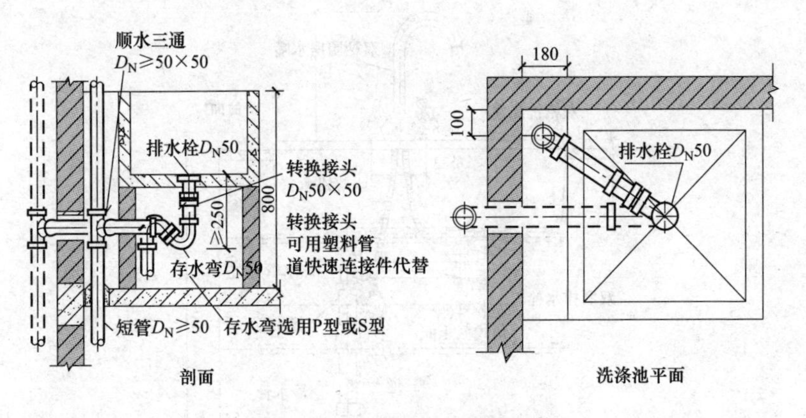

图 8-19 洗涤池排水管的安装

8.19.8 双柄（墙式）水嘴单槽厨房洗涤盆的安装

双柄（墙式）水嘴单槽厨房洗涤盆安装如图 8-20 所示。

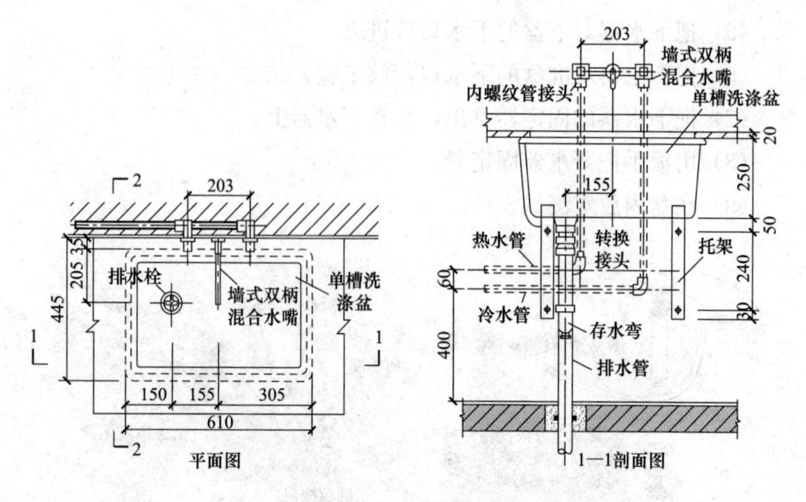

图 8-20　双柄（墙式）水嘴单槽厨房洗涤盆安装图例

8.19.9　双柄水嘴双槽厨房洗涤盆的安装

双柄水嘴双槽厨房洗涤盆的安装如图 8-21 所示。

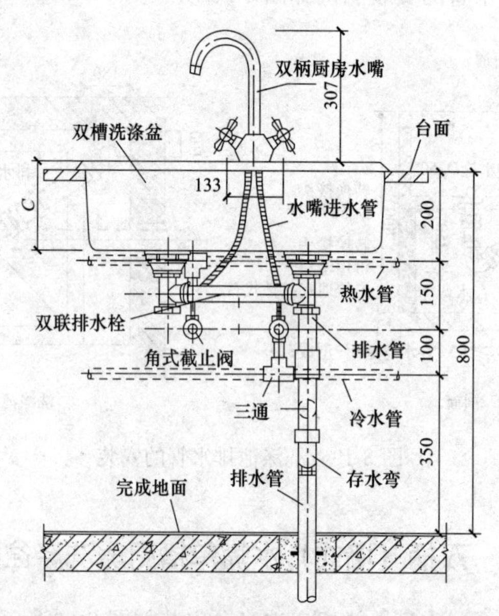

图 8-21　双柄水嘴双槽厨房洗涤盆的安装

8.19.10　单洗碗池的安装

单洗碗池的安装如图 8-22 所示。

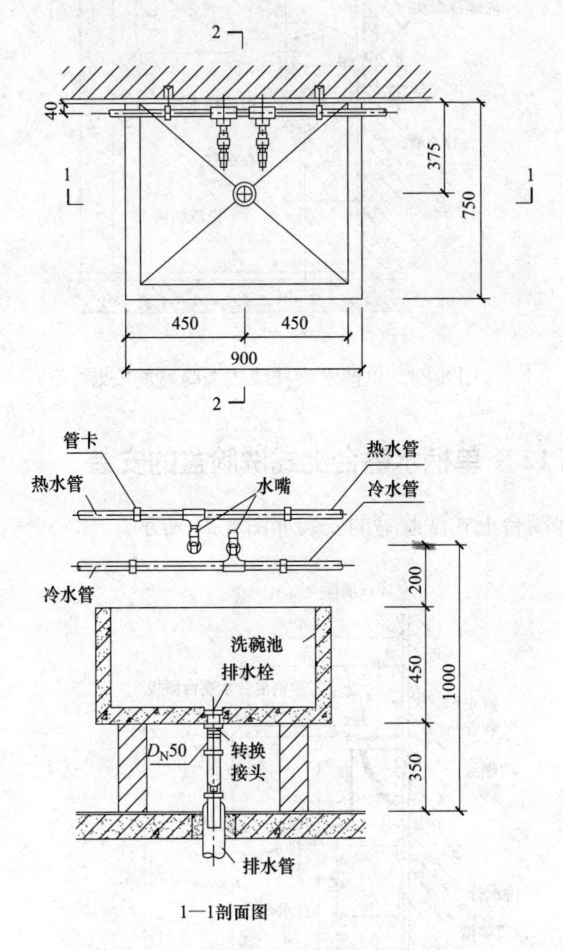

图 8-22　单洗碗池的安装图例

8.19.11　单柄水嘴挂墙式洗脸盆的安装

单柄水嘴挂墙式洗脸盆的安装如图 8-23 所示。

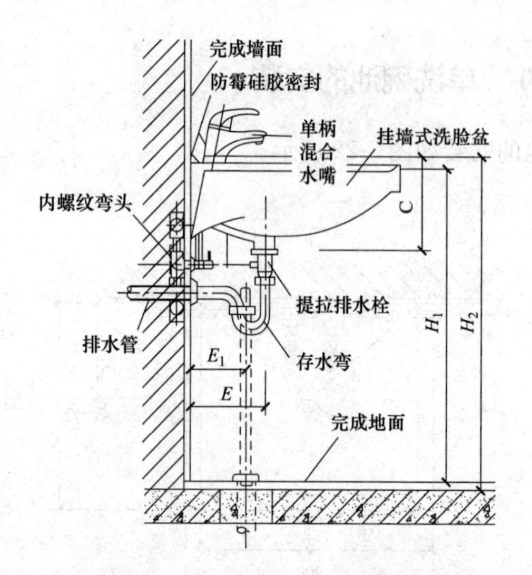

图 8-23　单柄水嘴挂墙式洗脸盆的安装

8.19.12　单柄水嘴台上式洗脸盆的安装

单柄水嘴台上式洗脸盆的安装如图 8-24 所示。

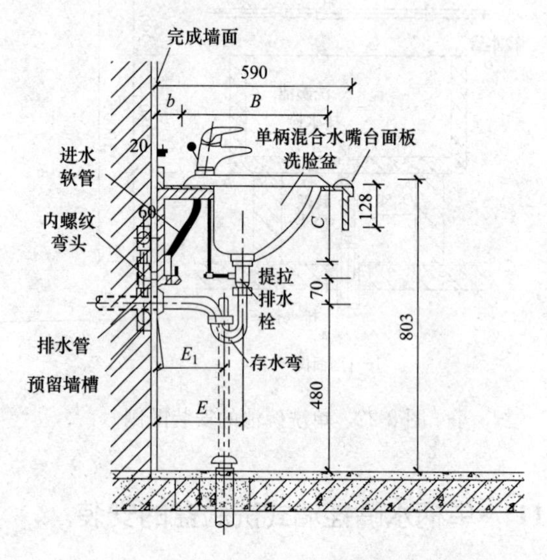

图 8-24　单柄水嘴台上式洗脸盆的安装

8.19.13 冷水感应水嘴碗式洗脸盆的安装

冷水感应水嘴碗式洗脸盆的安装如图 8-25 所示。

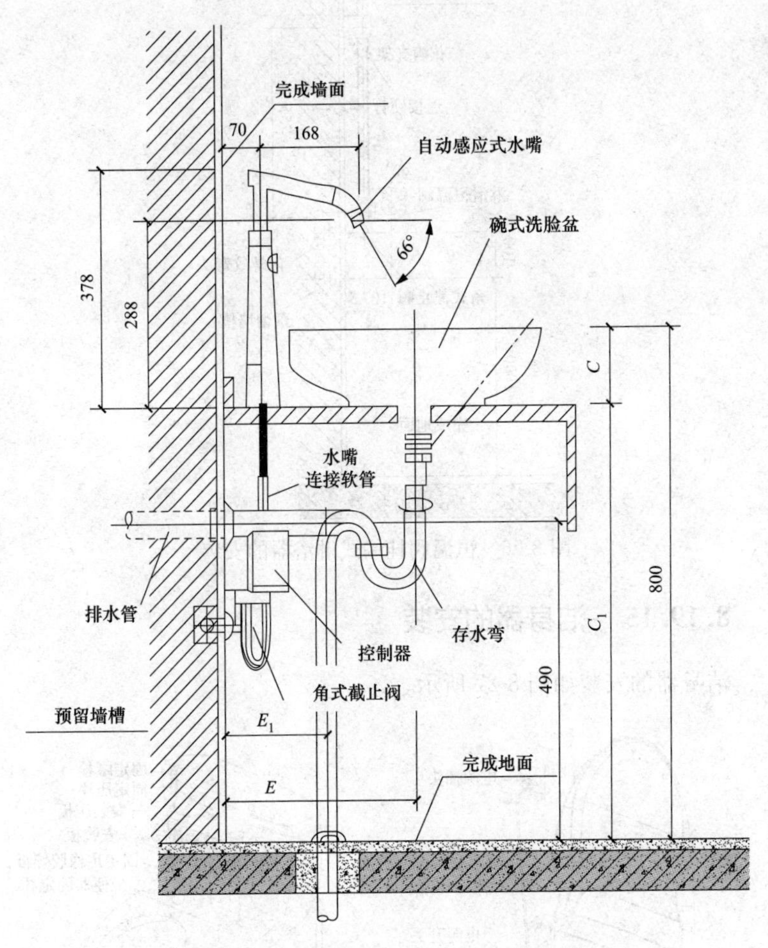

图 8-25 冷水感应水嘴碗式洗脸盆的安装

8.19.14 恒温阀挂墙式淋浴器的安装

恒温阀挂墙式淋浴器的安装如图 8-26 所示。

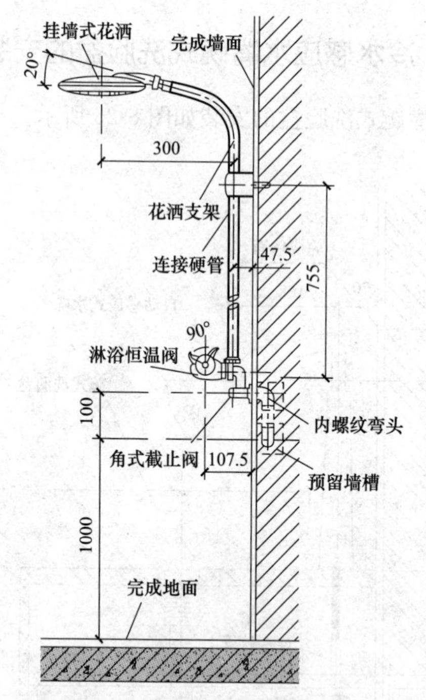

图 8-26　恒温阀挂墙式淋浴器的安装

8.19.15　洁身器的安装

洁身器的安装如图 8-27 所示。

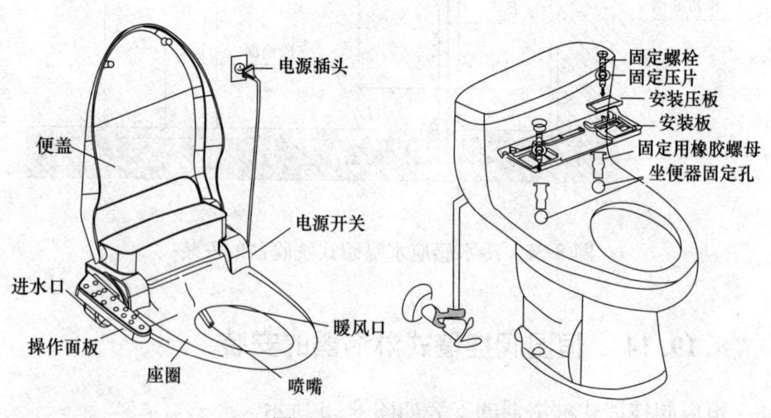

图 8-27　洁身器的安装

8.19.16　分体式下排水坐便器的安装

分体式下排水坐便器的安装如图 8-28 所示。

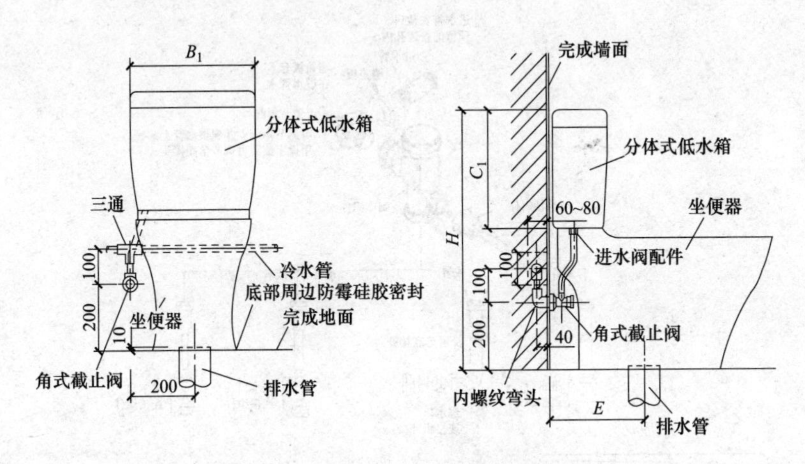

图 8-28　分体式下排水坐便器的安装

8.19.17　自闭式冲洗阀坐便器的安装

自闭式冲洗阀坐便器的安装如图 8-29 所示。

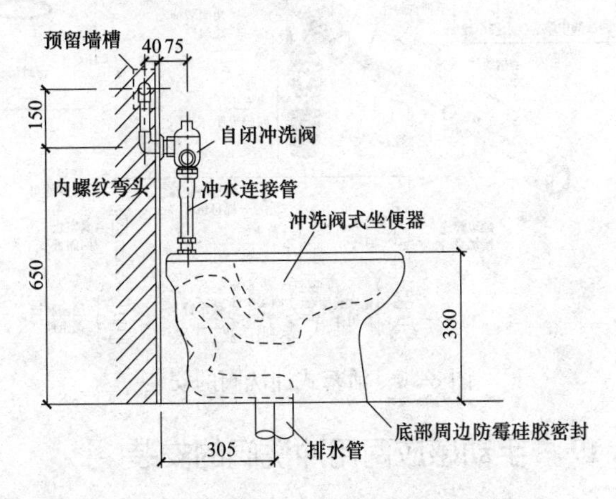

图 8-29　自闭式冲洗阀坐便器的安装

8.19.18 活塞式冲洗阀的安装

活塞式冲洗阀的安装如图 8-30 所示。

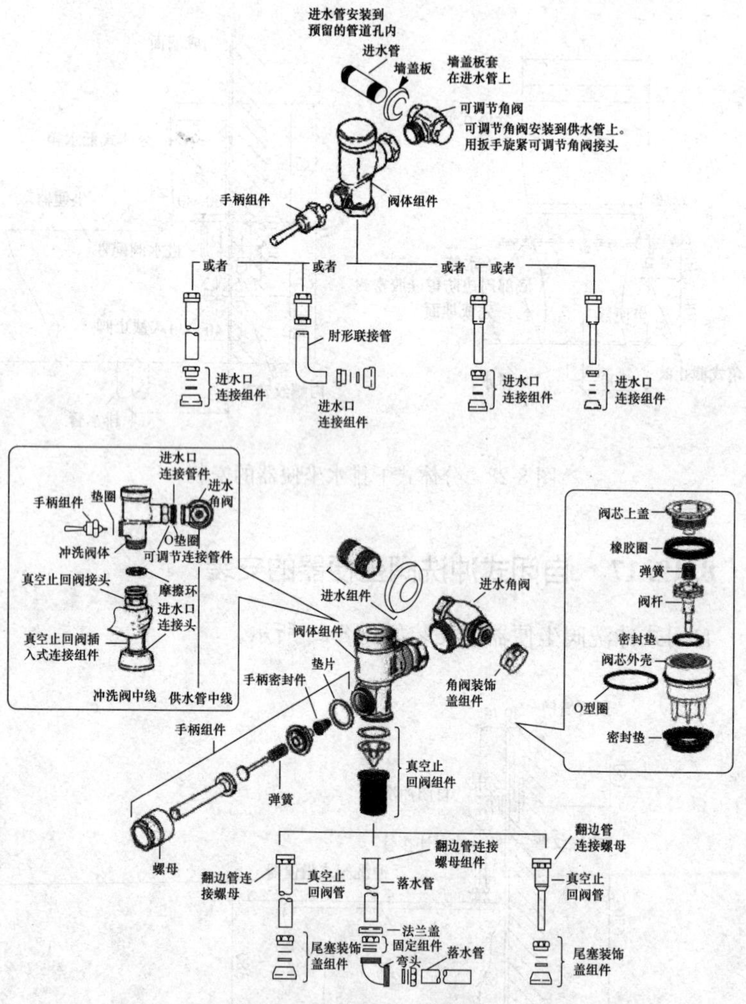

图 8-30 活塞式冲洗阀的安装

8.19.19 手动感应两用冲洗阀的安装

手动感应两用冲洗阀的安装如图 8-31 所示。

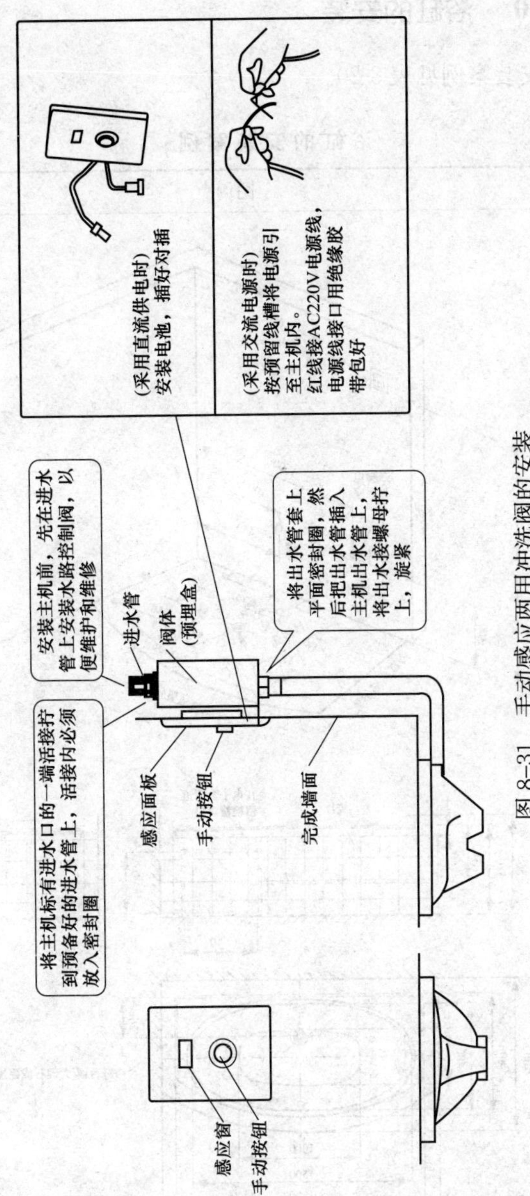

图 8-31　手动感应两用冲洗阀的安装

8.19.20 浴缸的安装

浴缸的安装案例见表 8-20。

表 8-20　　浴缸的安装案例

名称	图例
按摩浴缸 1	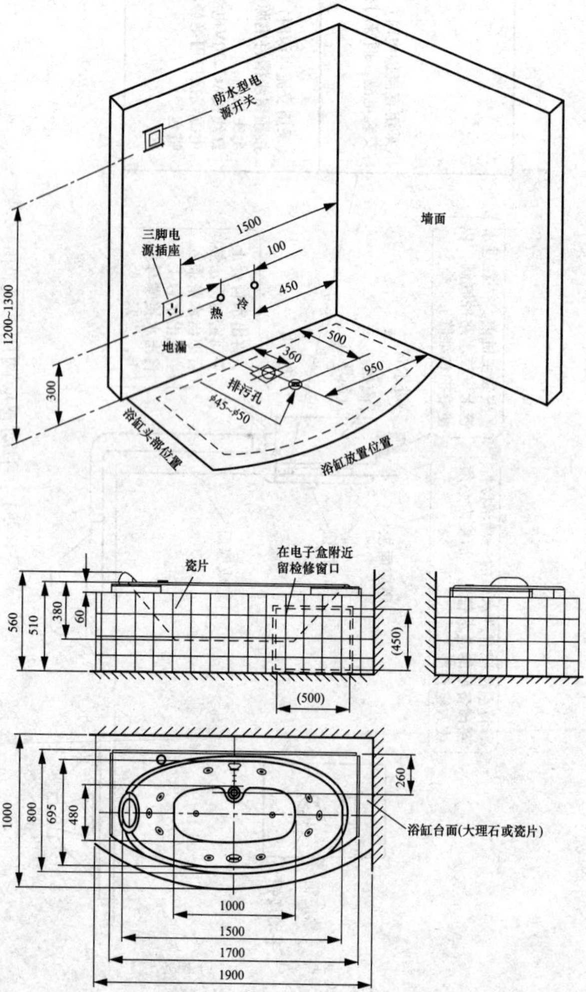 防水型电源开关 墙面 三脚电源插座 1500　100　450 热　冷 1200~1300　300 地漏　500　360　950 排污孔　ϕ45~ϕ50 浴缸头部位置　浴缸放置位置 瓷片　在电子盒附近留检修窗口 560　510　380　60　(450)　(500) 1000　800　695　480　260 浴缸台面(大理石或瓷片) 1000　1500　1700　1900

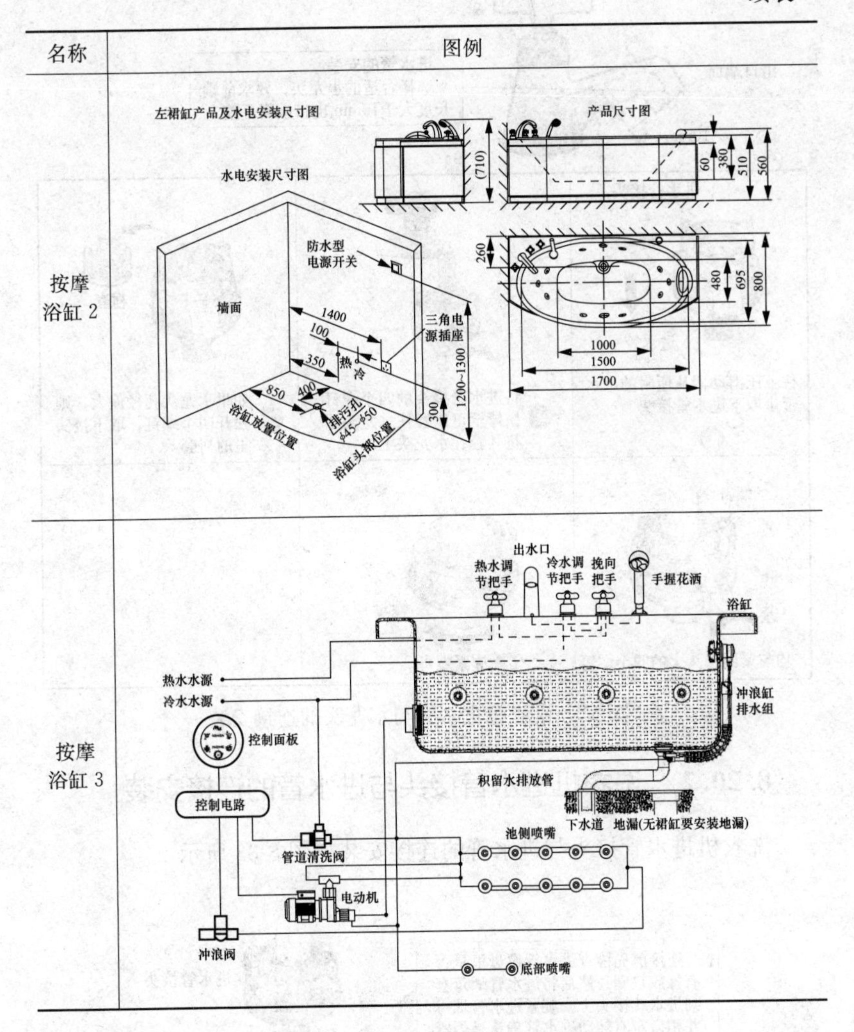

8.20 洗衣机有关连接安装

8.20.1 洗衣机进水管与水龙头的连接安装

洗衣机进水管与水龙头的连接安装如图 8-32 所示。

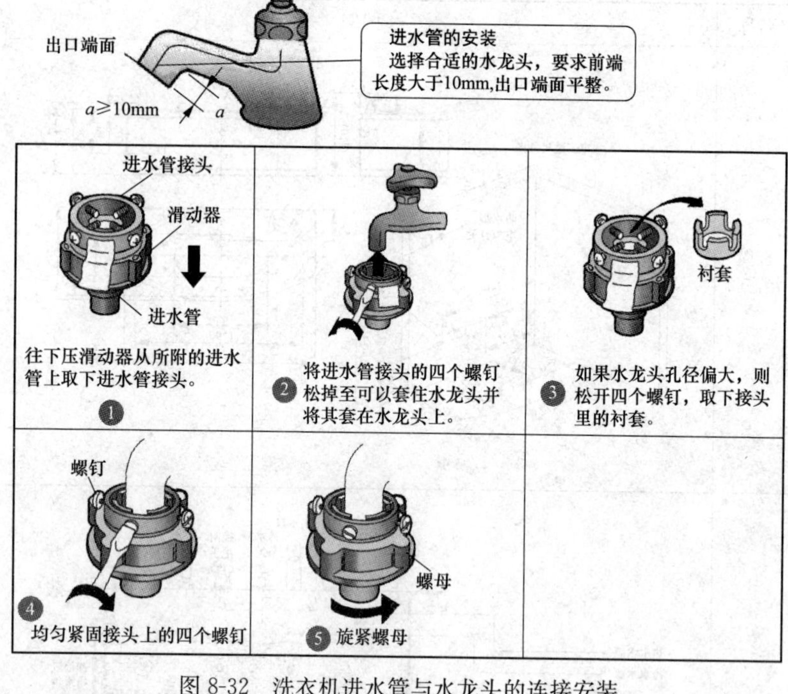

图 8-32　洗衣机进水管与水龙头的连接安装

8.20.2　洗衣机进水管接头与进水管的连接安装

洗衣机进水管接头与进水管的连接安装如图 8-33 所示。

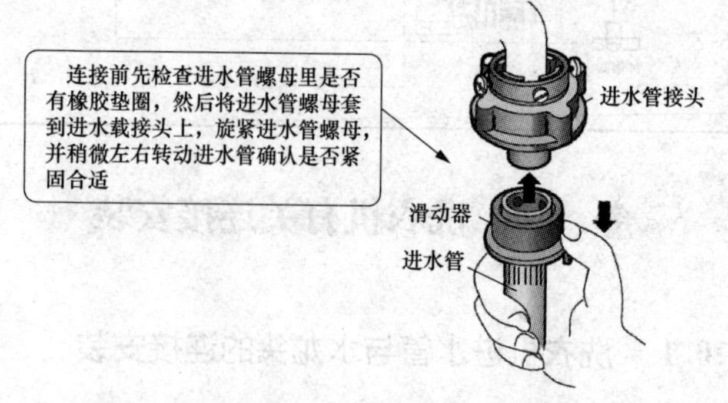

图 8-33　洗衣机进水管接头与进水管的连接安装

8.21 水泵与水流指示器的安装

8.21.1 水泵的安装

水泵安装的位置有多种情况，具体如下：

(1) 水泵安装在主机的后面，由末端系统承压。

(2) 水泵安装在主机的前面，由主机承压。

(3) 对于空调建筑较矮（如单层建筑），为避免水泵汽蚀，一般是将水泵装在主机前面。

(4) 对于空调建筑较高（50m 以上），为减轻主机蒸发器的承压（一般上限约 0.8～1.0MPa），一般将水泵装在主机后面，此时蒸发器运行承压小于停机时的净压。

(5) 对于冷却水而言，一般水泵安装在主机前面更好。

(6) 对于冷冻水而言，一般水泵安装在主机后面更好。

8.21.2 水流指示器的安装

安装水流指示器的方法与要求：

(1) 水流指示器的安装需要在管道试压、冲洗合格后进行。

(2) 选择水流指示器的规格、型号需要符合要求。

(3) 水流指示器需要竖直安装在水平管道上侧，其动作方向需要与水流方向一致。

(4) 安装后的水流指示器浆片、膜片需动作灵活，不应与管壁发生碰擦等异常现象。

8.21.3 管道泵的安装

管道泵的安装如图 8-34 所示。

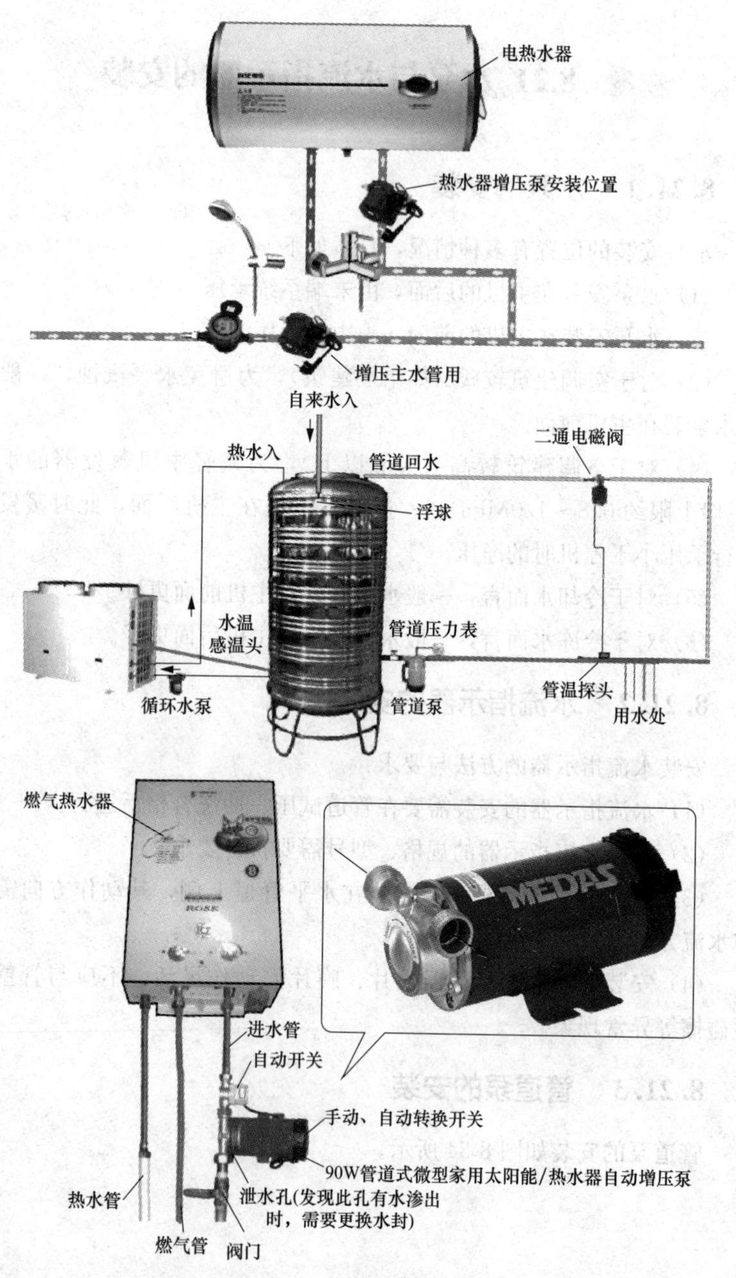

图 8-34　管道泵的安装图例

8.22 无塔与现成塔的供水

8.22.1 无塔供水设备的安装

无塔供水设备的安装如图 8-35 所示。

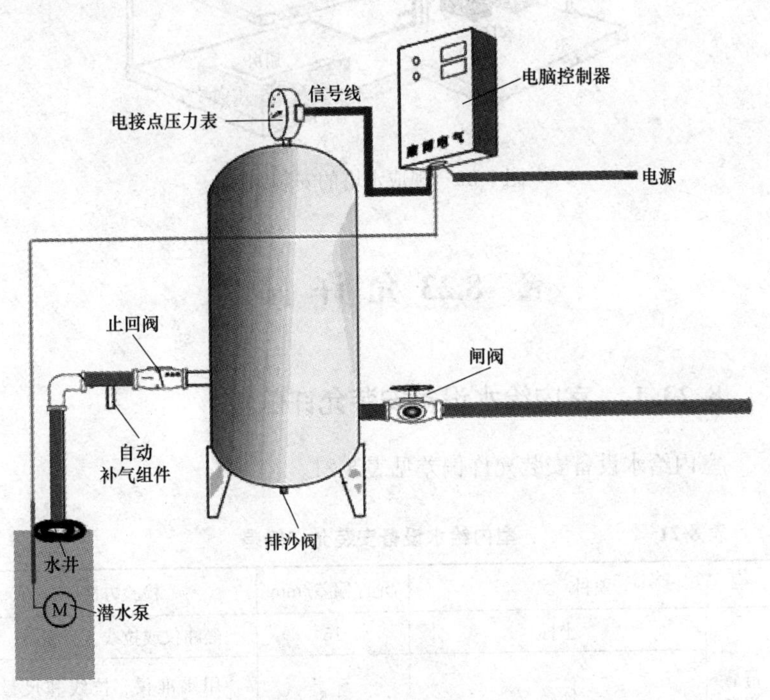

图 8-35 无塔供水设备的安装

8.22.2 现成水塔的安装

现成水塔的安装如图 8-36 所示。

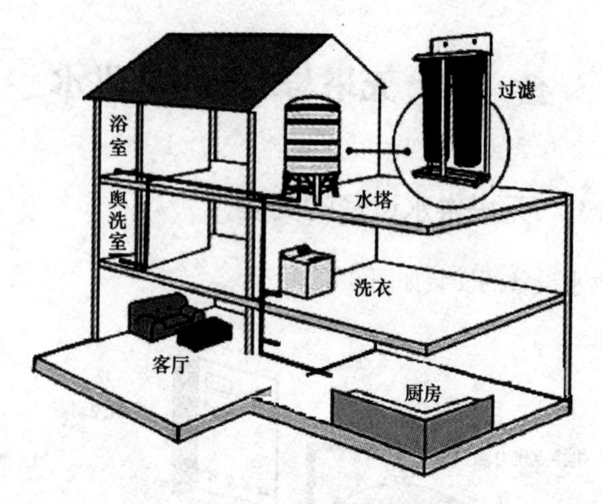

图 8-36 现成水塔的安装图例

8.23 允许偏差

8.23.1 室内给水设备安装允许偏差

室内给水设备安装允许偏差见表 8-21。

表 8-21 室内给水设备安装允许偏差

项目			允许偏差/mm	检验方法
静置设备	坐标		15	经纬仪或拉线、尺量
	标高		±5	用水准仪、拉线和尺量检查
	垂直度（每米）		5	吊线和尺量检查
离心式水泵	立式泵体垂直度（每米）		0.1	水平尺和塞尺检查
	卧式泵体水平度（每米）		0.1	水平尺和塞尺检查
	联轴器同心度	轴向倾斜（每米）	0.8	在联轴器互相垂直的四个位置上用水准仪、百分表或测微螺钉和塞尺检查
		径向位移	0.1	

8.23.2 室外给水管管道安装的允许偏差

室外给水管管道安装的允许偏差见表8-22。

表8-22 室外给水管管道安装的允许偏差

项目			允许偏差/mm	检验方法
坐标	铸铁管	埋地	100	拉线和尺量检查
		敷设在沟槽内	50	
	钢管、塑料管、复合管	埋地	100	
		敷设在沟槽内或架空	40	
标高	铸铁管	埋地	±50	拉线和尺量检查
		敷设在地沟内	±30	
	钢管、塑料管、复合管	埋地	±50	
		敷设在地沟内或架空	±30	
水平管纵横向弯曲	铸铁管	直段（25m以上）起点—终点	40	拉线和尺量检查
	钢管、塑料管、复合管	直段（25m以上）起点—终点	30	

8.24 虹吸式雨水管道安装的要求与特点

（1）安装管道、雨水斗的敞开口时，需要采取临时封堵措施。

（2）屋面结构施工时，需要配合土建工程预留符合雨水斗安装需要的预留孔。

（3）雨水斗需要根据有关要求、顺序进行安装。

（4）安装在钢板或不锈钢板天沟（檐沟）内的雨水斗，可以采用氩弧焊等与天沟（檐沟）焊接连接，或用其他能够确保防水要求的连接方式。

（5）雨水斗的进水口，需要水平安装。

（6）雨水斗的进水口高度，需要保证天沟内的雨水能够通过雨水斗排净。

（7）雨水斗安装时，需要在屋面防水施工完成、确认雨水管道畅通、清除流入短管内的密封膏后，然后安装整流器、导流罩等部件。

(8) 虹吸式雨水管道的安装，需要符合有关规定。

(9) 采用高密度聚乙烯管时，检查口的最大间距不能大于30m。

(10) 雨水立管的安装，需要安装检查口，检查口中心一般距地面1m。

(11) 雨水斗安装后，其边缘与屋面相连的地方，需要严密不漏水。

(12) 雨水管道，需要根据规定的位置安装。

(13) 连接管与悬吊管的连接，需要采用45°三通。

(14) 悬吊管与立管、立管与排出管的连接，需要采用2个45°弯头或曲率半径不小于$4D$(D管道直径)的90°弯头。

(15) 高密度聚乙烯管道穿过墙壁、楼板，有防火要求的部位时，需要安装阻火圈、防火胶带、防火套管。

(16) 雨水管穿过墙壁内的套管，其两端需要与饰面齐平。

(17) 雨水管穿过墙壁内的套管，套管与管道间的缝隙需要采用阻燃密实材料填实。

(18) 雨水管穿过墙壁、楼板时，需要安装金属或塑料套管。

(19) 雨水管穿过墙壁、楼板时，楼板内的套管，其顶部需要高出装饰地面20mm，底部与楼板底面齐平。

(20) 管道安装，需要符合有关要求。

(21) 虹吸式雨水管道系统安装完后，需要进行系统密封性能验收。

(22) 验收时，需要堵住所有雨水斗，向屋顶或天沟灌水，并且水位需要淹没雨水斗，以及持续1h后，雨水斗周围屋面没有渗漏现象。

(23) 高密度聚乙烯预制管段间的连接，一般采用电熔、热熔对焊，或法兰连接。

(24) 高密度聚乙烯预制管段，不能够超过10m。

(25) 悬吊的高密度聚乙烯水平管上，一般使用电熔连接。

(26) 安装在室内的雨水管道，需要根据管材、建筑高度选择整段方式或分段方式进行灌水试验。

(27) 室内的雨水管道灌水试验，灌水高度需要达到每根立管上部雨水斗口。

(28) 室内的雨水管道灌水试验，灌水试验持续需要1h，以管道所有连接处，没有渗水异常现象为正常。

参 考 文 献

[1] 阳鸿钧. 实用水电工手册 [M]. 北京：中国电力出版社，2016.

[2] 阳鸿钧. 水电工技能全程图解 [M]. 北京：中国电力出版社，2014.

[3] 阳鸿钧. 装修水电工看图学招全能通 [M]. 北京：机械工业出版社，2014.

[4] 阳鸿钧. 建筑电工1000个怎么办 [M]. 北京：中国电力出版社，2015.

[5] 阳鸿钧. 装饰装修电工1000个怎么办 [M]. 北京：中国电力出版社，2010.

[6] 阳鸿钧. 家装水电工技能速成一点通 [M]. 北京：机械工业出版社，2016.

[7] 阳鸿钧. 电工：水. 电. 暖. 气. 安防与智能化技能全攻略 [M]. 北京：机械工业出版社，2013.

[8] 阳鸿钧. 轻松搞定家装管工施工 [M]. 北京：中国电力出版社，2016.

[9] 阳鸿钧. 装修水电工技能速成一点通 [M]. 北京：机械工业出版社，2017.